Regenerative Energien im Gebäude nutzen

Elmar Bollin
Herausgeber

Regenerative Energien im Gebäude nutzen

Wärme- und Kälteversorgung, Automation, Ausgeführte Beispiele

2., überarbeitete Auflage

Mit Beiträgen von Martin Becker, Ekkehard Boggasch, Elmar Bollin, Mathias Fraaß, Alfred Karbach, Peter Ritzenhoff und Dieter Striebel

Herausgeber
Elmar Bollin
Hochschule Offenburg
Offenburg, Deutschland

ISBN 978-3-658-12404-5   ISBN 978-3-658-12405-2 (eBook)
DOI 10.1007/978-3-658-12405-2

Die Deutsche Nationalbibliothek verzeichnet diese Publikation in der Deutschen Nationalbibliografie;
detaillierte bibliografische Daten sind im Internet über http://dnb.d-nb.de abrufbar.

Springer Vieweg
Das Buch erschien in der 1. Auflage unter dem Titel Automation regenerativer Wärme- und Kälteversorgung von Gebäuden.
© Springer Fachmedien Wiesbaden 2009, 2016

Lektorat: Thomas Zipsner

Gedruckt auf säurefreiem und chlorfrei gebleichtem Papier.

Springer Fachmedien Wiesbaden GmbH ist Teil der Fachverlagsgruppe Springer Science+Business Media
(www.springer.com)

Vorwort des Herausgebers zur 2. Auflage

Das vorliegende Buch ist im Team mit Kollegen des Arbeitskreises der Professoren für Regelungstechnik entstanden. Das Autorenteam ist der Überzeugung, dass sich sowohl die regenerative Wärme- und Kälteerzeugung als auch die Automation auf Basis von Mess- und Regelungstechnik in den kommenden Jahren zu den zentralen Themen der nachhaltigen Energienutzung entwickeln wird.

Inhaltlich setzt dieses Lehr- und Fachbuch an der Systemtechnik und Dynamik regenerativer Energiesysteme an. Neben Fragen der optimalen Systemanbindung an existierende Heiz- und Kühlsysteme wird die regenerative Energiebereitstellung auch bezüglich der „Signalverarbeitung" im Sinne regelungs- und steuerungstechnischer Abläufe betrachtet. Ein- und Ausgangsgrößen wie solare Einstrahlung oder Nutzungsprofile im Gebäude unterliegen in regenerativen Energiesystemen enormen zeitlichen Schwankungen.

Aufgabe des Systemingenieurs und Regelungstechnikers ist es, den Eigenheiten und der Dynamik regenerativer Wärme- und Kälteerzeugungssysteme durch angepasste Systemkonzepte und intelligente Automationssysteme gerecht zu werden. Hauptziel der Systemoptimierung ist dabei die Maximierung der Nutzung regenerativer Energiesysteme im Gebäude und die weitestgehende Substitution fossile Energieträger bei der Wärme- und Kälteversorgung.

Das Buch richtet sich vornehmlich an Studierende der Ingenieurwissenschaften im Bereich Energietechnik, Versorgungstechnik und Verfahrenstechnik mit Schwerpunkt regenerative Energiesysteme. Durch seinen systemischen Ansatz schließt es die Lücke zwischen regenerativer Energiebereitstellung und konventioneller Heiz- und Kältetechnik.

Zahlreiche praktisch ausgeführte Anwendungsbeispiele bieten für den Anlagenplaner und Vertriebsingenieur im Bereich der technischen Gebäudeausrüstung Hilfestellung bei der Anlagenkonzeption und -ausführung.

Die Kapitel wurden in der 2. Auflage ergänzt durch Kontrollfragen. Sie ermöglichen es dem Leser die Inhalte der einzelnen Kapitel mit dem Blick eines „Experten" zu betrachten und aus den Inhalten entsprechende Lösungen zu generieren. Das Autorenteam wünscht allen Lesern gute Anregungen, neue Erkenntnisse im Umgang mit regenerativen Energiesystemen und viel Erfolg beim Gestalten einer nachhaltigen Energietechnik.

Besonderer Dank gilt dem Lektorat Maschinenbau des Verlages Springer Fachmedien Wiesbaden, insbesonders Herrn Thomas Zipsner und Frau Imke Zander für die sorgfältige

Durchsicht der Manuskripte, die zahlreichen Anregungen und die gute Zusammenarbeit bei der Überarbeitung der 1. Auflage.

Freiburg, den 3.11.2015   Elmar Bollin/Herausgeber

Das vorliegende Buch ist im Team mit Kollegen des Arbeitskreises der Professoren für Regelungstechnik entstanden. Das Autorenteam ist der Überzeugung, dass sich sowohl die regenerative Wärme- und Kälteerzeugung als auch die Automation auf Basis von Mess- und Regelungstechnik in den kommenden Jahren zu den zentralen Themen der nachhaltigen Energienutzung entwickeln werden.

Inhaltlich setzt dieses Fach- und Lehrbuch an der Systemtechnik und Dynamik regenerativer Energiesysteme an. Neben Fragen der optimalen Systemanbindung an existierende Heiz- und Kühlsysteme wird die regenerative Energiebereitstellung auch bezüglich der „Signalverarbeitung" im Sinne regelungs- und steuerungstechnischer Abläufe betrachtet. Ein- und Ausgangsgrößen wie solare Einstrahlung oder Nutzungsprofile im Gebäude unterliegen in regenerativen Energiesystemen enormen zeitlichen Schwankungen. Aufgabe des Systemingenieurs und Regelungstechnikers ist es, den Eigenheiten und der Dynamik regenerativer Wärme- und Kälteerzeugungssysteme durch angepasste Systemkonzepte und intelligente Automationssysteme gerecht zu werden. Hauptziel der Systemoptimierung ist dabei die Maximierung der Nutzung regenerativer Energiesysteme im Gebäude und die weitestgehende Substitution fossiler Energieträger bei der Wärme- und Kälteversorgung.

Zahlreiche praktisch ausgeführte Anwendungsbeispiele bieten für den Anlagenplaner und Vertriebsingenieur im Bereich der technischen Gebäudeausrüstung Hilfestellung bei der Anlagenkonzeption und -ausführung.

Das Buch richtet sich auch an Studierende der Ingenieurwissenschaften an Hochschulen im Bereich Energietechnik, Versorgungstechnik und Verfahrenstechnik mit Schwerpunkt regenerative Energiesysteme. Durch seinen systemischen Ansatz schließt es die Lücke zwischen regenerativer Energiebereitstellung und konventioneller Heiz- und Kältetechnik.

Der Herausgeber und die Autoren danken dem Lektorat Maschinenbau des Vieweg+Teubner Verlags für die jederzeit angenehme und kompetente Zusammenarbeit.

Das Autorenteam wünscht allen Lesern hilfreiche Anregungen, neue Erkenntnisse im Umgang mit regenerativen Energiesystemen und viel Erfolg beim Gestalten einer nachhaltigen Energietechnik.

Freiburg, im Mai 2009   Elmar Bollin/Herausgeber

Inhaltsverzeichnis

5 Automation von Systemen zur Wärme- und Kältebereitstellung aus regenerativen Energiequellen 113
Elmar Bollin, Mathias Fraaß, Alfred Karbach, Martin Becker und Dieter Striebel

Über die Autoren

Prof. Dr.-Ing. Martin Becker Hochschule Biberach (www. hochschule-biberach.de), Studiengang Energie-Ingenieurwesen, Institut für Gebäude- und Energiesysteme (IGE), Fachgebiete MSR-Technik, Gebäudeautomation und Energiemanagement, becker@hochschule-bc.de

Prof. Dr. rer. nat. habil. Ekkehard Boggasch Fachhochschule Braunschweig/Wolfenbüttel (www.fh-wolfenbuettel.de/cms/de), Fachbereich Versorgungstechnik, Institut für energieoptimierte Systeme – EOS, e.boggasch@fh-wolfenbuettel.de

Prof. Dipl.-Ing. Elmar Bollin Hochschule Offenburg (www.fgnet. hs-offenburg.de/home), Fakultät Maschinenbau und Verfahrenstechnik, Forschungsgruppe NET Nachhaltige Energietechnik, bollin@ fh-offenburg.de

Prof. Dr. rer. nat. Dipl.-Ing. Mathias Fraaß Beuth-Hochschule für Technik Berlin (www.beuth-hochschule.de/EMR), Fachbereich IV, Architektur und Gebäudetechnik, Labor für Elektro-, Mess- und Regelungstechnik, fraass@beuth-hochschule.de

Prof. Dr. rer. nat. Alfred Karbach FH Gießen-Friedberg (www.fh-giessen-friedberg.de), Fachbereich 3, MMEW – Maschinenbau, Mikrosystemtechnik, Energie- und Wärmetechnik, alfred.karbach@ew. fh-giessen.de

Prof. Dr.-Ing. Peter Ritzenhoff Hochschule Bremerhaven (www.hs-bremerhaven.de), Fachbereich 1, Technologie, Studiengang Gebäudeenergietechnik, Institut für Gebäudeausrüstung und -management, peter.ritzenhoff@hs-bremerhaven.de

Prof. Dipl.-Ing. Dieter Striebel Hochschule Esslingen (www.hs-esslingen.de), dieter.striebel@hs-esslingen.de

Einführung in die Nutzung erneuerbarer Energiequellen

Elmar Bollin

1.1 Allgemeines zur Nutzung erneuerbarer Energiequellen

Ist es nicht ein lang gehegter Menschheitstraum: Ein komfortables Leben auf der Erde zu ermöglichen, Wind und Wetter zu trotzen und das in Gleichgewicht mit der Natur unter Ausnutzung unerschöpflicher Energiequellen?

Der Weg dahin ist allerdings mühsam. In Jahrtausenden hat der Mensch gelernt sich bautechnisch gegen Wettereinflüsse zu schützen und zunächst nachwachsende Rohstoffe wie Holz zum Heizen einzusetzen. Erst in den letzten Jahrhunderten war er in der Lage, fossile Brennstoffe wie Kohle, Öl und Gas, die vor Jahrmillionen aus Biomasse entstanden, zu gewinnen und unter anderem für Heizzwecke zu nutzen.

Nicht erst seit der Studie des Club of Rome über „Grenzen des Wachstums" ist jedoch klar geworden, dass diese Ressourcen nicht unerschöpflich sind und einen unangenehmen Nebeneffekt haben: Sie geben zusätzliches CO_2 in die Atmosphäre ab, das nicht in den natürlichen CO_2-Kreislauf eingebunden ist. CO_2 gilt daher als Hauptverursacher des „Klimawandels".

Noch vor drei Jahrhunderten musste der Mensch sich mangels anderer Ressourcen ganz auf erneuerbare „natürliche" Energieressourcen verlassen. Wind und Wasser wurden zum Antrieb von Maschinen genutzt, Biomasse wie Holz, Torf, Stroh und Kuhdung wurden zum Beheizen von Räumen oder zur Bereitstellung von Prozesswärme für Industrie, Handwerk und häusliches Kochen verwendet. Die solare Strahlung wurde und wird heute noch in der Landwirtschaft für Trocknungsprozesse und zur passiven Gebäudeheizung eingesetzt.

Angestoßen durch vehemente Kritik an der bestehenden Energietechnik mit zusätzlichen Risikopotentialen wie der radiologischen Verseuchung wurden in den 1970er Jahren

E. Bollin (✉)
Fakultät für Maschinenbau und Verfahrenstechnik, Hochschule Offenburg
Offenburg, Deutschland
email: bollin@hs-offenburg.de

© Springer Fachmedien Wiesbaden 2016
E. Bollin (Hrsg.), *Regenerative Energien im Gebäude nutzen*,
DOI 10.1007/978-3-658-12405-2_1

"

Komponenten und Systeme entwickelt, die eine Alternative zu konventionellen Energieerzeugung aufzeigen sollten. Dazu gehören die solare Trinkwasser-/Warmwasserbereitung, die solare Gebäudeheizung sowie Windkraftwerke. Daneben erlebte in den 1970er Jahren die Wärmepumpentechnik einen enormen Aufschwung. Sie ermöglicht eine hocheffektive Umwandlung von „Kraft" in Wärme bzw. Kälte. Zu einem Durchbruch dieser alternativen, regenerativen Energietechnik kam es jedoch zunächst nicht, da die Preise für Öl, Gas und Strom im Wettbewerb nicht zu schlagen waren und andere Technologien preiswertere Alternativen boten. So wurde die Kesselbauweise optimiert und der Brennwertkessel eroberte den Markt. Zuvor mäßig gedämmte Häuser (einfach verglaste Fenster, massives Mauerwerk ohne Dämmung, hoher Luftwechsel durch Undichtigkeit) wurden durch Niedrig- und Passivhäuser ergänzt (dreifach verglaste Fenster, Wärmedämmung der Außenwand, mechanische Be- und Entlüftungssysteme).

Regenerative Energiesysteme für Gebäude mussten sich neue Nischen suchen. Heute sieht die Lage aus der Sicht einer nachhaltigen Energiewirtschaft wie folgt aus:

- Öl- und Gaspreise erreichen Höchstwerte; die Verfügbarkeit fossiler Energieträger ist begrenzt.
- Die Energiebereitstellung durch Kernkraftwerke stößt auf geringe Akzeptanz.
- CO_2 wurde zum Hauptverursacher des drohenden Klimawandels erklärt.
- Kontinuierliche Forschung und Entwicklung verbunden mit industrieller Fertigung haben hochwertige und zuverlässige Produkte zur Nutzung erneuerbarer Energiequellen auf den Markt gebracht.
- Die Politik hat sich über alle Parteien hinweg die Steigerung des Anteils erneuerbarer Energietechniken bei der Energieversorgung zum Ziel gesetzt.
- Die Bundesrepublik Deutschland hat hierbei weltweit eine Vorreiterrolle übernommen und dadurch zahlreiche neue Arbeitsplätze geschaffen.
- Gesetzliche Vorgaben schreiben vor, dass in allen Wohngebäuden der Anteil erneuerbarer Energienutzung erhöht wird.

Durch Verordnungen des Bundes und der Länder soll der Einsatz Erneuerbarer Energiequellen im Gebäude gefördert werden. Auf Bundesebene wurde hierzu die Energieeinsparverordnung, kurz EnEV, eingeführt. Laut Bundesumwelt-Ministerium stellt die Energieeinsparverordnung ein wichtiges Instrument der deutschen Energie- und Klimaschutzpolitik dar. Mit Hilfe der EnEV soll zum einen der Energiebedarf in den Gebäuden begrenzt. Zum anderen wird dieser Energiebedarf primärenergetisch bewertet, indem die durch Gewinnung, Umwandlung und Transport des jeweiligen Energieträgers entstehenden Verluste mittels eines Primärenergiefaktors in der Energiebilanz des Gebäudes mit einfließt. Mit der aktuellen Überarbeitung der Energieeinsparverordnung (EnEV 2014) soll langfristig das Ziel eines nahezu klimaneutralen Gebäudebestands erreicht werden. Unter anderem soll mittels Energieausweisen der Energiebedarf bzw. -verbrauch eines Gebäudes dokumentiert werden. Dabei ermöglicht die Nutzung Erneuerbarer Energiequellen im Gebäude den Primärenergieaufwand für die Bereitstellung der Nutzenergie zu minimieren.

Auch auf Länderebene soll beispielsweise das Erneuerbare-Wärme-Gesetz (EWärmeG) des Landes Baden-Württemberg dazu beitragen, dass sich der Anteil erneuerbarer Energien an der Wärmeversorgung in Gebäuden deutlich erhöht und damit der CO_2-Ausstoß sinkt. Danach müssen im Neubau und beim Heizungsanlagentausch in bestehenden Wohngebäuden 15 % der Wärme mit Erneuerbaren Energiequellen gedeckt oder Ersatzmaßnahmen nachgewiesen werden. Allerdings erlaubt das EWärmeG an vielen Stellen, bestehende Komponenten anzurechnen und mittels sogenannter Erfüllungsfunktionen Dämmmaßnahmen und andere rationelle Energienutzungen zu verrechnen!

1.2 Charakteristika erneuerbarer Energiequellen

Betrachtet man die Art und Erscheinungsform erneuerbarer Energiequellen wie Sonne, Wind und Wasser so wird sofort klar, dass deren Verfügbarkeit eingeschränkt ist. Zeigt die solare Einstrahlung noch gewisse Gesetzmäßigkeiten (Tag- und Nachtgang, Sommer- und Wintersonnenstände) so erkennt man bei den artverwandten Energiequellen Wind und Wasser deren Zufälligkeit und Unberechenbarkeit im Angebot. Allerdings lässt sich Biomasse wie Holz problemlos speichern und transportieren und bei Bedarf verfeuern. Geothermische Wärme steht als Besonderheit als konstante Energiequelle jederzeit zur Verfügung.

Vergleicht man hier die erneuerbaren mit den nicht erneuerbaren, fossilen Energiequellen, so erkennt man folgende wesentliche Unterschiede:

- Öl, Gas und Kohle lassen sich in großen Mengen fördern, speichern und stehen quasi „per Knopfdruck" zur Verfügung (allerdings nicht unbegrenzt und nicht kostenlos).
- Öl, Gas und Kohle haben einen hohen spezifischen Energieinhalt, sind also „hochkonzentrierte" Energieträger.
- Öl, Gas und Kohle und auch das Derivat Strom lassen sich hervorragend handeln und bilden die Basis der heutigen Energiewirtschaft.
- Diese hochwertigen, speicherbaren Energieträger werden zum großen Teil durch Verbrennung bei hohen Temperaturen zur Bereitstellung von Niedertemperaturwärme verbraucht (Exergieverlust und Entropiezunahme).

Demgegenüber gilt für die Nutzung erneuerbarer Energiequellen:

- Wind, Sonne und Wasser lassen sich nicht in beliebigen Mengen fördern, speichern und stehen nicht „per Knopfdruck" zur Verfügung.
- Die Energiedichte von Wind, Sonne und Wasser ist erheblich geringer im Vergleich zu fossilen Energieträgern und wird in der Regel leistungs- und nicht energiebezogen angegeben (zum Beispiel solare Strahlungsleistung in W/m^2).
- Sonne und Wind sind kostenlos und lassen sich nicht handeln.

- Die Nutzung erneuerbarer Energiequellen führt zu einer reduzierten relativen Entropiezunahme. Niedertemperaturwärme lässt sich unmittelbar bereitstellen (zum Beispiel mit Sonnenkollektoren bei 80 °C Betriebstemperatur).

Für die Systemtechnik regenerativer Energiesysteme zur Wärme- und Kälteerzeugung hat das gravierende Folgen. Dies soll im Folgenden am Beispiel einer solarthermischen Anlage zur Trinkwarmwassererwärmung erläutert werden:

- Um die Ausbeute bei niedriger Energiedichte zu erhöhen, werden hocheffiziente Energiewandler benötigt (Sonnenkollektoren).
- Um die Verfügbarkeit der solaren Wärme zu verbessern, muss die erzeugte Wärme in der Regel zwischengespeichert werden.
- Energieangebot (Solarstrahlung) und Energiebedarf (Trinkwarmwasserbedarf) müssen entkoppelt und sorgfältig aufeinander abgestimmt werden.
- Das Solarsystem kann exakt auf das benötigte Temperaturniveau eingestellt werden. Unnötige Energie- und auch Exergieverluste werden vermieden.
- Durch starke saisonale Schwankungen im Energieangebot kann in der Regel allein mit der Sonne kein ganzjähriger Betrieb gefahren werden. Solarthermische Systeme werden daher durch konventionelle Heizkessel ergänzt.
- Regenerative Energiesysteme wie solarthermische Anlagen erwirtschaften im Betrieb durch die Substitution fossiler Energieträger monetäre Erträge. Diese lassen sich zur Amortisation der solaren Anlagenkosten nutzen.

1.3 Bedeutung der Automation bei der Nutzung regenerativer Energiequellen zur Wärme- und Kälteversorgung von Gebäuden

Mit Automation ist hier das selbsttätige Ablaufen von Arbeitsprozessen gemeint. Schauen wir zurück in die Zeit der Industrialisierung, so wird deutlich, dass ohne Automation, d. h. Regelung und Steuerung von Prozessen, die Entwicklung bis zu den heutigen Fließbandproduktionen mit Robotik-Werkzeugen nicht denkbar ist. In den letzten Jahrzehnten hat sich die Automationstechnik von der analogen Technik mit Operationsverstärkern und beschränkten Funktionalitäten hin zur digitalen Regelungstechnik mit mikroprozessorgesteuerten DDC- und SPS-Einheiten gewandelt. Letztere lassen sich universell einsetzen und sind zum Teil frei programmierbar und offen in der Kommunikation.

Die Automationseinrichtung ist ein entscheidender Zugang zum Betrieb der regenerativen Wärme- und Kälteversorgungsanlagen. Für den Anlagenbetreiber ist sie der Hebel zum erfolgreichen und effizienten Anlagenbetrieb, gerade bei hochkomplexen Systemen mit zahlreichen freien Parametern wie Sonneneinstrahlung, Außentemperatur und Nutzung.

Auf diesem Hintergrund bedeutet die Automation von Anlagen zur regenerativen Wärme- und Kälteversorgung die Möglichkeit die selbsttätige Kopplung von Energieerzeuger und Energieverbraucher über Speicherbe- und entladevorgänge optimal zu gestalten. Vor allem aber ermöglicht die Automation mit den zahlreich vorhandenen Sensoren sämtliche Prozesse zu überblicken und ständig zu bewerten. Aus Komfortgründen werden bei fehlendem Angebot aus regenerativen Energiequellen selbsttätig Zusatzheiz- oder -kühlsystem zugeschaltet. Verbraucher- und Erzeugerkreisläufe werden optimal aufeinander abgestimmt.

Wenn z. B. die Gebäudeheizung momentan nur 40 °C Vorlauftemperatur benötigt, kann die Steuerung dafür sorgen, dass entsprechend Wärme bei mittlerem Temperaturniveau dem Speicher entnommen wird und schließlich im Kollektor die Vorlauftemperaturen abgesenkt werden können, was dessen Wirkungsgrad erhöht. Bei Heizungsrücklauftemperaturen um 30 °C wird bei der Speicherentladung durch gezielte Einleitung des Rücklaufs in den Pufferspeicher eine Vermischung mit heißeren Speicherschichten vermieden.

Beim Betrieb von thermischen Prozessen kommt es entscheidend darauf an, mit den unterschiedlichen Energieströmen und den Temperaturniveaus sorgsam umzugehen, d. h. unnötige Energie verbrauchende Prozesse zu vermeiden und thermische Verluste so gering wie möglich zu halten. Ferner sollten immer gerade diejenigen Anlagenkomponenten ins Spiel kommen, die am günstigsten Energie bereitstellen können. Lade- und Entladevorgänge müssen oft parallel betrieben werden. Diese Komplexität in den Abläufen lässt sich nur mit einer umfassenden und durchgängigen Mess-, Streuer- und Regeltechnik (MSR-Technik) beherrschen.

Vielfach sind in den Gebäuden bereits Gebäudeleitsysteme (Gebäudeautomations- oder GA-Systeme) installiert, um die Prozesse der technischen Gebäudeausrüstung zu automatisieren. In solchen Fällen sollte die Automation der regenerativen Wärme- und Kälteversorgung in die vorhandene GA eingebunden werden. In vielen Fällen werden von den Anlagenbauern jedoch kompakte Solarregler mit begrenzter Funktionalität verwendet, bei denen es an Transparenz mangelt und die nicht mit der vorhandenen GA kommuniziert. Die Zukunft der Automation im Gebäude wird jedoch einer umfassenden, durchgängigen und transparenten Gebäudeautomation gehören.

Gerade dem Aspekt der Transparenz soll auch im vorliegen Buch Rechnung getragen werden. Automationsprozesse sollten für den Anlagenbetreiber offen gelegt und bei geringer fachlicher Schulung nachvollziehbar sein. Störungen im Betriebsablauf, überhöhte Betriebstemperaturen und mangelhafte Nutzungsgrade gehen sehr oft auf fehlerhafte Betriebsabläufe zurück, die sich leicht mit Hilfe der MSR-Technik beheben und managen lassen.

1.4 Beispiel einer solarthermischen Trinkwassererwärmung im Einfamilienhaus

Am Beispiel einer einfachen solaren Trinkwasseranlage für ein Wohnhaus werden im Folgenden die Besonderheiten regenerativer Energiesysteme und die Automation der Betriebsabläufe verdeutlicht (siehe Abb. 1.1).

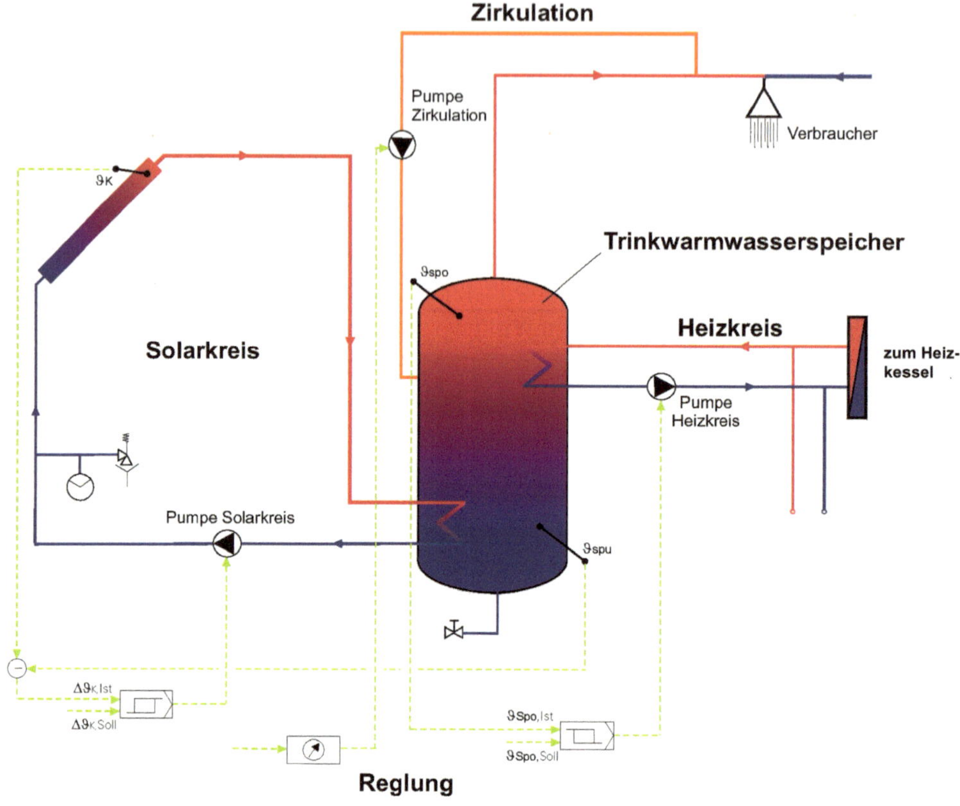

Abb. 1.1 Automatisierungsschema einer solarthermischen Trinkwassererwärmungsanlage für ein Einfamilienhaus

Herzstück der Anlage ist der Trinkwarmwasserspeicher. Er dient der Bevorratung von Energie, hier in Form von Trinkwarmwasser. Er liefert, angetrieben vom Vordruck des Hauswasseranschlusses, bei Bedarf das warme Trinkwasser an die Zapfstelle. Um das Trinkwarmwasserleitungsnetz „auf Temperatur" zu halten, wird oft ein Zirkulationssystem angeschlossen (ein nicht zu unterschätzender Wärmeverbraucher!).

Der Trinkwarmwasserspeicher kann sowohl mit der Sonne als auch mit konventionellen Energieträgern (Heizkessel) beheizt werden. Die Solaranlage wird dabei so dimensioniert, dass sie 60 % des jährlichen Trinkwarmwasserbedarfs bereitstellen kann. Bei geringem Solarangebot im Winter und auch in den Übergangszeiten ergänzt ein Heizkessel die Wärmelieferung.

Damit die Sonnenkollektoren möglichst effizient betrieben werden können, speisen sie ihre Wärme in den unteren, kälteren Teil des Trinkwarmwasserspeichers ein. So steht auch bei geringer Solarstrahlung am Wärmeübertrager ein Temperaturgefälle zur Speicherbeheizung zur Verfügung (solare Vorwärmung). Der Verbraucher des Trinkwarmwassers

Abb. 1.2 Ansicht Vakuumröhrenkollektoren zur solaren Klimatisierung der Festo AG & Co. KG in Esslingen

kann selbst nicht differenzieren, ob gerade solare oder konventionelle Energieträger eingesetzt werden. Der Speicher wird auf konstanter Temperatur gehalten: Erneuerbare und fossile Energieträger ergänzen sich dabei nahtlos.

Aufgabe der Automation ist es, die Beladungsvorgänge selbstständig ablaufen zu lassen und eine Überwachungsfunktion zu übernehmen. Dazu werden Temperatursensoren und Umwälzpumpen in die jeweiligen Kreisläufe eingebaut. Ein Temperaturfühler ϑ_k erfasst die Absorbertemperatur des Kollektors und die Speicherbeladung wird mit den Temperatursensoren ϑ_{SPo} und ϑ_{SPu} erfasst. Die Beladung des Speichers mit Wärme aus dem Kollektor erfolgt immer dann, wenn die Differenz $(\vartheta_{SPu} - \vartheta_k)$ größer 10 K ist, also quasi unabhängig von der momentanen Solarstrahlung und dem momentanen Trinkwarmwasserbedarf.

Im Sommer kann der gesamte Speicherinhalt auf Temperatur gehalten werden und bei Entnahme von Trinkwarmwasser wieder solar nachgeladen werden. Ein Zweipunktregelalgorithmus schaltet die Solarkreis-Umwälzpumpe aus, wenn die Differenz $\vartheta_{SPu} - \vartheta_k$ kleiner 5 K ist. Die Zusatzheizung mit dem Heizkessel geht immer dann in Betrieb, wenn die obere Speichertemperatur ϑ_{SPo} kleiner 60 °C ist und beheizt dann nur die obere Speicherhälfte. Da Wasser kein guter Wärmeleiter ist, bleibt dieser Wärmeeintrag auf die obere Speicherhälfte begrenzt. Somit steht in der unteren Speicherhälfte immer ein Potenzial für die Einspeisung solarer Wärme zur Verfügung. Solar vorgewärmtes Wasser kann auf diese Weise problemlos mitgenutzt werden.

Ist eine Warmwasserzirkulation angeschlossen, so wird, zeitabhängig gesteuert, ständig heißes Wasser durch das Leitungsnetz zirkuliert. Auch die dabei verbrauchte Wärme auf hohem Temperaturniveau muss ganzjährig bereitgestellt werden.

Neben der Regelung und Steuerung dieser Abläufe überwacht das Automationssystem die Einhaltung der maximal zulässigen Speichertemperatur (in der Regel 95 °C). Thermische Ausdehnungen im geschlossenen Solarkreis und Heizkreis werden mit Sicherheitsarmaturen wie Ausdehnungsgefäß und Überdruckventil mechanisch aufgefangen und sind nicht Teil der Regelungs- und Steuerungstechnik.

Dieses Beispiel zeigt die für regenerative Wärmeversorgungssysteme typische enge Abstimmung von regenerativen und fossilen Energieerzeugern. Es macht ferner die zentrale Bedeutung der Energiebevorratung in Speichern deutlich. Dabei sind Energiebedarf und Energieangebot weitgehend entkoppelt und werden zur Steuerung und Regelung nicht erfasst. Mit Hilfe von Temperatursensoren kann der Einsatzpunkt der jeweiligen Energiewandler intelligent gesteuert und die Speichertemperatur geregelt und überwacht werden. Dabei ist die Anbindung der solaren Systeme so zu wählen, dass der Solarertrag maximiert und so der wirtschaftliche Gewinn gesteigert wird.

In Abb. 1.2 ist eine Ansicht eines Kollektorfeldes einer solar-thermischen Großanlage bei der Fa. Festo AG & Co. KG zu sehen.

Peter Ritzenhoff und Alfred Karbach

Bei der Integration regenerativer Energien in Gebäuden muss ein Einklang zwischen Energieangebot und Energienachfrage bzw. Energiebedarf hergestellt werden. Da das Energieangebot und der Energiebedarf nicht übereinstimmen, sind zusätzlich Anpassungen und Speicher erforderlich. In den nachfolgenden Abschnitten werden das regenerative Energieangebot, der Gebäudeenergiebedarf sowie Besonderheiten bei der Nutzung dargestellt.

2.1 Energieangebot regenerativer Energiequellen

Peter Ritzenhoff

Soll der Energiebedarf von Gebäuden durch regenerative Energiequellen bereitgestellt werden, ist die Kenntnis über deren Angebot insbesondere in drei Fällen erforderlich:

- Zur Auslegung von Energieversorgungsanlagen müssen die mittleren monatlich oder jährlich bereitgestellten Energiemengen vorliegen, die den klimatischen Rahmenbedingungen entsprechen.
- Zur Steuerung und Regelung ist die Einbindung aktueller Messungen der jeweiligen Energiequellen in den Steuer- oder Regelalgorithmus erforderlich. Zusätzlich kann die Steuerung oder Regelung durch die Kenntnis kurzfristiger Vorhersagen im Zeitbereich von einzelnen Stunden bis hin zu einer Woche helfen, die Anlageneffizienz zu verbessern.

P. Ritzenhoff (✉)
Hochschule Bremerhaven
Bremerhaven, Deutschland

A. Karbach
FB 03 ME, TH Mittelhessen
Gießen, Deutschland

© Springer Fachmedien Wiesbaden 2016
E. Bollin (Hrsg.), *Regenerative Energien im Gebäude nutzen*,
DOI 10.1007/978-3-658-12405-2_2

- Zur Beschreibung von Gebäuden mittels Simulation sind Datensätze mit den relevanten Eingangsgrößen wie z. B. Globalstrahlung, Außentemperatur oder Windgeschwindigkeit erforderlich. Die Daten sollten üblicherweise in Stundenschritten vorliegen.

In den folgenden Abschnitten wird der Schwerpunkt auf die grundlegenden Zusammenhänge der regenerativen Energiequellen gelegt, worin Angaben zur Auslegung von regenerativen Energieanlagen enthalten sind. Erläuternd werden verschiedene Strahlungszusammenhänge anhand von gemessenen Daten dargestellt.

Soweit möglich werden auch Angaben zur kurzfristigen Vorhersage des regenerativen Energieangebotes präsentiert.

2.1.1 Das solare Strahlungsangebot am Gebäude

Jährlich übersteigt das Solarenergieangebot auf der Fläche der Bundesrepublik Deutschland ($357 \cdot 10^9 \, \text{m}^2$ und 82,46 Mio. Einwohner) den derzeitigen Primärenergieverbrauch (4011 TWh) etwa um das Hundertfache. Selbst unter Berücksichtigung von technisch bedingten Wirkungsgraden für die Umwandlung der Sonnenenergie kann sie auch in unseren Breiten einen noch deutlich ausbaufähigen Beitrag zur Energieversorgung leisten. Durchschnittlich treffen hier pro Jahr rund 1000 kWh Sonnenenergie auf eine horizontale Fläche von einem Quadratmeter. Etwa zwei Drittel dieser Energiemenge entfällt auf die Sommermonate. Regional variiert die Menge der eingestrahlten Sonnenenergie. So liegen die Werte beispielsweise im Alpenvorland im Jahresmittel bei über 1150 kWh/m^2 und in Hamburg bei 925–950 kWh/m^2. Eine Übersicht der durchschnittlichen jährlichen Verteilung der Globalstrahlung in Deutschland auf eine horizontale Fläche ist Abb. 2.1 zu entnehmen. Global betrachtet sind die höchsten Einstrahlwerte in Äquatornähe zu finden und erreichen dort Werte von bis zu 2300 kWh/(m^2 a).

Die Menge der eingestrahlten Sonnenenergie variiert im Verlaufe eines Tages entsprechend dem Stand der Sonne sowie der Ausrichtung der bestrahlten Fläche. Die Einstrahlung auf Gebäudeflächen hängt damit stark vom Neigungswinkel und der Orientierung der Empfangsfläche ab. Wenn die Sonnenstrahlen senkrecht auf die Fläche treffen, ist die Strahlungsintensität am höchsten. An einem klaren sonnigen Tag kann die Bestrahlungsstärke auf einer Fläche, die zum aktuellen Stand der Sonne gerichtet ist, Werte von bis zu 1000 W/m^2 erreichen. Die tägliche Menge der eingestrahlten Sonnenenergie (Globalstrahlung) auf eine horizontale Fläche beträgt je Quadratmeter in Deutschland im Mittel etwa 2,8 kWh. In Abb. 2.2 sind die Tagessummen der Globalstrahlung für eine horizontale Fläche sowie eine nach Südosten oder Südwesten orientierte Fassadenfläche aufgetragen. Im Juli können demnach bei horizontalen Flächen Werte von bis zu 8 kWh/m^2 je Tag erreicht werden, im Dezember jedoch auch weniger als 0,2 kWh/m^2 je Tag. Wenngleich die maximalen Einstrahlungswerte bei der Fassade im Sommer deutlich geringer ausfallen, sind die Spitzenwerte im Winter wie auch in den Übergangszeiten höher als bei einer ho-

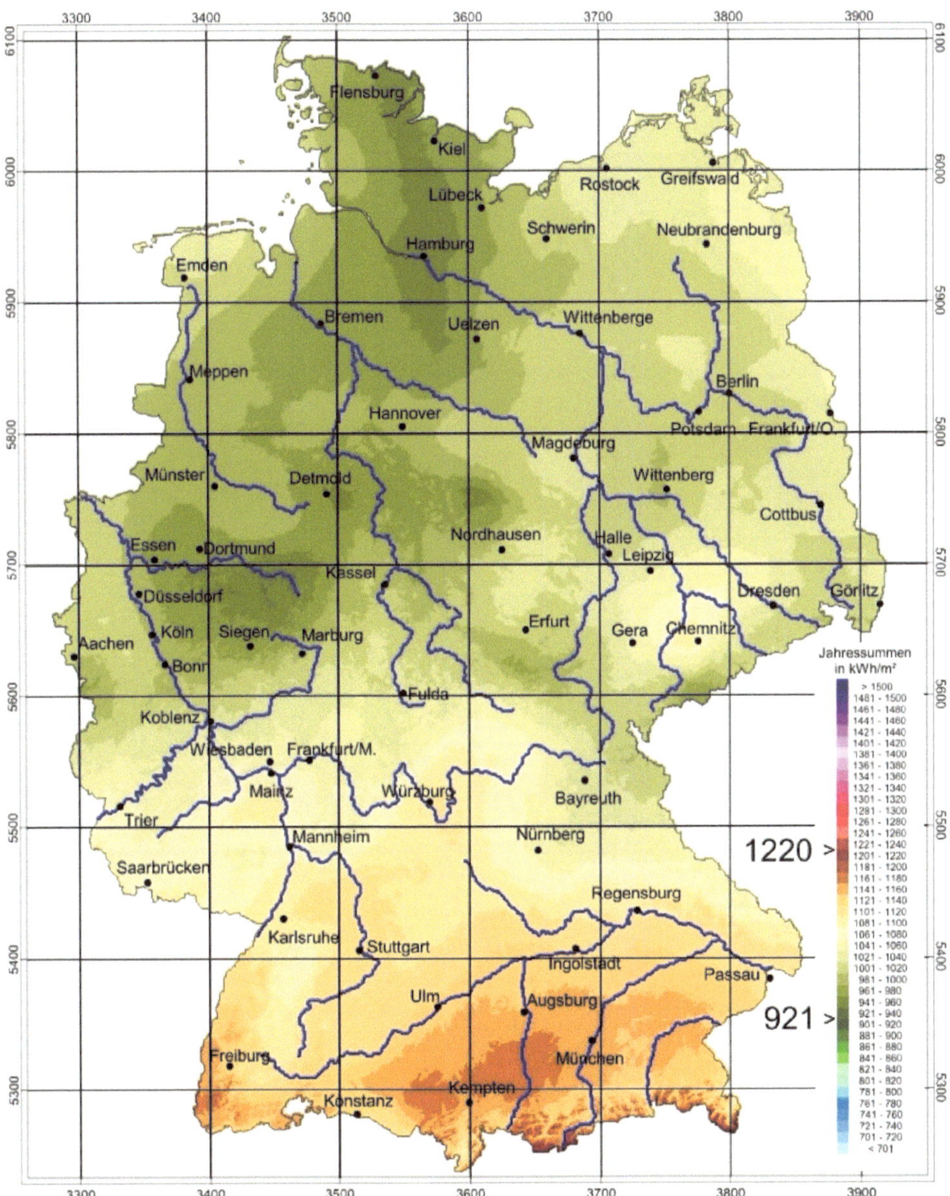

Abb. 2.1 Mittlere Jahressummen der Globalstrahlung in der BRD für den Zeitraum 1981–2000. Quelle: Deutscher Wetterdienst (DWD) 2009

rizontalen Fläche. Dieser Effekt ist noch ausgeprägter, wenn es sich um eine nach Süden orientierte Fassadenfläche handelt.

Zur Bestimmung der durch die Sonne hervorgerufenen Einstrahlung muss die jeweilige Sonnenposition entsprechend Abb. 2.3 herangezogen werden. Die Position der Sonne wird

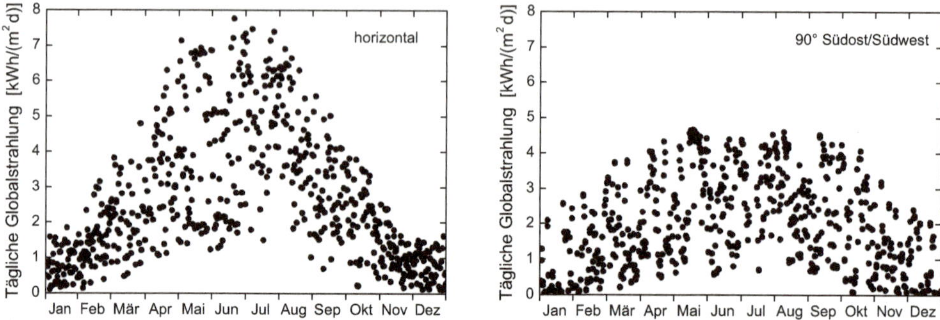

Abb. 2.2 Gemessene Tagessummen der Globalstrahlung auf eine horizontale Fläche sowie auf Fassadenflächen in Südost- und Südwestrichtung

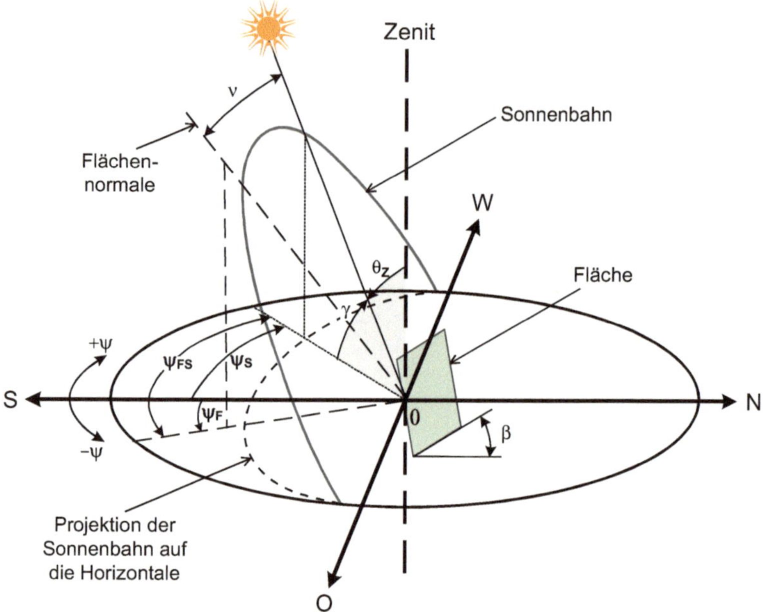

Abb. 2.3 Beschreibung der Sonnenbahn im Tagesverlauf

durch die beiden Winkel Sonnenhöhe und Azimut beschrieben. Der Sonnenhöhenwinkel γ stellt den Winkel dar, der sich aus Sicht des Beobachters zwischen der aktuellen Sonnenposition am Himmel und dessen Projektion auf der Erde ergibt. Der Sonnenhöchststand stellt sich in der Mittagszeit zwischen 12:00 und 13:00 Uhr MEZ (mitteleuropäische Zeit) ein und hat am 21. Juni seinen Maximalwert mit etwa 65° in Süddeutschland und 59° in Norddeutschland. Im Winter am 21. Dezember haben die maximalen Sonnenhöhenwinkel Werte zwischen 18° und 13°.

Der Azimutwinkel der Sonne ψ_S wird zwischen der Projektion der Sonnenposition auf die horizontale Fläche und der Südrichtung gemessen. Für die Bestimmung des Einstrahlwinkels auf eine beliebig orientierte Fläche ist zusätzlich die Orientierung der Fläche ψ_F (Abweichung der Projektion der Flächennormalen auf die Horizontale aus der Südrichtung) zu berücksichtigen. Der Einstrahlwinkel v setzt sich damit aus der Sonnenhöhe, dem Sonnenazimut, der Neigung der Fläche sowie der Orientierung der Fläche (Flächenazimut) zusammen. Die geometrischen Zusammenhänge sind in Abb. 2.3 dargestellt.

Die mathematische Beschreibung der Sonnenbahn im Tages- und Jahresgang erfolgt mit Hilfe der Deklination, der astronomischen Tageslänge und der Zeitgleichung. Die Sonnenzeit ergibt sich aus dem geografischen Standort sowie der aktuellen Sonnenposition und ist so definiert, dass um 12:00 Uhr mittags der Sonnenhöchststand vorliegt.

Die Deklination δ beschreibt den bis $\pm 23{,}44°$ um den Mittelwert schwankenden Neigungswinkel der Erdachse. Daraus wird unter Berücksichtigung des geografischen Breitengrades des Standortes die Tageslänge S_0 ermittelt. Mit Hilfe der Zeitgleichung werden die Anomalien des Sonnenganges im Laufe eines Jahres ausgeglichen. Die Beziehung zwischen der Sonnenzeit sowie der lokalen Standardzeit wird über den jeweiligen Längengrad in Bezug zu Greenwich sowie der Zeitzone hergestellt. Die Größen können mit den nachfolgenden Gl. 2.1 bestimmt werden.

$$
\begin{aligned}
\delta &= 23{,}44° \cdot \sin\left(\frac{360}{365{,}25} \cdot (TN - 80)\right) \\
S_0 &= \frac{24}{\pi} \cdot \arccos(-\tan\delta \cdot \tan\phi) \\
t_{SA} &= 12 - S_0/2; \quad t_{SU} = 12 + S_0/2 \\
ZG &= -0{,}128 \cdot \sin(TW - 2{,}8) - 0{,}165 \cdot \sin(2 \cdot TW + 19{,}7) \\
SZ &= LST + \frac{\lambda - \lambda_{ST}}{15} + ZG - c \\
\omega &= 15° \cdot (SZ - 12)
\end{aligned}
\tag{2.1}
$$

Mit

TN Tagesnummer (1. Jan $= 1$; 2. Jan $= 2$; …; 31. Dez $= 365/366$),

TW Tageswinkel in Grad ($TW = TN \cdot 360/365{,}25$),

δ Deklinationswinkel in [Grad],

ϕ Breitengrad,

S_0 astronomische Tageslänge in [h],

t_{SA} Zeit des Sonnenaufgang,

t_{SU} Zeit des Sonnenuntergang,

ZG Zeitgleichung in [h],

SZ Sonnenzeit [h],

LST lokale Standardzeit [h],

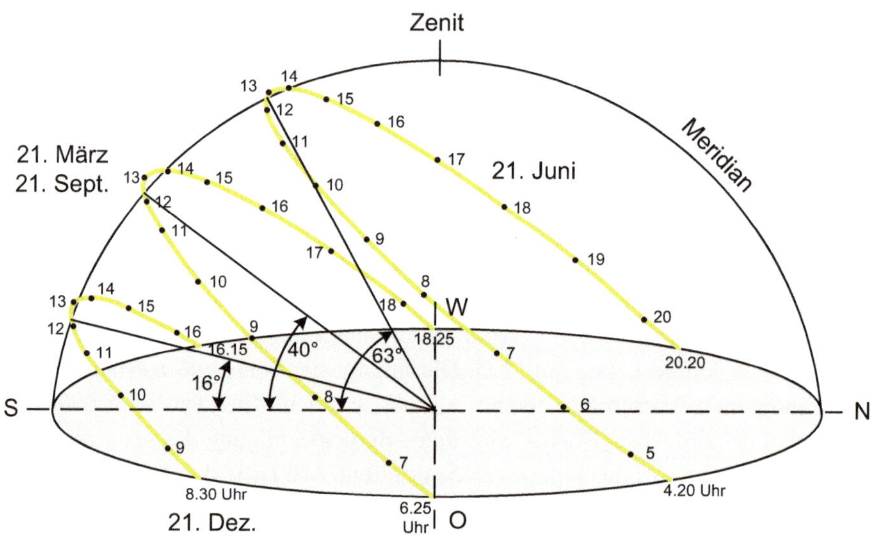

Abb. 2.4 Sonnenbahn im Laufe des Jahres in Deutschland etwa bei Breitengrad 51°

λ Längengrad bezogen auf Greenwich in [Grad],

λ_{ST} Längengrad der definierten Zeitzone (bei MEZ-Zone: $\lambda_{ST} = 15°$),

c Sommerzeitverschiebung ($+1\,$h im Sommer; $0\,$h im Winter),

ω Stundenwinkel in [Grad].

Sofern Zahlenwerte in obigen Gleichungen enthalten sind, beziehen sich die trigonometrischen Funktionen auf Grad-Winkel.

Für den 51. Breitengrad auf der Nordhalbkugel der Erde ist in Abb. 2.4 die Sonnenbahn im Laufe eines Jahres dargestellt, aus der die Sonnenhöhe mit 16°, 40° und 63° für vier Tage des Jahres (Winter- und Sommersonnenwende sowie die Tag-/Nachtgleiche) hervor geht. Der sich zu den unterschiedlichen Uhrzeiten einstellende Sonnenazimut ist dem Bild qualitativ zu entnehmen.

Unter Zuhilfenahme dieser Größen erfolgt die mathematische Beschreibung der in Abb. 2.3 beschriebenen Sonnenbahn im Tages- und Jahresgang. Dazu wird die Sonnenhöhe γ, der Sonnenazimut ψ_S sowie insbesondere der Einstrahlwinkel v bestimmt, der sich zwischen der Sonnenrichtung und der Flächennormalen einstellt.

$$\sin \gamma = \sin \phi \cdot \sin \delta + \cos \omega \cdot \cos \phi \cdot \cos \delta$$

$$\cos \psi_S = \frac{\sin \varphi \cdot \sin \gamma - \sin \delta}{\cos \varphi \cdot \cos \gamma}$$

$$\psi_{FS} = \psi_S - \psi_F$$

$$\cos v = \cos \gamma \cdot \sin \beta \cdot \cos \psi_{FS} + \sin \gamma \cdot \cos \beta \tag{2.2}$$

Mit

γ Sonnenhöhe,
ψ_S Sonnenazimut,
ψ_F Flächenazimut,
ψ_{FS} Flächen-Sonnen-Azimut,
β Flächenneigung,
ν Einfallswinkel der Sonne bezüglich der Flächennormalen.

Beim Durchgang durch die Atmosphäre wird die extraterrestrische Sonnenstrahlung durch Extinktion, d. h. durch Streuung und Absorption an Luftmolekülen, Aerosolpartikeln und an Wolkentropfen und -kristallen geschwächt. Als Maß für die Ermittlung der Extinktion dienen die relative optische Luftmasse m, die vertikale optische Dicke δ sowie der Trübungsfaktor nach Linke T_L.

Für Sonnenhöhen größer 10° kann die relative optische Luftmasse m (auch als Airmass AM bezeichnet) vereinfachend mit einer Sinusfunktion nach Gl. 2.3a und ansonsten nach Gl. 2.3b beschrieben werden. Die optische Luftmasse ist dabei auch vom Druckverhältnis des Standortes p bezogen auf den Normaldruck auf Meerehöhe p_0 abhängig. Die Verminderung der empfangenen Bestrahlungsstärke auf der Erdoberfläche durch die reale Atmosphäre wird mit dem Linke-Trübungsfaktor T_L beschrieben. Er gibt die optische Dicke einer getrübten und feuchten Atmosphäre als ein Vielfaches der optischen Schichtdicke einer reinen trockenen Atmosphäre (Rayleigh-Atmosphäre) δ_R an. Der Trübungsfaktor wird üblicherweise als monatlicher Mittelwert für bestimmte Regionen tabelliert. Der Deutsche Wetterdienst schlägt für Deutschland Werte entsprechend Tab. 2.1 vor.

$$m = \frac{p/p_0}{\sin \gamma} \qquad\qquad \text{bei } \gamma > 10° \text{ bzw.} \qquad (2.3a)$$

$$m = \frac{p/p_0}{\sin \gamma + 0{,}15 \cdot (\gamma + 3{,}885)^{-1{,}253}} \qquad \text{bei } \gamma < 10° \qquad (2.3b)$$

$$\delta_R = \frac{1}{0{,}9 \cdot m + 9{,}4} \qquad\qquad\qquad (2.4)$$

Außerhalb der Erdatmosphäre gibt es nur geringe Schwankungen der Strahlungsleistung der Sonne. Die extraterrestrische Strahlung hat vor dem Eintritt in die Erdatmosphäre einen Wert von durchschnittlich 1367 W/m^2, der als Solarkonstante bezeichnet wird. Praktisch schwankt der Wert der Solarkonstante im Laufe eines Jahres etwa zwischen 1330 und 1420 W/m^2, was durch den Korrekturfaktor K_d ausgedrückt wird. Die Erdoberfläche erreicht schließlich bei klarem Himmel eine direkte Strahlung I_c, die maßgeblich von den

Tab. 2.1 Linkesche Trübungsfaktoren für Deutschland [1]

Monat	Jan.	Febr.	März	Apr.	Mai	Juni	Juli	Aug.	Sept.	Okt.	Nov.	Dez.
TL	3,8	4,2	4,8	5,2	5,4	6,4	6,3	6,1	5,5	4,3	3,7	3,6

Strahlungsverminderungen innerhalb der Erdatmosphäre abhängig ist.

$$K_d = 1 + 0{,}03344 \cdot \cos(TW - 2{,}8)$$

$$I_0 = 1367\,\text{W/m}^2 \tag{2.5}$$

$$I_c = K_d \cdot I_0 \cdot e^{-(T_L \cdot \delta_R \cdot m)} \tag{2.6}$$

Die direkte Strahlung auf horizontale Flächen wird bei klarem Himmel $I_{c,ho}$ in Abhängigkeit der Sonnenhöhe und bei teilweise bedecktem Himmel $I_{m,ho}$ unter Berücksichtigung der relativen Sonnenscheindauer σ bestimmt. Anstelle der astronomischen Tageslänge S_0 wird zur Bestimmung der relativen Sonnenscheindauer σ_4 die gemessene Sonnenscheindauer jedoch auf die Zeit S_4 bezogen, in der die Sonnenhöhe größer als $4°$ ist.

$$I_{c,\text{ho}} = I_c \cdot \sin\gamma \tag{2.7}$$

$$\sigma = \frac{S_m}{S_0} \quad \text{bzw.} \quad \sigma_4 = \frac{S_m}{S_4} \tag{2.8}$$

$$I_m = \sigma_4 \cdot I_c$$

$$I_{m,\text{ho}} = f_5 \cdot \sigma_4 \cdot I_{c,\text{ho}} \tag{2.9}$$

Die diffuse Strahlung entsteht durch Streuungen und Reflexionen der extraterrestrischen Solarstrahlung in der Atmosphäre. Dieser gestreute und reflektierte Anteil ergibt sich aus der weder absorbierten noch als Direktstrahlung transmittierten Strahlung. Unter der Annahme, dass die Hälfte dieser Strahlung in Richtung Erde gelenkt wird und auch die diffuse Strahlung von der Sonnenhöhe abhängig ist, ergibt sich für eine horizontale Fläche bei klarem Himmel $D_{c,\text{ho}}$:

$$D_{c,\text{ho}} = \cdot f_1 \cdot (K_d \cdot I_0 \cdot \tau_{\text{Atm}} - I_c) \cdot \sin\gamma \tag{2.10}$$

Die durchschnittliche Diffusstrahlung bei bedecktem Himmel D_b ist abhängig von der Sonnenhöhe. Zur Ermittlung der diffusen Strahlung teilweise bedeckten Himmel $D_{m,\text{ho}}$ wird auf Basis einer Interpolation mit der diffusen Strahlung bei einer relativen Sonnenscheindauer von $\sigma_4 = 0{,}25 \cdot D_{25,\text{ho}}$ sowie der diffusen Stahlung bei klarem Himmel ermittelt:

$$D_{b,\text{ho}} = K_d \cdot (2{,}61 + 182{,}6 \cdot \sin\gamma) \qquad \text{in } [\text{W/m}^2]$$

$$D_{25,\text{ho}}g = K_d \cdot (2 + 5{,}3 \cdot \gamma) \qquad \text{in } [\text{W/m}^2] \tag{2.11}$$

$$D_{m,\text{ho}} = f_6 \cdot \left(\sigma_4 \cdot D_{c,\text{ho}} + \frac{(1 - \sigma_4) \cdot (D_{25,\text{ho}} - 0{,}25 \cdot D_{c,\text{ho}})}{0{,}75} \right) \tag{2.12}$$

Die Globalstrahlung auf eine horizontale Fläche ergibt sich schließlich sowohl bei klarem Himmel $G_{c,\text{ho}}$ wie auch bei mittleren Bewölkungszuständen $G_{m,\text{ho}}$ aus der Summe der direkten und der diffusen Strahlungsanteile.

$$G_{c,\text{ho}} = I_{c,\text{ho}} + D_{c,\text{ho}} \tag{2.13}$$

$$G_{m,\text{ho}} = I_{m,\text{ho}} + D_{m,\text{ho}} \tag{2.14}$$

Zur Ermittlung der direkten, diffusen sowie reflektierten Strahlung auf beliebig orientierte Flächen bei wolkenfreiem Himmel $I_{c,\text{gen}}$, $D_{c,\text{gen}}$ und $R_{c,\text{gen}}$ werden der Einstrahlwinkel v, die Flächenneigung β sowie die Albedo AL benötigt. Die Albedo stellt den Reflexionsgrad des vor der Fläche befindlichen Bodens dar. Bei geneigten Flächen trägt nur der von der Fläche gesehene Anteil des Himmelshalbraumes zur diffusen Strahlung bei. Andererseits erreicht über den von der Fläche gesehenen Bodenanteil zusätzlich reflektierte Strahlung die geneigte Fläche.

Bestimmung der Funktionen τ_{atm}, f_1, f_4, f_5, f_6, f_8 und f_2

$$\begin{aligned}
\tau_{\text{atm}} &= (1{,}294 + 0{,}024417 \cdot \gamma - 3{,}973 \cdot 10^{-4} \cdot \gamma^2 + 3{,}8034 \cdot 10^{-6} \cdot \gamma^3 - 2{,}2145 \cdot 10^{-8} \cdot \gamma^4 \\
&\quad + 5{,}8332 \cdot 10^{-11} \cdot \gamma^5) \cdot (0{,}506 - 0{,}010788 \cdot T_L) \\
f_1 &= 0{,}9272 + 0{,}0185 \cdot \gamma - 5{,}377 \cdot 10^{-4} \cdot \gamma^2 + 5{,}512 \cdot 10^{-6} \cdot \gamma^3 - 1{,}502 \cdot 10^{-8} \cdot \gamma^4 \\
&\quad - 3{,}816 \cdot 10^{-11} \cdot \gamma^5 + (-0{,}19043 + 0{,}018226 \cdot \gamma - 6{,}0133 \cdot 10^{-4} \cdot \gamma^2 + 1{,}1015 \cdot 10^{-5} \cdot \gamma^3 \\
&\quad - 1{,}0043 \cdot 10^{-7} \cdot \gamma^4 + 3{,}5385 \cdot 10^{-10} \cdot \gamma^5) \cdot (T_L - 5) \\
f_4 &= 0{,}1819 \cdot (1{,}178 \cdot (1 + \cos\beta) + (\pi - \beta) \cdot \cos\beta + \sin\beta);
\end{aligned}$$

Wenn $\gamma \le 45°$ dann:

$$\begin{aligned}
f_5 &= (-0{,}42907 + 0{,}098539 \cdot \gamma - 0{,}0011429 \cdot \gamma^2) + (6{,}128 - 0{,}46284 \cdot \gamma + 0{,}0050835 \cdot \gamma^2) \\
&\quad \cdot \sigma_4 + (-8{,}5179 + 0{,}64546 \cdot \gamma - 0{,}0067794 \cdot \gamma^2) \cdot \sigma_4^2 \\
&\quad + (3{,}8176 - 0{,}2811 \cdot \gamma + 0{,}002839 \cdot \gamma^2) \cdot \sigma_4^3 \text{ sonst} \\
f_5 &= 1{,}6908125 - 4{,}405713 \cdot \sigma_4 + 6{,}799515 \cdot \sigma_4^2 - 3{,}082925 \cdot \sigma_4^3 \\
k(\text{Mon}) &= (0{,}78; 0{,}79; 0{,}79; 0{,}79; 0{,}79; 0{,}78; 0{,}76; 0{,}74; 0{,}75; 0{,}73; 0{,}75; 0{,}75); \\
f_6 &= (0{,}5212 + 2{,}429 \cdot \sigma_4 - 3{,}383 \cdot \sigma_4^2 + 1{,}432 \cdot \sigma_4^3) \cdot (0{,}83202 + 0{,}011619 \cdot \gamma \\
&\quad - 1{,}8832 \cdot 10^{-4} \cdot \gamma^2 + 9{,}8559 \cdot 10^{-7} \cdot \gamma^3)/(7{,}12889 - 14{,}9747 \cdot k(\text{Mon}) \\
&\quad + 9{,}10674 \cdot k^2(\text{Mon}))
\end{aligned}$$

Wenn $(\psi_{\text{FS}} > 45°)$ und $(\psi_{\text{FS}} < 135°)$ dann:

$$\begin{aligned}
f_8 &= 1 + \sin\gamma \cdot \sin(2 \cdot \psi_{\text{FS}} - 90°) \cdot (0{,}19 - 0{,}14 \cdot \sin\gamma) \text{ sonst } f_8 = 1 \\
f_2 &= (f - 1) \cdot \sin\beta
\end{aligned}$$

die Ermittlung von f erfolgt entsprechend nachfolgenden Bedingungen und gilt für Sonnenhöhen zwischen 5 und 70°:

a) Wenn ($\psi_{FS} < 90°$) dann

Wenn ($\gamma < 30°$) dann K1 $= 1{,}024 - 0{,}001 \cdot \gamma$ sonst K1 $= 0{,}994 + 0{,}000375 \cdot (\gamma - 30°) \cdot (0{,}3 \cdot T_L - 0{,}8)$

$$C1 = (2{,}036 - 0{,}3236 \cdot T_L + 0{,}05578 \cdot T_L^2 - 5{,}094 \cdot 10^{-3} \cdot T_L^3 + 1{,}856 \cdot 10^{-4} \cdot T_L^4 - 1{,}044$$
$$+ 0{,}092434 \cdot \gamma - 3{,}2014 \cdot 10^{-3} \cdot \gamma^2 + 5{,}6317 10^{-5} \cdot \gamma^3 - 5{,}0829 10^{-7} \cdot \gamma^4$$
$$+ 1{,}8944 10^{-9} \cdot \gamma^5) \cdot K1$$

Wenn ($\psi_{FS} \leq 45°$) dann $f = C1$

b) Wenn (($\psi_{FS} > 45°$) und ($\psi_{FS} < 135°$)) dann

$$\begin{array}{ll} \text{Wenn } (\gamma \leq 40°) \text{ dann} & K2 = 0{,}0004 \cdot (30 - \gamma) \cdot (6 - T_L) \\ \text{oder wenn } (T_L \leq 4) \text{ dann} & K2 = -0{,}02 + 0{,}0014 \cdot (4 - T_L) \cdot (\gamma - 45°) \\ \text{sonst} & K2 = 0{,}004 \cdot (T_L - 8); \end{array}$$

$$C2 = (2{,}182 - 0{,}2738 \cdot T_L + 0{,}03868 \cdot T_L^2 - 1{,}838 \cdot 10^{-3} \cdot T_L^3 + K2 - 1) \cdot \beta/90° + 1$$

Wenn ($\psi_{FS} \leq 90°$) dann $f = C1 + (C2 - C1) \cdot \left(\frac{\psi_{FS} - 45}{45}\right)^{3{,}8 + 0{,}1 \cdot (T_L - 0{,}03)}$

c) Wenn (($\psi_{FS} > 90°$) und ($\psi_{FS} < 180°$)) dann

$$\begin{array}{ll} \text{Wenn } (\gamma \leq 40°) \text{ dann} & K3 = 1 \\ \text{Oder wenn } (T_L \leq 4) \text{ dann} & K3 = 1{,}041 - 0{,}018 \cdot T_L \\ \text{sonst} & K3 = 0{,}99 + 0{,}00027 \cdot (\gamma - 10°) \cdot (T_L - 5); \end{array}$$

$$C3 = (2{,}183 - 0{,}5058 \cdot T_L + 0{,}0854 \cdot T_L^2 - 7{,}091 \cdot 10^{-3} \cdot T_L^3 + 2{,}217 \cdot 10^{-4} \cdot T_L^4$$
$$+ 0{,}2008 - 0{,}01164 \cdot \gamma + 1{,}662 \cdot 10^{-4} \cdot \gamma^2) \cdot K3$$

Wenn ($\psi_{FS} \leq 135°$) dann $f = C3 + (C2 - C3) \cdot \left(\frac{135 - \psi_{FS}}{45}\right)^{2{,}05 - 0{,}009 \cdot \gamma}$

d) Wenn ($\psi_{FS} > 135°$) dann

$$C4 = 2{,}21 - 0{,}5508 \cdot T_L + 0{,}09598 \cdot T_L^2 - 8{,}368 \cdot 10^{-3} \cdot T_L^3 + 2{,}768 \cdot 10^{-4} \cdot T_L^4 + 0{,}3112$$
$$- 0{,}01734 \cdot \gamma + 2{,}227 \cdot 10^{-4} \cdot \gamma^2$$

Wenn ($\psi_{FS} \leq 180°$) dann $f = C4 + (C3 - C4) \cdot \left(\frac{180 - \psi_{FS}}{45}\right)$

Das dargestellte Strahlungsmodell und insbesondere die hier vorgeschlagenen Faktoren und Funktionen basieren auf einer umfangreichen Untersuchung der Europäischen Gemeinschaft, die in [2] veröffentlicht wurde.

Bei einer senkrechten Fassadenfläche ist demnach der Anteil an diffuser Strahlung geringer als bei einer horizontalen Fläche, der Anteil der reflektierten Strahlung jedoch größer. Die Summer dieser freien Strahlungsanteile ergibt die Globalstrahlung bei klarem

Himmel auf geneigte Flächen $G_{c,\text{gen}}$:

$$I_{c,\text{gen}} = I_c \cdot \cos \nu \tag{2.15}$$

$$D_{c,\text{iso,gen}} = (1 + \cos \beta) \cdot D_{c,ho}$$

$$D_{c,\text{gen}} = f_2 \cdot D_{c,\text{ho}} \tag{2.16}$$

$$R_{c,\text{gen}} = AL \cdot \frac{1}{2} \cdot (1 - \cos \beta) \cdot G_{c,\text{ho}} \tag{2.17}$$

$$G_{c,\text{gen}} = I_{c,\text{gen}} + D_{c,\text{gen}} + R_{c,\text{gen}} \tag{2.18}$$

Die direkte, diffuse und reflektierte Strahlung auf geneigte Flächen unter Berücksichtigung verschiedener Wetterzustände bzw. durchschnittlicher Sonnenscheinstunden $I_{m,\text{gen}}$, $D_{m,\text{gen}}$ und $R_{m,\text{gen}}$ ergibt sich entsprechend der nachfolgenden Gleichungen:

$$I_{m,\text{gen}} = f_5 \cdot \sigma_4 \cdot I_{c,\text{gen}} \tag{2.19}$$

$$D_{m,\text{gen}} = f_8 \cdot [\sigma_4 \cdot D_{c,\text{gen}} + f_4 \cdot (D_{m,\text{ho}} - \sigma_4 \cdot D_{c,\text{ho}})] \tag{2.20}$$

$$R_{m,\text{gen}} = AL \cdot \frac{1}{2} \cdot (1 - \cos \beta) \cdot G_{m,\text{ho}} \tag{2.21}$$

$$G_{m,\text{gen}} = I_{m,\text{gen}} + D_{m,\text{gen}} + R_{m,\text{gen}} \tag{2.22}$$

Die sich auf der Grundlage der extraterrestrischen Einstrahlung ergebenden Strahlungskomponenten sowie deren wechselseitige Abhängigkeiten sind in Abb. 2.5 dargestellt.

In dem hier dargestellten Berechnungsweg werden die Strahlungskomponenten im Wesentlichen auf Basis der relativen Sonnenscheindauer ermittelt. Da die Sonnenscheindauern standardmäßig von den Wetterstationen des Deutschen Wetterdienstes erfasst und teilweise auch im Internet zur Verfügung gestellt werden, besteht mit diesem Modell die Möglichkeit auch ohne aufwändige Strahlungsmessungen Einstrahlungsverläufe für beliebig orientierte Flächen zu bestimmen.

Davies [3] hat vorgeschlagen, anstelle der Sonnenscheindauer den relativen Bedeckungsgrad zur Ermittlung der Globalstrahlung zu nutzen. Andere Modelle wiederum bestimmen die Einstrahlung auf geneigte Flächen auf der Grundlage gemessener horizontaler Strahlungswerte (z. B. PEREZ) [4]. Strahlungsdaten für horizontale Flächen sind z. B. über die vom Deutschen Wetterdienst erhältlichen Testreferenzjahre (TRY) für 15 Klimaregionen von Deutschland erhältlich [5]. Weitere Modelle sind auch in VDI 3789 beschrieben. Teil 2 enthält die Berechnung der kurz- und der langwelligen Strahlung, während Teil 3 die Berechnung der spektralen Bestrahlungsstärken im solaren Wellenlängenbereich beschreibt [6].

Die Nutzung von solarer Einstrahlung an Gebäuden konzentriert sich primär auf folgende Bereiche:

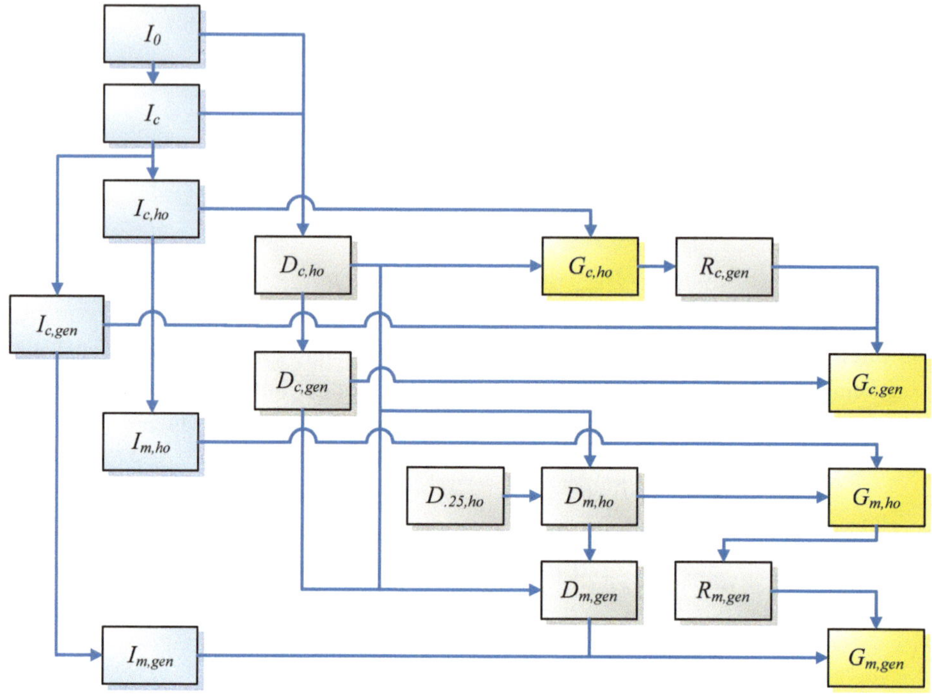

Abb. 2.5 Zusammenhänge der verschiedenen Strahlungsgrößen

- solare Gewinne durch Fensteröffnungen während der Heizperiode,
- Integration von solarthermischer Energie zur Trinkwassererwärmung und zur Gebäudebeheizung,
- Nutzung von Fassadenkollektoren oder transparenter Wärmedämmung an Fassadenflächen,
- Nutzung von solarer Wärme zum Betrieb von thermischen Kälteanlagen während der Kühllastperioden,
- direkte Umwandlung von solarer Einstrahlung in elektrische Energie.

Zu ergänzen bleibt, dass die solare Einstrahlung in den Sommermonaten einen erheblichen Beitrag zur Kühllast liefert. Auch hierfür ist die Ermittlung von Strahlungsgrößen erforderlich, die mit dem dargestellten Modell ermöglicht wird.

In Abb. 2.6 werden einzelne mit der Modell ermittelte Tagesverläufe der Globalstrahlung bei klarem Himmel auf unterschiedlich orientierte Flächen vorgestellt, die einen vertiefenden Einblick in das Verhalten der solaren Einstrahlungsbedingungen ermöglichen. In allen Bildern sind die Globalstrahlungsverläufe jeweils für eine horizontale Fläche sowie Fassadenflächen dargestellt, deren Azimutwinkel jeweils um 30° nach Osten, nach Süden sowie um 30° bzw. um 60° nach Westen ausgerichtet ist. Gerade die Einstrahlung

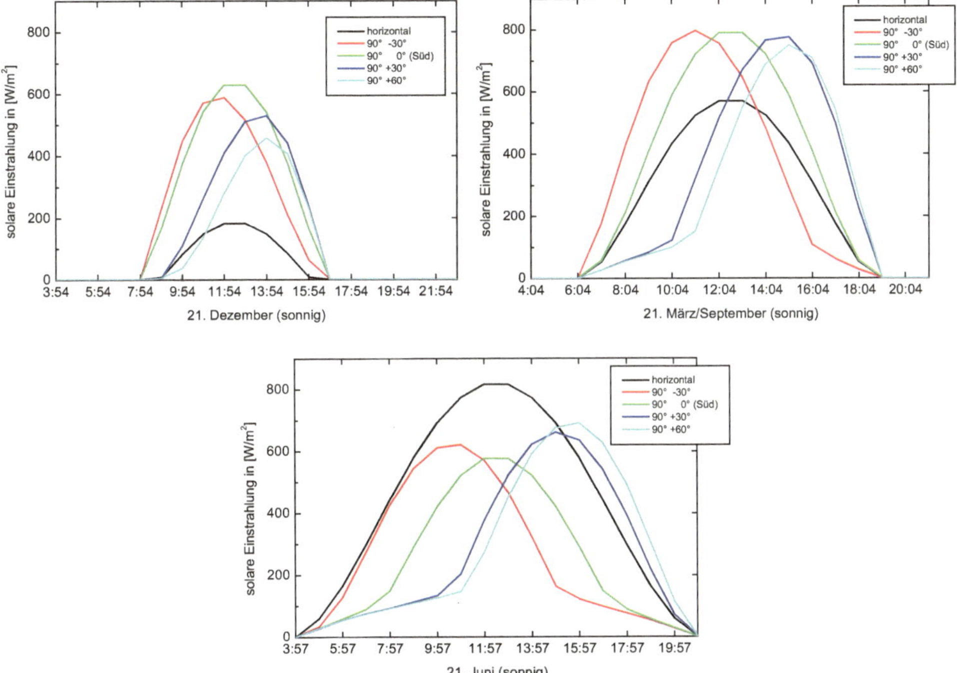

Abb. 2.6 Tagesverläufe der solaren Einstrahlung von senkrechten Flächen für einen Standort in Norddeutschland an sonnigen Tagen jeweils am 21.12., 21.03. und 21.06. eines Jahres

auf senkrechte Fassadenflächen stellt einen wesentlichen Anwendungsfall in der Gebäudetechnik dar. Verschattungseinflüsse durch z. B. umstehende Gebäude oder Bäume sind auf der Grundlage der jeweiligen Sonnenstände zusätzlich zu berücksichtigen.

Die Notwendigkeit zur Regelung der von der Sonne ausgehenden Energieströme in Gebäuden bzw. über Energieanlagen, ergibt sich aus der statistischen Variabilität der Solarstrahlung, die bereits bei der Betrachtung der Tagessummenwerte aus Abb. 2.2 hervorgeht. In Abb. 2.7 ist nun der gerechnete stündliche Verlauf der Globalstrahlung auf eine nach Süden ausgerichtete Fassadenfläche dargestellt. Die hohen Einstrahlungswerte in den Übergangszeiten insbesondere in den Monaten März und Oktober wie auch die ganzjährige Variabilität der Strahlung werden hierdurch bestätigt.

Kurzfrist-Vorhersage der Solarstrahlung
Aufgrund der dargestellten Regelungsanforderungen werden in Zukunft verstärkt Strahlungsvorhersagen in die Regelung von Solaranlagen einfließen müssen. Kurzfristige Vorhersage der solaren Strahlung im Zeitbereich von einzelnen Stunden bis hin zu einer Woche können üblicherweise nur durch die Nutzung von regionalen Vorhersagediensten z. B. des Deutschen Wetterdienstes in Anspruch genommen werden. Mittlerweile gibt

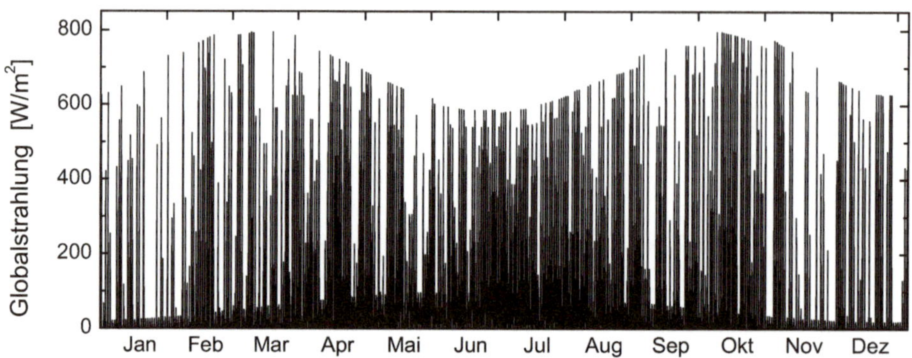

Abb. 2.7 Stundenwerte der Globalstrahlung auf eine nach Süden gerichtete Fassadenfläche

es auch andere Unternehmen und Einrichtungen, die Vorhersageinformationen ggf. gegen Gebühr bereit stellen.

Für die Kurzfrist-Vorhersagen können jedoch auch einfache Referenzvorhersagen herangezogen werden, die ggf. erste Betriebsoptimierungen von regenerativen Energieanlagen erlauben. Wenngleich aus Abb. 2.7 neben den jahreszeitlichen Tendenzen keine kurzfristigen Abhängigkeiten erkennbar sind, so können doch aus der Analyse der Son-

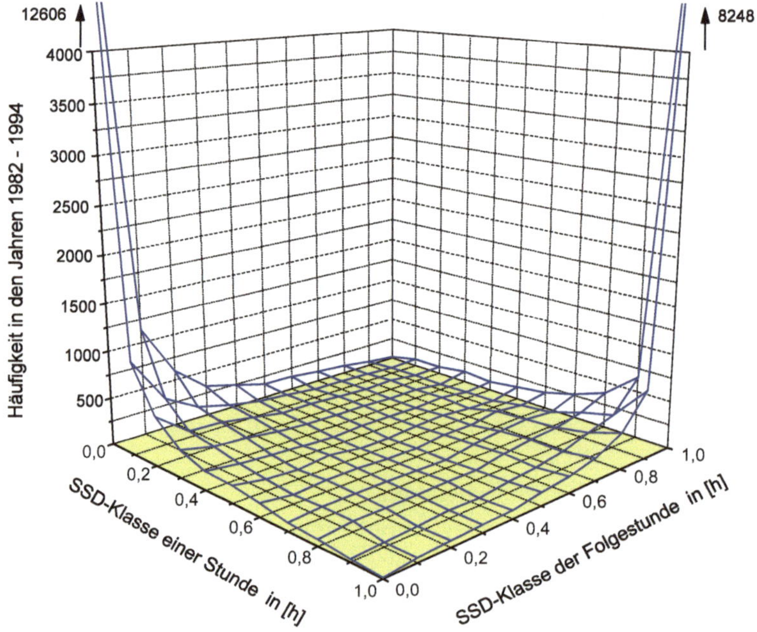

Abb. 2.8 Häufigkeit des Übergangs von der relativen SSD einer Stunde auf die relative SSD der Folgestunde

Tab. 2.2 Klassen der relativen täglichen Sonnenscheindauer

Klasse	0	1	2	3	... 8	9	10
SSD	0	$0 < \ \leq 0{,}1$	$0{,}1 < \ \leq 0{,}2$	$0{,}2 < \ \leq 0{,}3$	$... \ 0{,}7 < \ \leq 0{,}8$	$0{,}8 < \ \leq 0{,}9$	$0{,}9 < \ \leq 1$

nenscheindauern für bestimmte Fälle systematische Zusammenhänge abgeleitet werden. In Abb. 2.8 (in Verbindung mit Tab. 2.2) wird daher für einen Standort im Rheinland (Forschungszentrum Jülich) nach [7] dargestellt, welche Beharrungswahrscheinlichkeit bestimmte Wetterzustände ausgedrückt in unterschiedlichen Werten der relativen Sonnenscheindauer (SSD) aufweisen. Wird während einer Stunde kein Sonnenschein registriert, so scheint mit 81 %iger Wahrscheinlichkeit in der nächsten Stunde die Sonne auch nicht. Mit ebenfalls 81 %iger Wahrscheinlichkeit kann man davon ausgehen, dass in der nächsten Stunde die Sonne scheint, wenn sie bereits eine Stunde lang ununterbrochen geschienen hat. Die Wahrscheinlichkeit, dass sich die Sonnenscheindauer der nächsten Stunde um mehr als 20 % verändert, liegt ausgehend von einem Vollsonnentag oder einem durchgängig bedeckten Tag, sogar unter 10 %. Extreme Wetterwechsel innerhalb einer Stunde treten demnach nur sehr selten auf. Wird jedoch eine stündliche Sonnenscheindauer zwischen 30 % und 70 % (18 bis 42 Minuten pro Stunde) beobachtet, kann keine Aussage über die Sonnenscheindauer der Folgestunde gemacht werden. Im Stundenbereich kann man demnach bei den Extremwerten von einem stark persistenten Verhalten ausgehen.

In Abb. 2.9 ist ebenfalls nach [7] dargestellt, wie häufig gleichzeitig eine SSD-Klasse eines Tages n und eine beliebige Klasse des Tages $n + 1$ beobachtet wurde. Bei durchgängig bedeckten Tagen ist danach ein weiterer bedeckter Tag am wahrscheinlichsten.

Abb. 2.9 Häufigkeit des Übergangs von der relativen SSD eines Tages auf die relative SSD des Folgetages

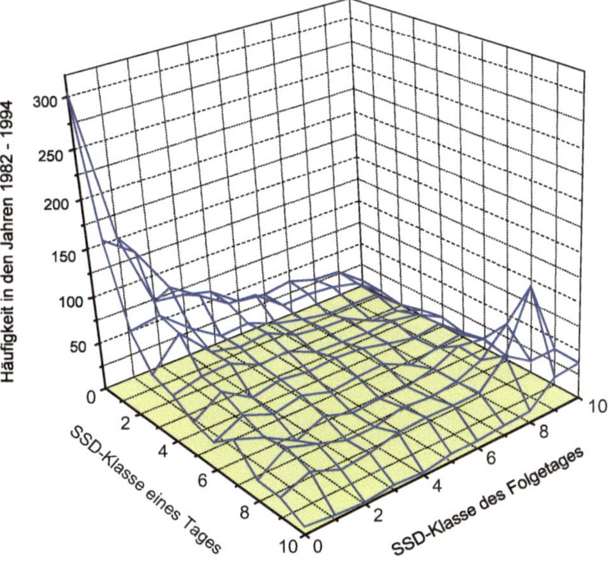

Außerdem ist ein kleiner Peak bei der Folge von einem sonnigen Tag auf den nächsten sonnigen Tag (Klasse 9) zu beobachten. Ansonsten sind keine besonders wahrscheinlichen Übergänge festzustellen. Ähnliche Untersuchungen für Berlin haben ergeben, dass das oben genannte Maximum des wahrscheinlichsten Überganges hauptsächlich durch die Wintermonate Dezember bis Februar bedingt ist. In den Sommermonaten Juni bis August kann dieser Peak nicht beobachtet werden.

2.1.2 Potenziale oberflächennaher Geothermie

Neben der Sonnenenergie stellt die in der Erde gespeicherte Wärme eine weitere Energiequelle dar. Man unterteilt die Erde in die drei Bereiche Erdkruste, Erdmantel und Erdkern. Die Erdkruste umfasst dabei Tiefen bis ca. 30 km. Als Erdmantel bezeichnet man die Tiefen bis 3000 km. Darüber hinaus gehende Tiefen werden zum Erdkern gezählt. Am Übergang von der Erdkruste zum Erdmantel können die Temperaturen Werte von bis zu 1000 °C erreichen. Im Erdkern reichen die Temperaturen bis zu 5000 °C. Der heutige Wärmeinhalt der Erde resultiert vor allem aus der Energiefreisetzung beim Zerfall radioaktiver Isotope seit Bildung der Ur-Erde. In granitischen Gesteinen beträgt die radiogene Wärmeproduktionsrate ca. 2,5 μW/m^3 und in basaltischen Gesteinen ca. 0,5 μW/m^3.

Technisch relevant sind nur die Bereiche in der äußeren Erdkruste. Die sich mit zunehmender Tiefe einstellenden Temperaturzunahmen sind dabei regional sehr unterschiedlich. Die Temperaturgradienten reichen von 1 K pro 100 m in alten Kontinentalgebieten bis zu 20 K pro 100 m in tektonisch aktiven Krustengebieten. Unter der Annahme einer mittleren spezifischen Wärme von 1 kJ/(kg K) und einer mittleren Dichte der Erde von rund 5,5 kg/dm^3 kann der Wärmeinhalt der Erde auf rund 10^{31} J geschätzt werden. Für die äußerste Erdkruste bis rund 10.000 m Tiefe beträgt der Wärmeinhalt etwa 10^{26} J. Die Wärmeleitfähigkeit der Oberkrustengesteine variiert zwischen 0,5 und 7 W/(m K). Diese relativ großen Spannbreiten der Werte haben ihre Ursachen vor allem in der unterschiedlichen chemisch-mineralogischen Zusammensetzung und in texturellen Unterschieden (z. B. Regelungsgrad von Mineralkomponenten, Grad der Kornkontakte, Porosität) der Gesteine. Für die kontinentale Erdkruste ergibt sich ein Mittelwert der Wärmestromdichte von 65 mW/m^2 an der Erdoberfläche. Aufgrund der Wärmestromdichte ergibt sich eine Strahlungsleistung der Erde von ca. 33 $\cdot$ 10^{12} W. Demgegenüber liegt die Einstrahlung der Sonne auf die Erdoberfläche bei rund dem 20.000-fachen des terrestrischen Wärmestroms. Die abgegebene und aufgenommene Wärmestrahlung bestimmt das beobachtete Temperaturgleichgewicht von ca. 14 °C an der Erdoberfläche.

Die potenzielle Nutzung dieser geothermischen Energievorkommen hängt vom Energiegehalt und damit von der Temperatur ab. Oberhalb von 150 bis 170 °C, ggf. auch darunter, können geothermische Wärmevorkommen zur Stromerzeugung genutzt werden. Dafür müssen jedoch entsprechende geologische Voraussetzungen vorliegen, wie sie in Deutschland nur sehr eingeschränkt gegeben sind.

Auch bei Temperaturen unterhalb von 150 °C bietet sich eine Vielzahl von Nutzungsmöglichkeiten für die geothermische Wärme. Typische Beispiele sind:

- Heizzentralen zur Bereitstellung von Nah- und Fernwärme für Haushalte (d. h. Heizung und Trinkwasser), Kleinverbraucher (u. a. Gewächshausbeheizung, Erwärmung von Fischbecken) und Industrie (u. a. Holztrocknung, Tauchbeckenbeheizung),
- erdgekoppelte Wärmepumpen u. a. zur Beheizung von Ein- und Mehrfamilienhäusern oder zur industriellen Kühlung,
- erdberührte Bauteile mit Wärmetauschersystemen zur Klimatisierung (d. h. Heizen, Kühlen) und
- stoffliche Nutzung u. a. als Bade- und Heilwasser.

Typisches Kennzeichen der Wärme, die in der Umgebungsluft und im oberflächennahen Erdreich enthalten ist, ist die Tatsache, dass sie auf einem sehr niedrigen Temperaturniveau anfällt. Dabei stammt diese Wärme im Wesentlichen aus der von der Sonne eingestrahlten Energie. Nur ein Teil der Energie, die sich im oberflächennahen Erdreich befindet, resultiert aus dem geothermischen Wärmefluss bzw. der geothermischen Energie aus dem tiefen Untergrund. Trotzdem wird hier auch die von der Sonne hervorgerufene Energie per Definition als Erdwärme bezeichnet.

Die Abgrenzung zwischen der Nutzung oberflächennaher Erdwärme und der geothermischen Energie aus tieferen Schichten ist dabei willkürlich. Bis zu einer Tiefe von 400 m wird allgemein (auch nach VDI-Richtlinie 4640) die Geothermienutzung als oberflächennahe Erdwärmenutzung bezeichnet. Jedoch ist die Angabe dieser Grenze für den Übergang zwischen der oberflächennahen Erdwärmenutzung und der Nutzung der Energie des tiefen Untergrunds u. a. mit der zunehmenden technischen Entwicklung z. B. von Erdwärmesonden nicht technisch begründet.

In den oberflächennahen Erdschichten wird das Temperaturregime maßgeblich durch die solare Einstrahlung und Abstrahlung, die Niederschläge, das Grundwasser und die Wärmeleitung im Boden bestimmt. Der geothermische Wärmefluss hat in diesen Schichten nur einen vernachlässigbaren Einfluss.

Versickerndes Niederschlagswasser stellt in diesem Fall einen konvektiven Wärmetransport dar, bei welchem die Wärmebewegung durch den Wärmeträger Wasser erfolgt. Das Wasser kann dabei sehr unterschiedliche Temperaturen haben. Je schneller das Grundwasser erreicht wird und je mehr Wasser in den Untergrund eindringt, desto weniger wird i. Allg. der Wärmezustand des eindringenden Wassers verändert und desto mehr kann es erwärmend oder abkühlend auf das Grundwasser wirken. Dies ist vor allem bei sehr durchlässigen Deckschichten und Grundwasserleitern der Fall. Anders liegen die Verhältnisse, wenn die Aufenthaltszeit im Untergrund vor Erreichen des Grundwassers lang ist. Dann kann die Temperatur des Wassers weitgehend an die der umgebenden Gesteine angeglichen werden. Dringt das Wasser in lockere Gesteine (z. B. Sande) ein, ist die Kontaktfläche sehr groß und damit der Wärmeaustausch sehr begünstigt.

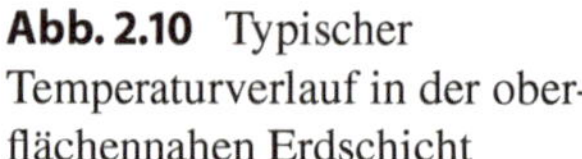

Abb. 2.10 Typischer Temperaturverlauf in der oberflächennahen Erdschicht

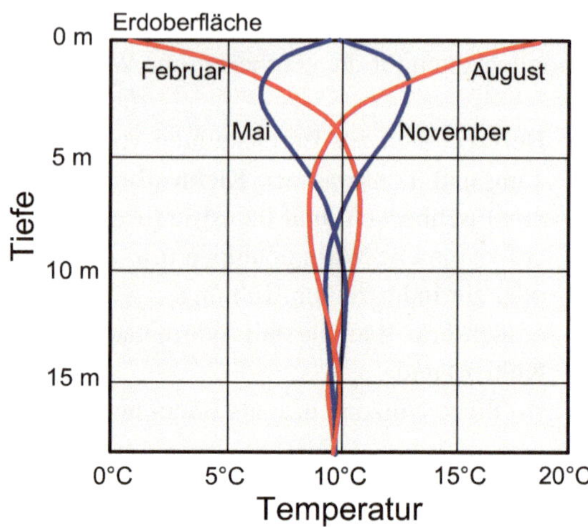

Die Temperatur des oberflächennahen Erdreichs ist bis in eine Tiefe von rund 10 bis 20 m jahreszeitlichen Unterschieden unterworfen. Sie resultieren primär aus dem jahreszeitlich unterschiedlichen Strahlungsangebot der Sonne. Dabei machen sich die Temperaturschwankungen in den bodennahen Luftschichten im oberflächennahen Erdreich nicht unmittelbar bemerkbar, da der Boden ein gewisses Energiespeichervermögen besitzt. Die jahreszeitlich schwankenden Lufttemperaturen werden daher innerhalb der oberen Schichten des Erdbodens nur sehr stark gedämpft nachvollzogen. Aus mathematischer Sicht folgt der Temperaturverlauf einer harmonischen Schwingung. In 10 bis 15 m Tiefe entspricht die im Boden gemessene Temperatur praktisch der Jahresmitteltemperatur des Standortes (ca. 8 bis 10 °C in Deutschland). Typische Temperaturverläufe innerhalb der oberflächennahen Erdschichten bis zu 18 m Tiefe sind in Abb. 2.10 dargestellt. Die konkreten Verläufe sind neben dem jeweiligen Klima auch von der Konsistenz den Bodens abhängig.

Das standortspezifische Nutzungspotenzial des Untergrundes bzw. die potenzielle Wärmeentzugsleistung der Erdwärmesondenanlage basiert auf dem Zusammenwirken unterschiedlichster geologischer und hydrologischer Einflussgrößen, die die Wärmeleitfähigkeit des Untergrundes beeinflussen. So spielt neben der Gesteinsart und dem Aufbau des Untergrundes insbesondere die Grundwasserergiebigkeit eine wesentliche Rolle.

Durch Wärmequellenanlagen zur Nutzung des oberflächennahen Erdreichs wird die Wärme genutzt, die im Boden bzw. Gestein und in dessen Porenfüllung (meist Grundwasser) gespeichert ist. Bei der Art und Weise, wie diese Wärme aus dem Untergrund entnommen bzw. dorthin eingeleitet wird, lassen sich zwei grundlegende Varianten unterscheiden.

Bei geschlossenen Systemen werden ein oder mehrere Wärmeübertrager horizontal oder vertikal im Erdreich installiert und von einem Wärmeträgermedium in einem geschlossenen Kreislauf durchströmt. Dadurch wird mit dem Untergrund (d. h. der Gesteins-

Tab. 2.3 Durchschnittliche spezifische Wärmeleistungen aus dem Erdreich (nach VDI 4640-2)

Bodenart	Spez. Wärmeleistung
Trockener sandiger Boden	$10\text{--}15\,\text{W/m}^2$
Feuchter sandiger Boden	$15\text{--}20\,\text{W/m}^2$
Trockener lehmiger Boden	$20\text{--}25\,\text{W/m}^2$
Feuchter lehmiger Boden	$25\text{--}30\,\text{W/m}^2$
Wassergesättigter Sand/Kies	$30\text{--}40\,\text{W/m}^2$

matrix und der Porenfüllung) Wärme ausgetauscht. Die Wärmeübertragung zwischen dem Wärmeträgermedium und dem Untergrund findet durch Wärmeleitung statt. Das Wärmeträgermedium steht dabei nicht in direktem Kontakt mit der Gesteinsmatrix und der Porenfüllung.

Bei offenen Systemen wird Grundwasser über Brunnen direkt aus grundwasserführenden Schichten (Aquiferen) abgepumpt. Das Grundwasser dient somit selbst als Wärmeträgermedium. Es wird anschließend abgekühlt (oder bei einer Raumkühlung im Sommer erwärmt) und über einen Schluckbrunnen wieder in die gleiche grundwasserführende Schicht zurückgeleitet. Im Untergrund findet eine Wärmeübertragung zwischen dem Grundwasser und der Gesteinsmatrix statt. Der Wärmeträger Grundwasser wird hierbei nicht in einem definierten Kreislauf bewegt und hat außerdem direkten Kontakt zur grundwasserführenden Schicht. Voraussetzung für offene Systeme ist das Vorhandensein geeigneter grundwasserführender Schichten im Untergrund. Daher werden im Folgenden nur die geschlossenen Systeme weiter betrachtet.

Die Wärmeübertragerrohre werden dabei horizontal oder vertikal verlegt. Bei der horizontalen Verlegung sollte die Tiefe mindestens einen halben Meter unter der Frostgrenze und damit etwa mindestens 1 bis 1,5 m unterhalb der Erdoberfläche liegen.

Je nach Bodenbeschaffenheit schwanken die aus horizontal verlegten Erdreichwärmeübertragern entzogenen Wärmeleistungen zwischen 10 und $40\,\text{W/m}^2$. Tabelle 2.3 zeigt durchschnittliche Wärmeentzugsleistungen nach VDI 4640-2 [8] bei unterschiedlichen Bodenbeschaffenheiten. Damit lassen sich aus einem Quadratmeter Erdreich während der Heizperiode mehrere Hundert Megajoule Wärme gewinnen.

Grundsätzlich sollten die Verlegeabstände zwischen den einzelnen Wärmeträgerrohren möglichst groß gewählt werden. Bei kompakteren Installationen der Erdwärmekollektoren besteht die Gefahr, dass im ausschließlichen Heizbetrieb die notwendige Wärmeregeneration im Sommer nicht gegeben ist, da die Umgrenzungsfläche zum umgebenden Erdreich und zur Erdoberfläche relativ klein ist im Verhältnis zum erschlossenen Volumen. Eine kompakte Konfiguration eignet sich daher eher zur Energiespeicherung und ist auch besonders für Anlagen zum Heizen und Kühlen sinnvoll. Für Wärmepumpen, die ausschließlich zu Heizzwecken betrieben werden, eignen sich eher flächige Erdwärmekollektoren.

Vertikale Erdreichwärmeübertrager für geschlossene Systeme (sogenannte Erdwärmesonden) weisen gegenüber den horizontalen Wärmeübertragern einen wesentlich geringeren Flächenbedarf auf. Sie werden deshalb bevorzugt bei beengten Platzverhältnissen

Tab. 2.4 Spezifische Entzugsleistungen für Erdwärmesonden in kleineren Anlagen für verschiedene Volllaststunden (nach VDI 4640-2)

Bei Volllastbenutzungsstunden:	1800 h/a	2400 h/a
Durchschnittliche Richtwerte	W/m	W/m
Schlechter Untergrund (trockene Lockergesteine)	25	20
Festgesteins-Untergrund, wassergesätt. Lockergesteine	60	50
Festgestein mit hoher Wärmeleitfähigkeit	84	70
Einzelne Gesteine		
Kies, Sand, trocken	< 25	< 20
Kies, Sand, wasserführend	65–80	55–65
Kies, Sand, starker Grundwasserfluss, für Einzelanl.	80–100	80–100
Ton, Lehm, feucht	35–50	30–40
Kalkstein (massiv)	55–70	45–60
Sandstein	65–80	55–65
Saure Magmatite (z. B. Granit)	65–85	55–70
Basische Magmatite (z. B. Basalt)	40–65	35–55
Gneis	70–85	60–70

Voraussetzung für die Anwendung der Tabelle:
nur Wärmeentzug (Heizung einschl. Warmwasser); Länge der einzelnen Erdwärmesonden zwischen 40 und 100 m;
kleinster Abstand zwischen zwei Erdwärmesonden: mindestens 5 m bei Erdwärmesondenlängen bis 50 m bzw. mindestens 6 m bei Erdwärmesondenlängen bis 100 m;
als Erdwärmesonden kommen Doppel-U-Sonden mit Durchmessern der Einzelrohre von 25 oder 32 mm oder Koaxialsonden mit mindestens 60 mm Durchmesser zum Einsatz.
Werte können durch die Gesteinsausbildung wie Klüftung, Schieferung, Verwitterung erheblich schwanken.

eingesetzt. Dennoch besteht auch bei Erdwärmesonden die Gefahr, dass durch Unterdimensionierung und einen entsprechend zu großen Wärmeentzug das Erdreich zu stark abkühlt. Daraus resultieren tiefere Temperaturen des Wärmeträgermediums und damit eine Reduzierung der Leistungszahl einer angeschlossenen Wärmepumpe. Anders als bei den in 1 bis 1,5 m Tiefe verlegten horizontalen Wärmeübertragern können sich dann im Sommer die tieferen Schichten ggf. nicht mehr vollständig durch die solare Einstrahlung regenerieren. Im Extremfall müsste eine künstliche Aufwärmung z. B. durch Solarkollektoren oder aus industrieller Abwärme vorgesehen werden.

Tabelle 2.4 zeigt für kleinere Anlagen Richtwerte des möglichen Wärmeentzugs für unterschiedliche Bodenarten. Um auch langfristig den Gleichgewichtszustand zu halten, darf – bei einer ausschließlichen Regeneration durch von der Erdoberfläche eindringende Sonnenenergie und von der Tiefe nachströmende Erdwärme je nach den jeweiligen Untergrundeigenschaften – eine jährlich entzogene Wärmemenge je nach Untergrund zwischen 50 und 180 kWh/(m_{Sonde} a) nicht überschritten werden. Die in der Tabelle dargestellten Werte geben nur grobe Anhaltspunkte. Eine genauere Bestimmung der spezifischen Entzugsleistungen sollte bei Kenntnis der thermischen Untergrundeigenschaften durch eine

Tab. 2.5 Wärmeleitfähigkeiten und spez. Wärmekapazitäten (nach VDI 4640-2)

Bodenart	Wärmeleitfähigkeit W/(m K)	Spez. Wärmekapazität MJ/(m^3 K)
Trockener sandiger Boden	0,4	1,3–1,6
Wassergesättigter Sand/Kies	1,8–2,4	2,2–2,9
Ton-/Schluffstein	2,2	2,1–2,4
Sandstein	2,3	1,6–2,8
Kalkstein	2,8	2,1–2,4
Basalt	1,7	2,3–2,6
Granit	3,4	2,1–3,0

Berechnung erfolgen. Für größere Erdwärmesondenanlagen kommen zur Auslegung der notwendigen Anzahl und Länge der Erdwärmesonden nur Berechnungen in Frage.

Zur Bestimmung der thermischen Untergrundparameter für derartige Berechnungen wurde der Thermal Response Test entwickelt. Daraus ergibt sich u. a. die effektive Leitfähigkeit des Untergrundes. Die Wärmeleitfähigkeiten von typischen Bodenzusammensetzungen liegen zwischen 0,3 und 3,5 W/(m K). Die spezifischen Wärmekapazitäten nehmen Werte zwischen 1,3 und 3 MJ/(m^3 K) an. Dabei sind schlechtere Wärmeleitfähigkeiten bzw. spezifischen Wärmekapazitäten vorwiegend bei trockenem Sand, trockenem Kies oder trockenem Ton zu verzeichnen. Feuchte Untergründe oder auch einzelne Steinarten weisen dagegen günstigere Werte aus. In Tab. 2.5 sind einzelne Werte zusammengestellt.

2.1.3 Potenzial der Umgebungswärme

Luft als Wärmequelle ist generell überall verfügbar. Für die optimale Auslegung wird der jahres- und tageszeitliche Verlauf der Lufttemperatur und möglichst auch der Luftfeuchte, welcher durch Kondensation latente Wärme entzogen werden kann, benötigt. Die Nutzung der Umgebungsluft als Wärmequelle und auch als Wärmeträger ist jedoch mit speziellen Randerscheinungen versehen:

- Die gegenüber Wasser deutlich geringere spezifische Dichte und die um den Faktor 4 kleinere spezifische Wärmekapazität erfordern große Fördervolumina mit entsprechend großen Ventilatorleistungen. Eine zu kleine Dimensionierung kann zu Geräuschproblemen führen.
- Stark schwankende Außentemperaturen während der Heizsaison bedingen einen entsprechend hohen apparativen Aufwand.
- Im Bereich der Gebäudebeheizung steigt die Nachfrage nach Umgebungswärme mit dem sinkenden Angebot im Winter. Je tiefer die Außentemperatur ist, desto größer ist die Heizwärmenachfrage eines Hauses. Gleichzeitig erhöht sich die Temperaturdiffe-

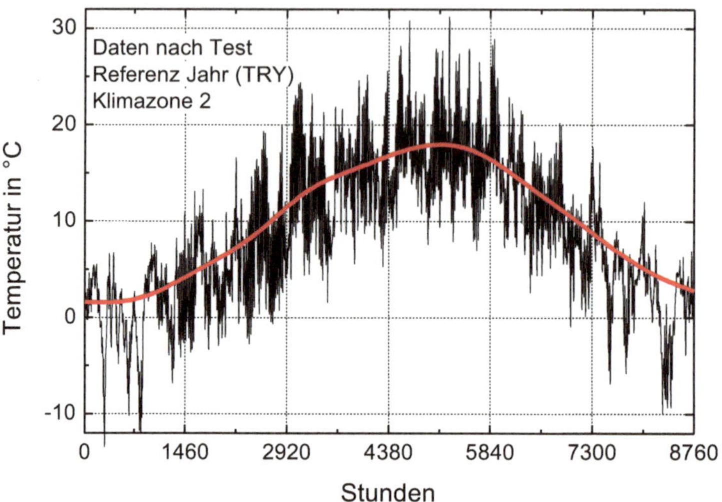

Abb. 2.11 Verlauf der stündlichen Lufttemperatur in der Klimazone 2

renz zwischen Wärmequelle und Wärmesenke, was zu einer geringeren Heizleistung und einer geringeren Leistungszahl der Wärmepumpe führt.

- Während der Kühlperiode im Sommer liegt zwar eine hohe Einstrahlung zur Nutzung von solarer Kühlung vor, jedoch führen die hohen Außentemperaturen zu ungünstigen Rückkühlbedingungen in den Kältekreisläufen.

Die mittlere Temperatur auf der Erde insgesamt liegt bei 15 °C. Sie stellt sich entsprechend der Energieerhaltung im Wesentlichen auf Basis des Gleichgewichtes zwischen Sonneneinstrahlung und Sonnenabstrahlung ein. Maßgeblichen Einfluss haben dabei die optischen Eigenschaften der Atmosphäre, die von der Zusammensetzung der Atmosphäre abhängen. Während in den Tropen und den Subtropen die Temperaturen im jährlichen Mittel deutlich über 15 °C liegen, stellt sich in unserer gemäßigten Klimazone eine mittlere Temperatur von etwa 8 bis 10 °C ein.

Die Datensätze der Testreferenzjahre enthalten u. a. auch stündliche Temperaturverläufe der jeweiligen Klimaregionen. Abbildung 2.11 zeigt den Verlauf für die Klimaregion 2, woraus gleichfalls die Maximal- und Minimalwerte der Lufttemperaturen hervorgehen. Die sommerlichen Höchsttemperaturen eines durchschnittlichen Jahres liegen bei über 30 °C während die Tiefstwerte im Winter bei weniger als −10 °C liegen. Kennzeichnend ist insbesondere die kurzzeitige Variabilität der Lufttemperaturen, die sich innerhalb von 48 Stunden um 15 °C und mehr ändern kann.

Zur energetischen Bilanzierung von Gebäuden sind die mittleren monatlichen Temperaturen erforderlich, die im Sommer durchschnittlich bis zu 19 °C ansteigen und im Winter auf Werte von etwa 0 °C abfallen.

Die Heizgrenze älterer Bestandsgebäude beträgt etwa 15 °C. Aber auch bei einer Heizgrenze von 10 bis 12 °C besteht während der meisten Zeit des Jahres Heizbedarf. Mit zunehmendem Dämmstandard wie auch insbesondere bei größeren Gebäuden mit hohen internen Lasten steigen die Anforderungen an die Kühlung von Gebäuden kontinuierlich.

2.1.4 Sensorik für Klimamessung (meteorologische Messtechnik)

Zur Automatisierung von regenerativen Energieanlagen in der Wärme- und Kälteversorgung bedarf es einer Kenntnis des Anlagenverhaltens, was in nachfolgenden Kapiteln des Buches behandelt wird. Zusätzlich ist aber auch die Kenntnis konkreter meteorologischer Umgebungszustände erforderlich, durch welche die regenerativen Energieerträge maßgeblich beeinflusst werden. Neben der Erfordernis aktueller Messungen für die Automatisierung ist die Bereitstellung von meteorologischen Messreihen ebenfalls als Eingabedatensätze für energetische Modellrechnungen erforderlich. Ein kurzer Überblick über allgemeine Probleme bei meteorologischen Messungen soll nachfolgend gegeben werden.

Bei den typischerweise von meteorologischen Messstationen erfassten Messgrößen handelt es sich um:

- die Windgeschwindigkeit und Windrichtung,
- die Lufttemperatur,
- die Luftfeuchte,
- den Luftdruck,
- den Niederschlag und
- die solare Einstrahlung ggf. auf unterschiedlich orientierte Flächen.

Die genannten Größen unterliegen üblicherweise kurzfristigen zeitlichen Schwankungen, die vom Sekundenbereich über den Minutenbereich bis in den Stundenbereich hineinreichen. Auch wenn die Messungen oftmals in sehr kurzen Zeitabständen erfolgen, werden zur weiteren Verarbeitung die Daten oftmals zu 10, 30 oder 60-Minutenintervallen gemittelt. In Abb. 2.11 sind die Temperaturen als Stundenmittelwerte dargestellt.

Bei der Planung von meteorologischen Messstationen sind neben der Festlegung der jeweiligen meteorologischen Messgrößen insbesondere auch die Kriterien hinsichtlich des Standortes bzw. des Messortes, der Messdauer, der Messintervalle sowie auch die Verfahren zur Erfassung, Auswertung und Weiterverarbeitung zu berücksichtigen. Für die Aufstellung sollten bestimmte Regeln eingehalten werden. Üblicherweise werden die Messungen in 1 bis 2 m Höhe über dem Grund aufgenommen. Ein wichtiges Kriterium bei der Erfassung von Sonnenscheindauer oder solaren Einstrahlungen ist, dass keine horizontalen Verschattungen die Ergebnisse verfälschen. Für den Einsatz im Gebäudebetrieb eignet sich das Gebäudedach als Aufstellungsort.

Für den Messbereich und die Auflösung der jeweiligen Messgrößen sollten nach VDI 3786 [9] folgende Werte mindestens eingehalten werden:

Messgröße	Messbereich	Auflösung
Windgeschwindigkeit	30 m/s	0,15 m/s
Windrichtung	360°	1,76°
Lufttemperatur	70 K	0,34 K
Rel. Luftfeuchte	100 %	0,49 %
Luftdruck	110 hPa	0,54 hPa
Niederschlag	10 mm	0,1 mm
Solare Einstrahlung	1000 W/m^2	4,9 W/m^2

Messungen der Globalstrahlung werden entweder mit Pyranometern vorgenommen, durch welche die thermischen Effekte der Einstrahlung in ein elektrisches Signal umgewandelt werden. Alternativ dazu können Referenzzellen eingesetzt werden. Unter einer Referenzzelle versteht man eine geeichte Fotovoltaikzelle zur Erfassung der Globalstrahlung. In den weiteren Teilen der VDI 3786 (vgl. [9]) sind zusätzliche Hinweise zur Umweltmeteorologie zu finden. Spezielle Fragen zur Messtechnik in der Gebäudetechnik werden z. B. in [10] behandelt.

Kontrollfragen zu Abschn. 2.1

- Mit welchen Winkeln wird die Position der Sonne beschrieben?
- Wie groß ist die maximale Strahlungsleistung der Sonne auf der Erdoberfläche und wie viel Strahlungsenergie der Sonne strahlt auf einen Quadratmeter in Deutschland im Mittel pro Jahr?
- Welches sind die Strahlungskomponenten der Sonne und welchen Beitrag leisten sie zur Globalstrahlung?
- Welche Fläche hat, bei Vergleich einer horizontalen und einer nach Süden gerichteten Fassaden-Fläche in Deutschland, zu den verschiedenen Jahreszeiten jeweils die höchste Einstrahlung?
- Mit welchen zwei Methoden kann man den oberflächennahen Schichten der Erde Wärme entziehen?
- Wie tief reicht der Einfluss der schwankenden Umgebungsbedingungen in der bodennahen Luft auf die Erdtemperatur und wie groß ist die Erdtemperatur in Deutschland, sobald sie nicht mehr von der Umgebung abhängt?
- Wie groß sind die spezifischen Wärmeentzugsleistungen bei Nutzung von oberflächennaher Geothermie und wovon hängen diese Werte ab?

2.2 Gebäudeenergiebedarf

Prof. Dr.-Ing. Peter Ritzenhoff

Der Gebäudeenergiebedarf setzt sich aus verschiedenen Komponenten zusammen. Den maßgeblichen Anteil am Gesamtenergiebedarf hat der Heizwärmebedarf. Er resultiert aus den Transmissionswärmeverlusten durch die Gebäudehülle sowie den Lüftungswärme-

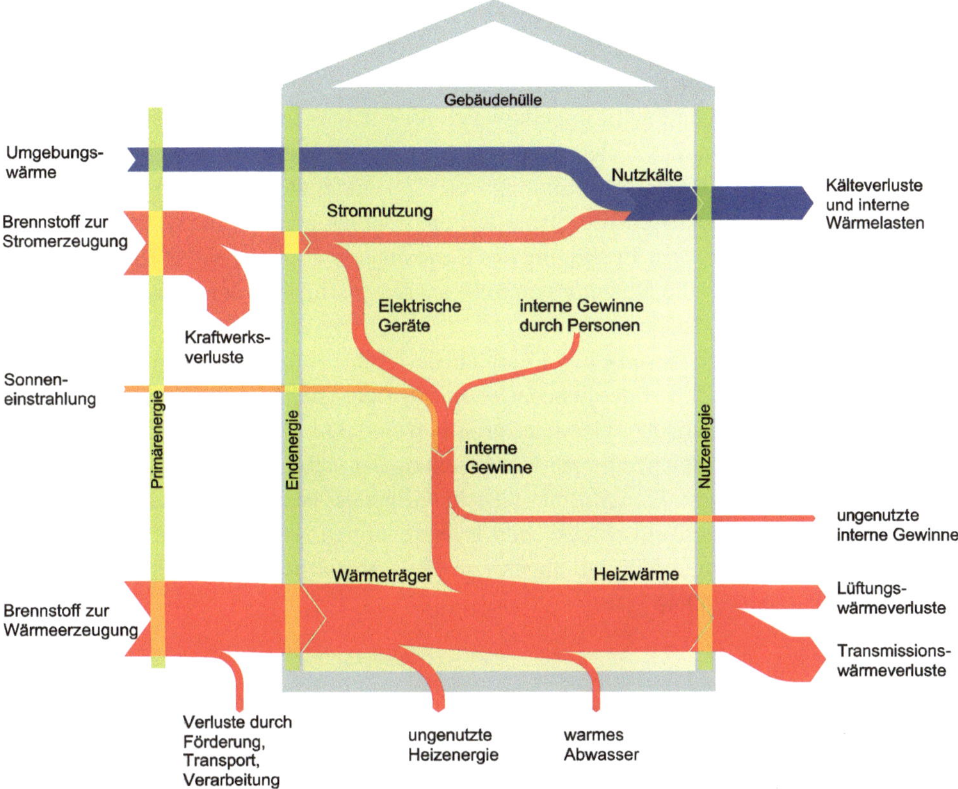

Abb. 2.12 Gebäudeenergiebedarf von der Primärenergiebereitstellung bis zur Nutzenergie

verlusten, die sowohl durch die Forderung nach einem hygienischen Raumklima wie auch durch unkontrollierte Verluste durch Fugen bedingt sind. Für die Bereitstellung der Heizwärme ist ein Primärenergieträger erforderlich, der dem Gebäude zugeführt und innerhalb des Gebäudes in Endenergie umgewandelt wird. Die in Form eines Wärmeträgers vorliegende Endenergie wird schließlich als Nutzenergie den Nutzbereichen zugeführt. Sowohl bei der Umwandlung der Primärenergie in Endenergie wie auch bei der Verteilung der Endenergie entstehen Verluste. Der Heizwärmebedarf wird jedoch auch durch interne Lasten, die durch die Anwesenheit von Personen und die Nutzung von elektrischen Geräten entstehen, sowie die Strahlungsenergie der Sonne, die durch die Fensteröffnungen in das Gebäude gelangt, unterstützt.

In Abb. 2.12 sind die verschiedenen Energieströme für ein typisches Gebäude dargestellt, wobei die Prozesskette von der Primärenergiebereitstellung über die Endenergie bis hin zur Nutzenergie mit den jeweiligen Umwandlungs- und Verteilungsverlusten enthalten ist. Im Rahmen des Buches wird die Einbindung von Systemen auf der Basis regenerativer Energien vorgestellt, die zur Reduzierung und ggf. Substituierung des Primärenergieein-

satzes geeignet sind. Vielfach wird Sonnenwärme genutzt, um den Trinkwarmwasserbedarf insbesondere während der Sommermonate zu decken. Größere Solaranlagen tragen
zusätzlich zum Wärmeversorgung von Gebäuden bei.

Der Warmwasserbedarf wird üblicherweise über den Wärmeträger bereitgestellt, der
auch für die Beheizung des Gebäudes genutzt wird. Neben den Heizenergieströmen besteht zunehmend ein Bedarf für Kühlung von Gebäuden. Die Nutzkälte wird dabei im
Allgemeinen durch elektrisch betriebene Kältemaschinen erzeugt, die neben dem Strom
auch Umgebungswärme zur Erzeugung der Kälte nutzen. Gerade bei der Kälteerzeugung
im Sommer bietet sich die Nutzung von Solarenergie an, da sich der Bedarf und das Angebot zeitlich ideal ergänzen.

Zusätzlich zu diesen thermischen Energiebedarfen für Heizen und Kühlen bestehen in
Gebäuden auch elektrische Energiebedarfe, die zur Bereitstellung von Licht und den Einsatz verschiedener elektrischer Geräte erforderlich sind. Die von den elektrischen Geräten
erzeugte Wärme trägt gleichzeitig zur Bereitstellung der Heizwärme bei. Ein Merkmal des
als Endenergie bereitgestellten Stromes besteht darin, dass bei der Erzeugung des Stromes
auf Basis der in Deutschland eingesetzten Primärenergieträger große Verluste entstehen.
Nur etwas mehr als ein Drittel der eingesetzten Primärenergie wird tatsächlich in elektrische Energie umgewandelt.

2.2.1 Gebäudewärmebedarf

Der Heizwärmebedarf von Gebäuden umfasst etwa 30 % des gesamten Primärenergie-
bedarfs in Deutschland. Damit stellt er nach wie vor eine der maßgeblichen Größen beim
Energieverbrauch von Gebäuden dar. Im Folgenden werden daher auf Basis der relevanten
Normen DIN V 4701-10 [11] sowie DIN V 18599 [12] die grundlegenden Zusammen-
hänge zur Ermittlung des Heizwärmebedarfes dargestellt. Die Rechenwege sind ebenfalls
Grundlage der Energieeinsparverordnung EnEV 2014 [14]. Die vorliegende kompakte
Darstellung hat nicht den Anspruch die Ermittlung der Energiebedarfe vollständig wieder-
zugeben. Vielmehr soll sie zur Einführung in die jeweiligen Größen sowie zum besseren
Verständnis der energetischen Zusammenhänge in Gebäuden führen.

Der Primärenergiebedarf zur Beheizung eines Gebäudes Q_P ergibt sich aus der Energiebilanz um das gesamte Gebäude einschließlich der Erzeugung sowie der Verteilwege.
Darin sind der Heizwärmebedarf Q_H nach DIN 4701-10, der Bedarf an Trinkwarmwasser Q_W, technische Verluste bei Wärmeerzeugung, Wärmespeicherung, Wärmeverteilung
und Wärmeübergabe Q_t sowie die Nutzung von regenerativen Energien Q_r enthalten.
Weiterhin wird die zur Bereitstellung erforderliche elektrische Hilfsenergie Q_{HE} berücksichtigt. Der jeweils relevante Primärenergieaufwand für die eingesetzten Energieträger
wird durch die Primärenergiefaktoren f_{PQ} und f_{HE} erfasst.

$$Q_P = (Q_H + Q_W + Q_t - -Q_r) \cdot f_{PQ} + Q_{HE} \cdot f_{HE} = Q_E \cdot f_{PQ} + Q_{HE} \cdot f_{HE} \qquad (2.23)$$

Für typische Brennstoffe wie Heizöl und Erdgas beträgt der Primärenergiefaktor 1,1. Bei Nutzung z. B. des nationalen Strommixes ist als Primärenergiefaktor der Wert 3,0 einzusetzen. Der Summand $(Q_H + Q_W + Q_t - Q_r)$ beschreibt die dem Gebäude für die Wärmeversorgung zur Verfügung gestellte Endenergie Q_E. Zu den regenerativen Energien zählen die aus Energieerzeugungsanlagen unter Nutzung von z. B. Solarkollektoranlagen, Geothermie, Biomasse-Heizkraftwerken oder auch Wind- und Wasserkraft sowie Photovoltaik bereitgestellten Energieanteile. Mit der Definition der Gesamtanlagenaufwandszahl e_p kann der Primärenergiebedarf auch geschrieben werden als:

$$Q_P = (Q_H + Q_W + Q_{WR}) \cdot e_P \tag{2.24}$$

Dabei wird nach DIN V 4701-10 die Wärmerückgewinnung Q_{WR} zum Jahresheizwärmebedarf sowie dem Bedarf an Trinkwarmwasser addiert und mit der Anlagenaufwandszahl e_p bewertet. Durch Gleichsetzen der Gln. 2.23 und 2.24 ergibt sich die Formulierung der Gesamtanlagenaufwandszahl e_p. Sie wird nach DIN 4701-10 ermittelt und beschreibt das Verhältnis der von der Anlagentechnik aufgenommenen Primärenergie in Relation zu der von ihr abgegebenen Nutzwärme. In Form von Tabellen und Nomogrammen dargestellte Anlagenaufwandszahlen sind in DIN V 4701-10 für beispielhafte Anlagenkonfigurationen wiedergegeben.

Zur Bestimmung des Jahresheizwärmebedarfes Q_H sind die Verlustwärmeströme durch Transmission über die Gebäudehülle Q_T sowie durch Lüftung Q_V zu bestimmen. Diese abkühlenden Verlustwärmeströme werden nach DIN V 18599 als Wärmesenken Q_{sink} bezeichnet. Die solaren Gewinne Q_S wie auch die internen Gewinne Q_I (entsprechend DIN V 18599 als Wärmequellen Q_{source} bezeichnet) reduzieren den Jahresheizwärmebedarf in Abhängigkeit der Speicherfähigkeit des Gebäudes. Diese Verminderung wird durch den Nutzungsgrad η ausgedrückt.

$$Q_H = Q_T + Q_V - \eta \cdot (Q_S + Q_I) \tag{2.25}$$

Durch den Transmissionswärmeverlust Q_T werden die Wärmeströme sowohl durch die opaken wie auch durch die transparenten Bauteilflächen erfasst. Die gebäudespezifischen Größen sind durch die jeweiligen Wärmedurchgangskoeffizienten U_i und die Bauteilflächen A_i gegeben. Die Temperaturdifferenzen zwischen innen θ_i und außen θ_e sind vom jeweiligen Standort sowie vom Wetter bzw. Klima abhängig. Durch die Zeitdifferenz Δt wird der Zeitraum spezifiziert, für den die Energieverluste ermittelt werden sollen.

$$Q_T = \sum_i (U_i \cdot A_i) \cdot (\theta_i - \theta_e) \cdot \Delta t \tag{2.26}$$

Dabei sind zusätzlich noch die Transmissionsverluste durch Wärmebrücken zu bestimmen. Mit einer separaten Betrachtung sind die Verluste durch die Bodengrundfläche sowie durch Bauteile mit integrierten Flächenheizungen aufgrund spezifischer Besonderheiten zu ermitteln, obwohl sie auch zu den opaken Bauteilflächen zu zählen sind.

Mit zunehmendem Dämmstandard der Bauteilflächen sind die Transmissionswärmeverluste teilweise so stark zurückgegangen, dass sie vom Betrag mit den Lüftungswärme- bzw. Ventilationsverlusten Q_V vergleichbar sind. Der Wärmeverluststrom durch Lüftung wird bestimmt durch die Luftwechselrate n, welche die Anzahl der Luftaustausche in einem Gebäude mit dem beheizten Luftvolumen V durch freie oder maschinelle Lüftung und durch den Infiltrations-Luftwechsel n_x durch Gebäudeundichtigkeiten pro Stunde angibt. Zum Schutz der Gesundheit und zur Vermeidung von Tauwasserschäden muss immer ein Mindestluftwechsel vorhanden sein. Die Verluste hängen ebenfalls von den Temperatur-Randbedingungen im Inneren und im Freien sowie vom Verlustzeitraum Δt ab.

$$Q_V = n \cdot V \cdot \rho_L \cdot c_{\mathrm{PL}} \cdot (\theta_i - \theta_e) \cdot \Delta t \tag{2.27}$$

Für das Produkt aus Dichte und spezifischer Wärmekapazität der Luft $\rho_L \cdot c_{\mathrm{PL}}$ kann ein Wert von 0,34 Wh/(m^3 K) angenommen werden. Der Luftwechsel n_A einer maschinellen Lüftung wird durch den Volumenstrom $\dot{V}$ der Lüftungsanlage bestimmt zu $n_A = \dot{V}/V$. Wird mit dem Wärmerückgewinnungsgrad η_V der Abluft der maschinellen Lüftung Wärme entzogen und der Zuluft zugeführt, dann vermindert sich bei einem gegebenen Infiltrations-Luftwechsel n_x der energetisch wirksame Luftwechsel auf $n = n_A \cdot (1 - \eta_V) + n_x$. Der Wärmerückgewinn Q_{WR} in der Zeitspanne Δt und damit die Verminderung des Lüftungswärmeverlusts beträgt dabei:

$$Q_{\mathrm{WR}} = n_A \cdot \eta_V \cdot \rho_L \cdot c_{\mathrm{pL}} \cdot V \cdot (\theta_i - \theta_e) \cdot \Delta t \tag{2.28}$$

Der Wärmebedarf Q_W für die Warmwassererzeugung wird durch das im Berechnungszeitraum Δt verbrauchte Warmwasservolumen V_W und dem Temperaturunterschied zwischen der Warmwassertemperatur θ_W und der Wassereintritts-Temperatur θ_0 in das Warmwassersystem bestimmt:

$$Q_W = c_W \cdot \rho_W \cdot V_W \cdot (\theta_W - \theta_0) \tag{2.29}$$

Für die Warmwasserbereitung wird als volumenspezifische Wärmekapazität angesetzt: $c_W \cdot \rho_W = 1{,}161\,\mathrm{kWh/(m^3\ K)}$. Im Wohnbereich liegt der mittlere Warmwasserverbrauch bei höheren Ansprüchen im Bereich von 20 bis 40 l Warmwasser pro Person und Tag. Bei einer Wassereintrittstemperatur von $\theta_0 = 10\,^\circ$C und einer Warmwassertemperatur von $\theta_W = 50\,^\circ$C führt dies auf einen täglichen Warmwasser-Wärmebedarf von $Q_{W,P} = 0{,}93$ bis 1,86 kWh/(Person $\cdot$ d). Der Ansatz in der EnEV 2002 für den flächenbezogenen jährlichen Warmwasser-Wärmebedarf q_{Wa} folgte unter der Annahme einer mittleren Wohnfläche von 34 m^2 bzw. der 1,2-fach größeren Nutzfläche A_N pro Person von 40 m^2/Person in Deutschland und der Bereitstellungsdauer für Trinkwarmwasser $\Delta t = 350$ d/a:

$$q_{\mathrm{Wa}} = 1{,}4\,\mathrm{kWh/(Pers.d)}/(40\,\mathrm{m^2/Pers.}) \cdot 350\,\mathrm{d/a} = 12{,}3\,\mathrm{kWh/(m^2a)} \tag{2.30}$$

Wenn der Energieverbrauch für Warmwasser beim Energieverbrauchskennwert nicht mitberücksichtigt ist, wird nach der EnEV 2014 der Energieverbrauchskennwert mit dem Pauschalwert von 20 kWh pro Jahr und Quadratmeter Gebäudenutzfläche erhöht.

Die technischen Verluste Q_t, die sich aus den Verlusten bei der Wärmeerzeugung Q_g, der Wärmespeicherung Q_s, der Wärmeverteilung Q_d und der Wärmeübergabe Q_{ce} zusammensetzen werden mittels der Aufwandszahlen e_P bestimmt.

Die internen Wärmegewinne Q_I durch Wärmequellen in den Räumen des beheizten Gebäudevolumens hängen von der Nutzung sowie von der Personenbelegung, der jeweiligen technischen Ausstattung und vom Betrieb vorhandener Anlagen ab. Sie berechnen sich in der Zeitspanne Δt zu:

$$Q_I = q_{i,m} \cdot A_B \cdot \Delta t \tag{2.31}$$

A_B ist dabei die Bezugsfläche, auf welche die mittlere Wärmeleistung $q_{i,m}$ der inneren Wärmequellen bezogen ist. Für wohnähnliche Nutzungen wird der Wert $q_{i,m}$ mit 5 W/m^2 angegeben. In Bürogebäuden liegen während der Nutzungsstunden häufig deutlich höhere Werte von 15 W/m^2 und mehr vor. Für eine Abschätzung der Größenordnung sind die jeweiligen Lasten zu analysieren.

Der solare Wärmegewinn Q_S der beheizten Gebäudebereiche setzt sich zusammen aus dem solaren Wärmegewinnen durch transparente Bauteile $Q_{S,t}$, solaren Wärmegewinnen über unbeheizte Glasvorbauten $Q_{S,s}$, den solaren Wärmegewinnen opaker Bauteile $Q_{S,\mathrm{op}}$ und den solaren Wärmegewinnen opaker Bauteile mit transparenter Wärmedämmung $Q_{S,\mathrm{TWD}}$. Die Sonneneinstrahlung durch transparente Bauteile ist i. A. die dominierende Größe und wird bestimmt über die mittlere Strahlungsintensität $I_{s,j}$ aus der Himmelsrichtung j wie Fenster und Verglasungen sowie die effektive Fensterfläche $A_{S,ji}$ im Zeitintervall Δt:

$$Q_S = \left[\sum_j \left(I_{S,j} \cdot \sum_i g_i A_{S,ji} \right) \right] \cdot \Delta t \tag{2.32}$$

Als solare Gewinne können nur die Strahlungsanteile während der Heizperiode gewertet werden. In der EnEV werden für Fassadenfensterflächen folgende Werte vorgegeben: 270 kWh/(m^2 a) für eine Orientierung zwischen Südosten und Südwesten, 100 kWh/(m^2 a) für eine Orientierung zwischen Nordwesten und Nordosten sowie 155 kWh/(m^2 a) für alle anderen Orientierungen. Bei Dachflächenfenstern mit einer Neigung von weniger als 30° beträgt der Wert 225 kWh/(m^2 a). Mit den in Abschn. 2.1 angegebenen Gleichungen zur Ermittlung der Sonnenposition wie auch der Einstrahlung können bei Bedarf konkrete Einstrahlungsbedingungen berechnet werden.

Die effektive Fläche des transparenten Bauteils i in Gl. 2.32 ist $A_{s,ji}$, die jeweils mit dem Gesamtenergiedurchlassgrad des Glases bewertet wird. Sie ist gegenüber der Bruttofläche A der strahlungsaufnehmenden Oberfläche, also z. B. der Fensterfläche einschließlich Rahmen im lichten Rohbaumaß, um den Abminderungsfaktor für die Verschattung, den Abminderungsfaktor für permanente Sonnenschutzeinrichtungen wie Jalousien, den Abminderungsfaktor für den Rahmenanteil sowie den Abminderungsfaktor infolge des im Mittel nicht senkrechten Solarstrahlungseinfalls auf ein reales Fenster reduziert. Die Abminderungsfaktoren können mit einem Gesamtwert von 0,5 bis 0,6 abgeschätzt werden.

In den Gleichungen zur Bestimmung der Transmissionsverluste, der Lüftungsverluste sowie des Wärmerückgewinns Gln. 2.26 bis 2.28 ist jeweils der Term $(\theta_i - \theta_e) \cdot \Delta t$ enthalten, durch den die klimatischen Bedingungen sowie die Anzahl der Heiztage beschreiben werden. Ein Heiztag ist dadurch definiert, dass die mittlere Außentemperatur ϑ_m weniger als 15 °C beträgt. Die Gradtagszahl wird in diesem Fall durch die Differenz des Tagesmittels der Außentemperatur zu 20 °C ermittelt. Zur Bestimmung von jährlichen Energiebedarfen sind daher die Temperaturdifferenzen über alle Heiztage z aufzusummieren. Aufgrund der besonderen Bedeutung dieser Summe, werden die Daten zu regionalspezifischen monatlichen und jährlichen Gradtagszahlen G_z zusammengefasst:

$$G_z = \sum_{n=1}^{z} (20 - \vartheta_{m,n}) \tag{2.33}$$

Nach der EnEV 2014 wird für die Berechnung des durch die Gradtagszahl festgelegten Referenzklimas vom Standort Würzburg (3883 Kd/a) auf den Standort Potsdam (3767 Kd/a) umgestellt. In der EnEV sind die Werte als Gradtagszahlfaktoren in der Dimension kKh/a angegeben und daher mit dem Wert 0,024 kh/d multipliziert worden. Soll anstelle der Energiebedarfsermittlung für ein mittleres Klima der konkrete Verbrauch eines Jahres berechnet werden, so sind die real gemessenen Gradtagszahlen zu verwenden. Für Wetterstationen des Deutschen Wetterdienstes können mit langjährig erfassten und kontinuierlich veröffentlichten Temperaturmessungen [15] die Gradtagszahlen ermittelt werden. Bereits zu monatlichen Werten zusammengefasste Gradtagszahlen wie auch Heizgradtage nach VDI 3807-1 [17] werden in [16] bereit gestellt.

Gegenüber der bisherigen Norm DIN V 4701-10 wurden bei der Entwicklung der DIN V 18599 verschiedene Veränderungen vorgenommen. Ein zentraler Unterschied ist die Betrachtung des Gebäudes in Zonen, während bisher das Gebäude als Ganzes betrachtet wurde. Ein weiterer Unterschied ist, dass die Berechnung mit Hilfe der Gebäudenutzfläche A_N entfällt. Das neue Bezugsmaß bildet die Nettogrundfläche (NGF). In der Konsequenz entfallen die bisherigen flächenbezogenen Anlagenaufwandszahlen sowie die Gesamtanlagenaufwandszahl e_p. Der Energieaufwand der einzelnen Stufen wird vielmehr durchgängig mit Hilfe von Wirkungsgradangaben berechnet.

Dem Berechnungsverfahren liegt zukünftig der obere Heizwert H_o zu Grunde. Dies ist zu begrüßen, da damit die Heizwertumrechnung insbesondere beim Vergleich von Öl und Gas entfällt. Die Berechnung der Primärenergiefaktoren basiert nach wie vor auf dem Heizwert H_u. Für kombinierte Anlagen – hierzu zählen insbesondere Solaranlagen und Blockheizkraftwerke – finden sich in der DIN V 18599-9 festgelegte Rechengänge. Bisher wurden die Anteilsfaktoren an der jährlichen Heizarbeit durch separate Rechengänge nach anerkannten Regeln der Technik ermittelt.

Zur Bewertung der energetischen Qualität von bestehenden Gebäuden kann zur Beurteilung des Energieverbrauchs eines Gebäudes auch der auf die Fläche bezogene Energieverbrauchskennwert herangezogen werden. Neben der dargestellten rechnerischen Ermittlung der Energieverbräuche kann durch den Vergleich gemessener Verbräuche ver-

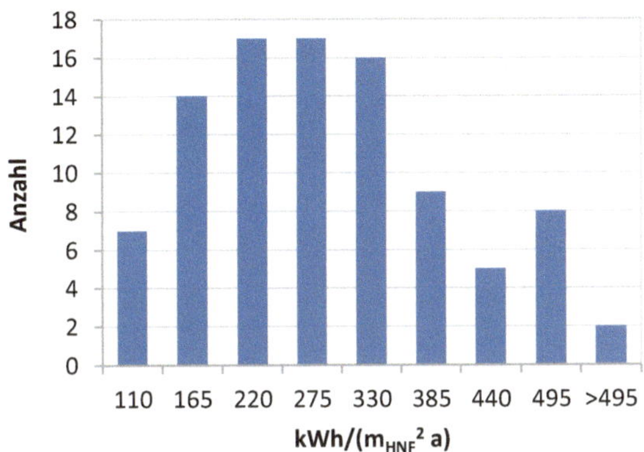

Abb. 2.13 Verteilung von Heizenergieverbrauchskennwerten für Hotels nach VDI 3807-2

schiedener Gebäude mit ähnlicher Nutzung ein Potenzial für weitere Energieeinsparungen abgeschätzt werden. Sofern sich die Kennwerte auf vergleichbare bauliche Qualitäten beziehen und eine Klimabereinigung vorgenommen wurde, können ggf. auch Rückschlüsse auf Optimierungspotenziale hinsichtlich der Steuerung und Regelung der versorgungstechnischen Anlagen gezogen werden.

Die in Abb. 2.13 dargestellte Häufigkeitsverteilung bezieht sich auf gemessene Verbrauchskennwerte von Hotels entsprechend der VDI-Richtlinie 3807-2 [17]. Die Kennwerte sind hierbei auf die Hauptnutzflächen (HNF) der Gebäude bezogen. Gerade bei Hotels ist das Potenzial für regelungstechnische Optimierungen aufgrund nutzungsspezifischer Besonderheiten vergleichsweise groß.

2.2.2 Gebäudekältebedarf

Mit den zunehmenden Komfortansprüchen der Nutzer erfährt der Schutz vor sommerlichen Überhitzungen in Gebäuden eine immer größer werdende Bedeutung. Weiterhin wächst der Anteil der Gebäudekühlung am Gesamtenergiebedarf, da der Wärmebedarf durch den verbesserten Wärmeschutz immer weiter zurückgeht. Da die Kältebereitstellung größtenteils über elektrisch betriebene Kompressionskältemaschinen erfolgt, beträgt der elektrische Energieverbrauch für die Klimatisierung von Bürogebäuden in Deutschland etwa 40.000 GWh pro Jahr [18]. Das entspricht ca. 7 % des gesamten Primärenergiebedarfs. Gerade die große Variabilität der Wärmelasten sowie die stark unterschiedlichen Behaglichkeitsempfindungen von Nutzern führen vielfach zu großen steuerungs- und regelungstechnischen Einsparpotenzialen im Bereich der Kühlung von Gebäuden.

Zur Berechnung der für die Kühlung erforderlichen Energie wird in der Energieeinsparverordnung auf die Berechnungsvorschriften entsprechend der DIN V 18599 verwiesen. Bezogen auf die Terminologie der Norm resultiert der Kühlenergiebedarf aus der Summe der Wärmequellen Q_{source}, wobei noch der Ausnutzungsgrad der Wärmequellen zu berücksichtigen ist. Im Gegensatz zum Gebäudewärmebedarf stellen die internen und die

Tab. 2.6 Wärmeabgabe des Menschen nach VDI 2078

Tätigkeit	Wärmeleistung
Körperlich nicht tätig bis leichte Arbeit im Stehen	120 W
Mäßig schwere körperliche Tätigkeit	190 W
Schwere körperliche Tätigkeit	270 W

solaren Wärmegewinne während der Zeiten mit Kühlungsbedarf Wärmelasten dar. Insofern wird durch den Begriff der Wärmequelle in der DIN V 18599 anstelle der bisher üblichen Wärmegewinne eine wertfreie und allgemein gültige Formulierung eingeführt.

Die Lufttemperatur eines Raumes wird durch die Summe aller einwirkenden Wärmeströme bestimmt. Bei der Kühllastberechnung nach VDI 2078 [19] werden vorerst nur die konvektiven Wärmeströme berücksichtigt, da Strahlungswärmeströme die Lufttemperatur erst nach der Absorption an einer Raumumschließungsfläche und anschließender konvektiver Wärmeübertragung beeinflussen. Bei der Betrachtung der für die Kühlung erforderlichen Energie sind jedoch auch die Strahlungsanteile zu berücksichtigen.

Der gesamte Kühlenergiebedarf setzt sich aus inneren und äußeren Kühlbedarfen zusammen. Die inneren Kühlbedarfe resultieren aus

- den Wärmeabgaben von Personen Q_{Pers} sowie
- den Wärmeabgaben der Beleuchtung, der eingesetzten Maschinen und Geräte sowie weiteren technischen Einrichtungen Q_I (interne Wärmequellen).

Sofern nur einzelne Räume eines Gebäudes gekühlt werden sollen, sind auch die über Nachbarräume zuströmenden Wärmemengen Q_R in die zu kühlenden Räume zu berücksichtigen. Die Wärmeabgabe von Personen setzt sich aus einem Strahlungsanteil sowie einen konvektiven Anteil zusammen. Die durchschnittliche Wärmeabgabe von Personen ergibt sich aus Tab. 2.6.

Die Bestimmung der internen Wärmequellen muss anhand der vorliegenden Installationen ermittelt werden. Dabei sind bei den elektrischen Verbrauchern die Anschlussleistungen sowie die Nutzungszeiten zu ermitteln. Die Beleuchtungsanlage in einem Bürogebäude, die vielfach einen großen Anteil am Kühlbedarf ausmacht, kann bei der Nutzung von Leuchtstofflampen Anschlussleistungen zwischen 10 und 25 W/m² aufweisen. Im Idealfall führt dies bei tageslichtreichen Arbeitsplätzen zu jährlichen Stromverbräuchen von 5 bis 10 kWh/(m² a). Bei komplett innenliegenden Nutzungsbereichen ohne jeglichen Tageslichteinfluss kann der Stromverbrauch je nach Stand der installierten Technik bei einem Betrieb von sechs Tagen pro Woche auch 30 bis 50 kWh/(m² a) betragen, siehe [20]. Grundlage für diese Angaben sind Beleuchtungsstärkeanforderungen von etwa 300 bis 500 lux. In Abhängigkeit der jeweiligen Beleuchtungsanforderungen, der Lichtquellen und der Nutzungszeiten sind daher individuelle Abschätzungen der Verbräuche erforderlich. Auch können ggf. in die Leuchte integrierte Abluftöffnungen die Wärmelast im Raum reduzieren.

Der Einfluss von Maschinen und weiteren technischen Einrichtungen ist noch stärker von rein nutzungsspezifischen Rahmenbedingungen abhängig. Die Anschlussleistungen sind in der Regel den Herstellerunterlagen zu entnehmen. Zur weiteren Abschätzung des Stromverbrauches und damit des Wärmeeintrages sind die durchschnittlichen Betriebsleistungen sowie die Betriebszeiten zu ermitteln.

In Produktionsstätten kann z. B. auch der Durchsatz von Materialien zu einer Wärmequelle führen, wenn die Temperaturen zwischen Ein- und Austritt aus dem Bilanzraum unterschiedlich ist. Zur Bestimmung dieses Wärmeeintrages müssen die Massen wie auch die spezifischen Wärmekapazitäten der betreffenden Körper bekannt sein. Bei unterschiedlichen Temperaturen zu Nachbarräumen sind ebenfalls die resultieren Wärmedurchgangsströme in die Ermittlung der inneren Kühlbedarfe mit einzubeziehen.

Die äußeren Kühlbedarfe unterteilen sich in Kühlbedarfe durch

- Transmission über die Gebäudehüllfläche Q_T,
- Strahlung über die Fensteröffnungen Q_S sowie
- Lüftung Q_V.

Wärmeeinträge durch Transmission über die Gebäudehüllfläche wie auch über die Lüftung sind für den Kühlfall prinzipiell in der gleichen Art und Weise zu behandeln, wie für den Heizfall entsprechend der Gln. 2.26 und 2.27. Jedoch sind in diesem Fall die Innentemperaturen größer als die Außentemperaturen. Gleichzeitig sind die inneren Wärmequellen wie auch die solare Strahlung über die Fensteröffnungen oftmals deutlich größer als die Wärmeeinträge durch Transmission und Lüftung. Die Gradtagszahlen nach Gl. 2.32 können aus diesen beiden Gründen nicht angewendet werden. Da i. A. der Kühlfall während der Tagesstunden eintritt und nicht ganztägig besteht, ist die Betrachtung mit Tagesmittelwerten der Temperaturdifferenz nicht ausreichend. Vielmehr muss hierbei eine genaue Betrachtung gemessener Tagesgänge der Außenlufttemperatur zur weiteren Bestimmung des Kühlbedarfes herangezogen werden.

Auf der Grundlage der in Abschn. 2.1 beschriebenen Sonnenstandbewegungen sowie des darauf aufbauenden Solarstrahlungsmodells können konkrete Einstrahlungsbedingungen auf beliebig orientierte Flächen berechnet werden. Beispielhaft wurden bereits in Abb. 2.7 Stundenwerte der Globalstrahlung auf eine nach Süden gerichtete Fassadenfläche gezeigt. Mit maximalen Strahlungsleistungen von 600 bis 800 W/m^2 tragen sie maßgeblich zum Kühlenergiebedarf bei. Auch wenn in den Übergangsmonaten typischerweise deutlich geringere Sonnenscheinstunden über den Tagesverlauf zu erwarten sind, so können dennoch auch in diesen Monaten nach Abb. 2.2 bereits solare Einstrahlungswerte von über 4 kWh/(m^2 d) beobachtet werden. Durch die Tendenz in der Architektur von Bürogebäuden große Fensterflächenöffnungen vorzusehen, steigt der Kühlenergiebedarf, wie diesen Zahlen zu entnehmen ist, ohne geeignete Sonnenschutzvorrichtungen enorm an.

2.2.3 Frischluftbedarf in Gebäuden

Maßgeblich für den erforderlichen Frischluftbedarf in Gebäuden sind die in der Luft auftretenden Spurengase. Aufgrund des menschlichen Stoffwechsels stehen hierbei die Konzentrationen von Kohlendioxid (CO_2) wie auch die Luftfeuchte unter besonderer Beobachtung.

Die durchschnittliche CO_2-Konzentration der Luft beträgt derzeit etwa 400 ppm. Wenngleich die maximal zulässige Arbeitsplatzkonzentration für CO_2 nach [21] bei 5000 ppm liegt, so wird als Richtwert eine CO_2-Konzentration in der Raumluft von maximal 1000 ppm empfohlen, da sich bei höheren CO_2-Konzentrationen deutliche Ermüdungserscheinungen bemerkbar machen.

Ein erwachsener Mensch atmet etwa 5 bis 6 l Luft pro Minute. Der CO_2-Anteil der ausgeatmeten Luft beträgt dabei durchschnittlich 4 %. Zur Einhaltung einer hygienisch notwendigen Luftqualität in Gebäuden wird pro Person eine Frischluftzufuhr von etwa 30 m^3/h angesetzt. Gleichzeitig gibt für verschiedene Raum- und Nutzungsbedingungen Empfehlungen für optimale Luftfördervolumina [22].

Als Maß für die Luftfördermengen dient vielfach die Luftwechselrate (vgl. auch Gl. 2.27). Die Luftwechselrate gibt an, wie oft die Luft in einem Raum durch den von der Lüftungsanlage geförderten Luftvolumenstrom ausgetauscht wird. Unter der Annahme, dass eine durchschnittliche Büroraumfläche etwa 20 m^2/Person und die Raumhöhe 2,8 m beträgt, liegt das mittlere Raumvolumen damit bei 56 m^3/Person. Zur Versorgung eines Büros mit Frischluft über eine Lüftungsanlage könnte demnach eine Luftwechselrate von etwa 0,5 h^{-1} ausreichen.

Neben der Begrenzung des CO_2-Gehaltes in der Luft kommt der Lüftung im Wohngebäudesektor auch durch die Feuchteabfuhr eine besondere Bedeutung zu. Empfohlene Werte für die Raumluftfeuchte liegen bei relativen Feuchtewerten zwischen 35 und 70 %. Feuchtequellen entstehen in Gebäuden durch z. B. Duschen (0,5–1 l pro Duschbad), Kochen (1–1,5 l pro Tag), Pflanzen (0,5–1 l pro Pflanze und Tag) und Wäschetrocknung (1–1,5 l pro Trocknung von 4,5 kg geschleuderter Wäsche). Gleichzeitig stoßen auch die Menschen durch ihre Atmung täglich etwa 0,5–1 l Wasserdampf aus. Ein zu hoher Feuchtegehalt in der Luft kann neben Unbehaglichkeiten auch zu Feuchtigkeitsschäden an Gebäuden führen. Gerade in kälteren Jahreszeiten würde die Feuchtigkeit an kalten Außenwänden kondensieren und damit die Bildung von Schimmelpilzen befördern. Sofern die bereits genannten Mindestluftvolumina eingehalten werden, ist in der Regel auch der für die Begrenzung der maximalen Luftfeuchte erforderliche Luftwechsel sichergestellt.

Aber auch andere Spurengase in der Raumluft können das Wohlbefinden der Nutzer beeinträchtigen oder sogar die Gesundheit gefährden. Zu nennen sind hier z. B. die flüchtigen höherwertigen Kohlenwasserstoffe (VOC–volatile organic componds), Formaldehyde oder Stickoxide. Weitere mögliche Inhaltsstoffe sowie entsprechende Grenzwerte sind in [21] oder auch in den Bundesgesundheitsblättern zu finden. Sofern Bedenken hinsichtlich einer angemessenen Luftqualität bestehen, sind diese durch Luftqualitätsuntersuchungen zu überprüfen und durch einen angepassten Luftwechsel zu beheben. Unabhängig davon sind natürlich primär die Emissionsquellen zu beseitigen.

Der durch den Frischluftbedarf hervorgerufene Energiebedarf beruht auf zwei Ursachen. Einerseits muss die Luft durch mechanisch angetriebene Lüfter gefördert werden, die zu diesem Zweck einen Elektromotor haben. Je nach Fördermengen und Lüftungsnetz führen die Motoren zu größeren Stromverbräuchen. Sofern es sich nicht um eine reine Zu- und Abluftanlage handelt, ist andererseits auch eine thermische Luftkonditionierung mit einer Lufterhitzung sowie ggf. einer Luftkühlung erforderlich. Bei größeren Luftwechselraten ist eine thermische Luftbehandlung nicht zu vermeiden, da ansonsten zu kalte oder zu warme Luftbewegungen die Behaglichkeit in den Räumen beeinträchtigen. Der Einsatz einer Wärmerückgewinnung nach Gl. 2.28 reduziert den erforderlichen Heiz- oder Kühlbedarf.

Durch zu große Luftvolumina werden gleichzeitig die Strom- wie auch die Wärmeverbräuche unverhältnismäßig vergrößert. Das erste Ziel einer energieoptimierten Lüftung besteht daher in der angemessenen Dimensionierung der Luftwechselraten. Anschließend ist die Erzeugung und Verteilung der Wärme und Kälte für die Lüftungsanlagen insbesondere mit der Einbindung von regenerativen Energien zu optimieren. Weitere Grundlagen wie auch Anlagenbeispiele werden in den nachfolgenden Kapiteln dieses Buches vorgestellt.

2.2.4 Trinkwasserbedarf in Gebäuden

Der Trinkwasserbedarf in Deutschland hat eine Größenordnung von 7 Milliarden m^3 pro Jahr, wobei die Versorgung überwiegend durch die Grundwassernutzung gewährleistet wird. Pro Person liegt der Verbrauch damit bei knapp $90\,m^3$ Wasser pro Jahr. Über die Hälfte dieses Verbrauches erfolgt in den Haushalten, was zu einem Prokopfverbrauch an Trinkwasser in Deutschland von etwa $50\,m^3$ pro Jahr führt.

Je nach Ausstattung des Haushaltes werden davon zwischen 8 und $14\,m^3$ pro Jahr als erwärmtes Trinkwasser abgenommen. Zur Erwärmung des Wassers werden 400 bis $700\,kWh/(Pers\,a)$ benötigt. Dabei wird bei der Erwärmung von einer Temperaturerhöhung von etwa $40\,K$ ausgegangen. Zu berücksichtigen ist ferner, dass bei der Bereitstellung und Verteilung des Trinkwarmwassers Energieverluste zu erleiden sind (siehe dazu auch Gl. 2.29).

Je nach Nutzung des Gebäudes und dem jeweiligen Dämmstandard beträgt der Anteil für die Bereitstellung des Trinkwarmwassers etwa 15 bis 30 % des gesamten Wärmeverbrauches in einem Wohngebäude. Aufgrund der zunehmenden Wärmedämmung wird bei Neubauten dieser Anteil in Zukunft weiter steigen.

Diese Entwicklung wie auch das Inkrafttreten des Erneuerbare-Energien-Wärmegesetzes (EEWärmeG) zu Beginn des Jahres 2009, werden zu einer weiteren deutlichen

Steigerung der thermischen Solarenergienutzung zur Bereitstellung von Trinkwarmwasser führen.

- Welches sind die wesentlichen Energieströme bei der Ermittlung der Wärmebilanz eines Gebäudes?
- Wie wird der Primärenergiebedarf eines Gebäudes aus dem Endenergiebedarf ermittelt?
- Welche Berechnungsvorschriften und rechtlichen Vorgaben werden bei der Erstellung eines Energieausweises herangezogen?
- Welches sind die wesentlichen Gründe für die Notwendigkeit einer Gebäudekühlung?
- Aus welchen Gründen ist ein Austausch der bestehenden Raumluft mit Frischluft erforderlich?
- Wie viel Frischluft muss einem Raum pro Person mindestens zugeführt werden, damit sich die Luftqualität nicht verschlechtert?

2.3 Besonderheiten der Nutzung erneuerbarer Energieträger

Alfred Karbach

Wie die bisherigen Kapitel gezeigt haben, bedeutet der Betrieb der technischen Gebäudeausrüstung immer eine variable Anpassung an einen sich ändernden Bedarf. Bei der Integration regenerativer Energiequellen in das Gesamtkonzept ergibt sich zusätzlich eine zeitliche Variabilität auch auf der Angebotsseite.

Diese Veränderlichkeit betrifft die Art der Wärmequellen, die genutzt werden können – beispielsweise die thermische Leistung von Solarkollektoren – und die Höhe der Leistung, die zur Verfügung steht. Angebot und Bedarf stimmen also in der Regel nicht überein. In diesem Sinne stehen auch regenerative Energieträger zeitlich nur begrenzt zur Verfügung. Dies bedingt in den meisten Fällen den Einsatz von Speichersystemen zur Pufferung der zeitlich versetzt anfallenden regenerativen Energieströme. Daraus entstehen erhöhte Anforderungen an die Steuerung, die Regelung und die Optimierung des Gesamtkonzepts.

Diese Anforderungen bestehen aus einer vergrößerten Anzahl von unterschiedlichen Betriebsarten, aus Optimierungsaufgaben und aus zusätzlichen Aufgaben des Monitoring, also der Datenerfassung und der Datenauswertung.

Auf Basis dieser ausgewerteten Daten können dann Fehlfunktionen und suboptimale Betriebszustände erkannt werden. Dies ist aufgrund der größeren Komplexität prinzipiell schwieriger und aufwendiger im Vergleich zu nichtregenerativen Anlagenkonzepten. Es besteht aber eine erhöhte Notwendigkeit zu einer Überwachung, da im Fehlerfall für den regenerativen Anteil die nichtregenerativen Komponenten eine Backup-Funktion übernehmen, so dass Ausfälle lange Zeit nicht bemerkt werden können.

Tab. 2.7 Übersicht über Automationsfunktionen am Beispiel von Kompaktregelungen im Bereich thermischer Solaranlagen

Funktion	Beschreibung
Temperaturdifferenzregelung im Solarkreis	Stetige oder Zweipunktregelung für Temperaturdifferenzen zwischen Kollektoraustritt und einer geeignet gewählten Speichertemperatur oder der Temperatur nach dem Speicherwärmetauscher
Drehzahlregelung oder (schnelle) Taktung der Solarkreispumpe	Der Volumenstrom kann dann stetig oder quasistetig verstellt werden
Sicherheitsfunktionen	
Speichermaximaltemperaturen überwachen	Speichernotabschaltung: Beim Überschreiten maximaler Temperaturen wird die Beladung des Speichers beendet
Kollektornotabschaltung	Wenn keine Wärmeleistung mehr abgesetzt werden kann, erfolgt die Notabschaltung des Kollektors
Betriebsartenwahlfunktionen	
Vorranglogik für Mehrspeicheranlagen	Auswahl des Speichers, der beladen wird
Vorranglogik für die Nutzung	Auswahl der Verbraucher, die aus dem Speicher oder direkt versorgt werden können
Monitoringfunktionen	
Bilanzen	Betriebsstunden, Tageserträge, Monats- und Jahreserträge, Betriebszustände
Plausibilitätskontrollen	Kontrolle der Anlage und Diagnosefunktionen
Kontrolle der Funktionsfähigkeit der Sensoren	Z. B. Ausfallüberwachung
Optionale Funktionen	
Beispiel: Kollektorkühlfunktion	Kann das solare Wärmeangebot nicht mehr untergebracht werden, wird über Wärmetauscher die Wärme abgefahren (oft bestimmte Heizkörper des Heizkreises)

2.3.1 Einfluss des variablen Energieangebots

Zur Erläuterung des variablen Energieangebots zeigt Abb. 2.14 den typischen zeitlichen Verlauf der gemessenen Globalstrahlung in Südrichtung (Sonnenazimut $0°$) an einem wolkenlosen Tag bei zwei unterschiedlichen Flächenneigungswinkeln.

Als Beispiel für die einfachste hydraulische Realisierung ist in Abb. 2.15 eine solarthermische Anlage zur Warmwasserbereitung gezeigt. Regelgröße ist die Temperaturdifferenz zwischen Kollektoraustritt und Temperatur im Speicher. Der Sollwert für diese Temperaturdifferenz wird konstant vorgegeben mit beispielsweise $10°C$. Stellgröße ist der Volumenstrom im Solarkreis. Dieser wird im einfachsten Fall nach dem Zweipunktprinzip ein- und ausgeschaltet, z. B. kann man bei einer Temperaturdifferenz von $12°C$ einschalten, der Kollektor wird durch die entnommenen Wärmeleistung abgekühlt und bei $8°C$ wieder ausschalten. Dann heizt sich der Kollektor wieder auf und der Vorgang wiederholt

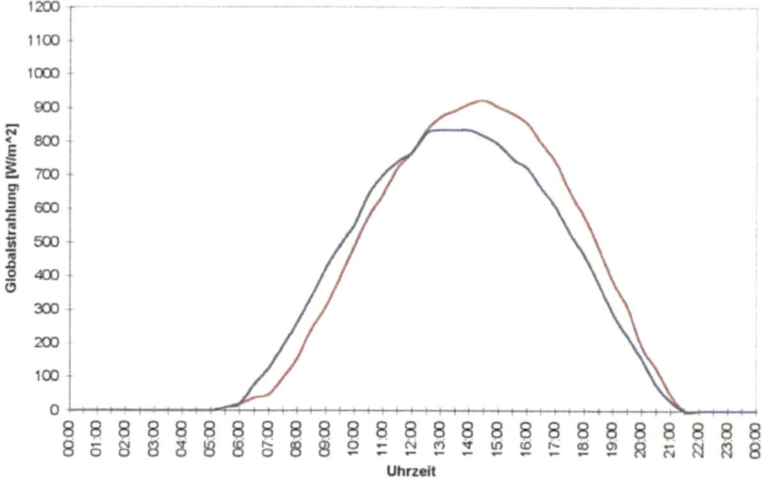

Abb. 2.14 Gemessene Globalstrahlung an einem wolkenlosen Sommertag bei Sonnenazimut 0°

Abb. 2.15 Vereinfachtes Anlagenschema für solare Brauchwassererwärmung

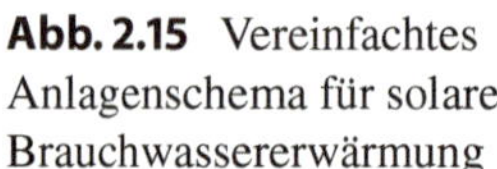

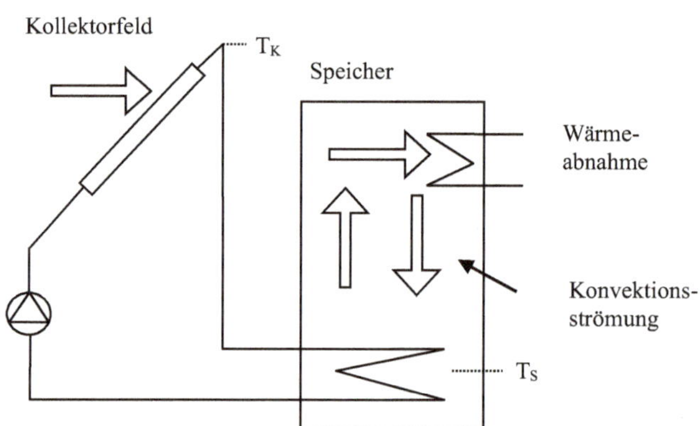

sich periodisch. Die variable Einstrahlung und die mit der Beladung steigende Speichertemperatur bedingen einen variablen Energieeintrag. Der Wärmeeintrag erfolgt in einem Wärmetauscher im unteren Bereich des Speichers. Durch Konvektion wird die Wärme nach oben transportiert und das ganze Speichervolumen aufgeheizt.

Wenn Angebot und Nachfrage nicht synchron sind, dann ergibt sich ein variabler Speicherladezustand.

Bei der solarthermischen Warmwasserbereitung ist ein Tages- oder Mehrtagesspeicher notwendig, weil Bedarf und Angebot typischerweise um etliche Stunden, bei Wetter mit wenig Einstrahlung auch um längere Zeiträume auseinander liegen (Abb. 2.16).

Bei solarer Kühlung ist der Speicherbedarf geringer, da Bedarf und Verbrauch stärker synchron sind. Wenn die Sonneneinstrahlung zunimmt, steigt sehr häufig auch der Kühlbedarf. Das gilt allerdings nicht für jede Betriebssituation. Bei den Verfahren der solaren

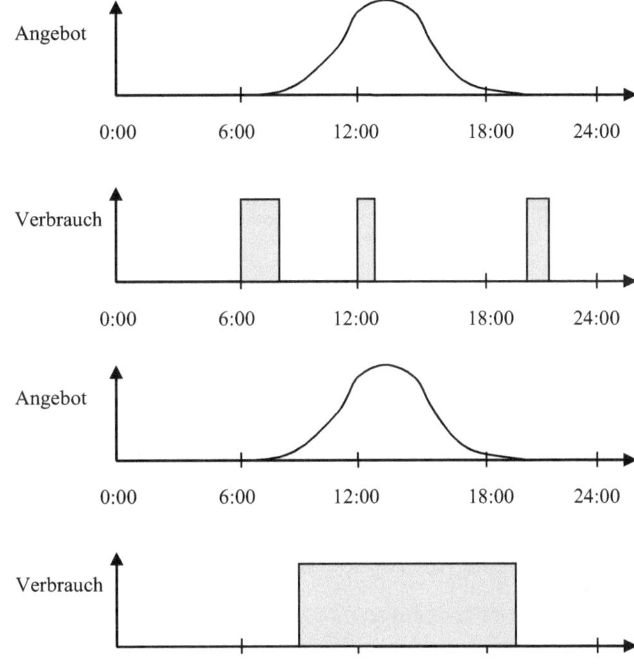

Abb. 2.16 Angebot und Verbrauch (schematisch) bei der solaren Brauchwassererwärmung, vereinfacht

Abb. 2.17 Angebot und Verbrauch (schematisch) bei der solaren Kühlung, vereinfacht

Kühlung wird mit Hilfe des Solarkollektors als Wärmequelle Kälteenergie erzeugt. Eine technische Realisierung solcher Kältesysteme sind die Absorptionskältemaschinen.

Wenn Angebot und Nachfrage nicht synchron sind, müssen Speichersysteme eingesetzt werden. Standardbeispiel sind thermische Solaranlagen zur Brauchwasserbereitung: Der Warmwasserbedarf besteht morgens und in den Abendstunden. Die tagsüber vorhandene Strahlungswärme wird einem Speicher zugeführt.

Auch bei Systemen zur solarthermischen Kühlung sind Bedarf und Angebot nicht exakt synchron, überlappen sich insgesamt wesentlich besser im Vergleich zur Warmwasserbereitung.

Der Speicherladezustand wird vom Automationssystem erkannt. Dazu werden Temperatursensoren in unterschiedlichen Bereichen des Speichers genutzt (Abb. 2.18). Darauf aufbauend werden Entscheidungen getroffen, wie die Energie verwendet wird und ob mit nichtregenerativen Komponenten nachgeladen werden muss.

Eingesetzt werden Brauchwasserspeicher, Pufferspeicher und Kombispeicher.

Das momentane Angebot an regenerativen Energien erfordert eine Anpassung der Volumenströme und damit der sich einstellenden Temperaturen im Kollektor.

Dabei bestehen zwei Möglichkeiten, die auch in Kombination eingesetzt werden: Fahrweise im Zweipunktbetrieb oder stetige Volumenstromvariation. Das Ziel dabei ist es, ein optimales Temperaturniveau am Kollektor unter Berücksichtigung der Abnahmesituation

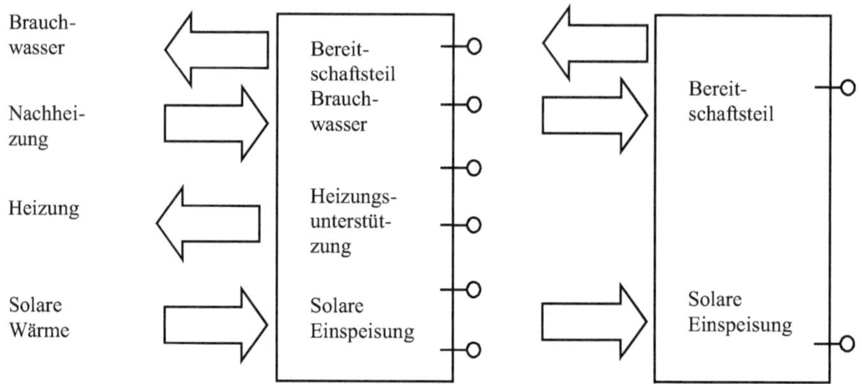

Abb. 2.18 Speicher mit unterschiedlichen Einspeise- und Entnahmemöglichkeiten, Erfassung des Ladezustands durch Temperaturmessungen

einzustellen. Dabei kann die solare Wärme auch in variablen Höhen in den Solarspeicher und damit in unterschiedliche Temperaturzonen eingebracht werden. Um höherliegende Einspeisetemperaturniveaus zu erreichen, muss der Volumenstrom angepasst werden. Damit wird der Betriebspunkt auf der Kollektorkennlinie verändert und dadurch auch der Wirkungsgrad des Kollektors (Abb. 2.19).

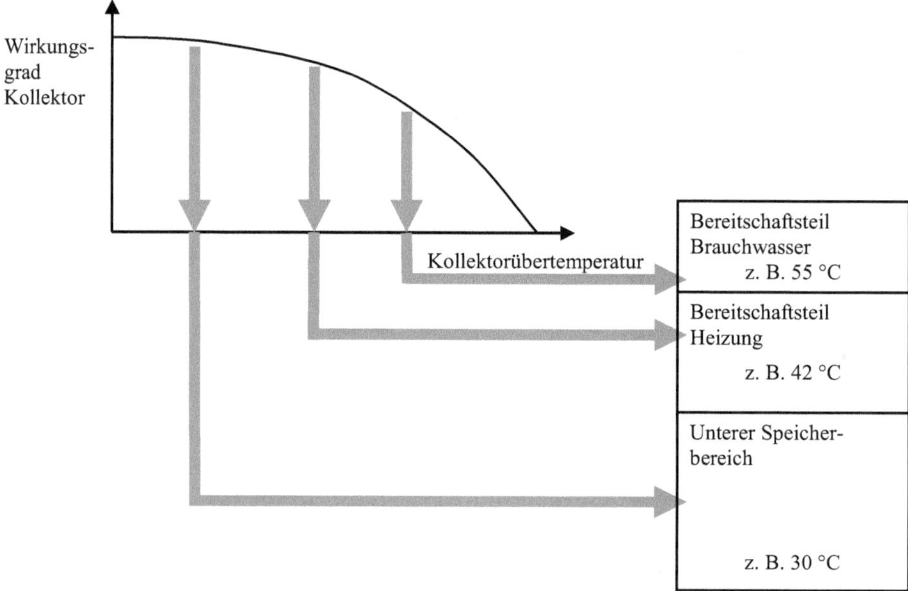

Abb. 2.19 Betriebsweise einer Solaranlage bei unterschiedlichen Temperaturniveaus auf der Kollektorkennlinie; die Einstrahlung ist als momentan konstant vorausgesetzt

Mit zunehmender mittlerer Kollektortemperatur (sogenannte Kollektorübertemperatur) steigen die Wärmeverluste des Kollektors an und der Wirkungsgrad wird kleiner. Die bestimmende Größe ist die Differenz aus Kollektorübertemperatur und Umgebungstemperatur. Diese wird zunächst als gegeben und konstant (langsam veränderlich) vorausgesetzt.

Damit ergeben sich nach Abb. 2.19 unterschiedliche Möglichkeiten der Speicherbeladung. Wird im Bereitschaftsteil, dem oberen Teil des Speichers beladen, muss man den Solarkollektor auf höhere Temperaturen bringen. Dies geschieht durch die Verminderung des Volumenstroms. Damit erhöht sich bei zunächst konstant vorausgesetzter Einstrahlung die Kollektoraustrittstemperatur. Der Wirkungsgrad ist dann zwar geringer, aber man vermeidet, dass der Bereitschaftsteil über nichtregenerative Energieträger nachgeladen werden muss.

2.3.2 Angebot und Bedarf

Angebot und Bedarf fallen bei der Anwendung regenerativer Energiequellen sehr oft auseinander. Zur Charakterisierung des zeitlichen Verlaufs von Angebot und Nachfrage wird bei periodischen Signalen die Zeitverschiebung oder die zugehörige Phasenverschiebung als Begriff verwendet. Zur Beschreibung von unregelmäßig verlaufenden Signalformen werden statistische Methoden verwendet (Stochastik).

Den Begriff der Phasenverschiebung verwendet man bei sinusförmigen Signalen, aber im technischen Bereich benutzt man den Begriff auch allgemein bei periodischen Signalen. Als Beispiel sei ein System der transparenten Wärmedämmung betrachtet. Dabei wird die Gebäudehülle in Südrichtung durch die Sonneneinstrahlung aufgeheizt. Die transparente Wärmedämmung bewirkt, dass die bei einer höheren Wandtemperatur einsetzenden Wärmeverluste sehr klein bleiben. Dabei wird die einfallende Solarstrahlung durchgelassen und Konvektion wird weitgehend verhindert. Die angestiegene Oberflächentemperatur an der Wandaußenseite bewirkt einen Wärmestrom in das Mauerwerk hinein, der entsprechend den Wärmeleitungsverhältnissen in der Wand mit zeitlicher Verzögerung an der Innenseite der Wand eintrifft und sich dort als Temperaturerhöhung bemerkbar macht (Abb. 2.20).

Die Phasenverschiebung ergibt sich aus der angenommenen zeitlichen Verschiebung von 6 h. Dabei wird auf die Periodendauer 24 h Bezug genommen und man erhält beispielsweise eine Phasenverschiebung von $\pi/4$ oder 90°.

Viele Vorgänge lassen sich ähnlich interpretieren. Die eingebrachte Wärmeleistung wird über einen natürlichen Speicherprozess (wie bei der transparenten Wärmedämmung) oder über einen technischen Speicher zeitverzögert um die Verluste vermindert weitergegeben.

Ein weiteres Beispiel für die Nutzung eines natürlichen Speicherprozesses sind Geothermieanlagen mit Wärmepumpen zum Heizen und Kühlen. Bei größeren Anlagensys-

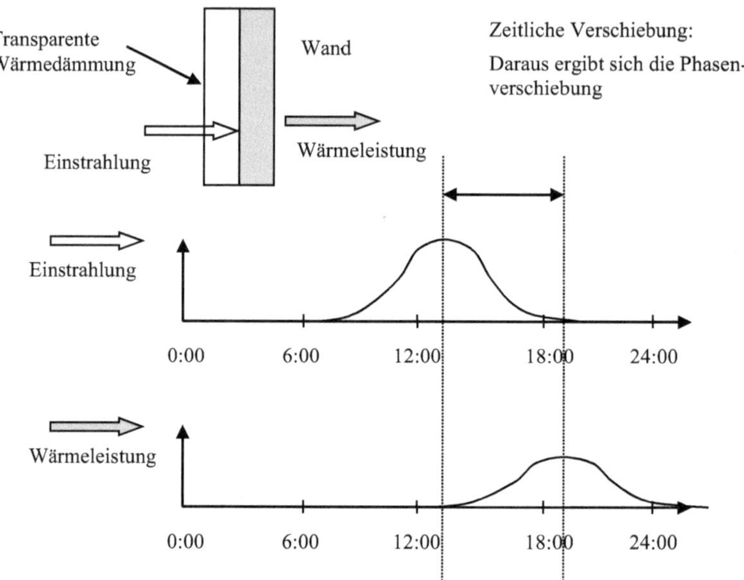

Abb. 2.20 Betriebsweise einer transparenten Wärmedämmung

Abb. 2.21 Betriebsweise eines Geothermiesystems, vereinfacht

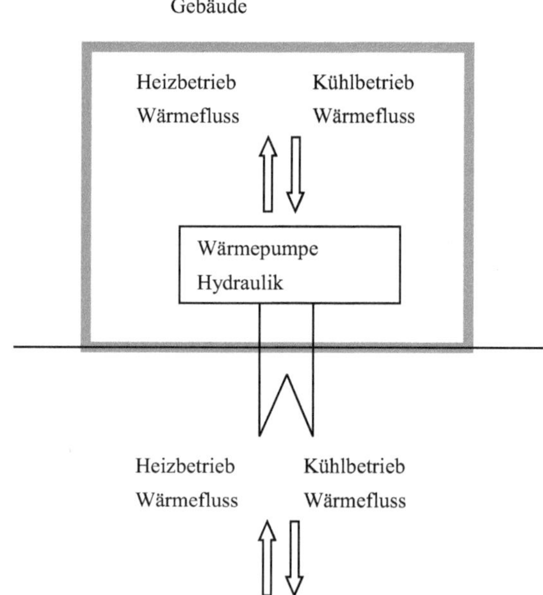

temen für Bürogebäude wird im Winterbetrieb dem Boden Wärme entnommen, um das Gebäude zu beheizen und im Sommerbetrieb die dem Gebäude entzogene Wärme zugeführt, wobei das Gebäude gekühlt und der Boden erwärmt wird (Abb. 2.21).

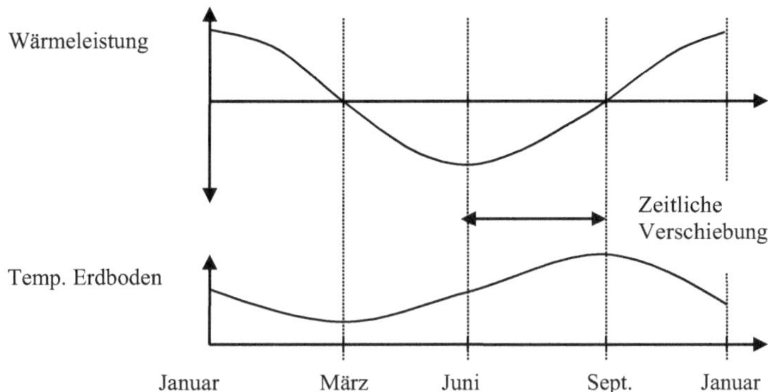

Abb. 2.22 Im Erdreich induzierte Wärmeleistungen und phasenverschobene Temperaturänderungen (entnommene Wärmeleistung > 0 und umgekehrt)

Dadurch werden im Erdbodenbereich, wo der Wärmeaustausch stattfindet, Wärmeströme eingespeichert und entnommen, die Temperaturänderungen des Erdreichs induzieren (Abb. 2.22).

Es ergeben sich jahresperiodische Temperaturänderungen, die zu Beginn der Heizperiode durch die im Sommer zugeführte Wärme den Heizbetrieb durch eine höhere Erdreichtemperatur unterstützen. Zu Beginn der Kühlperiode ist es ähnlich. Durch die im Winter entnommene Wärme wird der Kühlbetrieb durch eine niedrige Erdreichtemperatur unterstützt.

Dabei ist es wichtig, dass die Leistungszahl der Wärmepumpe bei geringeren zu überwindenden Temperaturdifferenzen größer wird und damit der relative Aufwand der stromseitigen Leistung im Verhältnis zu den Wärmeleistungen geringer wird (ausführliche Behandlung in Abschn. 3.3).

Als Beispiel für einen komplizierteren Nachfrageverlauf ist der gemessene Gesamtwärmebedarf eines Mehrfamilienhauses über einen Tagesverlauf dargestellt (Abb. 2.23).

Dargestellt wird die Summe aus Objektwärmebedarf zum Heizen und Warmwasserbedarf. Der Wärmebedarf des Gebäudes ist sehr stark an die Außentemperatur (mit dargestellt) gekoppelt und verläuft ohne große Schwankungen bis auf eine deutlich sichtbare morgendliche Aufheizphase. Wird Warmwasser gezapft, dann treten Bedarfsspitzen bis zu 6 kW und höher auf. Diese sind dem täglichen Verlauf des Wärmebedarfs überlagert:

Bedarfsspitzen von ca. 2 kW werden durch Warmwasserentnahme über Handwaschbecken erzeugt. Beim Duschen wird eine Leistung von 2–4 kW und für ein Vollbad von 4–6 kW benötigt.

2.3.3 Multivalente Energiebereitstellung

Die Kopplung unterschiedlicher Wärmeerzeuger ist in Abb. 2.24 dargestellt. Der Speicher ist in drei Bereiche aufgeteilt: Solare Einspeisung, Heizungsteil und Bereitschaftsteil. Die

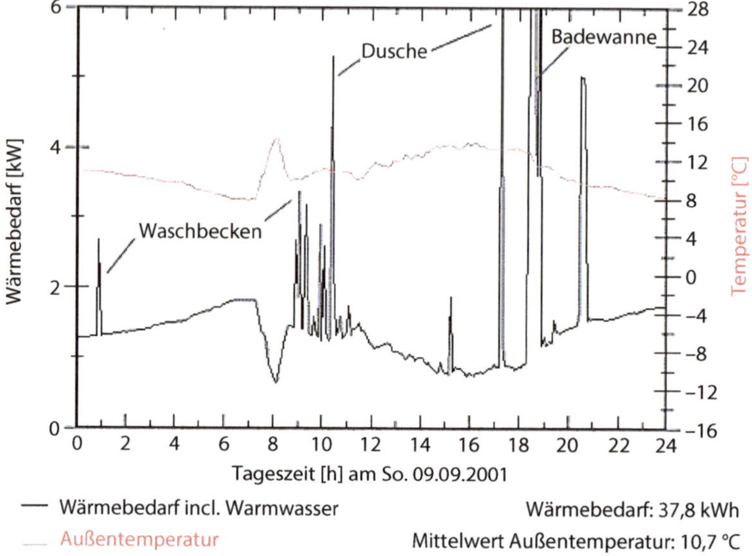

Abb. 2.23 Summe aus Objektwärmebedarf und Warmwasserbedarf für ein Mehrfamilienhaus

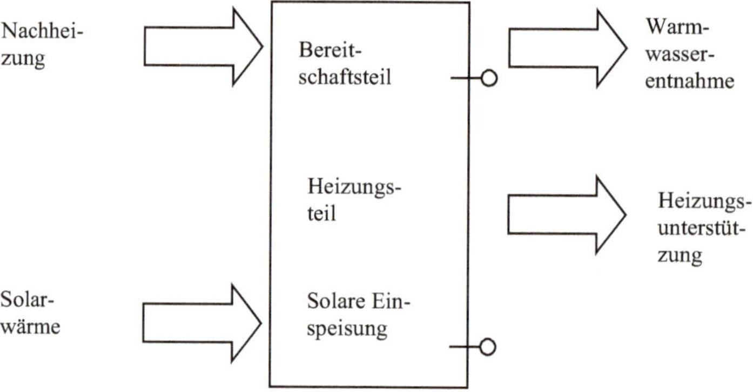

Abb. 2.24 Speicher mit unterschiedlichen Einspeise- und Entnahmemöglichkeiten, multivalenter Betrieb

höchsten Temperaturen werden für die Brauchwasserentnahme benötigt. Aus dem Mittelteil wird bei passenden Temperaturniveaus die Heizung unterstützt. Die Solarwärme wird über einen unten liegenden Wärmetauscher eingespeist. Bei zu niedrigen Temperaturen im oberen Teil des Speichers wird über einen Kessel nachgeheizt. Ziel ist es, möglichst viel der Niedertemperaturwärme auch für die Heizungsunterstützung zu nutzen und eine Nachheizung über den Kessel zu unterbinden, wenn Solarwärme zur Verfügung steht.

Nachstehend sind die Möglichkeiten zur variablen Einspeisung in verschiedenen Bereichen des Speichers bei unterschiedlichen Temperaturniveaus gezeigt (Abb. 2.25). Damit

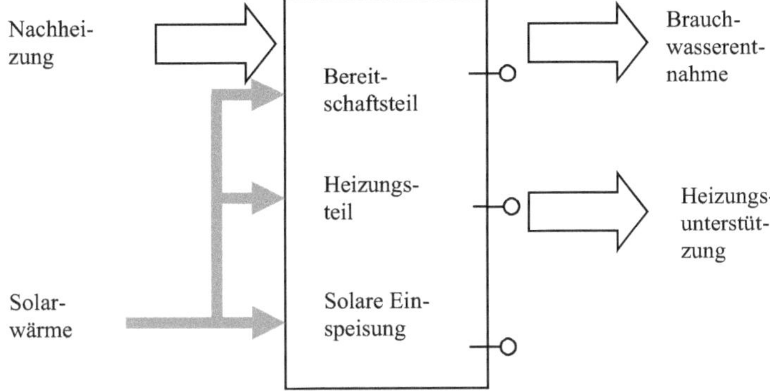

Abb. 2.25 Speicher mit Einspeisemöglichkeiten für die Solarwärme in unterschiedlichen Speicherbereichen bei variablen Temperaturniveaus

lässt sich entsprechend den unterschiedlichen Bedarfssituationen und dem energetischen Angebot entscheiden, in welche Bereiche eingespeist wird.

Folgende Strategie wird häufig angewendet:

Priorität hat das Nachladen des Bereitschaftsteils bei hohen Temperaturen mit entsprechend niedrigen Volumenströmen, dann erfolgt die Versorgung des Heizungsteils und am Ende die solare Einspeisung von Niedertemperaturwärme im unteren Teil.

2.3.4 Ertrags- und Funktionskontrolle

Der Betriebsüberwachung von regenerativen Anlagen kommt ein hoher Stellenwert zu. Da der Aufwand (Material- und kumulierter Energieaufwand) für die Erstellung solcher Anlagen erheblich ist, muss sichergestellt sein, dass die Anlage im Betrieb mit einem hohen Nutzungsgrad und fehlerfrei betrieben wird. Sonst drohen erhebliche Minderungen auch bei den positiven Umweltentlastungseffekten.

Bei Anlagen der Energieversorgung und der Technischen Gebäudeausrüstung nimmt die Betriebssicherheit einen hohen Stellenwert ein. An zweiter Stelle sind ökonomischer Betrieb und Aspekte der Primärenergieeinsparung und Umweltschonung gleichrangige Ziele.

Für den Aspekt des ökonomischen Betriebs stehen auf der Basis von automatisierungstechnischen Einrichtungen Möglichkeiten zur Datenerfassung (Monitoring) und zum Energiecontrolling zur Verfügung. Anlagenkonzept und das Regelungskonzept müssen in Hinsicht auf eine möglichst hohe Energieeffizienz gestaltet und optimiert werden. Die optimierte Betriebsweise kann bei größeren Anlagen häufig erst durch Versuche im Betrieb endgültig gefunden werden.

Im Bereich der Anwendung regenerativer Energiesysteme werden in der Regel klassische Anlagen mit regenerativen Teilanlagen integriert. Man spricht dann von einem bivalenten oder multivalenten Betrieb.

Ein einfaches Beispiel ist eine Solaranlage zur Trinkwassererwärmung, bei der im Fall fehlender Sonneneinstrahlung der Speicher über den ebenfalls vorhandenen Heizkessel nachgeheizt wird. Die klassischen Komponenten übernehmen im Anlagenverbund eine Backup-Funktion, so dass bei einem Ausfall des regenerativen Teils oder einer Verschlechterung der Betriebsfunktion der Fehler sich nicht sofort bemerkbar macht. Dies kann zu der Situation führen, dass Fehlfunktionen über längere Zeit nicht erkannt werden. Damit wird die Zielsetzung, Primärenergie einzusparen, erheblich beeinträchtigt. Aus diesem Grund ist eine Ertrags- und Funktionsüberwachung beim Einsatz regenerativer Anlagen immer zu empfehlen.

Die Methodik wird als Monitoring bezeichnet, also eine Erfassung von Zustandsdaten und Auswertung. Mit Wärmemengenzählern lassen sich zugeführte und entnommene Wärmemengen bilanzieren. Über eine Input-Output-Betrachtung lassen sich dann Kennzahlen bestimmen: Diese beziehen sich auf einen Bilanzzeitraum, z. B. ein Monat oder ein Jahr und werden in Kap. 6 erläutert:

Solarer Deckungsgrad Das ist der relative Anteil der genutzten Solarwärme am Gesamtwärmebedarf.

Primärenergiekennzahl Eingesetzte Primärenergie pro Nutzenergie.

Spezifischer Solarkollektorertrag Die Wärmemenge, die pro Quadratmeter installierter Solarkollektorfläche pro Jahr geerntet wird.

Energetische Amortisationszeit Mit einer Ökobilanzbetrachtung wird der gesamte Primärenergieaufwand für die Produktion und Installation der Solaranlage ermittelt. Die energetische Amortisationszeit ist der Zeitraum über den eine gleiche Energiemenge als solare Wärme gewonnen wird.

Regelungen für thermische Solaranlagen mit Heizungsunterstützung enthalten als Option häufig die Erfassung aller gemessenen Temperaturen und die Möglichkeit zur Volumenbestimmung, daneben auch die Möglichkeit zur Erfassung der Einstrahlung: Damit ist der solare Ertrag bilanzierbar und die oben genannten Kennzahlen können ermittelt werden. Das Monitoring erfolgt häufig über mitgelieferte Zusatzprogramme und einen über eine serielle Schnittstelle oder USB angeschlossenen PC. Auch Datensticks sind im Einsatz.

Damit wird eine Datenaufzeichnung ermöglicht. Dasselbe ist prinzipiell auch mit externen Datenloggern möglich.

Folgende Funktionen werden angeboten:

- Datenaufzeichnung,
- Visualisierung der Anlagenzustände,

- Ertragskontrolle,
- Störungsdiagnose,
- Web-Interface für Standard-Internet-Browser,
- Exportfunktion für weitere Datenverarbeitung in Tabellenkalkulationsprogrammen,
- PC und Webserver oder Modem zur Fernabfrage.

Kontrollfragen zu Abschn. 2.3

- Welche besonderen Problemstellungen ergeben sich bei der Kombination erneuerbarer und fossiler Energiewandlungssysteme?
- Welche thermischen Speichersysteme gibt es? Welche Speichertypen werden eingesetzt? Wie sieht typischerweise der bivalente Betrieb mit einem Pufferspeicher aus?
- Warum ist eine Ertrags- und Funktionskontrolle bei multivalenten Systemen besonders wichtig und entscheidend für die Betriebsphase?
- Welche Kennzahlen benutzt man, um den Anteil an erneuerbaren Energieträgern bei einem Anlagenkonzept zu charakterisieren?
  Stichwörter:
  Ertragskontrolle, Funktionskontrolle, thermische Speicher, multivalente Energiebereitstellung, bivalente Energiebereitstellung, Automationsfunktionenübersicht bei erneuerbaren Energien

Literatur

Zu Abschn. 2.1

1. Kasten, F., Dehne, K., Behr, H.D., Bergholter, U.: Die räumliche und zeitliche Verteilung der diffusen und direkten Sonnenstrahlung in der Bundesrepublik Deutschland. Forschungsbericht BMFT-FBT84-125 (1984)
2. Solar Energy R & D: Prediction of Solar Radiation on Inclined Surfaces. Series F, Volume 3 D. Reidel Publishing Company, Dordrecht (1986)
3. Davies, J.A., McKay, D.C.: Estimating solar radiation from incomplete cloud data. Solar Energy **41**(1), 15–18 (1988)
4. Perez, R., et al.: Modelling daylight availability and irradiance components from direct and global irradiance. Solar Energy **44**, 271–289 (1990)
5. Internetseite des Deutschen Wetterdienstes, www.dwd.de. Zugegriffen: Januar 2009
6. VDI-Richtlinie 3789-3: Umweltmeteorologie: Wechselwirkungen zwischen Atmosphäre und Oberflächen – Berechnung der spektralen Bestrahlungsstärken im solaren Wellenlängenbereich. Beuth Verlag, Berlin (2001)
7. Ritzenhoff, P.: Strahlungssimulation und Vorhersage der Strahlungsenergie der Sonne zur Regelung solarer Energieversorgungssysteme. Berichte des Forschungszentrum Jülich, Jül-3150, ISSN 0944-2952 (1995)

8. VDI-Richtlinie 4640-2: Thermische Nutzung des Untergrundes – Erdgekoppelte Wärmepumpenanlagen. Beuth Verlag, Berlin (2001)

9. VDI-Richtlinie 3786-1: Umweltmeteorologie, Meteorologische Messungen – Grundlagen. Beuth Verlag, Berlin (1995)

10. Arbeitskreis der Professoren für Regelungstechnik (Hrsg.): Meßtechnik in der Versorgungstechnik, ISBN 3-540-61196-7. Springer-Verlag, Berlin, Heidelberg, New York (1997)

Zu Abschn. 2.2

11. DIN V 4701-10: Energetische Bewertung heiz- und raumlufttechnischer Anlagen; Teil 10: Heizung, Trinkwassererwärmung, Lüftung. Beuth Verlag Berlin (2003)

12. DIN V 18599:2011-12: Energetische Bewertung von Gebäuden – Berechnung des Nutz-, End- und Primärenergiebedarfs für Heizung, Kühlung, Lüftung, Trinkwarmwasser und Beleuchtung – Teil 1 bis Teil 11. Beuth Verlag, Berlin (2011) sowie Berichtigungen der Teile 5, 8 und 9 (2013)

13. Fischer, Jenisch, Stohrer, Homann, Freymuth, Richter, Häupl: Lehrbuch der Bauphysik. Schall – Wärme – Feuchte – Licht – Brand – Klima. 6. Aufl., ISBN 978-3-519-55014-3, Vieweg+Teubner Verlag, Wiesbaden (2007)

14. Bundesgesetzblatt Jahrgang 2013 Teil I Nr. 67, ausgegeben zu Bonn am 21. November 2013: Zweite Verordnung zur Änderung der Energieeinsparverordnung vom 18. November 2013 (EnEV 2014, ist am 1. Mai 2014 in Kraft getreten)

15. Internetseite des Deutschen Wetterdienstes (DWD), http://www.dwd.de/ unter den Rubriken „Klima + Umwelt" – „Klimadaten" – „Daten online-frei". Zugegriffen: September 2015

16. Internetseite der Institut Wohnen und Umwelt GmbH (IWU), 64285 Darmstadt, http://www.iwu.de/downloads/fachinfos/energiebilanzen/ unter der Rubrik „Berechnungswerkzeuge für EnEV und Energiepass". Zugegriffen: September 2015

17. VDI-Richtlinie 3807: Energieverbrauchskennwerte für Gebäude – Grundlagen (Teil 1, Juni 94), Heiz- und Stromverbrauchskennwerte (Teil 2, Juni 98). Beuth Verlag, Berlin (1994/1998)

18. Nick-Leptin, J.: Political framework for research and development in the field of renewable energies. International Conference Solar Air conditioning. Staffelstein 2005

19. VDI-Richtlinie 2078: Berechnung der Kühllast klimatisierter Räume (VDI-Kühllastregeln). Beuth Verlag, Berlin (1996)

20. Ritzenhoff, P., Aslan, F., Schiller, H.: SuUB Bremen: Ergebnisse der energetischen Sanierung, KI Kälte – Luft – Klimatechnik. März 2007

21. Technische Regeln für Gefahrstoffe: TRGS 900 „Grenzwerte der Luft am Arbeitsplatz"; Ausgabe: Januar 2006 (BArbBl. 1/2006 S. 41)

22. Recknagel, Sprenger, Schrameck: Taschenbuch für Heizung- und Klimatechnik. 70. Aufl. R. Oldenbourg Verlag (2001)

Elmar Bollin, Dieter Striebel, Martin Becker und Peter Ritzenhoff

3.1 Solarthermische Wandler

Elmar Bollin

3.1.1 Einführung

Solarthermische Energiewandler sind in der Lage kurzwellige solare Strahlung in nutzbare Wärme umzuwandeln. Die Intensitätsverteilung der Solarstrahlung (Sonnenspektrum) weist im Bereich 0,46 µm, also im Bereich des so genannten sichtbaren Lichtes, eine markante Spitze auf (siehe hierzu Abb. 3.1). Die Umwandlung von Solarstrahlung in Wärme erfolgt dabei im gesamten Strahlungsbereich, also von 0,2 µm bis 3 µm.

Mit Hilfe der optischen Koeffizienten für Absorption α_λ, Reflexion ρ_λ und Transmission τ_λ lässt sich beschreiben, welcher Anteil der auf einen Körper auftreffenden Strahlung absorbiert, reflektiert und transmittiert wird. Prinzipiell verfügt jeder Körper über optische Eigenschaften, die mit Hilfe der Koeffizienten α_λ, ρ_λ und τ_λ beschrieben werden können,

E. Bollin (✉)
Fakultät für Maschinenbau und Verfahrenstechnik, Hochschule Offenburg
Offenburg, Deutschland
email: bollin@hs-offenburg.de

D. Striebel
Hochschule Esslingen
Esslingen, Deutschland

M. Becker
Hochschule Biberach
Biberach, Deutschland

P. Ritzenhoff
Hochschule Bremerhaven
Bremerhaven, Deutschland

© Springer Fachmedien Wiesbaden 2016
E. Bollin (Hrsg.), *Regenerative Energien im Gebäude nutzen*,
DOI 10.1007/978-3-658-12405-2_3

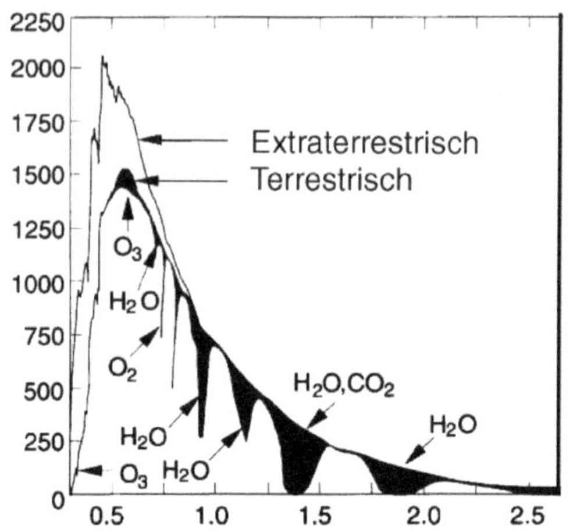

Abb. 3.1 Extraterrestrisches Sonnenspektrum nach [1]

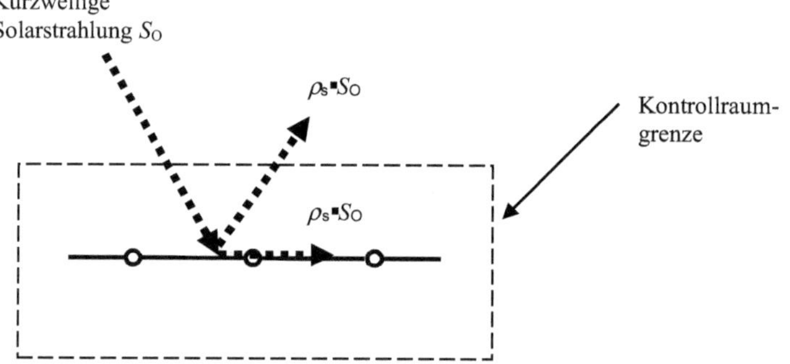

Abb. 3.2 Optische Absorption der kurzwelligen Solarstrahlung S_O am Absorber des Kollektors

dabei gilt

$$\alpha_\lambda + \rho_\lambda + \tau_\lambda = 1 \tag{3.1}$$

Entscheidend dabei ist jedoch die Wellenlängenabhängigkeit dieser Koeffizienten (der Index λ deutet darauf hin) und Gl. 3.1 gilt jeweils nur wellenlängenspezifisch. Der Absorptionskoeffizient im Bereich der solaren Strahlung wird α_s genannt, es handelt sich hierbei um einen Mittelwert der für den Wellenlängenbereich 0,2 μm bis 3 μm gilt. Da solare Absorber keine Transparenz besitzen ($\tau_s = 0$) vereinfacht sich Gl. 3.1 zu:

$$\alpha_s + \rho_s = 1 \quad \text{bzw.} \quad \alpha_s = 1 - \rho_s \tag{3.2}$$

wobei α_s angibt, welcher Anteil der solaren Einstrahlung vom Körper tatsächlich absorbiert, also in Wärme umgewandelt werden kann (siehe hierzu Abb. 3.2). Tabelle 3.1 gibt

Tab. 3.1 Überblick über den mittleren Absorptions- (α_s) und Emissions- (ε-IR) -koeffizienten verschiedener Materialien

Material/Oberfläche	a-solar (a_s) Absorptionsvermögen im Bereich Solarstrahlung	e-IR Emissionsvermögen im IR-Bereich
Schwarze Farbe, allgemein	0,95	0,95
Ruß	0,95	0,89
Eisen	0,44	0,10
Nickel	0,44	0,10
Chrom	0,42	0,30
Poliertes Kupfer	0,35	0,04
Gold	0,20	0,03
Magnesiumoxid	0,14	0,70
Acrylweiß	0,26	0,90
Weiße Farbe ZnO)	0,15	0,93
Reines Aluminium	0,10	0,10
Selektive Oberflächen:		
„Chrom-Schwarz" auf Nickel	0,95	0,10
„Nickel-Schwarz" auf Ni und Fe verzinkt	0,90	0,11
„Kupfer-Schwarz" auf Kupfer	0,89	0,17
CuO auf Aluminium	0,90	0,11
TiNOX	0,95	0,05
Sunstrip	0,96	0,10
Sunselect	0,95	0,05

einen Überblick über den mittleren Absorptionskoeffizienten verschiedener Materialien bzw. deren Oberflächenbeschaffenheit.

Dieser Umwandlungseffekt lässt sich in der Natur vielfach beobachten:

- Die in der Sonne erwärmte Steinmauer.
- Das auf dem Parkplatz aufgeheizte Autodach.

Der Mensch macht sich diesen Effekt von jeher zunutze:

- Die Lehmbauten (Pueblos) der Anasazi-Kulturen New Mexikos wurden nach der Sonne ausgerichtet und konnten solare Wärme speichern.
- Die Trocknung von zahlreichen Agrarprodukten (Mais, Kaffee, Reis, etc.) auf Sonnenterrassen.
- Die Heutrocknung auf den Feldern.

Im Gebäudebereich spricht man heute von passiver und aktiver Solarenergienutzung. Unter passiver Nutzung versteht man die Integration von solarthermischen Wandlern in die Baukonstruktion oder die Doppelfunktion von baulichen Komponenten. Passiv-solare Energiewandler sind demnach fest mit dem Gebäude verbunden und stellen dem Gebäude zusätzlich solare Wärme zur Verfügung. Hierzu zählen: Außenwände, Fenster, Wintergarten, transparent gedämmte Außenwände, etc.

Bei der aktiven Sonnenenergienutzung im Gebäude werden Sonnenkollektoren eingesetzt. Sonnenkollektoren sind modulartige solarthermische Wandler, die „solare Wärme" mit Hilfe eines Wärmetransportmediums (Wasser, Wasser-Glykol-Gemisch, Luft) für unterschiedlichste Anwendungen im Gebäude (Warmwasserbereitung, Gebäudeheizung- und Kühlung, Raumkonditionierung) bereitstellen. In der Regel sind hierzu weitere Komponenten wie Rohrleitungen, Pumpen, Speicher und Verteilungssysteme im Gebäude erforderlich.

3.1.2 Der Sonnenkollektor

In Abb. 3.3 ist der prinzipielle Aufbau eines flüssigkeitsdurchströmten Sonnenkollektors dargestellt. Die in den Absorber integrierten Rohrleitungen dienen dazu mit Hilfe des Wärmeträgermediums die Wärme aus dem Kollektor abzuführen.

Im so genannten Stillstand (Stagnation) ist der Kollektor nicht durchströmt und allein den Umgebungsbedingungen ausgesetzt. Dabei stellt sich je nach Bedingungen die so genannte Stillstandstemperatur am Absorber ein, die bei voller Solareinstrahlung je nach Kollektorbauart von 50 °C bis 300 °C betragen kann. Im Betrieb, also mit arbeitender Umwälzpumpe, wird der Kollektor von einem Wärmeträgermedium durchströmt, das sich dabei von ϑ_i am Eintritt auf ϑ_o am Austritt erwärmt, und so Nutzenergie von Kollektor abzieht.

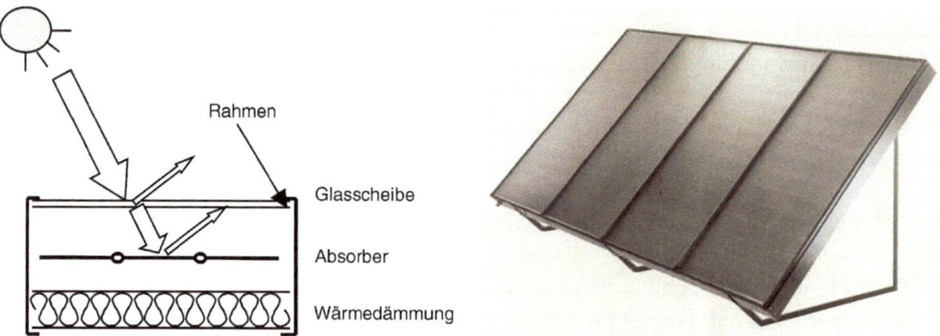

Abb. 3.3 Ansicht und Schnitt des Flachkollektors der Fa. Solvis

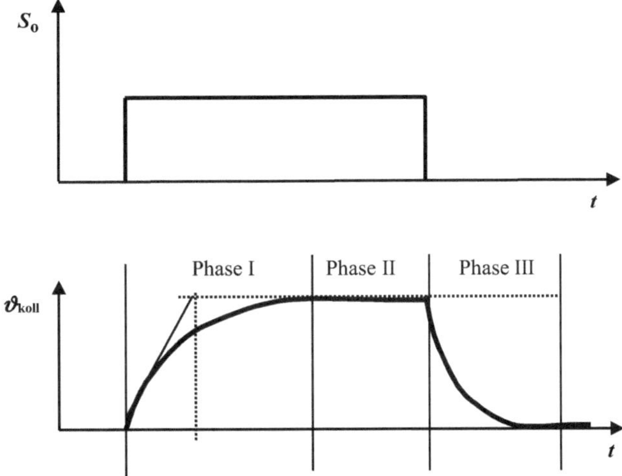

Abb. 3.4 Dynamisches Verhalten des Sonnenkollektors im Stillstand bei sprungförmiger Änderung der Solarstrahlung SO und ansonsten konstanten Randbedingungen

3.1.3 Zeitverhalten des Sonnenkollektors

Das Zeitverhalten (dynamische Verhalten) des Sonnenkollektors lässt sich in drei Phasen unterscheiden:

- Phase I: Die Aufheizphase,
- Phase II: Die Betriebsphase,
- Phase III: Die Abkühlphase.

Abbildung 3.4 zeigt den Verlauf der Kollektortemperatur bzw. das dynamisches Verhalten eines Kollektors in diesen drei Phasen, wobei in diesem Fall die Randbedingungen, Außentemperatur und Stillstand, während des Versuchs konstant sind.

In Solaranlagen tritt Phase I beim morgendlichen Aufheizen des Kollektors durch die Solarstrahlung von Umgebungstemperatur auf Betriebstemperatur auf. Bei Erreichen der Betriebstemperatur, meist einige Grade oberhalb der Speichertemperatur, schaltet die Umwälzpumpe ein und der Kollektor wird durchströmt (Phase II). In Phase I kann es durch plötzliche Veränderungen der Einstrahlung und der Windverhältnisse zu Kollektortemperaturschwankungen kommen. Im Betrieb können sich auch die Speichertemperatur und damit die Kollektoreintrittstemperatur schlagartig ändern. Phase III tritt typischerweise am Abend bei der Auskühlung des Kollektors ein, wenn keine Solarstrahlung mehr zur Verfügung steht und die Kollektortemperatur unterhalb der Speichertemperatur liegt, der Kollektor also nicht mehr durchströmt wird.

Der Verlauf der Kollektortemperatur in der Aufheiz- und Abkühlphase hängt entscheidend von der Leistung des Solarstrahlung und der thermischen Masse des Kollektors ab. Letztere setzt sich zusammen aus der Masse des Absorberblechs einschließlich der integrierten Rohre und der Befüllung mit Wärmeträgermedium. In Phase I kann annähernd von einem PT1-Verhalten (Verzögerungsglied 1. Ordnung) ausgegangen werden. Mit Hilfe folgender Differentialgleichung lässt sich das PT1-Verhalten beschreiben:

$$T_1 \cdot \frac{dx_a(t)}{dt} + x_a(t) = k_s \cdot x_e(t) \tag{3.3}$$

Im Falle des Kollektors gilt:

$$T_1 \cdot \frac{d\vartheta_{\mathrm{koll}}(t)}{dt} + \vartheta_{\mathrm{koll}}(t) = k_s \cdot S_a(t) \tag{3.4}$$

wobei:

$S_a(t)$ absorbierte Solarenergie in kW/m^2,
$\vartheta_{\mathrm{koll}}$ Temperatur des Absorbers,
k_s Proportionalitätsfaktor ($k_s = 1/U_{\mathrm{tot}}$),
T_1 Zeitkonstante des Kollektors in s.

Mit:

$$T_1 = (c \cdot m)/U_{\mathrm{tot}}$$

wobei:

U_{tot} Wärmeverlustkoeffizient des Kollektors in W/m^2/K,
$c \cdot m$ spez. Wärmekapazität des Kollektors in kJ/m^2/K.

Nach Lösung der Differentialgleichung ergibt sich als Sprungfunktion die Zeitgleichung für $\vartheta_{\mathrm{koll}}$ wie folgt:

$$\vartheta_{\mathrm{koll}} = \vartheta_a + \frac{S_a(t)}{U_{\mathrm{tot}}} \cdot (1 - e^{-\frac{t}{T_1}}) \tag{3.5}$$

Typische Werte für U_{tot} sind:

Flachkollektor: $U_{\mathrm{tot}} = 3{,}1 \, \mathrm{W/m^2/K}$,
Vakuumröhrenkollektor: $U_{\mathrm{tot}} = 1{,}1 \, \mathrm{W/m^2/K}$.

Für $T_1 = (c \cdot m)/U_{\mathrm{tot}}$ ergibt sich für

Flachkollektor: $T_1 = 43 \, \mathrm{min}$ mit $c \cdot m = 8 \, \mathrm{kJ/m^2/K}$,
Vakuumkollektor: $T_1 = 60 \, \mathrm{min}$ mit $c \cdot m = 4 \, \mathrm{kJ/m^2/K}$.

In Phase II ergeben sich für den im Betrieb durchströmten Flachkollektor typische Zeitkonstanten T_1 von 1 min bis 2 min.

3.1.4 Wichtige Kenndaten von Sonnenkollektoren

Die solarthermische Umwandlung ist naturgemäß verlustbehaftet. Neben optischen Verlusten an der transparenten Kollektorabdeckung (in der Regel eine Glasscheibe die absorbiert und reflektiert) und Reflektionsverlusten am Absorber selbst ($\rho_s = 1 - \alpha_s$) treten am Kollektor thermische Verluste auf. Es handelt sich hierbei um Konvektionsverluste im Zwischenraum zwischen Glasscheibe und Absorber, Transmissionsverlusten im Randbereich und über die Kollektorrückseite sowie Abstrahlungsverluste des Absorbers. Die thermischen Verluste können mit Hilfe eines umfassenden Wärmeverlustkoeffizienten U_{tot} in W/m^2/K angeben werden. Die thermischen Energieverluste des Kollektors lassen sich somit mit Hilfe der Gl. 3.6 berechnen:

$$Q_v = U_{\text{tot}} \cdot A_{\text{koll}} \cdot (\vartheta_{\text{koll}} - \vartheta_a) \tag{3.6}$$

Wobei:

ϑ_a Temperatur der Umgebung in °C,

A_{koll} Kollektorfläche in m^2,

ϑ_{koll} Temperatur des Absorbers wobei $\vartheta_{\text{koll}} = (\vartheta_i + \vartheta_o)/2$
und ϑ_i Temperatur am Eintritt und ϑ_o am Austritt des Kollektors.

Die Kollektoreffizienz η_{koll} kann nach folgender Formel berechnet werden:

$$\eta_{\text{koll}} = \tau_S \cdot \alpha_A - U_{\text{tot}} \frac{\vartheta_{\text{koll}} - \vartheta_a}{q_S} \tag{3.7}$$

wobei:

α_A Absorptionskoeffizient der Absorberbeschichtung,

τ_S Transmissionsgrad der transparenten Abdeckung,

q_S Strahlungsleistung auf die Kollektorfläche in W/m^2.

In das Produkt $\tau_s \cdot \alpha_{a,s}$, auch optischer Wirkungsgrad η_0 genannt, fließen die optischen Eigenschaften des Kollektors ein.

Auf dem Kollektorteststand wird die so genannte Kollektorkennlinie $\eta_{\text{koll}} = f((\vartheta_{\text{koll}} - \vartheta_a)/q_s)$ ermittelt. Wegen der nichtlinearen Einflüsse auf die Wärmeverluste des Kollektors (Strahlungsverluste sind proportional zu $\vartheta_{\text{koll}}{}^4$) verläuft die Kennlinie degressiv. Sie wird mit der Formel in Gl. 3.8 (Polynom 2. Ordnung) angenähert und die Koeffizienten k_1 und k_2 lassen sich damit ermitteln, wobei k_1 in etwa mit U_{tot} identisch ist. Aus der Kennlinie kann ferner auch η_0, der anfängliche in etwa U_{tot}-Wert sowie die Stillstandstemperatur abgelesen werden. In Abb. 3.6 sind Kollektorkennlinien mit den dazugehörigen Kennzahlen dargestellt.

$$\eta_{\text{koll}} = \eta_0 - k_1 \frac{\vartheta_{\text{koll}} - \vartheta_a}{q_S} - k_2 \frac{(\vartheta_{\text{koll}} - \vartheta_a)^2}{q_S} \tag{3.8}$$

In Abb. 3.5 sind die verschiedenen Kollektortypen dargestellt.

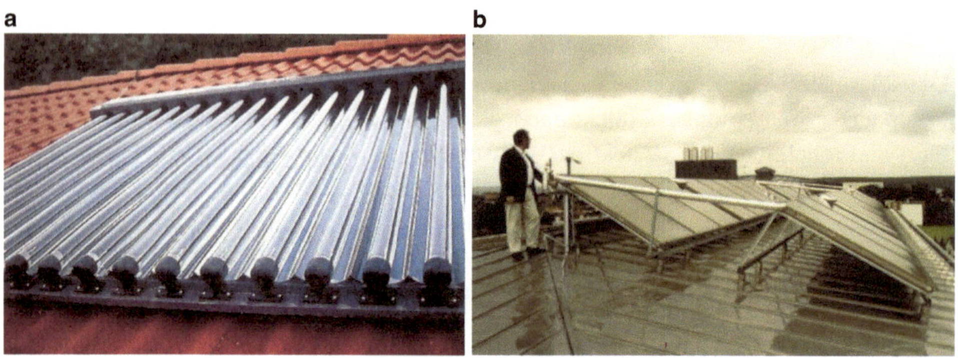

Abb. 3.5 Kollektorbauarten. **a** Vakuumröhrenkollektor, **b** Flachkollektorfeld

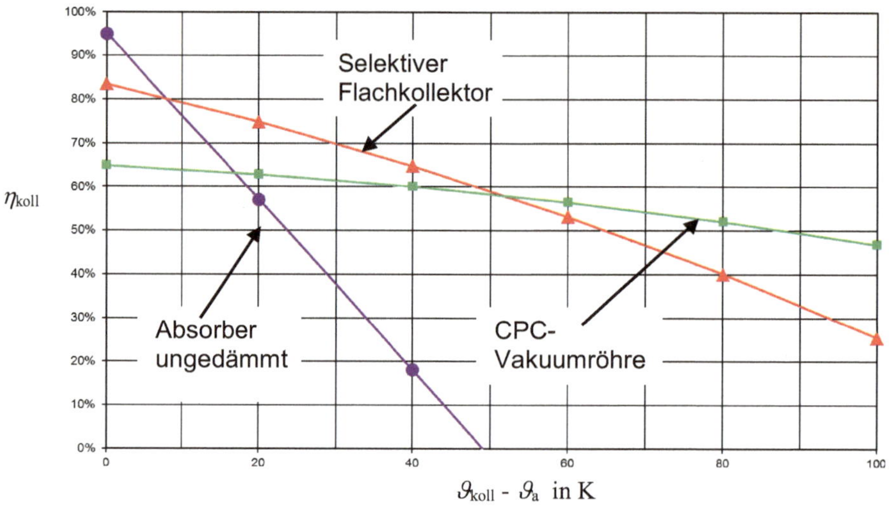

Abb. 3.6 Wirkungsgradkennlinien unterschiedlicher Kollektortypen bei Einstrahlung 800 W/m² wobei folgende Kennwerte zugrunde liegen:

Absorber ungedämmt: $\eta_0 = 0{,}95$, $k_1 = 15{,}00\,\text{W/K}\,\text{m}^2$, $k_2 = 0{,}01\,\text{W/K}^2\,\text{m}^2$

Selektiver Flachkollektor: $\eta_0 = 0{,}834$, $k_1 = 3{,}15\,\text{W/K}\,\text{m}^2$, $k_2 = 0{,}0149\,\text{W/K}^2\,\text{m}^2$

CPC-Vakuumröhre: $\eta_0 = 0{,}665$, $k_1 = 0{,}721\,\text{W/K}\,\text{m}^2$, $k_2 = 0{,}006\,\text{W/K}^2\,\text{m}^2$

3.1.5 Hydraulisches Verhalten des Sonnenkollektors

Bei der Durchströmung von Kollektoren und Kollektorfeldern treten je nach Bauart, Verschaltungsart, Volumenstrom und Anschlussart unterschiedliche hydraulische Verluste im System auf, die von der Umwälzpumpe im Solarkreis kompensiert werden müssen. Abbil-

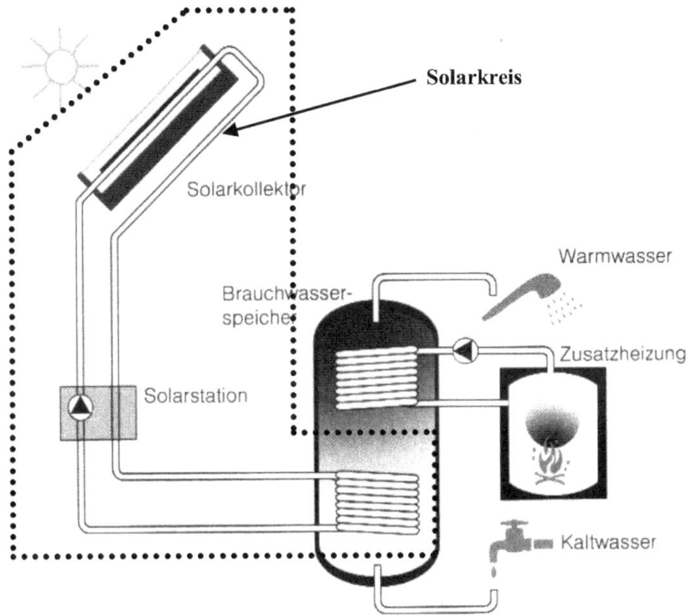

Abb. 3.7 Solarkreis am Beispiel einer einfachen Trinkwassererwärmungsanlage

dung 3.7 zeigt einen Solarkreis am Beispiel einer einfachen Trinkwassererwärmungsanlage für ein Einfamilienhaus mit Kollektorfeld, Wärmetauscher und Sicherheitsarmaturen.

Bezüglich der Durchflussmenge im Solarkreis unterscheidet man zwischen:

- Low-flow-Betrieb mit Durchflussmengen zwischen 10 l/h und 15 l/h pro m^2-Kollektor,
- High-flow-Betrieb mit Durchflussmengen um die 40 l/h–50 l/h pro m^2-Kollektor und
- Matched-flow-Betrieb mit variablen Durchflussmengen zwischen 10 l/h und 70 l/h pro m^2-Kollektorfläche.

Je nach Anlagentyp und Regelgeräten kommen diese unterschiedlichen Betriebsarten zum Einsatz.

Vom Kollektorhersteller werden Kennlinien mit den Druckverlusten der Kollektoren je nach Bauart und Anschlussart bereitgestellt. In Abb. 3.9 sind die Druckverluste eines Flachkollektors für mäanderförmige und diagonale Durchströmung in Abhängigkeit der Durchflussmenge dargestellt. Bei der Montage werden die Kollektoren hydraulisch zu Feldern verschaltet. Dabei kann eine serielle, eine parallele oder auch eine Kombination von beiden Verschaltungen gewählt werden. Bei der seriellen Verschaltung addieren sich die Druckverluste der einzelnen Kollektoren während der Volumenstrom konstant bleibt. Bei der parallelen Verschaltung addieren sich die Volumenströme und die Verluste bleiben konstant.

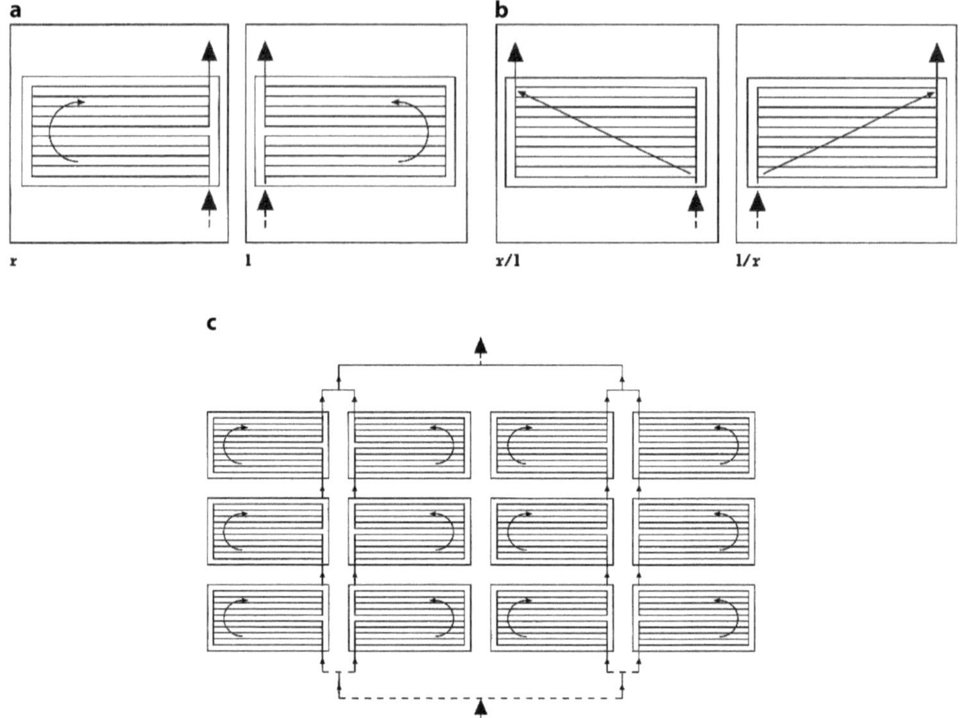

Abb. 3.8 Hydraulische Verschaltungsarten von Kollektoren nach [2]. **a** Mäanderförmig, **b** Diagonal, **c** Kollektorfeldverschaltung

Zu beachten ist zusätzlich, dass es sich beim Wärmetransportmedium meist um ein Gemisch aus Wasser und Glykol handelt, dessen Viskosität von der Betriebstemperatur abhängt. So beträgt die Viskosität einer Mischung aus 40 % Tyfor und Wasser bei 20 °C 3,4 mm²/s und bei 50 °C 1,55 mm²/s. Reines Wasser dagegen hat entsprechende Werte von 1,0 mm²/s bzw. 0,55 mm²/s. Die Wärmekapazität von reinem Wasser beträgt 4,18 kJ/kg/K, während die des Tyfor-Wasser-Gemischs 3,60 kJ/kg/K beträgt.

Ob in der Anlage eine serielle oder parallele Kollektorverschaltung gewählt wird, hängt von verschiedenen Parametern ab:

- Die Pumpenleistung ist begrenzt bzw. es wird auf einen geringen Energieverbrauch der Umwälzpumpe wert gelegt. (Beachte hierbei: Δp ist proportional zum Quadrat der Durchflussmenge, die Pumpenleistung ist bei gegebenem Durchfluss proportional zu Δp.)
- Bei Low-flow-Betrieb wird eine Reihenschaltung bevorzugt. Damit erhält man große Temperaturhübe von bis zu 40 K–50 K pro Umlauf. Würde hier die Parallel-Schaltung

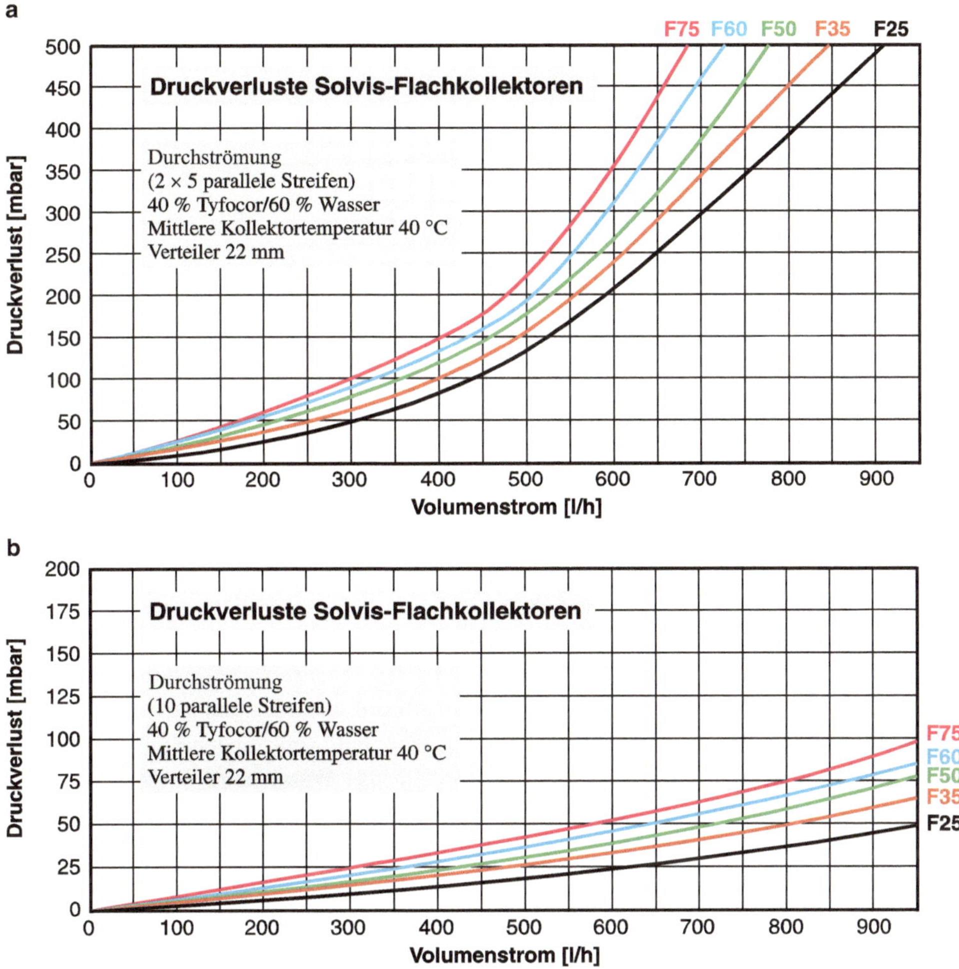

Abb. 3.9 Druckverluste eines Flachkollektors für mäanderförmige und diagonale Durchströmung in Abhängigkeit der Durchflussmenge nach [2]. **a** Mäanderförmig, **b** Diagonal

gewählt, käme es im Kollektor zu für den Wärmeübergang ungünstigen Laminar-Strömungen, die den Kollektorwirkungsgrad verschlechtern.

- Werden die Druckverluste bei Reihenschaltungen im Low-flow-Betrieb zu hoch, wird serielle und parallele Verschaltung kombiniert.

In jedem Fall ist jedoch für eine gleichmäßige Durchströmung des Kollektorfeldes zu sorgen.

Kontrollfragen zu Abschn. 3.1

- Was versteht man unter passiv-solarer Energienutzung?
- In welchem Wellenlängenbereich strahlt die Sonne und in welchem ein erhitzter Sonnenkollektor?
- Mit welchem Zeitverhalten kann der Aufheizvorgang im Kollektor beschrieben werden?
- Wie lässt sich die Stillstands- oder Stagnationstemperatur eines Kollektors ermitteln?
- Wodurch lässt sich im Einzelnen die Kollektoreffizienz optimieren?

3.2 Systeme zur Erdwärmegewinnung

Dieter Striebel

3.2.1 Allgemeines

Die wärmetechnische Nutzung der in Abschn. 2.1 beschriebenen Potentiale kann auf unterschiedliche Weise (Entnahme von Grundwasser oder Wärmeübertrager im Erdreich) und in unterschiedlichen Tiefen erfolgen (Abb. 3.10).

Die folgenden Ausführungen beschränken sich auf die Nutzung der so genannten oberflächennahen Geothermie. Dabei sind in jedem Fall verschiedene gesetzliche Regelungen zu beachten. Hierzu zählen insbesondere das Wasserhaushaltsgesetz (WHG) [3] und die entsprechenden wasserrechtlichen Regelungen der Länder, die Verwaltungsvorschrift wassergefährdende Stoffe (VwVwS) [4], das Lagerstättengesetz [5] und das Bundesberggesetz (BBergG) [6]. Jede geplante Erdwärmenutzung ist im Vorfeld der Unteren Verwaltungsbehörde und bei Bohrungen gegebenenfalls der geowissenschaftlichen Fachbehörde bzw. der Bergbehörde (geologisches Landesamt o. ä.) anzuzeigen.

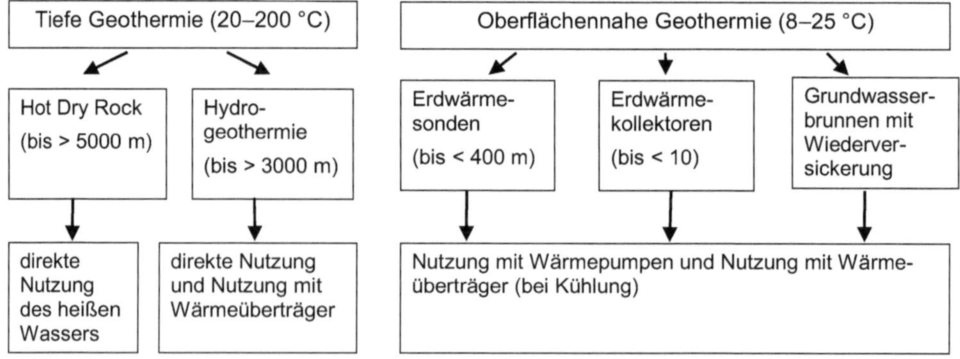

Abb. 3.10 Möglichkeiten zur Erdwärmenutzung

Abb. 3.11 Erdwärmekollektoren bei Verlegung im Graben (**a**) und in der Fläche (**b**) (Werkbild Vaillant)

Ausführliche Informationen zu Anzeige- und Genehmigungsverfahren werden u. a. von den Landes(umwelt)ministerien z. B. unter dem Stichwort „Leitfaden zur Nutzung von Erdwärme" [7–9] herausgegeben. Dort sind zum Teil auch hydrogeologische Landkarten veröffentlicht, in denen Wasserschutzgebiete und andere Kriterien zur Anlage von Erdwärmesonden eingetragen sind. Sehr wichtige Hinweise zur Erdwärmenutzung enthält die VDI-Richtlinie 4640 [10].

3.2.2 Erdwärmekollektoren

Erdwärmekollektoren bestehen aus Kunststoffrohren (meist Polyethylen), die in einer Tiefe von 1,2 bis 1,5 m flächig oder in Gräben verlegt werden (Abb. 3.11a und 3.11b). Die Flächen über den Kollektorrohren dürfen nicht überbaut oder versiegelt werden. In den Rohren strömt ein Gemisch aus Wasser und Frostschutzmittel (Sole), das im Verdampfer der angeschlossenen Wärmepumpe abgekühlt wird (Heizfall im Winter) oder das in einem Gebäudekühlsystem erwärmt wird (Kühlfall im Sommer).

Aufgrund des großen Flächenbedarfs beschränkt sich die Anwendung der Erdkollektoren auf Kleinanlagen. Für die Dimensionierung kann nach VDI 4640, Bl. 2 abhängig von der Beschaffenheit des Untergrunds mit spezifischen Entzugsleistungen von 8 bis 32 W/m^2 bei 2400 Jahresbetriebsstunden gerechnet werden. Tabelle 3.2 zeigt auszugsweise spezifische Entzugsleistungen und die zugehörigen notwendigen Kollektorflächen bei einer Heizleistung von 5 kW und einer angenommenen Leistungszahl der Wärmepumpe von 4,0.

Auch bei richtiger Dimensionierung stellt sich im Winter im Bereich der Rohre eine Vereisung ein, die aber im Frühjahr durch den Wärmeeintrag von Sonne und Niederschlag wieder vollständig auftaut.

Tab. 3.2 Spezifische Entzugsleistungen und erforderliche Kollektorflächen bei verschiedenen Untergründen, einem Verlegeabstand von 0,8 m und 2400 Jahresbetriebsstunden

Untergrund	Spezifische Entzugsleistung in W/m^2	Kollektorfläche bei 5 kW Heizleistung und $\varepsilon = 4,0$ in m^2
Trockener, nicht bindiger Boden	8	470
Bindiger Boden, feucht	16–24	235–125
Wassergesättigter Sand, Kies	32	115

Der erforderliche Solevolumenstrom kann aus der Gesamtentzugsleistung $\dot{Q}_0$ und der Differenz zwischen Eintritts- und Austrittstemperatur der Sole berechnet werden:

$$\dot{V}_{\text{Sole}} = \frac{\dot{Q}_0}{\rho_{\text{Sole}} \cdot c_{\text{Sole}} \cdot \Delta\theta}$$

Dabei ist zu beachten, dass Dichte und Wärmekapazität von Sole andere Werte haben als bei Wasser. Die Temperaturdifferenz kann mit 4 K angesetzt werden. Um die Leistungen der Solepumpen klein zu halten, ist eine Aufteilung auf mehrere parallele Kreise vorzunehmen, die dann über entsprechende Ventile hydraulisch abzugleichen sind. Selbstverständlich sind Einrichtungen zur Druckabsicherung und zum Füllen und Entlüften entsprechend dem Stand der Technik vorzusehen. Wichtig ist dabei auch, dass Wasser und Frostschutzmittel vor dem Befüllen fertig gemischt werden, da sich beide Komponenten in den Rohren nur sehr langsam mischen (Einfriergefahr bei der Inbetriebnahme).

3.2.3 Erdwärmesonden

Erdwärmesonden sind Wärmeübertrager, die vertikal mit Hilfe von Bohrungen in den Untergrund eingebracht werden. Üblicherweise liegen die Bohrtiefen zwischen mehreren 10 und 100 bis 200 m, selten bis maximal 400 m. Eine Sonde besteht meist aus 4 Kunststoffrohren (z. B. Polyethylen) die am Sondenfuß paarweise zu zwei U-Rohren verbunden sind. Die Abb. 3.12 und 3.13 zeigen Bohreinrichtungen und Sondenfuß. Der Abstand der Sonden zu bestehenden Gebäuden sollte mindestens 2 m betragen. Der Abstand der Sonden untereinander hängt ab von der Entzugsleistung und der Entzugsarbeit pro Jahr, bei Kleinanlagen sollte der Abstand mindestens 5 m betragen. Nach dem Fertigstellen der Bohrung und dem Einbringen der Sonde muss der Hohlraum zwischen den Rohren und der Bohrlochringraum vollständig und lückenlos mit einer Bentonit-Zement-Wasser-Suspension verfüllt werden. Damit wird sichergestellt, dass die Rohre gut wärmeleitend mit dem umgebenden Untergrund verbunden sind und dass das Bohrloch nach oben und zwischen eventuell durchteuften Grundwasserleitern abgedichtet ist. Für Bohrung, Einbringen der Sondenrohre und Verfüllen werden entsprechend qualifizierte und zertifizierte (z. B. nach DVGW 120 [11]) Bohrfirmen beauftragt.

Abb. 3.12 Bohrung von Erdwärmesonden

Abb. 3.13 Sondenfuß einer Doppel-U-Rohr-Sonde (Werkbild Vaillant)

Der Anschluss an die Wärmepumpe erfolgt wie bei den Kollektoren nach VDI 4640. In den Rohren strömt Sole, die dem Verdampfer der Wärmepumpe die Verdampfungswärme zuführt. Im Solekreis sind Einrichtungen zur Druckabsicherung und zum Füllen und Entlüften vorzusehen.

Bei der Dimensionierung kleiner Anlagen kann abhängig von der Beschaffenheit des Untergrundes und bei 2400 Jahresbetriebsstunden von spezifischen Entzugsleistungen zwischen 20 und 70 W/m gerechnet werden. In Tab. 3.3 sind für eine angenommene Heizleistung von 5 kW und eine Leistungszahl von 4,0 die sich daraus ergebenden Sondenlängen angegeben.

Bei größeren Anlagen sind Wärmetransport-Berechnungen für den Untergrund notwendig. Nach VDI 4640 kann die Temperaturänderung in der Umgebung der Sonde mit

Tab. 3.3 Spezifische Entzugsleistungen und erforderliche Sondenlängen bei verschiedenen Untergründen und 2400 Jahresbetriebsstunden

Untergrund	Spezifische Entzugsleistung in W/m	Sondenlänge in m bei 5 kW Heizleistung und $\varepsilon = 4,0$
Schlechter Untergrund, trocken, $\lambda < 1,5$ W/mK	20	190
Normales Festgestein $\lambda = 1,5$–3 W/mK	50	75
Festgestein mit $\lambda > 3$ W/mK	70	55

einer Formel von Ingersol berechnet werden:

$$\Delta\theta = \frac{0{,}1833 \cdot Q}{\lambda}\left(\log_{10}\frac{at}{r^2} + 0{,}106\frac{r^2}{at} + 0{,}351\right)$$

Q Wärmefluss pro m Rohrlänge,

a Temperaturleitfähigkeit,

r Entfernung vom Rohrmittelpunkt,

t Zeit.

Abbildung 3.14 zeigt den Temperaturverlauf in Abhängigkeit von der Rohrentfernung bei verschiedenen spezifischen Entzugsleistungen nach einem Zeitraum von jeweils 200 Tagen. Die Temperatur des ungestörten Untergrundes ist mit 20 °C angenommen. Dem Diagramm ist zu entnehmen, dass zwei Sonden im Abstand von nur 5 m sich nach 200 Tagen konstanter Entzugsleistung gegenseitig deutlich beeinflussen und deshalb ein größerer Sondenabstand zu empfehlen ist.

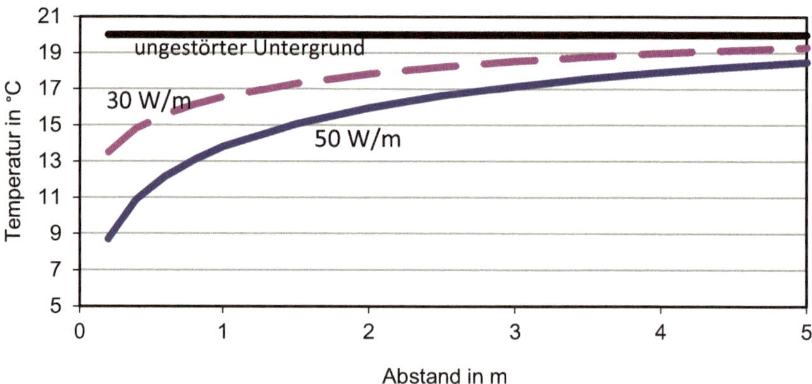

Abb. 3.14 Temperaturen in der Umgebung einer Erdwärmesonde bei verschiedenen Entzugsleistungen, Dauer 200 Tage, Stoffwerte: $\rho c_p = 2$ MJ/(m³K), $\lambda = 2,5$ W/(mK), berechnet nach VDI 4640 Bl. 2

Zur numerischen Simulation von Erdwärmesonden kommt neuerdings auch ein Verfahren von Glück zur Anwendung, das von der Rudolf-Otto-Mayer-Umwelt-Stiftung zum Download angeboten wird [11].

3.3 Kältemaschinen und Wärmepumpen

3.3.1 Allgemeines

Martin Becker

Kältemaschinen und Wärmepumpen haben ein weites Einsatzfeld im Bereich der Gebäudetechnik, Industrie- und Prozesstechnik und mobilen Anwendungen. Eine typische Anwendung in der Gebäudetechnik ist z. B. der Einsatz einer Wärmepumpe als Energiezentrale im Zusammenspiel mit einer geothermischen Nutzung (z. B. Erdsonde) und thermoaktiven Bauteilsystemen (TABS).

Typische Anwendungsfelder für Kälteanlagen:

- Gebäude- und Raumkühlung bzw. -klimatisierung als kompaktes Kältesystem oder als Teilsystem von Klima- und Lüftungsanlagen,
- gewerbliche Kältetechnik (Lebensmittelkühlung, Supermärkte, Hotels, Metzgereien, Bäckereien, ...),
- Industrie- und Prozesskühlung (z. B. Schlachthöfe, Lebensmittellager, Nahrungsmittelproduktion),
- Kühlung bei Sonderanwendungen (z. B. Blutplasmalagerung),
- Kühlung in der Medizintechnik (z. B. Labor- und Medizingeräte),
- Kühlung bei mobilen Anwendungen und im Transport (z. B. Container, LKW, Zug, Flugzeug, Schiff, ...).

Typische Anwendungsfelder für Wärmepumpen:

- Gebäudebeheizung und/oder Trinkwarmwasserbereitung,
- Schwimmbadbeheizung,
- Wärmerückgewinnung in RLT-Anlagen,
- Wäschetrockner.

3.3.2 Definition eines kältetechnischen Gesamtsystems aus automatisierungstechnischer Sicht

Martin Becker

In vielen Anwendungen werden Kälteanlage bzw. Wärmepumpen nicht als autarke, eigenständige Anlagen eingesetzt, sondern als ein wesentlicher Bestandteil eines energetischen

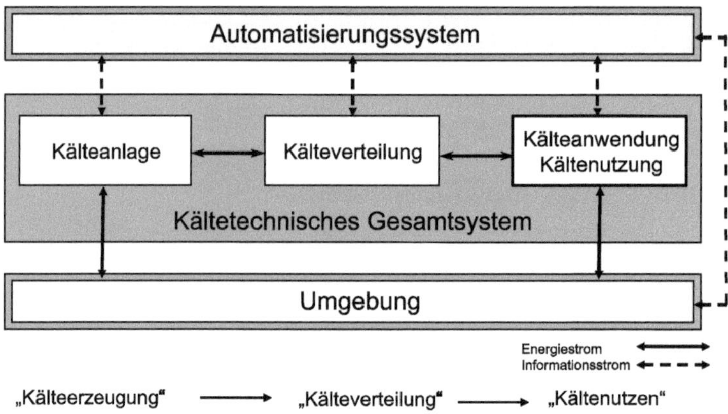

Abb. 3.15 Betrachtung als kältetechnisches Gesamtsystem [16]

Wärme- oder Kälteverbundes. Um dieses Zusammenspiel besser verstehen und richtig planen zu können, muss zuerst die grundsätzliche Wirkungsweise einer Kälteanlage verstanden werden.

Diese Grundlagen werden in diesem Abschnitt kompakt zusammengestellt. Weitergehende und vertiefende Literatur findet sich z. B. in [13–15].

Durch den Einsatz leistungsfähiger Mikroelektronik in Verbindung mit den modernen Kommunikations- und Informationstechnologien lassen sich flexible, kostengünstige und höherwertige Automatisierungskonzepte realisieren. Wichtig hierbei ist eine systemische Betrachtungsweise, die nicht nur die Kälteanlage alleine betrachtet, sondern die gesamte Kette aus Erzeugung, Verteilung und Nutzenübergabe als kältetechnisches Gesamtsystem wie dies in Abb. 3.15 bezogen auf die Kältetechnik dargestellt ist.

Um eine eindeutige Begriffsbildung für die weiteren Ausführungen sicherzustellen, werden zuerst einige wichtige Begriffe zur gegenseitigen Systemabgrenzung eingeführt.

Nach DIN EN 378 [17] ist eine Kälteanlage bzw. eine Wärmepumpe die Kombination miteinander verbundener, kältemittelführender Teile, die einen geschlossenen Kältemittelkreislauf bilden, in dem das Kältemittel zirkuliert, um Wärme zu entziehen und abzugeben.

Als Kältesatz wird eine fabrikmäßig komplett hergestellte Kälteanlage in einem geeigneten Rahmen oder Gebäude bezeichnet, deren kältemittelführende Teile am Aufstellungsort nicht mehr zu verbinden sind. Ein Kältesatz ist demnach eine vorgefertigte, steckerfertige Kälteanlage, die lediglich über entsprechende Verbindungs- oder Trennarmaturen luft- oder wasserseitig an die Kälteverteilung angeschlossen werden muss.

Nach dieser Definition gehören zur Kälteanlage bzw. dem Kältesatz somit nur die unmittelbar im Kältekreislauf befindlichen Komponenten (z. B. Verdichter, Verdampfer, Verflüssiger) und Anlagenkomponenten (z. B. Rohrleitungen, Ventile). Dagegen wird als Kältetechnisches Gesamtsystem die Kälteanlage mit der erforderlichen Kälteverteilung

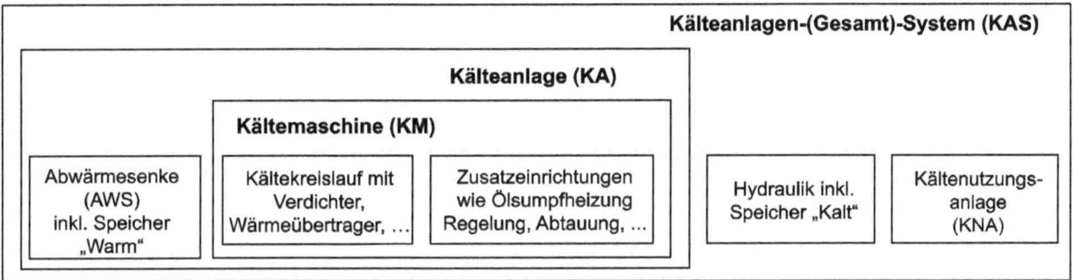

Abb. 3.16 Systemabgrenzung Kältemaschine, Kälteanlage und Kälteanlagen-System

inklusive Kältespeicher und der Kälteanwendung (Kühlstelle) verstanden. In der Praxis wird allerdings begrifflich bei der Kälteanlage auch die „Abwärmesenke" z. B. in Form eines Rückkühlers mit eingeschlossen. In Abb. 3.16 sind daher schematisch die in diesem Buch zugrunde gelegten Begriffsdefinitionen mit ihren Systemgrenzen dargestellt.

3.3.3 Grundlagen von Kompressions-Kältemaschinen

Martin Becker

Zu 90 % werden heutzutage zum Heizen bzw. Kühlen Kältemaschinen bzw. Wärmepumpen auf Basis des Kaltdampf-Kompressionskältemaschinen-Prozesses mit einem elektrisch betriebenen Kompressor (Verdichter) eingesetzt. Im Folgenden wird dieser Prozess soweit erläutert, wie er für das Verständnis der in den folgenden Kapiteln beschriebenen Systemlösungen und den hierfür erforderlichen Automatisierungsfunktionen erforderlich ist.

Abbildung 3.17 zeigt den schematischen Aufbau einer einstufigen Kompressionskältemaschine mit den wesentlichen Komponenten Verdichter (Kompressor), Verflüssiger (Kondensator), Expansionsventil und Verdampfer. Die Kältemaschine mit ihrem internen Kältekreislauf darf allerdings nicht isoliert betrachtet werden, sondern sie steht vielmehr ständig über den Kondensator bzw. den Verdampfer mit der Umgebung in Wechselwirkung. Diese Wechselwirkung hat einen unmittelbaren Einfluss auf den internen Kältekreislauf und letztlich auch auf die energieeffiziente Betriebsführung einer Anlage.

Der geschlossene Kältekreislauf umfasst im Wesentlichen die vier Zustandsänderungen:

- Verdichtung (Zustand 1 nach 2) von niedrigem Druck p_o auf hohen Druck p_c,
- Abkühlung und Verflüssigung (Zustand 2 nach 3) bei hohem Druck p_c,
- Expansion (Zustand 3 nach 4) auf niedrigen Druck p_o sowie
- Verdampfung mit Überhitzung beim Druck p_o (Zustand 4 nach 1).

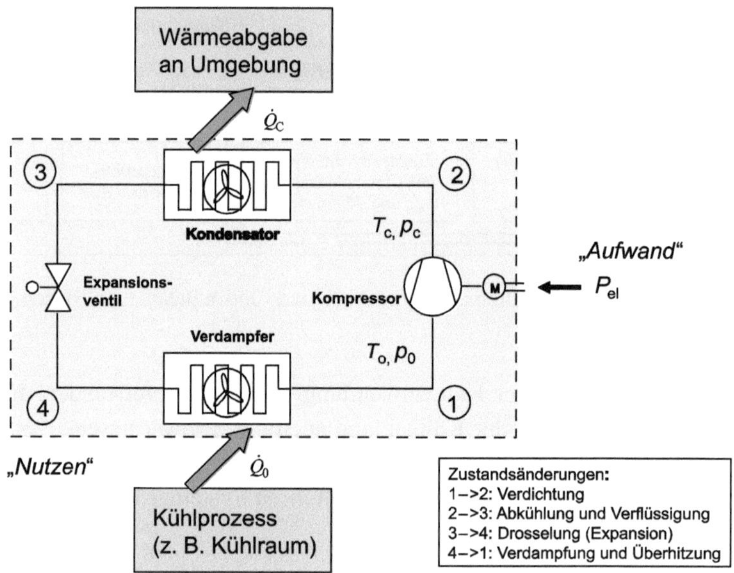

Abb. 3.17 Schematischer Aufbau einer Kältemaschine mit den wesentlichen Komponenten Verdichter, Verflüssiger, Expansionsventil und Verdampfer

Abb. 3.18 Realer Kältemaschinen-Kaltdampf-Prozess im p, h-Diagramm mit Überhitzung und Unterkühlung

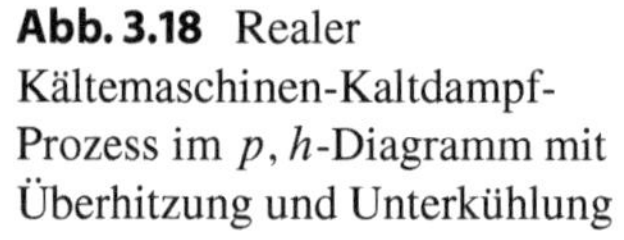

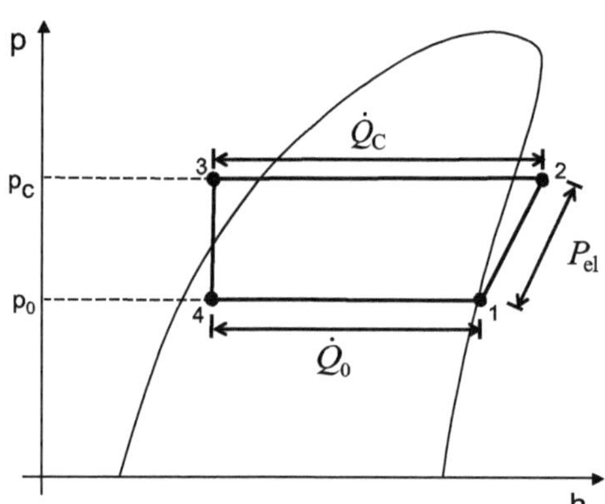

Durch die Verdichtungsleistung des Kompressors wird der Kältekreislauf aktiviert bzw. aufrecht gehalten. Dazu wird eine elektrische Leistung P_{el} bzw. mechanische Leistung P_{mech} als Aufwand zugeführt. Die abgeführte Wärme aus dem Raum stellt im Kühlfall den Nutzen dar und wird als Kälteleistung $\dot{Q}_0$ bezeichnet. Die an die Umgebung abgegebene bzw. über Wärmerückgewinnung teilweise genutzte Abwärme wird als Verflüssigungsleistung $\dot{Q}_c$ bezeichnet.

Der Kältekreislauf mit seinen vier grundlegenden Betriebspunkten kann anschaulich im log p, h-Diagramm wie in Abb. 3.18 dargestellt werden.

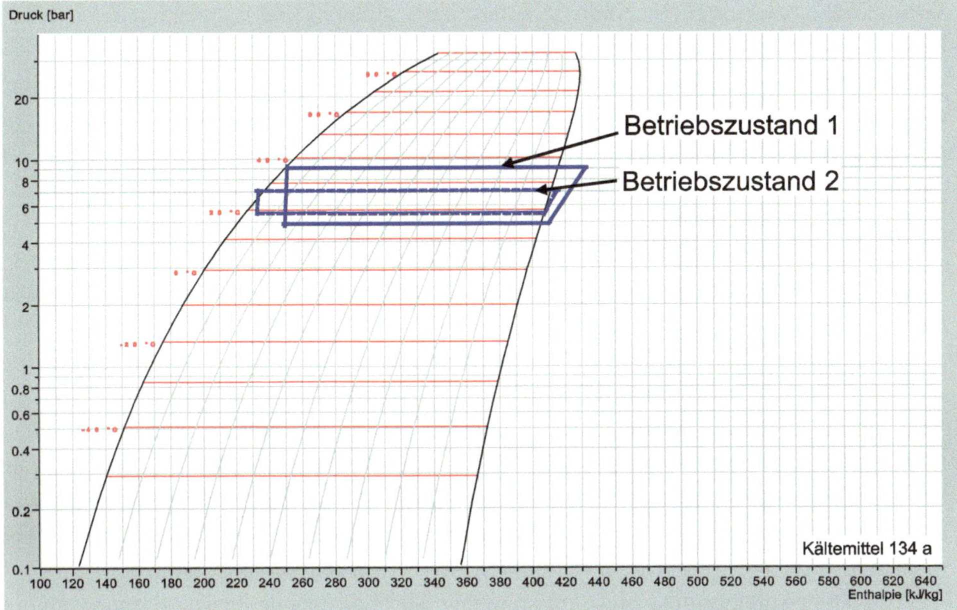

Abb. 3.19 Beispiel für einen Kältekreislauf im log p, h-Diagramm mit zwei exemplarischen Betriebszuständen

Exemplarisch sind in Abb. 3.19 zwei stationäre Betriebszustände dargestellt, die durch die jeweiligen Verdampfungs- und Verflüssigungstemperaturen gekennzeichnet sind. Generell sollte aus Sicht einer energieeffizienten Betriebsweise darauf geachtet werden, dass die Verdampfungstemperatur möglichst hoch und die Verflüssigungstemperatur möglichst niedrig gehalten wird. Daher ist in dem Beispiel nach Abb. 3.19 der Betriebszustand 2 energetisch günstiger anzusehen. Begrenzt wird diese Forderung allerdings durch die Tatsache, dass für das Funktionieren als Kältemaschine die Verflüssigungstemperatur über der Umgebungstemperatur liegen muss, um eine Verflüssigungswärme abgeben zu können und umgekehrt die Verdampfungstemperatur unter der zu kühlenden Medientemperatur liegen muss, um eine Kälteleistung abführen zu können. Außerdem ist für das Funktionieren des Expansionsventils eine Mindestdruck- und damit Temperaturdifferenz zwischen Nieder- und Hochdruckseite erforderlich. Es ist Aufgabe einer zeitgemäßen Automatisierung, diese Bedingungen im laufenden Betrieb einer Anlage unter den sich ständig ändernden Betriebs- und Lastbedingungen zu berücksichtigen und energetisch möglichst optimal herzustellen und aufrecht zu erhalten.

Das dynamische Betriebsverhalten einer Kälte- bzw. Wärmepumpenanlage ist jedoch ungleich komplizierter und durch eine Vielzahl von Einzelprozessen stark gekoppelt. Das dynamische Betriebsverhalten ist nicht nur vom internen Kältekreislauf und -prozess abhängig, sondern wird sehr stark auch durch die Wechselwirkung mit der Umgebung als

Wärmesenke bzw. -quelle beeinflusst. Daher ist es sinnvoll und notwendig, diese Wechselwirkungen bei der energetischen Bewertung einer Anlage zu berücksichtigen.

Zum einen ist durch den geschlossenen Kältekreislauf eine ständige Rückkopplung zwischen den Komponenten innerhalb des Kältekreislaufes vorhanden, so dass die Änderung einer Systemgröße wie z. B. der Verdampfungsdruck eine Rückwirkung auf alle anderen Systemgrößen im Kältekreislaufes hat. Hinzu kommen die Kopplungen zur Umgebung auf der Verdampfer- bzw. Verflüssigungsseite aufgrund der jeweiligen Wärmeübergänge zur Aufnahme der Kälteleistung bzw. Abführung der Verflüssigungsleistung.

Am Beispiel der Kälteleistung am Verdampfer soll dies exemplarisch verdeutlicht werden.

Die Wärmeübertragung am Verdampfer ist eine stark nichtlineare Funktion abhängig von Parametern wie Materialeigenschaften, Rohr- und Lamellenabstand, Oberflächenbeschaffenheit, Druckverluste über Verdampfer, luftseitige Strömungsgeschwindigkeit, treibende Temperaturdifferenzen usw. Maßgebende Gleichungen für die Leistungsbilanz sind zum einen die Leistungen des Luftkühlers luft- und kältemittelseitig sowie die Kälteleistung bezogen auf die Wärmeübertragung durch den Luftkühler. Im stationären Fall müssen alle Leistungen in einem stationären Arbeitspunkt übereinstimmen.

Die Kälteleistung ergibt sich somit allgemein als Funktion aus Verflüssigungstemperatur, Verdampfungstemperatur und Kältemittelmassenstrom

$$\dot{Q}_0 = f(t_C, t_0, \dot{m}) \tag{3.9}$$

Konkret lässt sich die Kälteleistung als Verdampferkälteleistung über folgende Gleichungen berechnen

$$\dot{Q}_{0,R} = \dot{m}_R \cdot (h_4 - h_1) \quad \text{(kältemittelbezogen)} \tag{3.10}$$

$$\dot{Q}_{0,L} = \dot{m}_L \cdot c_{P_L} \cdot (t_{LE} - t_{LA}) \quad \text{(luftseitig)} \tag{3.11}$$

$$\dot{Q}_{0,k} = k \cdot A \cdot \Delta T_m \quad \text{(bezogen auf die übertragene Wärmeleistung am Verdampfer)} \tag{3.12}$$

Im stationären Zustand sind diese Leistungen identisch gleich, d. h. es gilt:

$$\dot{Q}_{0,\text{stat}} = \dot{Q}_{0,R} = \dot{Q}_{0,L} = \dot{Q}_{0,k} \tag{3.13}$$

Dies lässt sich sehr anschaulich in Abb. 3.20 zeigen, in dem die Verdichterkennlinien und eine Verdampferkennlinie exemplarisch aufgetragen sind. Der Schnittpunkt zwischen Verdampfer- und Verdichterkennlinie bei einer bestimmten Verdampfungs- und Verflüssigungstemperatur stellt den stationären Arbeitspunkt (AP) dar.

Hieraus ist aber auch erkennbar, dass, wenn sich z. B. die Verdampfungstemperatur aufgrund von schwankenden Kältelasten ändert, automatisch dieser Arbeitspunkt verlassen wird und sich ein neuer Arbeitspunkt mit einer anderen Verdampfungs- und Verflüssigungstemperatur einstellt.

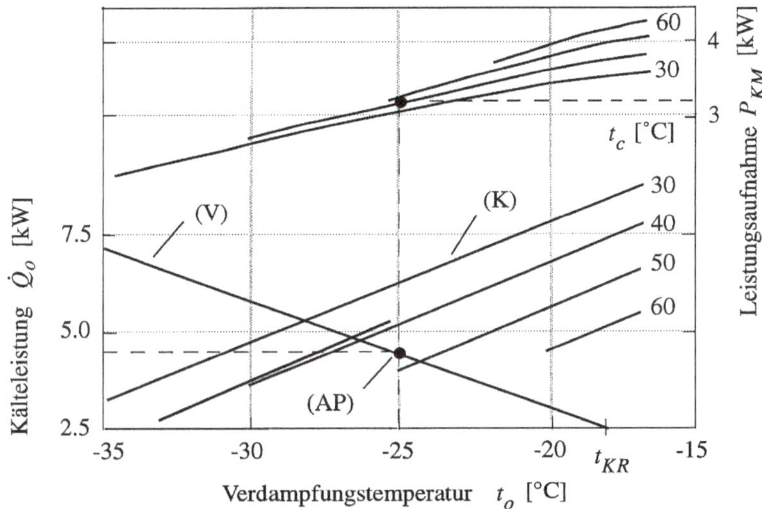

Abb. 3.20 Beispiel für einen Arbeitspunkt (AP) als Schnittpunkt von Verdichterkennlinie (K) und Verdampferkennlinie (V) bei Vorgabe fester Raumtemperatur, Verflüssiger- und Verdampfungstemperaturen, [16]

Abbildung 3.21 zeigt ergänzend, wie sich ausgehend von einem stationären Arbeitspunkt aufgrund des üblichen Taktbetriebes oder aufgrund von veränderbaren Luftgeschwindigkeiten die Kennlinien qualitativ verschieben.

Damit ist auch die Leistungszahl als Verhältnis von Kälteleistung zur zugeführten elektrischen oder mechanischen Leistung im laufenden Betrieb eine dynamische Größe, abhängig von den sich einstellenden Bedingungen im Kältekreislauf und den Wechselwirkungen zur Umgebung. Abbildung 3.22 zeigt hierzu ein Beispiel.

Für einen energieeffizienten Betrieb ist es somit von entscheidender Bedeutung im laufenden Betrieb einer Kälteanlage zum richtigen Zeitpunkt an den richtigen „Stellschrau-

a

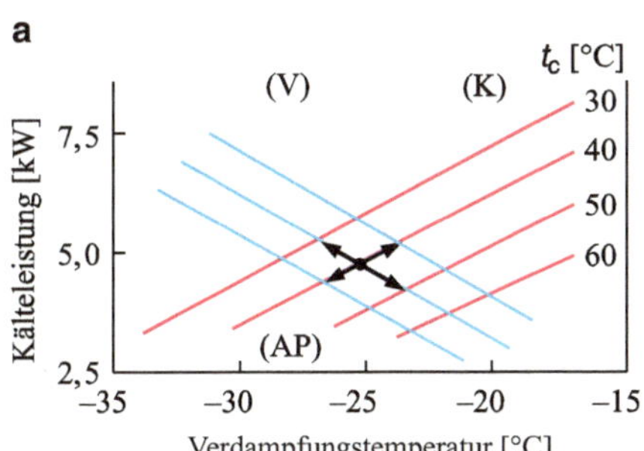

b

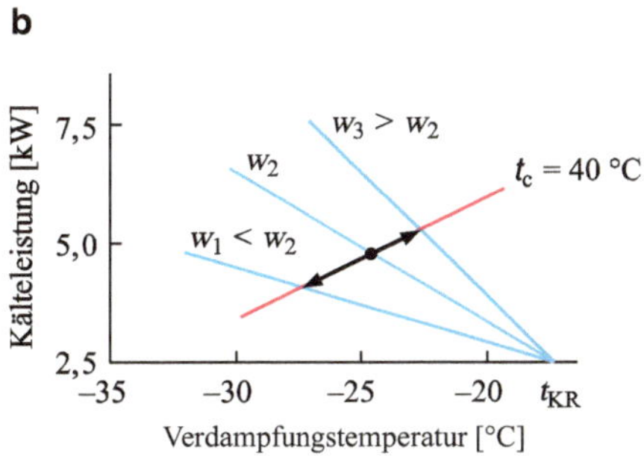

Abb. 3.21 Beispiel für Einfluss der Änderung der Luftgeschwindigkeit auf stationäre Arbeitspunkte [21]. **a** Verschiebung der stationären Arbeitspunkte (AP) im üblichen Taktbetrieb, **b** Einfluss einer variablen Luftgeschwindigkeit

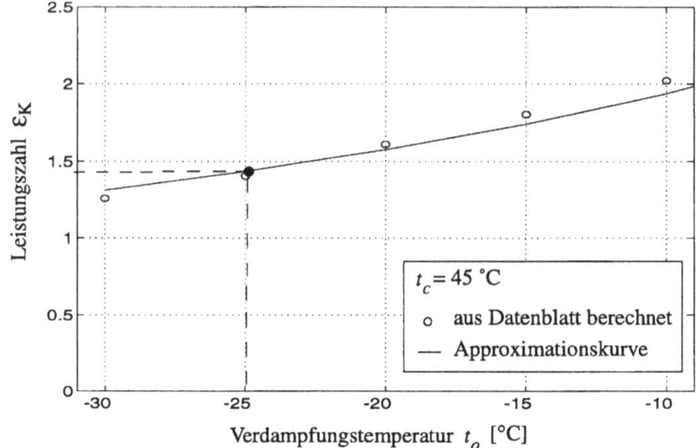

Abb. 3.22 Beispiel für Leistungszahl einer Kältemaschine als Funktion von Verdampfungstemperatur [16]

ben" zu drehen, um eine ständige Anpassung des optimalen Arbeitspunktes hinsichtlich eines zuverlässigen, energieeffizienten und damit letztlich wirtschaftlichen Betriebs zu ermöglichen. Dies ist eine der wesentlichen Aufgaben der Automatisierungstechnik.

3.3.4 Grundlagen von Absorptions- und Adsorptionskältemaschinen

Peter Ritzenhoff

Die Notwendigkeit zum Kühlen von Gebäuden ist auch in unseren Breiten immer häufiger erforderlich, da bei einer kompakten Bauweise die zunehmenden Wärmelasten im Sommer ohne eine Kältemaschine nicht mehr abgeführt werden können.

Da die solare Einstrahlung parallel zur erforderlichen Kühllast auftritt, ist es unter primärenergetischen Aspekten sehr interessant, die durch die Sonne bereitgestellte Wärme im Sommer zum Kühlen zu verwenden. Beim Kühlen mit der Sonne wird Energie, die z. B. bei bis zu 95 °C aus einem Sonnenkollektor kommt, auf ein Temperaturniveau von etwa 10 °C gebracht, welches anschließend zum Kühlen verwendet werden kann. Hierfür können Absorptions- und Adsorptionskältemaschinen eingesetzt werden.

Absorptionskältemaschine
Der Absorptionsprozess beruht darauf, dass der Kältemittel-Dampfdruck bei Zweistoffgemischen gegebener Temperatur mit zunehmender Konzentration des Lösungsmittels abnimmt. Der Prozess läuft dabei entsprechend den Dampfdruckkurven der eingesetzten Kältemittel ab.

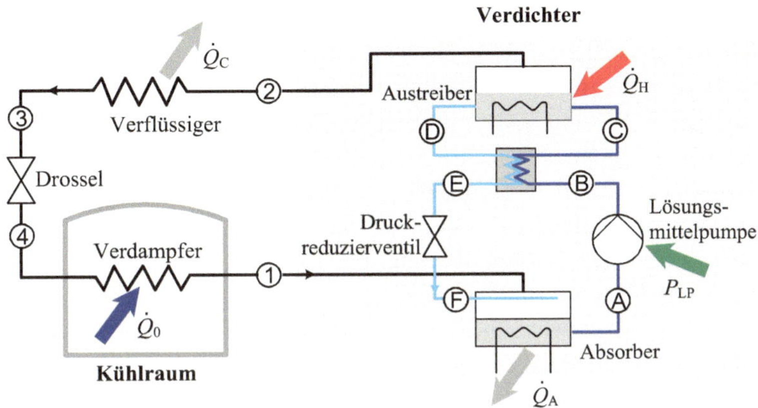

Abb. 3.23 Funktionsschema einer Absorptionskälteanlage

Die Nutzkälte wird bei der Absorptionskältemaschine durch Verdampfung eines Kältemittels (also durch Wärmezufuhr an das Kältemittel) erzeugt, wie dies bereits bei der Kompressionskältemaschine (siehe auch Abb. 3.17) beschrieben wurde. Die wesentliche Antriebsenergie erfolgt jedoch nicht durch einen elektrischen Verdichter, sondern durch Wärmezufuhr. Lediglich im Lösungsmittel-Kreislauf, der entsprechend Abb. 3.23 für die Verdichtung des Kältemittels sorgt, ist eine typischerweise elektrisch betriebene Pumpe für das dann in flüssiger Form vorliegende Lösungsmittel erforderlich. Eine weitere Pumpe sorgt für den Kältemittelumlauf beim Verdampfer.

Der Lösungsmittel-Kreisprozess besteht aus zwei Teilprozessen: Auf dem Weg vom Absorber zum Austreiber (Zustandspunkte A, B und C) weist er eine hohe Kältemittelkonzentration auf, wodurch das Lösungsmittel in verdünnter Form vorliegt. Auf dem Weg vom Austreiber zum Absorber (Zustandspunkte D, E und F) liegt eine geringe Kältemittelkonzentration im Lösungsmittel vor, so dass es sich hierbei um eine konzentrierte Lösung handelt. Das Kältemittel wird nach der Austreibung im Zustandspunkt 2 durch Umgebungswärme verflüssigt (Zustandspunkt 3) bevor es im Verdampfer durch Wärmezufuhr auf niedrigem Temperaturniveau die Nutzkälte (Zustandsänderung 4–1) bereit stellt.

Dabei wird sowohl Nutzleistung, die im Verdampfer entzogene Kälteleistung, als auch die in Form von Wärme eingesetzte Antriebsleistung als Wärmeleistung einem Wärmeträger zugeführt. Die prinzipielle Funktionsweise einer Absorptionskältemaschine ist in Abb. 3.23 dargestellt und wird nachfolgend erläutert.

Als Arbeitsstoffpaare für das Kältemittel und das Lösungsmittel sind die Kombinationen Wasser/Lithiumbromid und Ammoniak/Wasser gebräuchlich. Das jeweils beteiligte Wasser wird im ersten Fall als Kältemittel und bei der Kombination mit Ammoniak als Lösungsmittel eingesetzt. Sofern das Wasser als Kältemittel eingesetzt wird, kann die Verdampfertemperatur nicht unter 0 °C abgesenkt werden. Gleichzeitig erfolgt der Prozess im Unterdruckbereich.

Der im Verdampfer entstehende Kältemitteldampf (Zustandspunkt 1) braucht nicht wie bei der Kompressionskältemaschine mechanisch verdichtet zu werden, sondern wird bei niedrigem Verdampfungsdruck von einem Lösungsmittel (Zustandspunkt F) aufgenommen („absorbiert"). Die mit Kältemittel angereicherte flüssige Lösung (Zustandspunkt A) wird durch eine Pumpe auf den Verflüssigungsdruck (Zustandspunkt B) gebracht und in den „Austreiber" gefördert. Durch die als Antriebsleistung aufzubringende Wärmezufuhr wird dort das Kältemittel wieder ausgetrieben (Zustandspunkt 2). Übrig bleibt eine „lösungsmittel-arme" Lösung (konzentrierte Lösung, Zustandspunkt D), die über ein Drosselventil zum Absorber zurückströmt.

Durch den Lösungsmittelwärmeübertrager zwischen den Zustandspunkten B und C bzw. D und E wird durch die Vorwärmung des lösungsmittelreichen Stromes die Effizienz des Kreislaufes deutlich erhöht.

Im Absorber wird die „arme Lösung" (Zustandspunkt F) über Rohre verrieselt, um dem zu absorbierenden Kältemitteldampf eine große Oberfläche darzubieten und die frei werdende Lösungswärme an das Kühlwasser abzugeben, das die Rohre durchströmt.

Das ausgetriebene Kältemittel wird im Verflüssiger (Zustandspunkt 2) bei Kondensationsdruck p_C durch Wärmeabgabe an einem Wärmeträger verflüssigt (Zustandspunkt 3). Nach der Drosselung im Drosselventil (Zustandspunkt 4) kann es im Verdampfer bei Verdampfungsdruck p_0 und der zugehörigen Verdampfungstemperatur t_0 Wärme aus einem Kälteträgerkreislauf aufnehmen. Der dabei entstehende Kältemitteldampf (Zustandspunkt 1) strömt zum Absorber, wo er vom Lösungsmittel wieder absorbiert wird.

In Anlehnung an eine reale Anlage sind in Abb. 3.24 die Bauelemente einer Absorptionskältemaschine dargestellt, die im Wesentlichen über vier große Wärmeübertrager verfügt. Zur Verdeutlichung wurden die Zustandspunkte aus Abb. 3.23 übernommen.

Die zentrale Kältebereitstellung für den Nutzer erfolgt über den **Verdampfer**. Das Kältemittel (z. B. Wasser oder Ammoniak) wird über die Rohre des Verdampfers versprüht und verdampft. Die dafür erforderliche Verdampfungswärme wird dem durch die Verdampferrohre strömenden Kaltwasser entzogen. Der Kältemittel-Dampf strömt in den **Absorber**, in dem ein Lösungsmittel (z. B. Lithiumbromid oder Wasser) versprüht wird, das hygroskopisch ist und den darin enthaltenen Wasserdampf „aufnimmt". Das Lösungsmittel wird dadurch „verdünnt", die dabei anfallende Lösungswärme wird an das durch Absorberrohre strömende Kühlwasser abgegeben.

Das verdünnte Lösungsmittel wird in den **Austreiber** gepumpt, in dem Heizwasserrohre angeordnet sind. Durch Wärmezufuhr wird aus der Lösung Kältemittel ausgedampft. Das dadurch wieder konzentrierte Lösungsmittel fließt zum Absorber zurück. Durch Anordnung eines zusätzlichen Wärmeübertragers zwischen der verdünnten kalten und der konzentrierten warmen Lösung lässt sich Heizenergie zurückgewinnen und damit die Wirtschaftlichkeit des Verfahrens verbessern.

Über dem Austreiber ist der **Verflüssiger** angeordnet, durch welchen ebenfalls wie durch den Absorber Kühlwasser strömt. An den Verflüssigerrohren kondensiert das aus dem Austreiber kommende Kältemittel-Wasser-Dampfgemisch, wobei sich ein Druck von

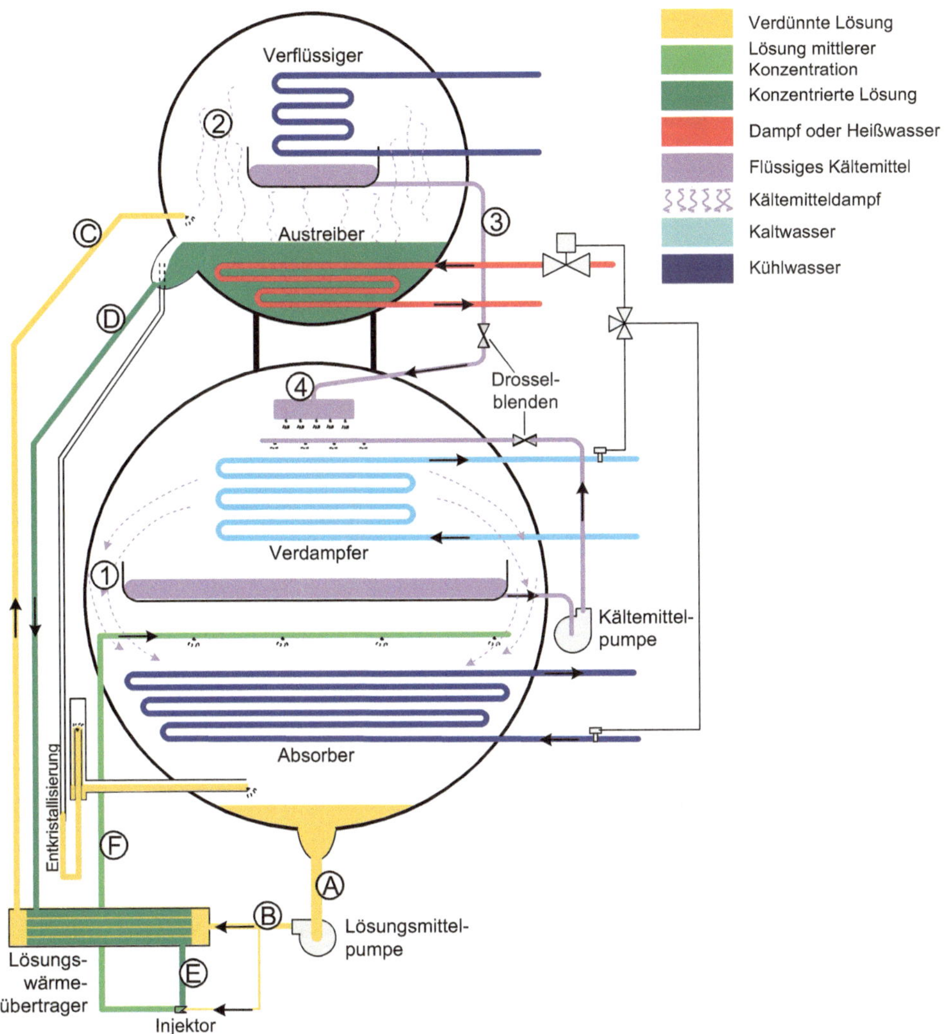

Abb. 3.24 Hauptkomponenten einer Absorptionskälteanlage

etwa 20 kPa einstellt. Das flüssige Kältemittel strömt wieder zum Verdampfer zurück, womit der Kreislauf geschlossen ist.

Die beiden Stoffströme der armen und reichen Lösung werden in einen **Gegenstrom-Wärmeübertrager** geführt, damit die kalte „reiche Lösung" durch die warme „arme Lösung" vorgewärmt wird und diese gleichzeitig abkühlt. Die Lösungsmittelpumpe, die den Druck des Lösungsmittels vom Verdampfungsdruck p_0 auf den Kondensationsdruck p_C erhöht, und die Kältemittelpumpe sind die einzigen beweglichen Teile der Absorptions-Kälteanlage. Bei Einsatz der erwähnten Kältemittel Lithiumbromid oder Ammoniak er-

Abb. 3.25 Abbildung einer Absorptionskälteanlage [25]

geben sich kaum Umweltprobleme. Im Vergleich zu Kompressionskälteanlagen sind die Investitionskosten bei gleicher Kälteleistung jedoch höher.

Bei Absorptionskältemaschinen spricht man allerdings nicht von Leistungszahlen, sondern von einem Wärmeverhältnis ζ (bzw. dem sogenannten COP – Coefficient Of Performance), bei dem die Nutzwärme $\dot{Q}_0$, die dem Kühlraum entzogen wird, ins Verhältnis zum Heizwärmestrom $\dot{Q}_H$ gestellt wird, der im Austreiber der Absorptionskältemaschine aufgenommen wird.

Die Leistung der Lösungsmittelpumpe P_{PL} bleibt dabei jedoch unberücksichtigt. Zur besseren Bewertbarkeit der energetischen Gesamteffizienz sollte sie mit berücksichtigt werden, da insbesondere bei kleineren Anlagen die Anschlussleistungen der Pumpen nicht unbedingt vernachlässigbar sind. Um die thermischen und elektrischen Anteile der Energieströme sinnvoll bewerten und vergleichen zu können, wird in [24] der exergetische Wirkungsgrad als Kennzahl zur Bewertung der Effizienz einer Absorptionskältemaschine eingeführt.

Die in Abb. 3.24 aufgeführte Kältemittelpumpe dient nicht dem Druckaufbau, sondern lediglich für den Umlauf des Kältemittels, das, sofern es beim Durchlauf durch den Verdampfer nicht verdampft wurde, nochmals über dem Verdampfer versprüht wird. In realen Anlagen gibt es noch weitere Verbindungen und Regeleinrichtungen, die zur Entlastung oder Stabilisierung einzelner Verfahrensschritte erforderlich sind, jedoch in Abb. 3.24 der Übersichtlichkeit halber nicht aufgeführt wurden. Abbildung 3.25 zeigt eine Absorptionskälteanlage der Firma York, die bis zu einer Kälteleistung von 4,9 MW angeboten wird.

In der dargestellten Anlage betragen die Anschlusswerte der beiden Pumpen jeweils 5 kW und machen damit nur etwa 0,4 % der erforderlichen Antriebswärmeleistung $\dot{Q}_H$ aus. Der COP der Absorptionskältemaschine und der Primärenergiefaktor des Stromes wurden dabei berücksichtigt.

Adsorptionskältemaschine

Die Anlagerung an einen Feststoff wird in der Verfahrenstechnik als Adsorption bezeichnet und die Desorption dementsprechend als Lösen von einem Feststoff. In einer Adsorp-

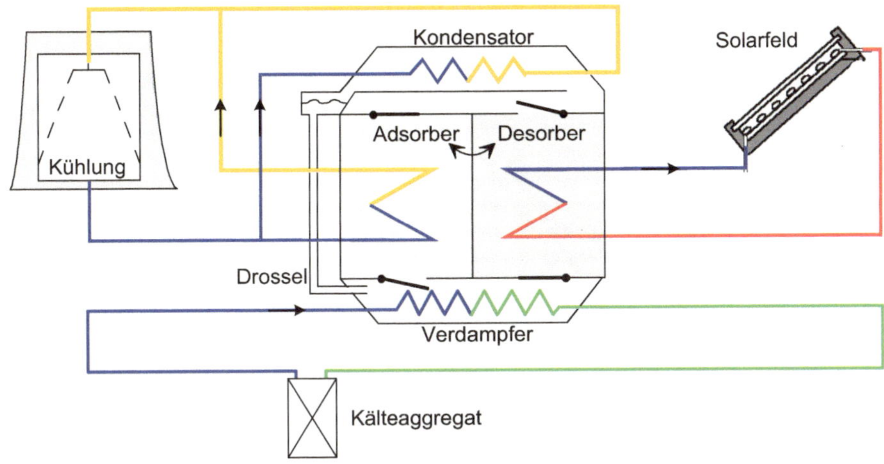

Abb. 3.26 Anbindung einer Adsorptionskältemaschine in eine Kälteanlage und an eine Kältenutzung

tionskältemaschine wird das Kältemittel so gewählt, dass mit der Ad- bzw. Desorption eine Aggregatzustandsänderung einhergeht.

Die einzelnen Prozessschritte eines herkömmlichen Kältekreislaufes mit Verdichter sind auch bei einer Adsorptionskältemaschine wiederzufinden. Nur mit dem Unterschied, dass die Antriebsenergiequelle nicht in Form von elektrischer Energie sondern wie auch bei der Absorptionskältemaschine in Form von thermischer Energie zugeführt wird.

In Abb. 3.26 wird die Adsorptionskältemaschine als Komponente zur Versorgung einer Klimaanlage mit Kälte dargestellt. Neben der Klimaanlage und der Adsorptionskältemaschine sind auf dem Bild noch der Solarkollektor zur Erzeugung der Antriebsenergie sowie eine Kühlvorrichtung zur Rückkühlung der Umläufe zu sehen.

Im Sinne einer optimalen Energieausnutzung wäre anstelle der Kühlvorrichtung die Weiternutzung der Niedertemperaturwärme sinnvoll. Jedoch stehen entsprechende Verbraucher während der Sommermonate nur in seltenen Fällen zur Verfügung.

Die bei einem herkömmlichen Kältekreislauf vorhandenen Komponenten tauchen ebenfalls in einer Adsorptionskältemaschine auf:

- der Verdampfer, durch den dem Kühlraum die Wärme entzogen wird,
- der Verdichter, dessen Funktion in diesem Fall durch die Adsorptions- und Desorptionsvorgänge übernommen wird,
- der Kondensator, über den die aufgenommene Wärme wieder auf höherem Temperaturniveau in der Umgebung „abgeladen" wird, und
- die Drossel, die das Kältemittel vom Kondensationsdruck auf den Verdampfungsdruck reduziert.

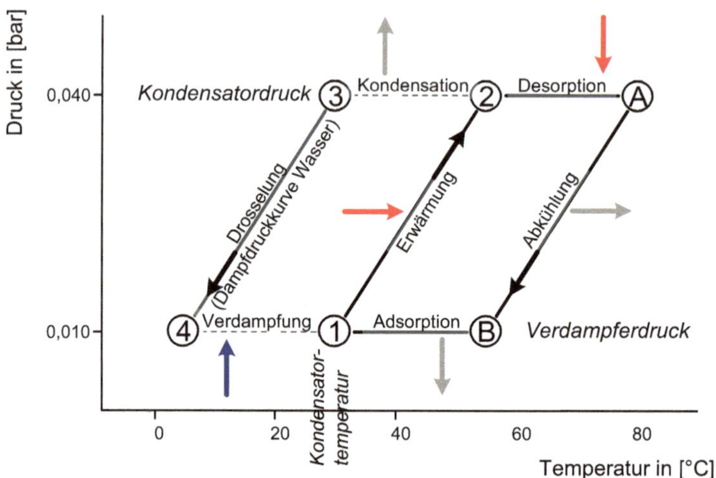

Abb. 3.27 Darstellung eines idealisierten Adsorptionskältemaschinenkreislaufes im p/T-Diagramm

Thermodynamisch betrachtet, liegt der entscheidende Unterschied bei der Verdichtung. Die Verdichtung des Kältemittels Wasser erfolgt dadurch, dass das Wasser in einer Verdichterkammer aufgenommen (adsorbiert) und anschließend bei konstantem Volumen erwärmt wird, wodurch der Druck auf das Kondensationsniveau ansteigt.

Da der Adsorber ein Festkörper (z. B. Silicagel SiO_2) ist, geschieht dieses Verdichten jedoch nicht kontinuierlich wie z. B. bei einem Kreiselverdichter oder quasikontinuierlich wie bei einem Hubkolbenverdichter. Die Verdichtung erfolgt aufgrund des Adsorptionsverfahrens entsprechend einem festgelegten Zyklus, der auf einen Zeittakt von mehreren Minuten eingestellt ist. Nach dem Adsorptionsvorgang in einer Kammer werden die Klappen zum Verdampfer geschlossen und zum Kondensator geöffnet, so dass diese Kammer im nächsten Zyklus als Desorber fungiert. In der zweiten Kammer findet der umgekehrte Vorgang statt.

Das dargestellte p/T-Diagramm in Abb. 3.27 gibt den Prozesskreislauf in idealisierter Form wieder. Die scharfen Konturen, die hier zu sehen sind, treten im realen Anlagenbetrieb nicht auf. Dennoch trägt die Betrachtung dieses Verlaufes zum weiteren Verständnis der Vorgänge in einer Adsorptionskältemaschine bei.

Druckseitig sind die beiden Systemdrücke im Verdampfer bei etwa $p_0 = 10$ mbar und im Kondensator bei etwa $p_C = 40$ mbar zu erkennen. Die beiden Zustandspunkte 3 und 4 stellen die Wasserzustände dar. Zwischen den Punkten 1 und 2 liegen die Zustände mit der maximalen Beladung des Silicagels mit dem Kältemittel Wasser. Die Punkte A und B kennzeichnen die Zustände mit minimaler Wasserbeladung des Silicagels.

Im Anschluss an die Adsorption des Wassers durch das Silicagel (Zustand 1) schließt sich die untere Klappe zum Verdampfer. Der Kammer wird Wärmeenergie zugeführt, wodurch der Druck ansteigt. Sobald der notwendige Kondensationsdruck erreicht ist, wird

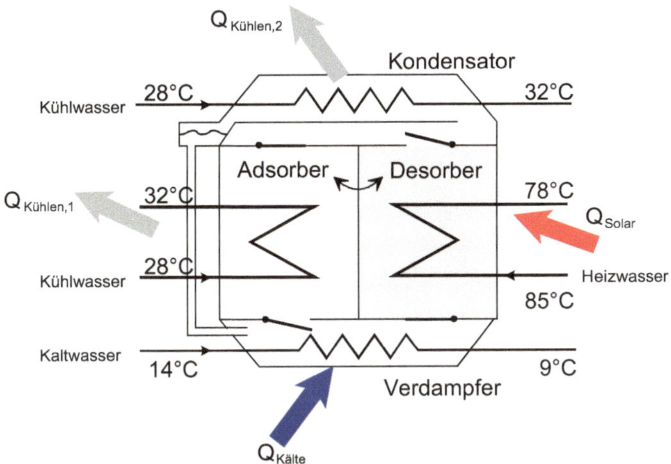

Abb. 3.28 Exemplarische Temperaturwerte an den Anschlusspunkten einer Adsorptionskältemaschine

die obere Klappe zum Kondensator (Zustand 2) geöffnet, wodurch der Wasserdampf bei konstantem Druck desorbiert (also wieder in den dampfförmigen Zustand übergeht) und die Temperatur des Silicagels noch weiter bis zur Desorptions-Endtemperatur (Zustand A) ansteigt.

Anschließend wird das Silicagel z. B. über eine angeschlossene Kühleinrichtung zum Senken des Druckes gekühlt. Sobald der Verdampfungsdruck erreicht ist (Zustand B), wird die Klappe geöffnet, um die Adsorption zu starten. Das desorbierte und gedrosselte Wasser vom Zustand 4 wird dabei verdampft, um wieder adsorbiert werden zu können. Während dieser Verdampfung des Wassers erfolgt die Bereitstellung der eigentlichen Kälteleistung.

Da in einer Kammer entweder nur die Adsorption oder nur die Desorption stattfinden kann, jedoch typischerweise ein kontinuierlicher Kältebedarf besteht, erhalten Adsorptionskältemaschinen typischerweise zwei Kammern, die wechselseitig zwischen dem Absorptions- und dem Desorptionsvorgang umgeschaltet werden. Die dafür erforderlichen Umschaltvorrichtungen sind in Abb. 3.26 der Übersichtlichkeit halber nicht aufgeführt.

Typische Temperaturen, die sich beim Betrieb der Adsorptionskältemaschine einstellen können, sind in Abb. 3.28 zu sehen. Dabei erkennt man, dass die Temperaturen zur Kühlung des Adsorbers wie auch zur Kondensation des Wassers identisch sind, so dass sie mit demselben Kühlsystem gekühlt werden können. Bei ca. 10 mbar beträgt die Verdampfungstemperatur von Wasser etwa 7 °C. Dieses während der Verdampfung weitgehend konstante Temperaturniveau kann genutzt werden, um ein Kühlmittel zur weiteren Verwendung in der Klimaanlage auf bis ca. 9 °C zurück zu kühlen.

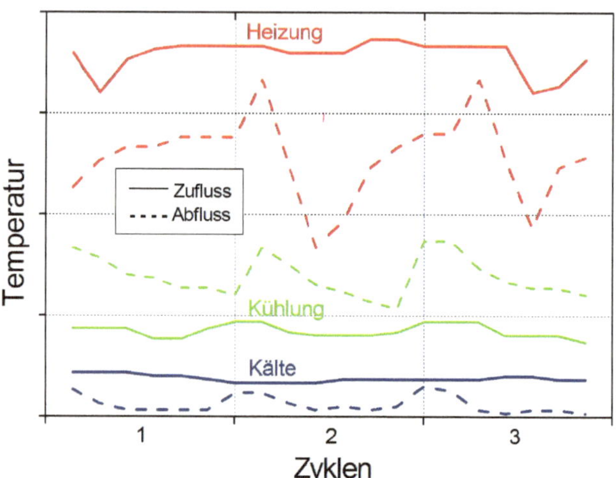

Abb. 3.29 Temperaturverläufe von drei exemplarischen Arbeitszyklen einer Adsorptionskältemaschine (nach [26])

Trotz des zyklischen und diskontinuierlichen Betriebs der Anlage wird natürlich eine gleichmäßige Bereitstellung der Kühlleistung gefordert. In Abb. 3.29 sind drei aufeinanderfolgende Arbeitszyklen dargestellt. Diese Zyklusperiode kann je nach Maschine und Einstellung auch über 20 Minuten liegen. Die Temperaturen insbesondere der Stoffströme, welche die Anlage verlassen, unterliegen starken Schwankungen.

Die Heizrücklaufkurve (rot gestrichelt) steigt während des Umschaltvorganges zunächst kurzfristig an, da der Heizkreis sich zu dieser Zeit im Bypass befindet und keine Wärme abnehmen kann. Jedoch ist die Desorberkammer zunächst kalt, so dass die Heizrücklauftemperatur anschließend stark abfällt. Spätestens nach der Hälfte des Zyklus steigt die Rücklauftemperatur jedoch wieder an.

Die Kühlwasseraustrittstemperatur (grün gestrichelt) erhöht sich ebenfalls zu Beginn eines Zyklus, da sich die neue Adsorberkammer kurz nach der Umschaltung noch auf Desorptionstemperatur befindet. Im Verlaufe des Zyklus sinkt die Kühlwasseraustrittstemperatur kontinuierlich ab. Auch die Kälteversorgung ist geringen Temperaturschwankungen unterworfen, die jedoch gegenüber den anderen Strömen deutlich gedämpft sind. Weitere Untersuchungsergebnisse sind auch in [28] wiedergegeben.

Die in Abb. 3.30 dargestellte Adsorptionskältemaschine vom Typ NAK stellt ein massives Bauteil dar. Es hat bei einer Kälteleistung von 70 kW ein Betriebsgewicht von fünf Tonnen und benötigt etwa 6 m² Grundfläche bei einer Bauhöhe von 2,35 m.

Das energetische Verhalten einer Adsorptionskältemaschine wird anhand einer Energiebilanz um die gesamte Maschine analysiert. An zwei Stellen wird Wärme dem System zugeführt. Dies geschieht beim Verdampfer und beim Desorber (bzw. der jeweiligen Desorberkammer).

Gleichzeitig wird an zwei Stellen Wärme aus dem System entnommen. Nach dem ersten Hauptsatz der Thermodynamik muss die Summe aller Arbeiten und Wärmemengen in einem geschlossenen System gleich null sein. Da keine nennenswerte elektrische Arbeit

Abb. 3.30 Ansicht einer Adsorptionskältemaschine [27]

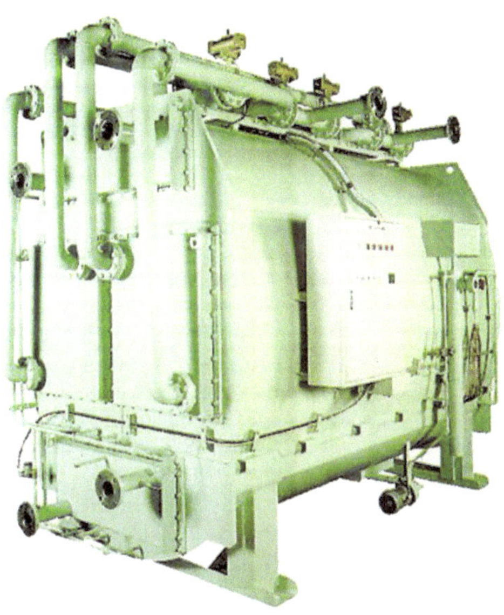

dem System zugeführt wird, sind durch die in Abb. 3.28 aufgeführten Wärmemengen alle relevanten Energieströme wiedergegeben.

Da auch für die Förderung des Kältemittels keine elektrische Energie erforderlich ist, kann als Kennzahl zur Beurteilung der Güte dieser Umwandlung das Wärmeverhältnis ζ_K herangezogen werden. Diese Kennzahl ergibt sich aus dem Verhältnis der genutzten Kälteleistung $\dot{Q}_0$ (bzw. $Q_{\text{Kälte}}$) zur bei „hoher" Temperatur aufgewendeten Heizleistung $\dot{Q}_H$ (bzw. Q_{Solar}). Typische Werte für das Wärmeverhältnis liegen bei 0,6.

Vergleich Absorptionskältemaschine – Adsorptionskältemaschine
Beide Kältemaschinen erzeugen auf der Grundlage von Niedertemperaturwärme Kälte. In der Praxis können diese Wärmequellen

- als Abfallprodukte (z. B. neben der Stromproduktion) anfallen,
- bei Produktionsprozessen freigesetzt werden,
- aus einem Fernwärmenetz gespeist werden oder
- durch solarthermische Anlagen erzeugt werden.

Wirtschaftlich günstige Varianten können zweifelsohne bei den ersten drei Möglichkeiten liegen, da insbesondere im Sommer bei Kraft-Wärme-Kopplungsanlagen (KWK) die Wärmeabnahme eher ein Problem darstellt, als ein gewünschter Effekt ist. KWK-Anlagen, Produktionsprozesse oder Fernwärmenetze stehen jedoch nicht immer in unmittelbarer Nähe zur Verfügung. Daher ist die Nutzung der Sonnenenergie – aufgrund der idealen Übereinstimmung von Angebot und Nachfrage – eine sehr attraktive Alternative.

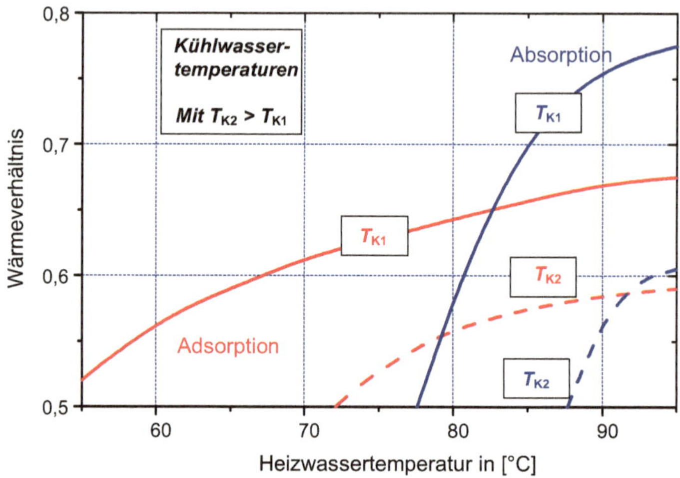

Abb. 3.31 Wärmeverhältnisse von Absorptions- und Adsorptionskältemaschinen (nach [26])

Absorptionskältemaschinen haben bei optimalen Betriebsbedingungen höhere Wärmenutzungsgrade als Adsorptionskältemaschinen, jedoch benötigen sie dazu auch ein höheres Temperaturniveau der Antriebswärme.

Eine Adsorptionskältemaschine kann bereits bei einer Heiztemperatur ab 55 °C Wärmeenergie in Kälteenergie umwandeln, was als entscheidender Vorteil hinsichtlich des Einsatzes von Solarthermie als Antriebsenergie zu betrachten ist. Dabei ist zu berücksichtigen, dass die Effizienz der Adsorptionskältemaschine mit sinkenden Heiztemperaturen gleichfalls sinkt.

Die Verläufe der Wärmeverhältnisse zwischen Absorptions- und Adsorptionskältemaschinen sind in Abb. 3.31 in Abhängigkeit der Heizwassertemperaturen sowie mit unterschiedlichen Kühlwassertemperaturen als Parameter aufgetragen. Daraus folgt, dass bei ungünstigen hohen Kühlwassertemperaturen die Effizienz beider Anlagen sehr stark abnimmt. Je niedriger das Temperaturniveau der Heizenergie anfällt, desto mehr eignet sich hinsichtlich der Effizienz eine Adsorptionskältemaschine.

Die Bereitstellung der Kälte erfolgt bei einer Adsorptionskältemaschine mit dem vollkommen unkritischen Kältemittelträger Wasser sowie Silicagel als Adsorptionsmittel. Die Effizienz von Adsorptionskältemaschinen wird ebenfalls über das Verhältnis der Nutzkälte zur zugeführten Wärme angegeben.

Als Solarkollektoren für die Bereitstellung der Antriebswärme mit den geforderten Temperaturniveaus kommen prinzipiell Flachkollektoren und Vakuumröhrenkollektoren in Betracht. Das Betriebsverhalten von Kollektoren ist in Abschn. 3.1 dargestellt.

Kontrollfragen zu Abschn. 3.3.4

- Was ist die Besonderheit einer Absorptionskältemaschine im Vergleich mit einer Kompressionskältemaschine?
- Durch welche beiden Energieströme wird die im Verflüssiger (z. B. einem Kühlturm) abzuführende Wärmemenge maßgeblich bestimmt?

- Welche Eigenschaften muss das eingesetzte Lösungsmittel bei einer Absorptionskältemaschine haben?
- Was sind die Arbeitsschritte einer Adsorptionskältemaschine?
- Mit welchen Energiequellen können Ab- oder Adsorptionskältemaschinen betrieben werden und was sind diesbezüglich die Vorteile bei der Adsorptionskältemaschine?

3.3.5 Energetische Kenngrößen von Kälteanlagen und Wärmepumpen

Martin Becker

Kennzahlen zur energetischen Bewertung einer Komponente, eines Gerätes oder einer ganzen Anlage stellen immer das Verhältnis des Nutzens zum Aufwand dar. Wichtig hierbei ist jedoch der Bezug zur jeweiligen Bilanzgrenze und der genauen Definition, was in der konkreten Anwendung den Nutzen und was den Aufwand darstellt. So ist z. B. bei Kälteanlagen der Nutzen die Kälteleistung, bei Wärmepumpen der Nutzen die bereitgestellte Wärmeleistung. Bei einem kombinierten Wärme-Kälte-Prozess ist es entsprechend die Summe aus genutzter Kälte- und Wärmeleistung. Außerdem ist darauf zu achten, ob als Verhältnis leistungsbezogene oder energiebezogene Größen herangezogen werden. Zum Beispiel darf der COP (Leistungskenngröße) einer Wärmepumpe niemals direkt verglichen werden mit der Jahresarbeitszahl (Energiekenngröße) einer Wärmepumpe. Schließlich ist auch darauf zu achten, ob es sich bei den angegebenen Werten um Messungen im Labor bzw. unter festen Testbedingungen handelt oder um in realen Anlagen im laufenden Betrieb gemessene Werte.

Wichtig für das Verständnis ist schließlich, dass sich diese Kenngrößen zum Teil auf einzelne Komponenten beziehen (z. B. Verdichter, Wasser-/Luftkühler) und zum Teil auf ganze Anlagen (z. B. Wärmepumpen, Kaltwassersätze).

Für die energetische Bewertung von Kältemaschinen bzw. Wärmepumpen werden – teilweise basierend auf verschiedenen Normen oder Richtlinien – leider mehrere, zum Teil unterschiedliche, aber auch zum Teil mehrfach verwendete energetische Kenngrößen verwendet, was in der Praxis häufig zur Verwirrung und Verwechslung führt.

Typische energetische Kenngrößen sind:

Leistungskenngrößen (Verhältnis Nutzleistung zur aufgenommenen Leistung):

- Kälteleistungszahl ε_K (Carnot, effektiv, isentrop, innere, äußere),
- Gütegrad η (Carnot, isentrop, real),
- Wirkungsgrad η (mechanisch, elektrisch),
- COP (Coefficient of Performance),
- EER (Energy Efficiency Ratio),
- ESEER (European Seasonal Energy Efficient Ratio),
- IPLV (Integrated Part Load Value),

Energie-Kenngrößen (Verhältnis Nutzenergie zu aufgenommener Energie):

- Jahresarbeitszahl JAZ bzw. β,
- Seasonal Performance Factor SPF.

Als Basis empfiehlt es sich, hier auf die einschlägigen Normen, Richtlinien, Arbeitsblätter und Fachliteratur, wie z. B. [13, 18–20], zurückzugreifen.

Ausgehend von den thermodynamischen Grundlagen sind im Folgenden – ohne Anspruch auf Vollständigkeit – einige Definitionen für wichtige energetische Bewertungsgrößen in kompakter Form zusammengestellt.

Nach dem 1. Hauptsatz der Thermodynamik muss die Summe der zugeführten Energie gleich der Summe der abgeführten Energie sein. Für Kältemaschinen gleichermaßen wie für Wärmepumpen, die auf Basis des Kaltdampf-Kompressionskältemaschinen-Prozesses basieren, gilt:

$$\dot{Q}_0 + P_{el} = \dot{Q}_C + \dot{Q}_{Verl} \tag{3.14}$$

mit

$\dot{Q}_0$ Kälteleistung in W bzw. kW,
$\dot{Q}_C$ Verflüssiger- bzw. Wärmeleistung in W bzw. kW,
P_{el} elektr. Anschlussleistung in W bzw. kW,
$\dot{Q}_{Verl}$ Verlustleistung in W bzw. kW.

Zur energetischen Bewertung von Arbeitsmaschinen (linksläufiger Kreisprozess) wird üblicherweise die Leistungszahl ε herangezogen. Allerdings gibt es auch hier je nach Bilanzgrenze und Betrachtungsweise unterschiedliche Definitionen.

Für den (idealen) Kältemaschinen-Betrieb gilt die *Carnot-Kälteleistungszahl*:

$$\varepsilon_{WP,C} = \frac{T_0}{T_C - T_0} \tag{3.15}$$

Für den (idealen) Wärmepumpen-Betrieb gilt:

$$\varepsilon_{WP,C} = \frac{T_C}{T_C - T_0} \tag{3.16}$$

Als *effektive (oder auch tatsächliche) Kälteleistungszahl* wird bei elektrisch betriebenen Kältemaschinen das Verhältnis der tatsächlichen Kälteleistung zur tatsächlichen Antriebsleistung bezeichnet.

$$\varepsilon_{K,eff} = \frac{\dot{Q}_0}{P} \tag{3.17}$$

Hierbei wird die Kälteleistung z. B. nach EN 12900, [21] ermittelt, und für die Leistung wird bei offenen Verdichtern die Antriebsleistung an der Welle P_{mech} und bei halbhermetischen oder hermetischen Verdichtern die elektrische Anschlussleistung P_{el} herangezogen.

Aus der elektrischen Anschlussleistung lässt sich über die Beziehung

$$P_{\mathrm{mech}} = \eta \cdot P_{\mathrm{el}} \tag{3.18}$$

mit dem Motor-Wirkungsgrad η die mechanische Wellenleistung bestimmen.

Diese effektive Kälteleistungszahl wird in der Praxis häufig auch als COP (Coefficient of Performance) bezeichnet, was leider zur Verwirrung führen kann, da der COP nach DIN EN 14511 als Wärmeleistungszahl für Wärmepumpen im Heizbetrieb definiert ist.

Das Verhältnis von effektiver Leistungszahl und der Carnot-Leistungszahl bei einer Verdichter-Kältemaschine bzw. gesamten Kälteanlage wird als Carnot-Gütegrad oder reversibler Gütegrad bezeichnet:

$$\eta_C = \frac{\varepsilon_{K,\mathrm{eff}}}{\varepsilon_{K,C}} \tag{3.19}$$

Welche konkrete Kälteleistung (Gesamt-, Netto- oder Nutzkälteleistung) zu welcher konkreten Aufwands-Leistung (Wellenleistung, Klemmenleistung, Leistungen für Hilfsaggregate) zur Ermittlung der berechneten Kälteleistungszahl ins Verhältnis gesetzt werden soll, muss im konkreten Fall genau festgelegt und angegeben werden.

Mit der Kälteleistungszahl EER (Energy Efficiency Ratio) wird nach EUROVENT-Definition die Leistungszahl bei Kältemaschinen und Kaltwassersätzen im Volllastbetrieb und unter definierten Prüfbedingungen ermittelt. Diese Kennzahl stellt das Verhältnis aus Nennkälteleistung (Nutzen) zu Antriebsleistung (Aufwand) unter vorgegebenen Auslegungsbedingungen für Flüssigkeitskühlsätze dar, wobei beim Aufwand auch die erforderlichen Hilfsenergien für z. B. Sicherheits- und Kontrolleinrichtungen sowie für Pumpen- und Ventilator-Leistungen berücksichtigt werden.

Zur Berücksichtigung des wichtigen Teillastbetriebs von Kälteanlagen wurde zudem in Ergänzung zum EER mit der Leistungszahl ESEER (European Seasonal Energy Efficiency Ratio) eine Kombination aus Teillastwerten für Kühlbetrieb (EER) für Flüssigkeitskühlsätze (Chiller) unter fest definierten Betriebs- und Prüfbedingungen definiert. Hiermit soll insbesondere der in der Praxis deutlich überwiegende Teillastbetrieb der Geräte bei der energetischen Bewertung stärker berücksichtigt werden.

Alternativ zum ESEER gibt es mit dem IPLV-Wert (Integrated Part Load Value) gemäß der amerikanischen ARI-Richtlinie 550/590-98 eine weitere Definition zur Berücksichtigung des Teillastverhaltens, z. B. von Flüssigkeitskühlern bei Lüftungsgeräten im Nicht-Wohnungsbereich.

Die Jahresarbeitszahl (JAZ) β (engl. SPF-Seasonal Performance Factor) als energiebezogene Kenngröße wird üblicherweise bei Wärmepumpen-Systemen angegeben und ist nach DIN EN 15316-4-2 das Verhältnis aus der Summe des Gesamt-Raumheizwärmebedarfs des Raumheizungs-Verteilungssystems und des Gesamt-Nutzwärmebedarfs für das

Trinkwarmwasser-Verteilungssystems zu der Gesamt-Elektroenergiezufuhr für Wärmepumpe und etwaige Zusatzheizer zuzüglich der Gesamthilfsenergiezufuhr.

Neben der Berechnung auf Basis von Bedarfswerten, wird die Arbeitszahl (AZ) aber auch zur energetischen Bewertung von Kälteanlagen und Wärmepumpen im laufenden Betrieb von Anlagen ermittelt. Dazu sind die jeweiligen Nutzleistungen über einen definierten Zeitraum (i. d. R. ein Jahr) mittels Kälte- bzw. Wärmemengenzähler zu messen und ins Verhältnis zu den gesamten für die Kälte- bzw. Wärmeerzeugung und Verteilung benötigten und gemessenen elektrischen Energien inklusive aller Hilfsenergien ins Verhältnis zu setzen.

$$AZ = \frac{\dot{Q}_{\text{Nutz}} \cdot t}{\sum\limits_i P_{\text{el},i} \cdot t_i} = \frac{\int\limits_{t1}^{t2} \dot{Q}_{\text{Nutz}}\, dt}{\sum\limits_i \left(\int\limits_{t1}^{t2} P_{\text{el},i}\, dt_i \right)} \tag{3.20}$$

Wichtig bei dieser Betrachtung ist die genaue Angabe bzw. Festlegung der Bilanzhülle für die energetische Bewertung von Kälteanlagen im laufenden Betrieb, siehe [29].

Für Wärmpumpen, die über einen Gas- oder Dieselmotor betrieben werden, wird anstelle der Leistungszahl die Heizzahl ζ (Zeta) verwendet. Sie ist das Verhältnis von Nutzwärmeleistung zur Brennstoffleistung. Die Brennstoffleistung kann als Produkt des Heizwertes des verwendeten Energieträgers (Gas, Abwärme, Öl, …) und dem Brennstoffmassenstrom bestimmt werden.

Entsprechend ist die Jahresheizzahl ζ_a das Verhältnis der in einem Jahr erzielten Nutzwärme zu der eingesetzten Brennstoffmenge.

Bei Absorptions- bzw. Adsorptionskälteprozessen wird ebenfalls eine entsprechende Leistungszahl definiert, die hier allerdings als Wärmeverhältnis ζ_K bezeichnet wird.

$$\zeta_K = \frac{\dot{Q}_0}{\dot{Q}_H} \tag{3.21}$$

Das Wärmeverhältnis ist somit der Quotient aus der Nutzkälteleistung zur thermischen Antriebsleistung. Typische Werte für das Wärmeverhältnis von Absorptionskälteanlagen liegen im Bereich von 0,4–0,7, von Adsorptionskälteanlagen bei 0,6, s. auch Abschn. 3.3.4.

Kontrollfragen zu Abschn. 3.3

- Was ist der begriffliche Unterschied zwischen einer Kältemaschine, einer Kälteanlage und einem Kälteanlagen-System?
- Was sind die wesentlichen Komponenten einer Kompressions-Kältemaschine im Kältemittelkreislauf?
- Wie sind die Leistungszahl und die Arbeitszahl einer Kaltdampfkompressions-Kältemaschine definiert?
- Wie sind die Leistungszahl und die Arbeitszahl bei Wärmepumpen-Systemen definiert?

- Wie sind die Wärmezahl und die Jahresheizzahl einer gas- bzw. dieselbetriebenen Wärmepumpe definiert?
- Was versteht man unter dem Wärmeverhältnis bei Absorptions- bzw. Adsorptionskältemaschinen?

Literatur

Zu Abschn. 3.1

1. Duffie, J.A., Beckman, W.A.: Solar Engineering of Thermal Processes. 2. Aufl. John Wiley and Sons, New York (1991)

2. Firmenunterlagen der Solvis GmbH in Braunschweig

Zu Abschn. 3.2

3. Wasserhaushaltsgesetz (WHG) in der Fassung der Bekanntmachung vom 19. August 2002 (BGBl. I S. 3245), zuletzt geändert durch Artikel 2 des Gesetzes vom 25. Juni 2005 (BGBl. I S. 1746)

4. Allgemeine Verwaltungsvorschrift zum Wasserhaushaltsgesetz über die Einstufung wassergefährdender Stoffe in Wassergefährdungsklassen (VwVwS) vom 17. Mai 1999

5. Gesetz über die Durchforschung des Reichsgebietes nach nutzbaren Lagerstätten (Lagerstättengesetz LgstG) vom 4.12.1934 in der im BGBl. III, Gliederungsnummer 750-1 veröffentlichten bereinigten Fassung, zuletzt geändert durch Artikel 22 des Gesetzes vom 10.11.2001 (BGBl. I S. 2992)

6. Bundesberggesetz (BBergG) vom 13. August 1980 (BGBl. I S. 1310), zuletzt geändert durch Gesetz vom 25.11.2003 (BGBl. I S. 2304)

7. Ministerium für Umwelt und Verkehr Baden-Württemberg (Hrsg.): Leitfaden zur Nutzung von Erdwärme mit Erdwärmesonden. Stuttgart (2005)

8. Bundesverband Wärmepumpe (BWP) e. V. in Zusammenarbeit mit Bayerisches Staatsministerium für Umwelt, Gesundheit und Verbraucherschutz: Leitfaden Erdwärmesonden in Bayern. München (2003)

9. Sächsisches Landesamt für Umwelt und Geologie (Hrsg): Leitfaden zur Nutzung von Erdwärme mit Erdwärmesonden. Dresden (2007)

10. Verein Deutscher Ingenieure (VDI) (Hrsg.): Thermische Nutzung des Untergrundes – Grundlagen, Genehmigungen, Umweltaspekte. Richtlinie 4640, Blatt 1, Düsseldorf 2000. Thermische Nutzung des Untergrundes – Erdgekoppelte Wärmepumpenanlagen. Richtlinie 4640, Blatt 2, Düsseldorf 2001. Thermische Nutzung des Untergrundes – Unterirdische Thermische Erdspeicher. Richtlinie 4640, Blatt 3, Düsseldorf 2001

11. Deutsche Vereinigung des Gas- und Wasserfaches e. V.: Qualifikationsanforderungen an die Bereiche Bohrtechnik, Brunnenbau und Brunnenregenerierung. DVGW-Regelwerk, Arbeitsblatt 120, Wirtschafts- und Verlagsgesellschaft Gas und Wasser mbH, Bonn (2005)

12. Glück, B.: Simulationsmodell „Erdwärmesonden" zur wärmetechnischen Beurteilung von Wärmequellen, Wärmesenken und Wärme-/Kältespeichern. http://www.rom-umwelt-stiftung. de Rud. Otto Meyer-Umwelt-Stiftung, Hamburg (2008)

Zu Abschn. 3.3

13. DKV-Arbeitsblätter für die Wärme- und Kältetechnik, Kältemaschinenregeln, Ordner 3. C.F. Müller Verlag, Heidelberg (2014)

14. Recknagel, H., Sprenger, E., Schramek, R.: Taschenbuch für Heizung und Klimatechnik. Oldenbourg Verlag (2015/2016)

15. Cube, H.L., Steimle, F. et al.: Lehrbuch der Kältetechnik. Bd. 1, 4. Aufl. C.F. Müller Verlag (1997)

16. Becker, M.: Automatisierung kältetechnischer Anlagen auf Basis der mathematischen Modellierung des Gesamtsystems. Dissertation, Universität Kaiserslautern, Fortschritt-Berichte VDI, Reihe 19, Nr. 86. VDI-Verlag, Düsseldorf (1996)

17. DIN EN 378: Kälteanlagen und Wärmepumpen, Sicherheitstechnische und umweltrelevante Anforderungen, Teil 1: Grundlegende Anforderungen, Definitionen, Klassifikationen und Auswahlkriterien. Beuth-Verlag, August 2012

18. DIN EN 14511-1: Luftkonditionierer, Flüssigkeitskühlsätze und Wärmepumpen mit elektrisch angetriebenen Verdichter für die Raumbeheizung und Kühlung, Teil 1: Begriffe und Klassifizierung. Beuth-Verlag, Dezember 2013

19. VDI 4650 Blatt 1: Berechnungen von Wärmepumpen – Kurzverfahren zur Berechnung der Jahresarbeitszahl von Wärmepumpenanlagen – Elektro-Wärmepumpen zur Raumheizung und Warmwasserbereitung. März 2009

20. DIN EN 15450: Heizungsanlagen in Gebäuden – Planung von Heizungsanlagen mit Wärmepumpen. Beuth-Verlag, Dez. 2007

21. DIN EN 12900: Kältemittel-Verdichter – Nennbedingungen, Toleranzen und Darstellung von Leistungsdaten des Herstellers (2013)

22. Pech, A., Jens, K. (Hrsg.): Heizung und Kühlung, Baukonstruktionen Bd. 15. Springer-Verlag, Wien (2005)

23. Pohlmann, W.: Taschenbuch der Kältetechnik. Müller, Karlsruhe (2013)

24. Baehr, H.D., Kabelac, S.: Thermodynamik – Grundlagen und technische Anwendungen. 13. Aufl. Springer-Verlag, Berlin (2006)

25. YORK: Single-stage Absorption Chillers, Engineering GuideFORM 155.16-EG1 (604). Herstellerinformationen: http://www.johnsoncontrols.de/. Januar 2009

26. Gassel, A.: Die Adsorptionskältemaschine – Betriebserfahrungen und thermodynamische Berechnung. KI – Luft und Kältetechnik **8/98**, 380–384 (1998)

27. GBU (Ges. für Bodenanalytik und Umwelttechnik mbH): Unterlagen über NAK Adsorptionskältemaschinen. Bensheim (2000)

28. BINE Informationsdienst: Klimatisieren mit Sonne und Wärme, Fachinformationszentrum Karlsruhe, ISSN 1610 – 8302, themeninfo I/2004

29. Becker, M.: Energetische Bewertung und optimierte Betriebsführung von Kälteanlagen aus automatisierungstechnischer Sicht. Die Kälte- und Klimatechnik **1/2009**, 26–33 (2009)

Speichersysteme

4

Dieter Striebel

4.1 Funktion von Wärmespeichern

Die beiden Hauptaufgaben (Sollfunktionen) eines Wärmespeichers bestehen nach den Ausführungen in Kapitel 2 darin,

1. zu Zeiten eines Überangebotes **Wärme aufzunehmen** und
2. diese **entsprechend des Bedarfs** an den Nutzer **abzugeben**.

Daraus lassen sich Anforderungen an die Speicher und deren Betriebsweise ableiten. Abbildung 4.1 zeigt schematisch die drei Funktionsbereiche einer Heiz- oder Kälteanlage: Nutzenübergabe, Verteilung und Erzeugung. Dabei wird unter Nutzenübergabe der Vorgang und die dazu notwendige Technik der Übergabe des jeweils erwarteten Nutzens (Heizen, Kühlen) verstanden. Der Begriff Erzeugung ist ebenfalls zusammenfassend gemeint: Hierzu zählen Einrichtungen zur Heizwärme- oder Kälteerzeugung (Wärmepumpen, Kältemaschinen) oder auch Wärmetauscher zur Übertragung von Solarenergie, Erdwärme oder Fernwärme.

Die Nutzenergie ist die Energie, die einem Raum zugeführt werden muss, um zu jeder Zeit die vom Nutzer gewünschten Raumbedingungen einzustellen. Wenn ein Überangebot an Energie nicht von einem Übergabe-Regelsystem über Massenstrom und gegebenenfalls Vorlauftemperatur gedrosselt wird, führt es zu unerwünscht hohen Raumtemperaturen und damit zu Verlusten. Verschiedene Studien weisen darauf hin, dass gerade diese Verluste bei der Nutzenübergabe ein erhebliches Einsparpotenzial darstellen. Die Energieeinsparverordnung EnEV begünstigt deshalb Übergabereglersysteme mit geringeren

D. Striebel (✉)
Hochschule Esslingen
Esslingen, Deutschland

© Springer Fachmedien Wiesbaden 2016
E. Bollin (Hrsg.), *Regenerative Energien im Gebäude nutzen*,
DOI 10.1007/978-3-658-12405-2_4

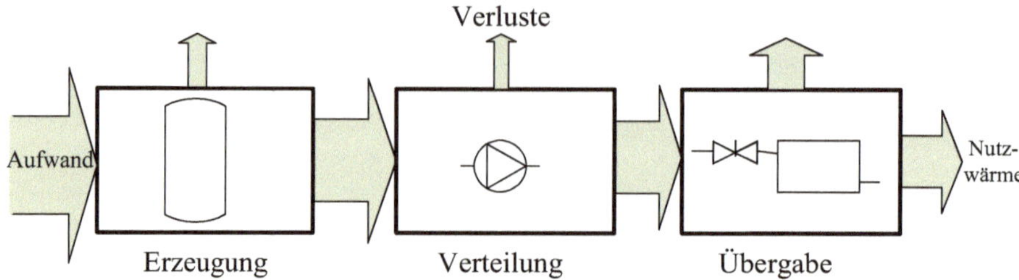

Abb. 4.1 Funktionsbereiche einer Heiz- oder Kälteanlage

Regelabweichungen (Thermostatventile mit einem P-Bereich von 1 K statt 2 K oder noch besser elektronische Regler mit PI-Verhalten).

Massen im Bereich der Nutzenübergabe, wie z. B. der Wasserinhalt von Heizkörpern oder der Bodenaufbau bei Fußbodenheizungen können zwar Wärme speichern, diese Speichervorgänge sind aber immer mit einer Raumtemperatur-Regelabweichung verbunden. Außerdem ist eine Abgabe der gespeicherten Wärme nicht durch den Übergaberegler beeinflussbar. Die zweite der beiden Hauptaufgaben, nämlich die vom Erzeugersystem zentral bereitgestellte Wärme bedarfsgerecht an den Nutzer abzugeben, wird von diesen Speichern nicht vollständig erfüllt.

Im Bereich der Erzeugung muss eine Aufnahme regenerativer Energie möglich sein, auch wenn in Zeiten geringen Bedarfs das Übergaberegelsystem eine Wärmeabgabe teilweise verhindert. Wassermassen im Verteilsystem sind zur Speicherung dieser Energie nicht geeignet, weil entweder bei fehlender hydraulischer Entkopplung die Übergaberegler eine Beladung dieser Speichermassen verhindern (Drosselung des Wasserstromes) oder weil sich der Ladezustand dieser Speichermassen durch erhebliche Vorlauftemperaturschwankungen beim Nutzer bemerkbar macht.

Massen zur Speicherung fühlbarer Wärme im Bereich der Nutzenübergabe und des Verteilsystems sind als Speicher für die zentral bereitgestellte Wärme nicht geeignet! Gleichwohl können so genannte bautechnische oder passive Speicher, also z. B. die Massen der Raumwände, zur Nutzung von dezentral im Raum auftretender Fremdwärme dienen (s. Abschn. 5.3).

Eine an den Bedarf angepasste und damit Energie sparende Nutzenübergabe einerseits und ein von Übergabezwängen unabhängiger Erzeugerbetrieb andererseits sind nur möglich, wenn ein Wärmespeicher das Erzeugersystem vom Rest der Anlage vollständig hydraulisch und thermisch entkoppelt.

Ein solcher anlagentechnischer Speicher ist in der Lage die vom Erzeuger bereitgestellte überschüssige Energie aufzunehmen und sie an den Nutzer bedarfsgerecht zu übergeben (Abb. 4.2). Vorübergehend auftretende Leistungsunterschiede zwischen Erzeugung und Nutzer werden vom Speicher also ausgeglichen.

Daraus sind auch Anforderungen an den Speicher und an die Regelung und Steuerung abzuleiten:

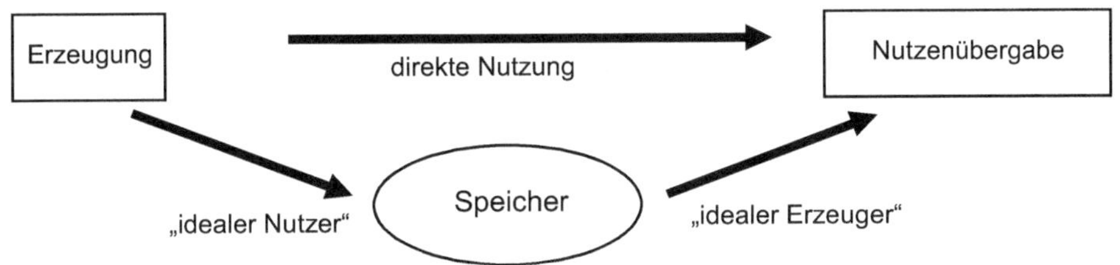

Abb. 4.2 Der Speicher als Entkoppler von Erzeugung und Nutzenübergabe

- Der Speicher muss bezüglich Leistung und Speicherkapazität so dimensioniert werden, dass der gewünschte Ausgleich möglich ist.
- Abhängig vom ermittelten Ladezustand müssen Erzeugersysteme geschaltet oder moduliert und Be- und Entladevorgänge gesteuert werden.

4.2 Möglichkeiten zur Speicherung von Wärme

Die Speicherung von Wärme kann in unterschiedlicher Form (latent oder sensibel oder chemisch gebunden) und auf unterschiedlichem Temperaturniveau erfolgen (Abb. 4.3). Außerdem sind die Wärmespeicher nach ihrem Speichermedium (Wasser, Feststoff, chemische Verbindung) zu unterscheiden.

4.2.1 Speicher für fühlbare (sensible) Wärme

Bei diesen Speichern wird die Wärmekapazität des Speichermediums genutzt. Die speicherbare Wärme beträgt

$$Q = m \cdot c \cdot \Delta\theta$$

m Speichermasse,
c mittlere spezifische Wärmekapazität des Speichermediums,
$\Delta\theta$ nutzbare Temperaturdifferenz (z. B. zwischen Vorlauf und Rücklauf).

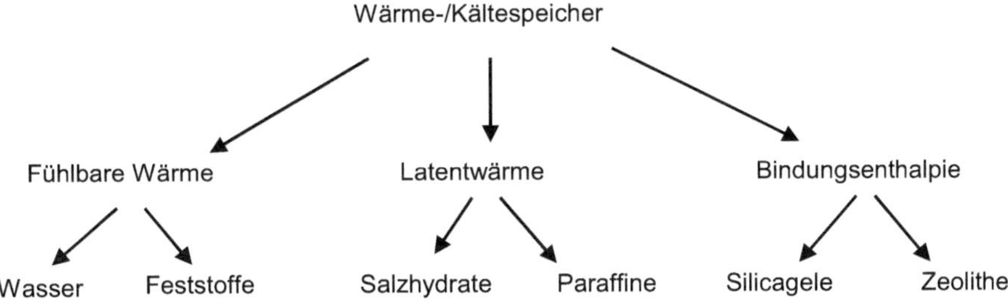

Abb. 4.3 Möglichkeiten der Wärmespeicherung

Tab. 4.1 Wärmekapazitäten verschiedener Speichermedien bei Temperaturen bis 100 °C

Speichermedium	Spez. Wärmekapazität in kJ/kg K	Energiedichte in kWh/m³	
		Bei $\Delta\theta = 20$ K	Bei $\Delta\theta = 40$ K
Wasser, flüssig	4,2	23	46
Erdreich	$\sim 1,4$	10–15	20–30
Thermoöl	2	~ 10	~ 20
Beton	0,88	11	22
Stahl	0,46	20	40

Wasser als Speichermedium

Die Tab. 4.1 zeigt im Temperaturbereich unter 100 °C klare Vorteile des Speichermediums Wasser bezüglich der Energiedichte. Da Wasser aufgrund seiner guten Verfügbarkeit und einfachen Handhabung in den meisten Wärme- und Kälteversorgungsanlagen ohnehin als Wärmeträgermedium verwendet wird, ist sein Einsatz auch als Speichermedium nahe liegend und in der Praxis weit verbreitet und erprobt. Die so genannten Wasserwärmespeicher werden deshalb in einem separaten Abschn. 4.3 ausführlich behandelt.

Wärmeträgeröl

Bei Temperaturen über 100 °C (bis ca. 300 °C) und bei großen nutzbaren Temperaturdifferenzen liegt der Einsatzbereich von Wärmeträgerölen (sog. Thermoöl). Auch Flüssigsalz ist als Wärmeträger und Speichermedium bei Temperaturen > 300 °C geeignet. Der Fokus liegt hier aber im Bereich solarthermischer Kraftwerkstechnik und damit außerhalb des Themenbereichs dieses Buches.

Erdreich, Aquifer

Erdreich ist nicht nur als Wärmequelle nutzbar (Abschn. 2.1 und 3.2), sondern kann auch als Energiespeicher eingesetzt werden. Das Be- und Entladen dieses Speichers erfolgt im Prinzip über die bereits beschriebenen Erdwärmesonden. Beim Betrieb als Wärmespeicher sollte möglichst viel der eingespeicherten Wärme zeitversetzt auch wieder entnommen werden können. Energieverluste, die durch Wärmeabgabe an die Erdoberfläche und an das umgebende Erdreich entstehen, müssen minimiert werden. Dies wird erreicht durch

- möglichst kompakte Anordnung der Erdwärmesonden auf möglichst geringer Grundfläche, der Sondenabstand liegt unter 3 m,
- Wärmedämmung der Erdoberfläche,
- Untergründe möglichst ohne fließendes Grundwasser (z. B. Fels).

Erdreichwärmespeicher eignen sich aufgrund großer speicherbarer Energiemengen auch als saisonale Speicher. Be- und Entladeleistungen sind abhängig von der Sondenzahl begrenzt. Die gespeicherte Wärme oder Kälte kann auch direkt, ohne Wärmepumpe oder Kältemaschine, genutzt werden. Eine typische Anwendung ist die direkte Gebäudekühlung im Sommer in Verbindung mit einer Wärmepumpe zur Heizung im Winter. Auch die

Kühlung von Straßen, Parkplätzen und ähnlichen Flächen im Sommer und die Beheizung zur Eisfreihaltung im Winter sind realisiert.

Der Ladezustand des Speichers kann nur indirekt über die Austrittstemperatur der Sole ermittelt werden. Regelungstechnische Maßnahmen bei der Be- und Entladung beschränken sich deshalb auf den Bereich des Wärme- und Kälteerzeugers bzw. des Nutzers.

Feststoffe

Schüttungen aus Kies oder anderem Gestein können als Speicher genutzt werden. Zum Beispiel wird in Verbindung mit passiver Solarenergienutzung eine Kiesschüttung durch solar erwärmte Luft aufgewärmt. Bei fehlender Sonneneinstrahlung wird kalte Luft im Kiesspeicher erwärmt und dem zu beheizenden Raum zugeführt. Nach einem ähnlichen Prinzip arbeitet auch die so genannte Betonkernaktivierung (Abschn. 5.3).

In Erdbeckenspeichern wird ein Kies-Wasser-Gemisch als Speichermaterial verwendet. Die Be- und Entladung erfolgt entweder direkt durch Wasseraustausch oder indirekt durch Rohrregister, die im Erdbecken verlegt sind. Die Erdbecken sind mit Kunststofffolien abgedichtet und mit Blähglasgranulat zum angrenzenden Erdreich und an der Oberfläche gedämmt. Neuere Entwicklungen arbeiten ohne Kiesschüttung als Schichtwärmespeicher (s. Abschn. 4.3).

4.2.2 Latentwärmespeicher

Latentwärme ist die Wärme, die einem Medium zugeführt bzw. entzogen werden muss, um einen Phasenwechsel (meist Schmelzwärme, fest – flüssig) zu bewirken. Der Phasenwechsel läuft bei konstanter Temperatur ab.

Als Vorteile der Latentwärmespeicher sind vor allem die höhere Energiedichte und die konstante Temperatur während des Phasenwechsels zu nennen (Tab. 4.2). Bei der praktischen Umsetzung zeigt sich jedoch, dass beim Be- und Entladen trotz der konstanten Temperatur beim Phasenwechsel mit Temperaturdifferenzen (Unterkühlung, Überhitzung) gearbeitet werden muss. Dies ist auf die begrenzte Wärmeleitfähigkeit der festen Phase zurück zuführen. Ein Problem sind auch die korrosiven Eigenschaften verschiedener Speichermaterialien.

Ein in der Kälte- und Klimatechnik eingesetzter Latentwärmespeicher ist der Eisspeicher. Er dient meist zur Nutzung günstiger Stromtarife oder überschüssiger Prozessabwärme in Verbindung mit elektrisch betriebenen oder Adsorptionskältemaschinen. Mit der Kältemaschine wird der Eisspeicher beladen, d. h. dem Wasserinhalt wird über Direktverdampfer oder Sole-Wärmeübertrager Wärme entzogen bis der Speicherinhalt zu Eis erstarrt. Zur Ladesteuerung wird die Soleaustrittstemperatur gemessen. Bei Unterschreiten eines vorgegebenen Grenzwertes (z. B. −3 °C) wird die Kältemaschine abgeschaltet. Bei Direktverdampfersystemen muss über eine Eisdickenmessung die Kältemaschine vor dem vollständigen Erstarren des Speicherinhalts abgeschaltet werden. Während der Entla-

Tab. 4.2 Volumenbezogene Schmelzwärme verschiedener Materialien

Substanz	Schmelztemp. in °C	Dichte in kg/l	Schmelzwärme in kWh/m^3
Wasser	0	1	93
Na_2SO_4	32	1,46	102
$FeCl_3$	36	1,62	100
Paraffine [3]	−3 bis 100	∼0,8	30–45

dung wird das in der Anlage benötigte Kühlwasser im Wärmeübertrager des Eisspeichers abgekühlt und das Eis dabei wieder geschmolzen.

Um das Problem der Eisblockbildung und die damit verbundene niedrigere Wärmeleistung des Wärmeübertragers zu verhindern, können dem Wasser Zusätze beigemischt werden. Diese führen zu einer Eis-Wasser-Suspension mit kleinen im Wasser transportierbaren Eiskristallen (Ice-Slurries). Der Latentspeicheranteil kann dann bis ca. 60 % betragen [1].

Neue Entwicklungen im Bereich der Latentwärmespeicher sind Phasenwechselmaterialien (PCM = Phase Change Materials) auf Paraffinbasis, die in Form von kleinen Kügelchen dem Putz beigemischt oder in die Tapete eingearbeitet sind. Die Schmelztemperatur dieser Materialien liegt im Bereich der Raumtemperatur. Aufgrund ihrer kleinteiligen Struktur und ihrer Verteilung unmittelbar auf der Wandoberfläche sind diese bautechnischen, passiven Speicher in der Lage bei nahezu konstanter Raumtemperatur Wärme aufzunehmen und abzugeben. An einem Sommertag kann bei einer Raumtemperatur von z. B. 24 °C das Speichermaterial die Schmelzwärme aufnehmen und damit den weiteren Anstieg der Raumtemperatur verhindern. Fällt nachts bei entsprechender Lüftung die Raumtemperatur unter 24 °C, wird die Schmelzwärme wieder abgegeben und damit der „Kältespeicher" für den kommenden Tag „geladen". Da die Raumtemperatur beim Be- und Entladen des Speichers nahezu konstant bleibt, ist es unerheblich, wenn die Wärmeabgabe dieser Speicher nicht durch das Regelsystem beeinflussbar ist. Nachteilig für die praktische Anwendung dieser Materialien ist allerdings deren Brennbarkeit; die Brandlast des Gebäudes wird erhöht [2].

4.2.3 Sorptionsspeicher

Das Speicherprinzip beruht auf endothermen und exothermen Adsorptionsvorgängen. Ein Adsorptiv (z. B. Wasserdampf) trifft auf ein Adsorbens (z. B. Silicagel oder Zeolith) und wird dort adsorbiert (angelagert). Dabei wird Adsorptionsenergie in Form von Wärme freigesetzt. Diese Wärme kann z. B. zu Heizzwecken genutzt werden. Das angelagerte Adsorptiv wird als Adsorbat bezeichnet. Die frei werdende Adsorptionsenergie setzt sich zusammen aus der Verdampfungsenthalpie des Adsorbats und der so genannten Bindungsenthalpie des Adsorbats auf dem Adsorbens. Der Speicher ist entladen, wenn die gesamte

Oberfläche des Adsorbens mit Adsorbat belegt ist und damit keine Adsorptionsenergie mehr freigesetzt werden kann.

Beim Beladen des Speichers wird der Prozess umgekehrt: Die Zufuhr von Wärme (z. B. solare Wärme) bewirkt eine Aktivierung des Adsorbats. Das im Zeolith gebundene Wasser wird als Wasserdampf freigesetzt und abgeführt.

Verschiedene Varianten der technischen Ausführung sind noch in der Erprobungsphase. Für diese Speicher werden sehr hohe theoretische Energiedichten von 150–200 kWh/m^3 Adsorbens angegeben. Bezieht man aber die Volumina der zusätzlich erforderlichen Aggregate (Wärmeübertrager, Behälter für Kondensat und Verrohrung) und die praktisch erreichbaren Ladegrade in die Betrachtung mit ein, so sind die tatsächlichen Energiedichten wesentlich niedriger und durchaus vergleichbar mit den Werten für sensible Wärme bei Wasser [4].

4.3 Speicher mit Wasser als Speichermedium

4.3.1 Strömungs- und Schichtungsvorgänge im Speicher

Technisch relevant sind im Bereich Heiztechnik hauptsächlich Speicher mit Wasser als Speichermedium, so genannte Wasserwärmespeicher. Man unterscheidet dabei

- durchmischte Speicher und
- thermisch geschichtete Speicher oder Speicher nach dem Verdrängungsprinzip.

Speicher mit innen liegendem Wärmeübertrager sind ohne besondere Vorkehrungen grundsätzlich durchmischte Speicher. Abbildung 4.4 zeigt schematisch einen Speicher mit innen liegendem Wärmeübertrager und den zugehörigen Temperaturverlauf bei Teilbeladung. Bei diesem Speicher findet während des Beladevorganges durch die Auftriebsströmung des erwärmten Wassers eine ständige Durchmischung von warmem und kaltem Speicherinhalt statt. Die Temperatur eines nur teilweise beladenen Speichers

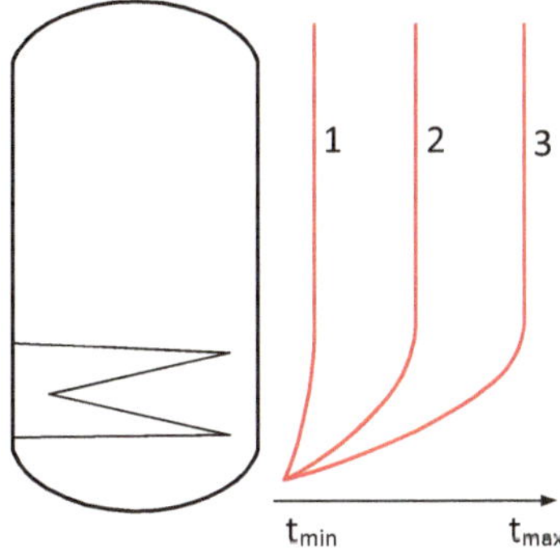

Abb. 4.4 Durchmischter Speicher mit zugehörigem Temperaturverlauf bei Teilbeladung. *1* vollständig entladener Speicher, *2* teilweise beladener Speicher, *3* vollständig beladener Speicher

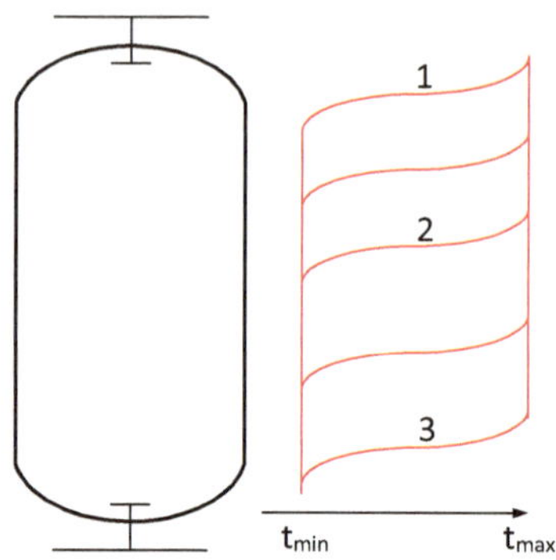

Abb. 4.5 Speicher nach dem Verdrängungsprinzip mit Temperaturverlauf bei Teilbeladung. *1* vollständig entladen, *2* teilweise beladener Speicher, *3* vollständig beladener Speicher

ist deshalb zwangsläufig niedriger als beim vollständig beladenen Speicher; das heißt, dass erst am Ende der Ladezeit für den Verbraucher Vorlaufwasser mit Solltemperatur zur Verfügung steht. Der Betrieb eines solchen Speichers ist also mit relativ großen Temperaturänderungen im Vorlauf verbunden. Diese Speicher werden vorwiegend zur Trinkwassererwärmung eingesetzt.

Beim so genannten Verdrängungsspeicher oder thermisch geschichtetem Speicher wird während des Beladens dem Speicher unten kaltes Wasser entnommen, außerhalb des Speichers erwärmt und oben in den Speicher wieder eingeschichtet (Abb. 4.5). Die dabei entstehende thermische Schichtung ist sehr stabil. Ein Vorteil dieses Speichers besteht darin, dass auch im teilweise beladenen Zustand bereits Wasser mit maximaler Temperatur zur Verfügung steht.

Wegen der Wärmeleitung zwischen warmem und kaltem Wasser sollten hier möglichst Speicher eingesetzt werden, bei denen das Verhältnis von Höhe zu Durchmesser groß ist („schlanke" Speicher). Abbildung 4.6 zeigt die Verhältnisse in einem Speicher mit $2000\,\mathrm{m}^3$ Speichervolumen (Wochenspeicher eines Heizkraftwerkes).

4.3.2 Be- und Entladeeinrichtung

Bei der Be- und Entladung ist darauf zu achten, dass das Wasser in horizontaler Richtung dem Speicher zugeführt wird und zwar unmittelbar unter dem Speicherdeckel bzw. am Speicherboden. Durch entsprechende konstruktive Gestaltung der Zuführeinrichtung ist auch dafür zu sorgen, dass die Einströmgeschwindigkeit in den Speicher möglichst nicht größer als 0,1 m/s ist. Dies ist z. B. durch Prallbleche, Leitbleche o. ä. Einrichtungen möglich (Abb. 4.7).

Vor allem im Bereich der thermischen Solaranlagen findet man in der Praxis häufig Speicher mit eingebauten Wärmeübertragern. Wie oben dargestellt, führt ein eingebauter Wärmeübertrager zu Mischungsvorgängen und damit zu Exergieverlusten und zu stark schwankenden Vorlauftemperaturen. Um diese negativen Effekte zu verringern, kann durch zusätzliche Einbauten eine zufrieden stellende Schichtung bewirkt werden. Abbildung 4.8 zeigt einen Speicher mit innen liegendem Wärmeübertrager und einem zusätz-

Abb. 4.6 Temperaturverläufe in einem 2000 m³-Speicher (Heizkraftwerk Pforzheim). *1* vollständig entladener Speicher (Beginn der Beladung), *2* teilweise beladener Speicher ca. 4 h nach Beginn der Beladung, *3* ca. 8 Stunden nach Beginn

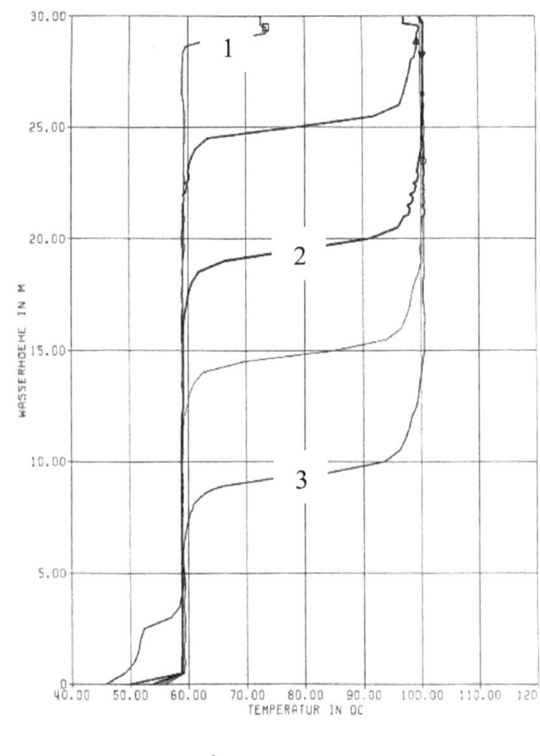

Abb. 4.7 Beispiel für eine Be- und Entladeeinrichtungen für Schichtspeicher

lichen so genannten „Laderohr". Das vom Wärmeübertrager erwärmte Speicherwasser strömt aufgrund des Auftriebes im Laderohr ohne sich mit dem übrigen Speicherwasser zu vermischen nach oben und wird am oberen Ende des Rohres dem Speicher zugeführt. Bei manchen Herstellern sind an diesem Laderohr über die Höhe verteilt zusätzliche Austrittsöffnungen vorgesehen, so dass z. B. bei Solaranlagen weniger stark erwärmtes Wasser an der Stelle aus dem Rohr austritt an der die Auftriebswirkung wegen Temperaturgleichheit entfällt.

4.3.3 Wärmeverluste

Die Wärmeverluste des Speichers hängen im Wesentlichen ab von

- der Güte der Wärmedämmung,
- der Übertemperatur des Speichers gegenüber der Umgebung,
- dem Verhältnis von Speicheroberfläche zu Speicherinhalt.

Abb. 4.8 Speicher mit innen
liegendem Wärmeübertrager
und „Laderohr". *1* Behälter mit Wärmedämmung,
2 Speicherwasser, *3* „Laderohr", *4* Austrittsöffnungen für
erwärmtes Wasser, *5* Wärmeübertrager mit Anschlüssen,
VS, RS Vorlauf, Rücklauf Solarkollektoren

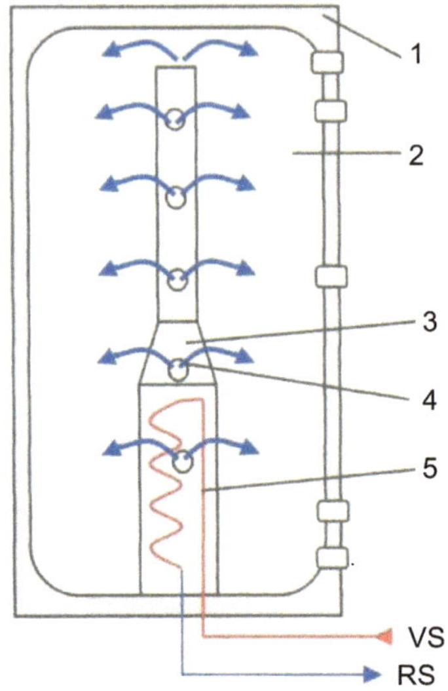

Bei der Frage nach der wirtschaftlichen Dämmstärke kann auf die Erfahrungen im Bereich
der Trinkwassererwärmer zurückgegriffen werden. Hier werden vorwiegend PU-Schäume
mit einer Dicke von 50 bis 100 mm verwendet. Für diese Speicher sind Mindestanforde-
rungen an die Wärmedämmung in einer Norm (DIN V 4753 Teil 8) [5] festgelegt. Ein
zylindrischer Speicher mit einem Inhalt von 1000 Litern hat bei einer Übertemperatur
von 40 K eine Verlustleistung von ca. 200 W. Diese Leistung nimmt etwa proportional zur
Speicheroberfläche zu.

4.3.4 Dimensionierung von Pufferspeichern

Die Speichergröße hängt nicht nur von der Funktion des Speichers selbst, sondern auch
von Größe und Eigenschaft des Wärmeerzeugers und der Heizanlage sowie von den Anforderungen des Nutzers ab. Ein Speicher kann also dimensioniert werden, wenn die
Auslegungsdaten der übrigen Anlagenteile bekannt sind. Da der Speicher den Anforderungen der jeweiligen Anlage angepasst werden soll, können hier keine detaillierten
Rechenverfahren, sondern nur Ansätze zur Auslegung des Speichers angegeben werden.

Sollen die Schaltperioden einer Wärmepumpe mit der Nennleistung $\dot{Q}_E$ so verlängert
werden, dass die **Einschaltdauer mindestens** den Wert T_{EIN} erreicht, so ist ein Speicher
erforderlich mit dem Wärmeinhalt

$$Q_{\mathrm{Sp}} = \dot{Q}_E \cdot T_{\mathrm{EIN}}$$

Für das erforderliche Speichervolumen erhält man:

$$V_{\mathrm{Sp}} = \frac{Q_{\mathrm{Sp}}}{c_p \cdot \varrho \cdot \Delta\vartheta}$$

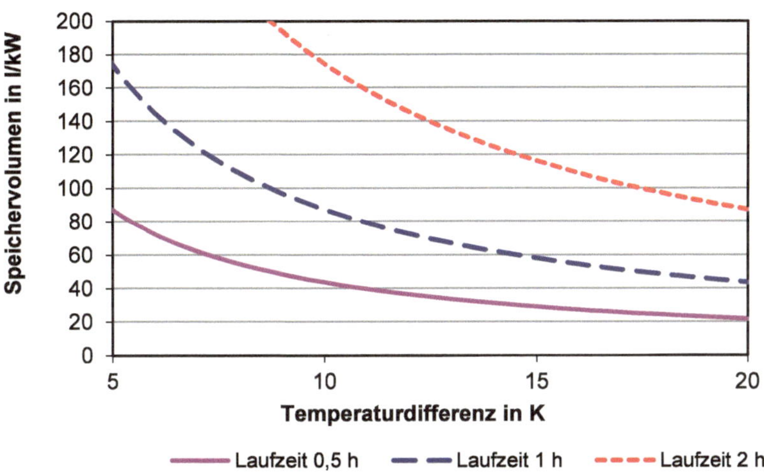

Abb. 4.9 Erforderliches Speichervolumen in Abhängigkeit von Temperaturdifferenz und Mindestlaufzeit

Abhängig von Wärmeerzeuger, Anlage und Betrieb ist für die Spreizung der zugehörige Wert einzusetzen. Bei einer Spreizung $\Delta\theta$ von 10 K und einer geforderten Mindestlaufzeit der Wärmepumpe von 30 min erhält man überschlägig ein Speichervolumen von 45 l/kW. In Abb. 4.9 ist der Zusammenhang zwischen Speichervolumen, Spreizung und Mindestlaufzeit dargestellt.

Der Speicher, der zur **Überbrückung von Abschaltzeiten** von Wärmepumpen eingesetzt wird, muss während der gesamten Abschaltzeit T_{AUS} die Heizlast des Gebäudes $\dot{Q}_N$ decken können. Im Auslegungsfall ist also folgender Wärmeinhalt des Speichers erforderlich:

$$Q_{\mathrm{Sp}} = \dot{Q}_N \cdot T_{\mathrm{Aus}}$$

Die Größe des Speichers, der nach einer Nachtabsenkung zur Schnellaufheizung der Anlage dient, hängt hauptsächlich von den Anforderungen des Betreibers ab. Ein Maß für die Speichergröße kann hier der Wasserinhalt des aufzuheizenden Anlagenteils sein.

Die hier ermittelten Speichervolumina entsprechen jeweils dem tatsächlich nutzbaren Volumen zwischen den beiden Temperaturfühlern der Ladesteuerung (siehe Abschn. 4.3.5 Steuerung der Be- und Entladung).

Speicher zur solaren Trinkwassererwärmung werden entsprechend des Trinkwasserbedarfs nach DIN 4708 dimensioniert.

4.3.5 Hydraulische Einbindung des Verdrängungsspeichers

Die hydraulische Einbindung des Verdrängungsspeichers entspricht derjenigen der hydraulischen Weiche (Abb. 4.10). Erzeugerkreis und Verbraucherkreis werden durch den Speicher vollständig von einander hydraulisch entkoppelt. Damit ist der Wärmeerzeugerbetrieb völlig unabhängig vom Verbraucherbetrieb bis zur vollständigen Beladung des Speichers möglich. Bei hydraulischer Entkopplung zweier Kreise muss selbstverständlich die erforderliche Pumpenleistung für jeden Kreis durch eine separate Pumpe erbracht werden.

Auch bei der hydraulischen Einbindung nach Abb. 4.11 werden die Kreise hydraulisch weitgehend entkoppelt. Voraussetzung ist jedoch, dass die Anbindeleitungen des Speichers möglichst widerstandsarm sind, also keine zusätzlichen Einbauten enthalten und im Querschnitt eine Nennweitenstufe größer gewählt werden. Diese Einbindung empfiehlt sich vor allem dann, wenn der Speicher räumlich getrennt von Erzeuger und Verbraucher untergebracht werden muss.

Größere Speichervolumina lassen sich auch auf mehrere Einzelspeicher verteilen. Die Einzelspeicher sind dann untereinander in Reihe zu schalten; die Einbindung dieser Reihenschaltung in das Gesamtnetz entspricht wieder der Schaltung in Abb. 4.10 bzw. 4.11.

Abb. 4.10 Verdrängungsspeicher ohne Regelung der Ladetemperatur bei Wärmespeicherung

Abb. 4.11 Verdrängungsspeicher mit Regelung der Ladetemperatur

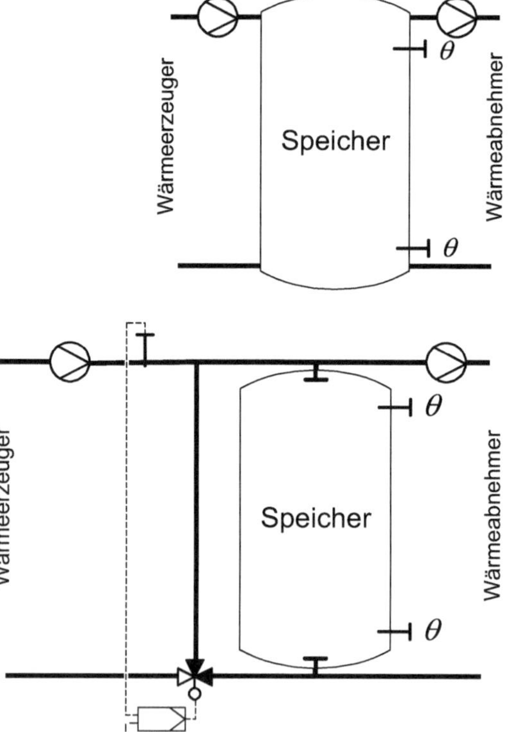

Abb. 4.12 Verdrängungsspeicher ohne Regelung der Ladetemperatur bei Kältespeicherung

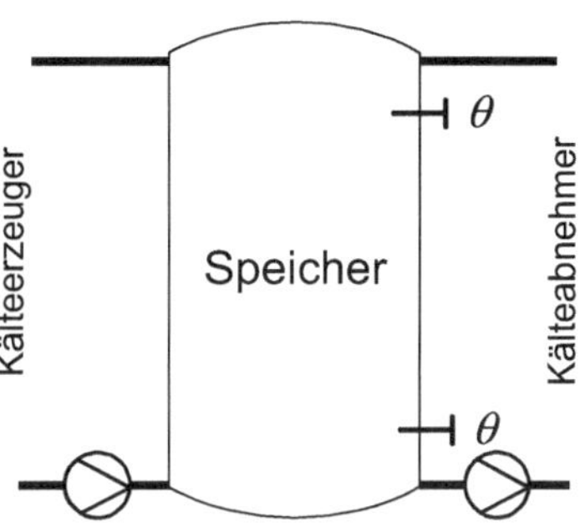

Bei der Speicherung von „Kälte" als Nutzenergie gilt Entsprechendes; selbstverständlich ist auch hier das kältere Wasser dem Speicher unten zuzuführen, Abb. 4.12.

4.3.6 Steuerung der Be- und Entladung

Die Steuerung der Be- und Entladung erfolgt abhängig vom Ladezustand des Speichers. Wie oben beschrieben entsteht beim Be- und Entladen eine stabile thermische Schichtung im Speicher. Für die Lade- und Entladesteuerung müssen mit mindestens zwei Temperaturfühlern die Ladezustände „leer" und „voll" erfasst werden. Wird am oberen Temperaturfühler ein vorgegebener Sollwert (z. B. für die Vorlauftemperatur) unterschritten, dann ist der Speicher „leer" und der Wärmeerzeugerkreis mit Ladepumpe und Wärmeerzeuger wird in Betrieb genommen. Wird am unteren Temperaturfühler der entsprechende Sollwert erreicht, dann ist der Speicher „voll", das Beladen wird durch Abschalten des Wärmeerzeugerkreises beendet. Ein Pumpennachlauf am Beladeende ist vorzusehen.

Für die Ladesteuerung ergibt sich damit die Bedingung für den Betriebszustand EIN eines einstufigen Wärmeerzeugers:

$$\text{Wärmeerzeuger} = \text{EIN}, \quad \text{wenn } (\theta_{\text{oben}} < \theta_{\text{soll}})$$
$$\text{oder wenn } (\theta_{\text{unten}} < \theta_{\text{soll}}) \text{ und Wärmeerzeuger} = \text{EIN}$$

Aufgrund des Temperaturverlaufes in der Übergangsschicht zwischen warmem und kaltem Speicherteil empfiehlt es sich, den Sollwert für die beiden Temperaturfühler ca. 1–2 K niedriger als die tatsächliche Vorlauftemperatur anzusetzen, damit ein sicheres Schalten gewährleistet ist. Außerdem ist darauf zu achten, dass der untere Temperaturfühler oberhalb des Anlagenrücklaufs angebracht wird, da ansonsten aufgrund der Mischungsvorgänge beim Einströmen des Rücklaufwassers der gewünschte Sollwert nicht erreicht wird. Entsprechend ist der obere Temperaturfühler etwas unterhalb des Anlagenvorlaufs anzubringen, damit während der Anlaufzeit des Wärmeerzeugers noch Speicherreserve mit Solltemperatur zur Verfügung steht.

Sind mehrere Wärmeerzeugerstufen oder mehrere Wärmeerzeuger zu schalten, so müssen für jede Stufe oben und unten je ein Fühler installiert werden. Der Abstand der Fühler ist abhängig vom Wasserinhalt und damit vom Zeitverhalten der jeweiligen Wärmeerzeugerstufe. Mit jedem Fühler wird dann nach oben beschriebener Vorgehensweise je eine Stufe zu- oder abgeschaltet. Damit wird erreicht, dass bei entsprechender Teillast z. B. eine Stufe ständig durchläuft und die zweite Stufe den Speicher belädt und dann wieder abschaltet.

Um auf der Verbraucherseite definierte, z. B. außentemperaturabhängige Vorlauftemperaturen zur Verfügung stellen zu können, muss auf der Wärmeerzeugerseite beim Beladen des Speichers eine Vorlauftemperaturregelung vorgesehen werden. Dies kann durch einen Mischkreis mit Dreiwegeventil im Wärmeerzeugerkreis realisiert werden (Abb. 4.11). Der für die Erfassung des Istwertes notwendige Fühler muss in der Vorlaufleitung mit konstantem Volumenstrom angebracht sein. Eine andere Möglichkeit zur Regelung der Vorlauftemperatur besteht darin, dass über die Drehzahl der Wärmeerzeugerpumpe der Volumenstrom im Wärmeerzeuger verändert und damit die Vorlauftemperatur geregelt wird (siehe Beispiel Erdwärmepumpe in Abschn. 5.6).

4.3.7 Kombispeicher

Abbildung 4.13 zeigt einen so genannten Kombispeicher mit mehreren innen liegenden Wärmeübertragern zum Be- und Entladen des Speichers. Speichermedium ist das Heizwasser. Die solare Erwärmung des Heizwassers erfolgt über den Wärmeübertrager von 7 nach 9, wobei durch ein „Laderohr" eine Teilschichtung im Speicher erreicht wird. Der Heizkreis ist an 5–8 angeschlossen. Das Trinkwasser wird im Durchlauf von 10 nach 4 erwärmt. Über 1–2 oder 1–3 kann ein Zusatzwärmeerzeuger (Heizkessel, Pelletkessel) angeschlossen werden.

Abbildung 4.14 zeigt einen drucklosen Kombispeicher mit separatem Speichermedium Wasser. Das Speicherwasser wird unten entnommen, direkt über die Solarkollektoren er-

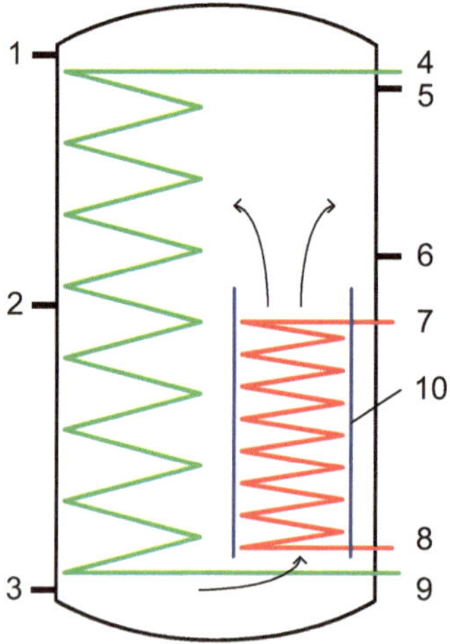

Abb. 4.13 Kombispeicher mit innen liegenden Wärmeübertragern. *1–2, 2–3* Heizkessel oder Pelletkessel, *4–9* Trinkwassererwärmung, *5–6* Heizungsunterstützung, *7–8* Solarkollektor, *10* Laderohr

Abb. 4.14 Druckloser Speicher zur solaren Trinkwassererwärmung und Heizungsunterstützung (Werkbild ROTEX). *1–2* Trinkwassererwärmung, *3–4* Speicherlade-Wärmeübertrager 1 (Heizkessel), *5–6* Speicherlade-Wärmeübertrager 2 (Pelletkessel oder auch Schwimmbadwasser-Erwärmung), *7–8* Solare Heizungsunterstützung, *9–10* Anschluss der Solarkollektoren, *A* Wärmedämmhülle, *B* Speicherwasser (Wasser im Solarkreislauf), *C* Laderohr für Solarkreislauf

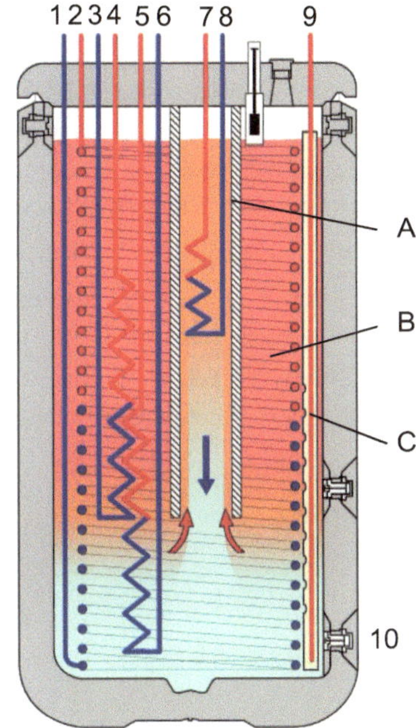

wärmt und über ein Laderohr dem Speicher wieder zugeführt. Über den mittleren Wärmeübertrager kann bei Bedarf das Speicherwasser mit einem Heizkessel erwärmt werden. Im Wärmeübertrager links wird im Durchlaufsystem das Trinkwasser erwärmt. Ein weiterer Wärmeübertrager ist im Heizungsrücklauf eingebunden und kann zur solaren Heizungsunterstützung zugeschaltet werden.

Kontrollfragen zu Kap. 4

- Welche Vorteile hat ein thermisch geschichteter Speicher gegenüber einem durchmischten Speicher?
- Zur Optimierung des Betriebes einer Wärmepumpe soll ein Pufferspeicher eingesetzt werden.
  - Skizzieren Sie ein Anlagenschaltbild inklusive der für die Regelung und Steuerung notwendigen Anlagenelemente.
  - Erläutern Sie, wie die Wärmepumpe in Verbindung mit dem Pufferspeicher betrieben wird.
  - Formulieren Sie die Bedingung für den Schaltzustand „EIN" der Wärmepumpe.
  - Die Wärmepumpe hat eine Wärmeleistung von 4,2 kW und soll in jedem Fall mindestens 60 Minuten ohne Unterbrechung betrieben werden können. Die Anlage liefert eine Rücklauftemperatur von 40 °C bei einer Vorlauftemperatur von 55 °C. Wie groß muss der Speicher mindestens sein?

Literatur

1. Dötsch, C., Huang, L.: PCM-Slurries als Hochleistungs-Kältespeicher. Statusseminar Thermische Energiespeicherung. 2.–3.11.2006, Freiburg

2. Ebert, H.P.: Forschungsnetzwerk LWSNet: Grundlagenaspekte in der aktuellen PCM-Forschung. Statusseminar Thermische Energiespeicherung. 2.-3.11.2006, Freiburg.

3. Herstellerangaben: Rubitherm Technologies GmbH, Berlin

4. Wagner, W., Jähnig, D.: Modularer Energiespeicher nach dem Sorptionsprinzip mit hoher Energiedichte. Berichte aus Energie- und Umweltforschung 81/2006. BMVIT, Wien (2006)

5. DIN V 4753 Teil 8: Wassererwärmer und Wassererwärmungsanlagen für Trink- und Betriebswasser – Teil 8 Wärmedämmung von Wassererwärmern bis 1000 l Nenninhalt

Elmar Bollin, Mathias Fraaß, Alfred Karbach, Martin Becker und Dieter Striebel

5.1 Solare Trinkwassererwärmung

Elmar Bollin

Eine der häufigsten solarthermischen Anwendung ist die solare Trinkwassererwärmung. Im Unterschied zur Gebäudeheizung und -kühlung weist der Trinkwarmwasserbedarf keine starke jahreszeitliche Abhängigkeit auf (siehe hierzu Abschn. 2.2 Trinkwarmwasserbedarf). Dadurch kommt es bei Standorten in Zentraleuropa im Sommer zu solaren Deckungsanteilen von 100 %. Die Auslegung der Kollektorfläche erfolgt dabei je nach Verbrauchertyp so, dass sich solare Jahresdeckungsanteile von 20 % (bei Großanlagen) und 60 % (bei Kleinanlagen) ergeben.

Kleinanlagen, die vor allem in Privathaushalten zu finden sind, weisen daher andere Charakteristika auf als Großanlagen für Hotels, Krankenhäuser und Wohnsiedlungen.

E. Bollin (✉)
Fakultät für Maschinenbau und Verfahrenstechnik, Hochschule Offenburg
Offenburg, Deutschland
email: bollin@hs-offenburg.de

M. Fraaß
Fachbereich IV, Architektur und Gebäudetechnik, Beuth-Hochschule für Technik Berlin
Berlin, Deutschland

A. Karbach
FB 03 ME, TH Mittelhessen
Gießen, Deutschland

M. Becker
Hochschule Biberach
Biberach, Deutschland

D. Striebel
Hochschule Esslingen
Esslingen, Deutschland

© Springer Fachmedien Wiesbaden 2016
E. Bollin (Hrsg.), *Regenerative Energien im Gebäude nutzen*,
DOI 10.1007/978-3-658-12405-2_5

Kleinanlagen werden oft nachträglich an das bestehende Heizsystem angekoppelt und übernehmen im Winter eine Art Vorheizung des Trinkwassers. Im Sommer übernehmen in diesen Privathäusern die Solarsysteme in der Regel die komplette Beheizung des Trinkwassers. Bei Großanlagen spricht man eher von solaren Vorwärmesystemen, da selbst in den Sommermonaten mit max. Einstrahlung die Solaranlagen nur Teile des Trinkwasserbedarfs abdecken. Die in Großanlagen in der Regel erheblichen Zirkulationswärmebedarfe werden oft vollständig von der Zusatzheizung abgedeckt. Dennoch erreichen gerade diese Vorwärmesysteme beste Wirkungsgrade und spezifische Solarerträge und damit maximale Wirtschaftlichkeit.

5.1.1 Kleinanlagen zur solaren Trinkwassererwärmung

Bereits im Abschn. 1.4 im Einführungskapitel wurden am Beispiel einer Kleinanlage die Automationsaufgaben erläutert. Abbildung 5.1 zeigt das Automationsschema einer Kleinanlage.

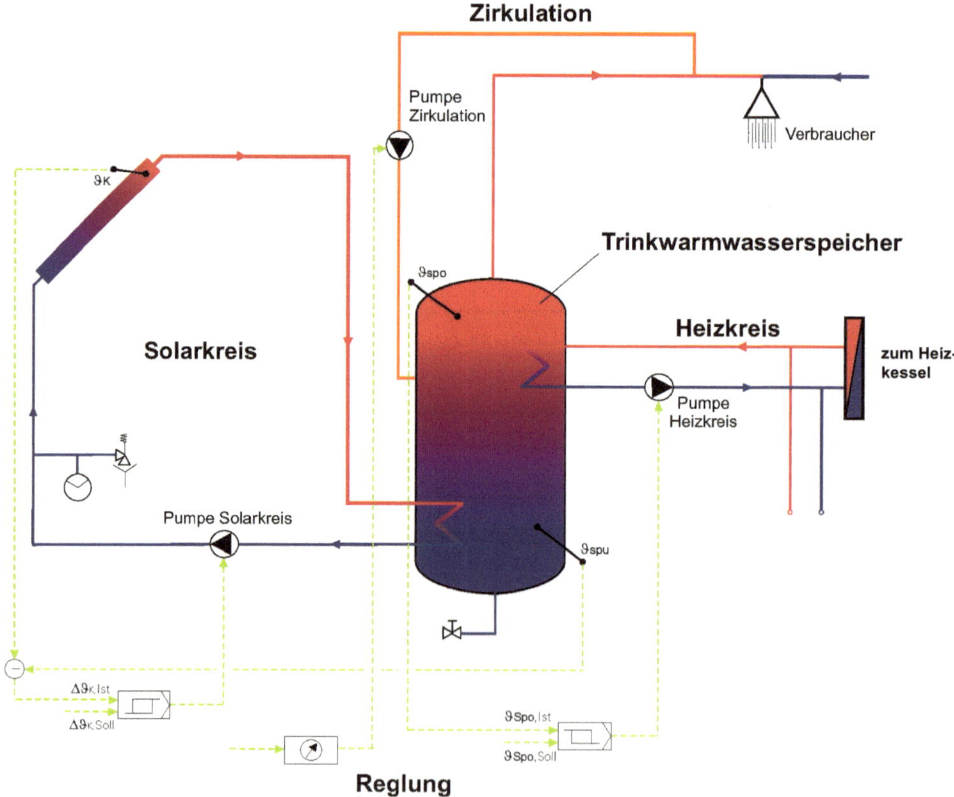

Abb. 5.1 Automationsschema einer Kleinanlage zur solaren Trinkwassererwärmung

Der Automatisierungsaufwand ist in diesem Fall beschränkt auf die solare Beladung des Trinkwarmwasserspeichers. Hier werden in der Regel kompakte Solarregler eingesetzt, die eine Zweipunktcharakteristik (siehe hierzu Abschn. 5.1.2) aufweisen. Die solare Wärme ergänzt somit die konventionelle Speicherbeheizung ideal. Selbst Überschüsse können hier für die Erwärmung der Zirkulationsleitungen eingesetzt werden. Da es im Sommer bei geringer Nutzung zu Überhitzungen im System kommen kann, wird durch eine Überwachung der Temperatur die obere Speichertemperatur mit Hilfe der Regelung begrenzt.

Alternativ zur Temperaturdifferenzregelung wird oftmals auch eine von der Einstrahlungsleistung abhängige Laderegelung eingesetzt (siehe hierzu Abschn. 5.1.2 Großanlagen).

5.1.2 Großanlagen zur solaren Trinkwassererwärmung

Abbildung 5.2 zeigt das Anlagenschema einer Großanlage zur solaren Trinkwassererwärmung eines Krankenhauses. Deutlich zu erkennen sind die drei unterschiedlichen Systemkreisläufe: der Kollektorkreis, der so genannte Heizkreis mit dem Pufferspeicher und der Trinkwasserkreis mit den Trinkwarmwasserspeichern.

Die Automatisierungsaufgaben lassen sich bezogen auf den solaren Anlagenteil wie folgt aufteilen:

- Abführen der Nutzenergie aus dem Kollektorfeld,
- Speicherbeladung,
- Speicherentladung,

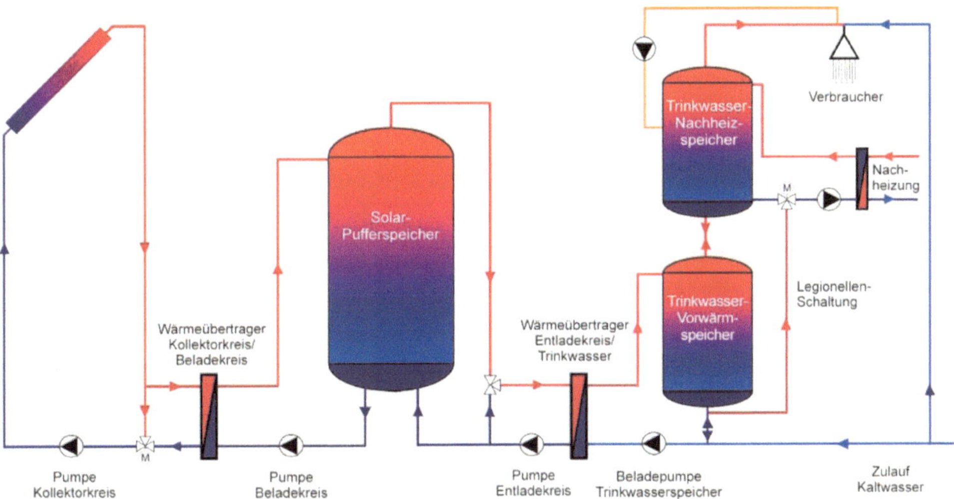

Abb. 5.2 Hydraulikschema einer solaren Großanlage zur Trinkwassererwärmung mit Vorwärmespeicher

- Trinkwassererwärmung,
- Servicefunktionen wie Legionellendesinfektion und Temperaturüberwachung.

Dabei müssen diese Aufgaben von der Automationseinrichtung oft gleichzeitig abgewickelt werden. Da solarthermische Großanlagen zur Trinkwassererwärmung immer über großvolumige Pufferspeicher verfügen, fallen die Funktionen Abführen der Nutzenergie aus dem Kollektor und die Speicherbeladung immer zusammen. Zugleich ist es jederzeit möglich, eine solare Trinkwassererwärmung vorzunehmen. Die Trinkwassererwärmung wiederum ist in der Regel mit einer Speicherentladung verbunden.

Für den Betrieb des Kollektorkreises ist somit der Ladezustand des Speichers von entscheidender Bedeutung. Dabei haben sich Verdrängungs- und Schichtspeicher durchgesetzt (siehe Kap. 4). Ziel der Speicherbe- und entladung ist es deshalb, die natürliche thermische Schichtung im Speicher zu erhalten, das heißt kalte Schichten unten, heiße oben. Je niedriger die Speichertemperatur unten ist, desto öfter lässt sich der Kollektor zur Beheizung des Speichers einsetzen und umso effizienter kann der Kollektor betrieben werden.

Hohe Temperaturen im oberen Speicherbereich sorgen wiederum dafür, dass die Entladeregelung möglichst häufig anspricht und die Solaranlage in der Lage ist, Wärme an die Trinkwasseranlage abzugeben.

5.1.2.1 Kollektorkreisregelung

Im Kollektorkreis hat die Automation folgende Aufgaben zu erfüllen:

- Anfahren des Solarkreises zur Überprüfung, ob eine Abführung von solarer Nutzenergie möglich ist (Anfahrschaltung),
- Abführen der Nutzenergie möglichst im Dauerbetrieb (Ladebetrieb), Anpassen der Betriebstemperatur
- und schließlich Beenden der Wärmeabfuhr aus dem Kollektor, wenn die Einsatzbedingungen nicht mehr gegeben sind.

Folgende Punkte müssen unter anderem dabei beachtet werden:

- Hohe Kollektorwirkungsgrade werden bei niedrigen mittleren Temperaturen im Kollektor erreicht.
- Große Temperaturdifferenzen im Wärmetauscher ermöglichen einen guten Wärmeübergang.
- Takten und unnötiger Betrieb von Pumpen sollte vermieden werden.
- Überhöhte Kollektortemperaturen führen zum Abschalten der Anlage.

Im Folgenden werden die verschiedenen Regel- und Steueraufgaben im Kollektorkreis beschrieben.

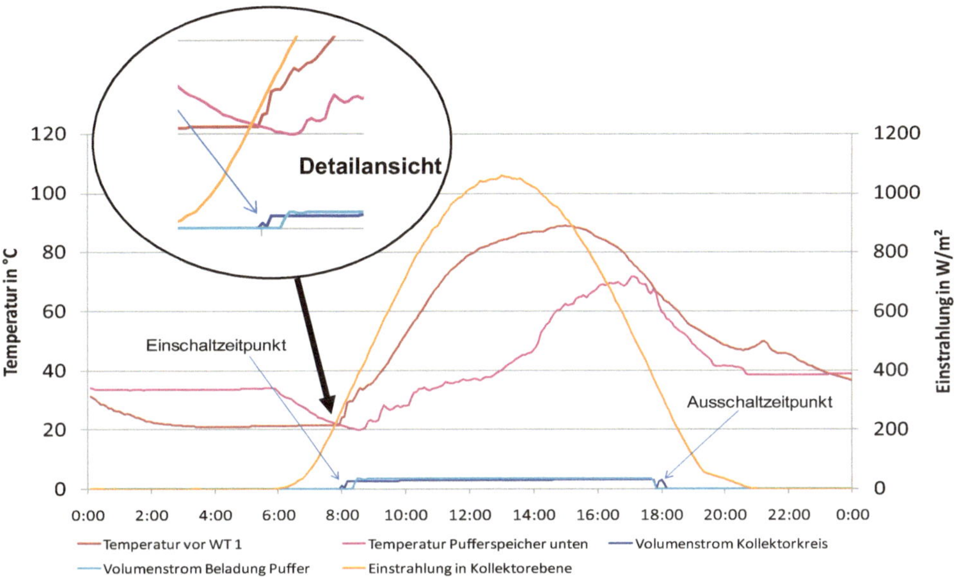

Abb. 5.3 Abführen der Solarwärme aus dem Kollektor gesteuert über einen Einstrahlungssensor (gemessen in der Anlage in der Wilmersdorfer Straße in Freiburg)

Anfahrschaltung

Prinzipiell muss im Kollektorkreis geprüft werden, ob günstige Bedingungen für einen Betrieb des Kollektorfeldes vorhanden sind: also ob solare Einstrahlung vorhanden und eine Pufferspeicherbeladung möglich ist. Dazu werden entweder Einstrahlungssensoren in der Kollektorebene oder Temperatursensoren am Kollektorabsorber verwendet.

Bei Verwendung eines Strahlungssensors (Solarzelle, Lichtsensor) prüft die Automationseinrichtung, ob die Einstrahlungsleistung einen Schwellenwert überschreitet und schaltet dann die Solarkreispumpe an. Im Solarkreis befindet sich vor dem Wärmeübertrager ein Temperatursensor (siehe Abb. 5.3). Durch Vergleich dieser Temperatur mit der Temperatur im Pufferspeicher unten, wird nach einer Wartezeit die Beladepumpe im Pufferspeicherheizkreis gestartet. Andernfalls wird die Solarkreispumpe wieder ausgeschaltet und nach einer Wartezeit beginnt die Automationseinrichtung erneut mit der Überprüfung der Einsatzbedingungen (siehe Abb. 5.7 Automationsschema).

Wie Abb. 5.3 zeigt, schaltet die Kollektorkreispumpe um ca. 8:00 Uhr, ab einer Einstrahlung von 200 W/m² ein. Ein Takten der Pumpe ist hier nicht zu beobachten. Daraufhin steigt die Temperatur vor dem Wärmetauscher auf über 80 °C an. Die Beladepumpe für den Pufferspeicher schaltet folgerichtig unmittelbar danach ein, da sich schnell eine nutzbare Temperaturdifferenz am Wärmetauscher einstellt. Um 17:40 Uhr schaltet die Kollektorkreispumpe aus, da der Pufferspeicher aufgeheizt ist und keine Temperaturerhöhung mehr erzielt werden kann.

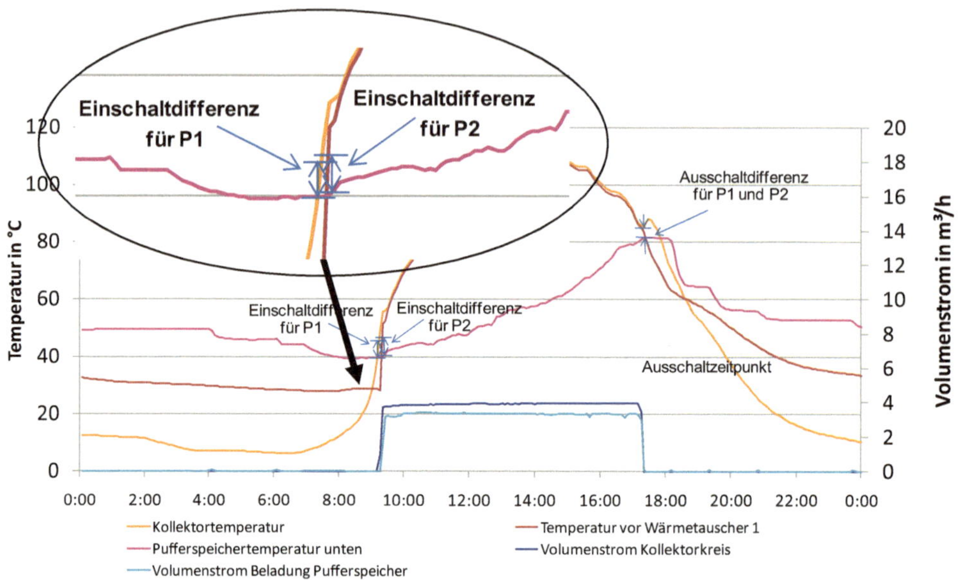

Abb. 5.4 Abführen der Solarwärme aus dem Kollektor gesteuert über einen Temperatursensor, der am Kollektorabsorber anliegt (gemessen in der Anlage im Stadtklinikum Baden-Baden)

Ähnlich verhält es sich, wenn die Absorbertemperatur als Einschaltkriterium für die Solarkreispumpe verwendet wird. Hier überprüft die Automationseinrichtung, ob die momentane Absorbertemperatur die untere Pufferspeichertemperatur überschreitet und startet dann die Kollektorkreispumpe. Für diesen Fall ist der Verlauf der Ein- und Ausschaltvorgänge an einem Beispiel in Abb. 5.4 dargestellt. Alle weiteren Abläufe sind entsprechend der Anfahrschaltung mit Einstrahlungssensor (siehe hierzu Abb. 5.3).

Wie Abb. 5.4 zeigt, liegt die mittlere Kollektortemperatur anfangs bei ca. 15 °C und sinkt leicht ab. Um 6:30 Uhr wird die Einstrahlung stärker und die Kollektortemperatur steigt kontinuierlich an. Um 9:30 Uhr schaltet die Kollektorkreispumpe ein und gleich darauf die Beladepumpe P2 im Pufferkreis, da eine nutzbare Temperaturdifferenz von ca. 8 K vorliegt. Die Einstrahlung ist an diesem Tag so hoch, dass die Pumpen durchlaufen können. Der Kollektor erwärmt sich auf über 100 °C und der Pufferspeicher hat sich bis 16:00 Uhr auf mehr als 80 °C aufgeladen. Um ca. 17:30 Uhr ist die Abschalt-Temperaturdifferenz von 5 K unterschritten, so dass beide Pumpen (Kollektorkreispumpe P1 und Beladepumpe P2) ausgeschaltet werden.

Um die Kollektorkreistemperatur zu regeln, werden teilweise auch stetige P- und PI-Regler eingesetzt. Regelgröße ist hierbei die Kollektoraustrittstemperatur. Gerade in so genannten Low-flow-Systemen, bei denen der Durchsatz durch das Kollektorfeld auf $10\,l/(m^2 \cdot h)$ abgesenkt wird, bewirkt die Verringerung der Durchflussrate eine größere Spreizung zwischen Kollektorein- und austrittstemperatur. In Verbindung mit so genannten Schichtspeichern, die solare Wärme entsprechend dem jeweiligen Temperaturniveau

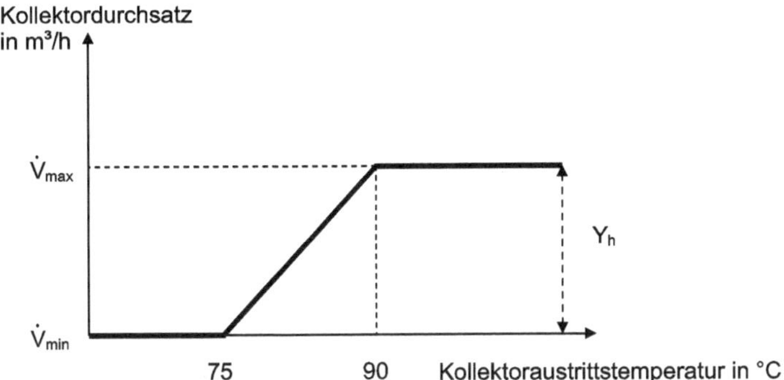

Abb. 5.5 Beispiel einer Kennlinie eines P-Reglers für die Pumpenregelung

„einschichten", resultieren in Low-flow-Systemen höhere solare Deckungsraten. Schon geringe Einstrahlungsleistungen führen so zu maximalen Temperaturen, die unvermischt an den Verbraucher weitergeleitet werden können.

Abbildung 5.5 zeigt die Kennlinie einer Pumpenregelung mit P-Charakteristik. Überschreitet die Kollektoraustrittstemperatur den Sollwert von z. B. 75 °C, steigen die Pumpendrehzahl und damit der Volumenstrom bis zum Maximalwert an. Sinkt die Temperatur am Kollektoraustritt, wird die Drehzahl kontinuierlich bis auf einen Mindestwert abgesenkt. Durch diese Schaltung lässt sich die Speichertemperatur auf 75 °C begrenzen. Zudem stellt sich bei geringen Einstrahlungsleistungen oder ausgekühltem Speicher eine maximale Kollektoraustrittstemperatur ein, da im Regelfall immer mit minimalem Volumenstrom im Kollektorkreis gefahren wird.

Frostschutzschaltung

Im Falle von tiefen Außentemperaturen kann es durch den Stillstand des Kollektorkreismediums in den Rohrleitungen zu Temperaturen unter 0 °C kommen. Hier besteht die Gefahr des Einfrierens des Wärmeübertragers. Mit Hilfe einer Frostsschutzschaltung wird zunächst das Wärmetransportmedium im Kollektorkreis mit Hilfe eines Umschaltventils am Wärmetauscher vorbeigeleitet. Erst wenn die Kollektorkreistemperatur deutlich über 0 °C liegt, gibt die Automationseinrichtung den Wärmeübertrager frei (siehe Abb. 5.7 Automationsschema).

Kollektorkreisregelung nach dem „Eimerprinzip"

In neuartigen Solarsystemen wird ganz auf die Trennung zwischen Solar- und Pufferkreis verzichtet (Aquasystem-Solaranlagen). Dadurch entfallen u. a. verlustreiche Wärmeübertrager. Die Kollektoren werden mit Heizwasser betrieben. Der Kollektor wird dann wie ein Zusatzheizkessel betrachtet, der immer Temperaturen oberhalb der Solltemperatur liefern soll. Die Regelung funktioniert hier nach dem „Eimerprinzip": Die Regelung wartet, bis sich der Kollektor deutlich über die Solltemperatur erwärmt und „leert" dann das Kol-

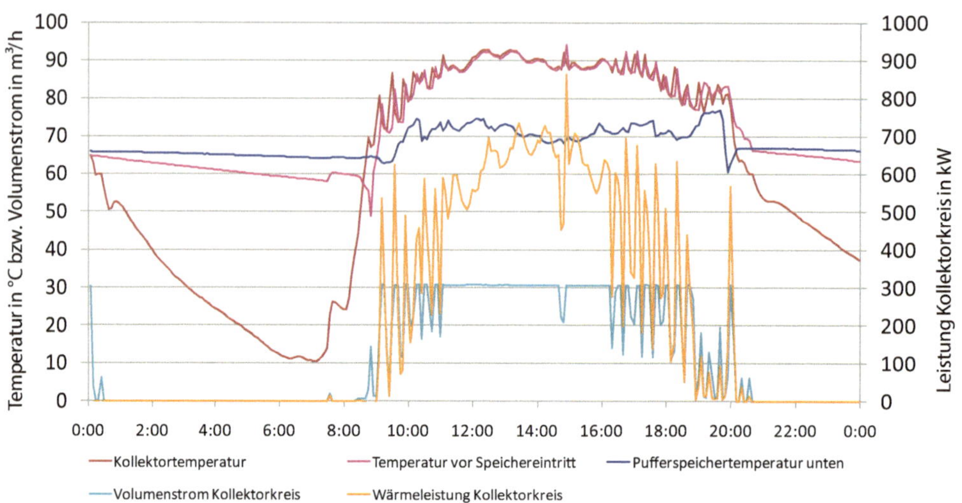

Abb. 5.6 Kollektortemperaturverlauf in einer Anlage zur Solaren Kühlung bei Regelung mit einem pulsierenden Verfahren. (Gemessen bei der Anlage der Festo AG in Esslingen-Bergheim.)

lektorfeld, will heißen, schiebt ein definiertes Volumen ausgekühltes Heizwasser nach (Eimerprinzip).

Dadurch hat die Umwälzpumpe bis zu 50 % weniger Laufzeit und die Kollektortemperatur ist von Beginn an auf Sollwert. Diese Regelung eignet sich besonders bei Anlagen, die nicht als Vorwärmeanlagen arbeiten, sondern ständig hohe Prozesstemperaturen bereitstellen sollen (Solarthermische Kühlung).

Abbildung 5.6 zeigt beispielhaft für eine Regelung mit einem pulsierenden Verfahren, bei dem die Pumpe nur bei Erreichen einer Kollektorsolltemperatur betrieben wird und bei Unterschreiten dieser Temperatur wieder ausgeschaltet wird. Deutlich ist das Anfahren/Takten der Pumpe am Morgen und Abend zu erkennen, hier verbunden mit der Bereitstellung einer Solltemperatur oberhalb 80 °C. Ab 11:00 Uhr geht die Anlage in einen Dauerbetrieb bei 85 °C über.

5.1.2.2 Speicherladeregelung

Wie das Automationsschema in Abb. 5.7 zeigt, werden zur Beladung des Pufferspeichers ständig die Temperaturen im Pufferspeicher oben und unten überprüft. Liegt die Kollektorkreistemperatur vor dem Wärmeübertrager oberhalb der unteren Speichertemperatur (5 K) ist die Beladung sinnvoll. Andernfalls wird der Beladevorgang abgebrochen und abgewartet bis sich die Bedingungen verändern.

Bei Großanlagen zur Vorwärmung von Trinkwasser ist es wenig sinnvoll die Speicherbeladung über Schichtbeladungseinrichtungen zu steuern. Bei Verwendung von Verdrängungsspeichern ist immer gewährleistet, dass der Speicher von oben beladen wird und der ausgekühlte Rücklauf vom Entlade-Wärmeübertrager unten eingespeist wird. Ansonsten

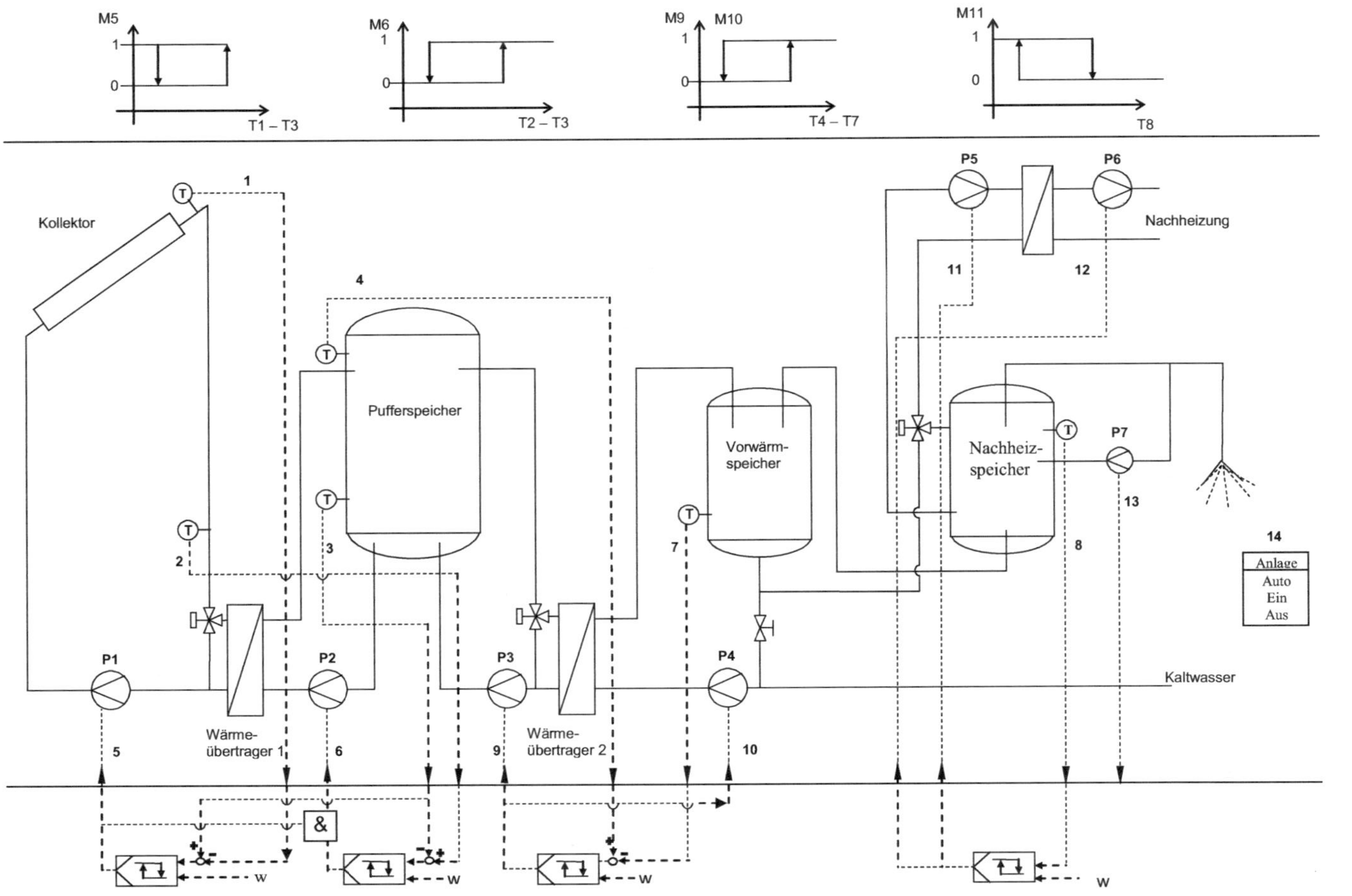

Abb. 5.7 Automationsschema eine Großanlage zur solaren Trinkwassererwärmung mit Vorwärmespeicher mit Frostschutzschaltung und Legionellenschaltung. Als Einschaltkriterium für den Kollektorkreis wird die Absorbertemperatur verwendet

herrschen durch die hohen Trinkwarmwasserbedarfe Bedingungen, die eine ständige Speicherentladung ermöglichen.

5.1.2.3 Speicherentladeregelungen

In Trinkwasseranlagen werden in der Regel solare Vorwärmespeicher eingesetzt. Damit lässt sich in geringem Umfang solar vorgewärmtes Trinkwasser bevorraten. Wegen der Gefahr der Legionelleninfektion wird aber mehr und mehr auf die Vorwärmespeicher verzichtet und das Trinkwasser wird direkt über einen Wärmetauscher auf Temperatur gebracht: Man spricht hier von Direkterwärmungssystemen bzw. Frischwassersystem. Die Anforderungen an die Automationseinrichtung unterscheiden sich entsprechend.

Trinkwassererwärmung mit Vorwärmespeicher

Abbildungen 5.2 und 5.7 zeigen Trinkwasseranlagen mit Vorwärmespeichern. Die Pufferspeicherentladeregelung erfolgt hierbei durch einen Vergleich der Temperaturen im Pufferspeicher oben mit der im Vorwärmespeicher unten. Ein Zweipunktregel-Algorithmus schaltet dann die Entladepumpe im Pufferkreis und die Beladepumpe im Ladekreis des Vorwärmespeichers ein. Findet gleichzeitig ein Trinkwasser-Zapfvorgang statt, kann auch Frischwasser direkt über den Wärmeübertrager erwärmt werden.

Diese Hydraulikschaltung mit dem dazugehörigen Automationsschema wird in Großanlagen oft gewählt, weil es sich um ein einfaches und robustes Verfahren handelt. Nachteil dieser Schaltung ist jedoch, dass bedingt durch den Beladevorgang im eher klein dimensionierten Vorwärmespeicher die Rücklauftemperaturen zum Pufferspeicher mit der Zeit ansteigen können. Dies führt wiederum zu ungünstig hohen Rücklauftemperaturen zum Kollektor und damit zu reduzierten Kollektorwirkungsgraden. Abbildung 5.8 zeigt diesen Vorgang an einem Beispiel aus dem ST2000-Forschungsvorhaben.

Wie Abb. 5.8 zeigt, ist der Vorwärmespeicher noch vom vorherigen Tag aufgeladen und hat am Morgen eine Temperatur von ca. 60 °C. Wahrscheinlich wurde der Speicher am Abend zur thermischen Legionellendesinfektion auf 60 °C erhitzt. Die Temperatur des Vorwärmespeichers sinkt auf unter 30 °C, wenn am Morgen der Warmwasserbedarf steigt. Die Temperatur des Pufferspeichers oben über Nacht beträgt 42 °C. So entsteht auch ohne Sonneneinstrahlung am Morgen ein nutzbares Temperaturprofil. Dies entspricht einer thermischen Entkopplung von solarer Wärmeerzeugung und Trinkwarmwasserverbrauch. Die beiden Pumpen zur Entladung des Pufferspeichers und zur Beladung des Vorwärmespeichers gehen zeitgleich in Betrieb. Durch den hohen Warmwasserbedarf am Morgen ändern sich die Temperaturverhältnisse sehr schnell. Der Vorwärmespeicher ändert seine Temperatur ständig und so ändert sich auch die Temperaturdifferenz zum Pufferspeicher ständig. Die Pumpen schalten sich dementsprechend ein und aus, sie takten.

Ab 7:30 Uhr wird der Pufferspeicher kontinuierlich entladen und der Vorwärmespeicher beladen. Um 13:30 Uhr steigt die Temperatur des Vorwärmespeichers wegen des Rückgangs des Warmwasserbedarfs auf über 58 °C an. Dies entspricht der Solltemperatur im Vorwärmespeicher. Um eine weitere Erwärmung zu vermeiden, schalten die Pumpen ab. Um 17:15 Uhr wird die Temperatur von 55 °C im Vorwärmespeicher unterschritten. Die

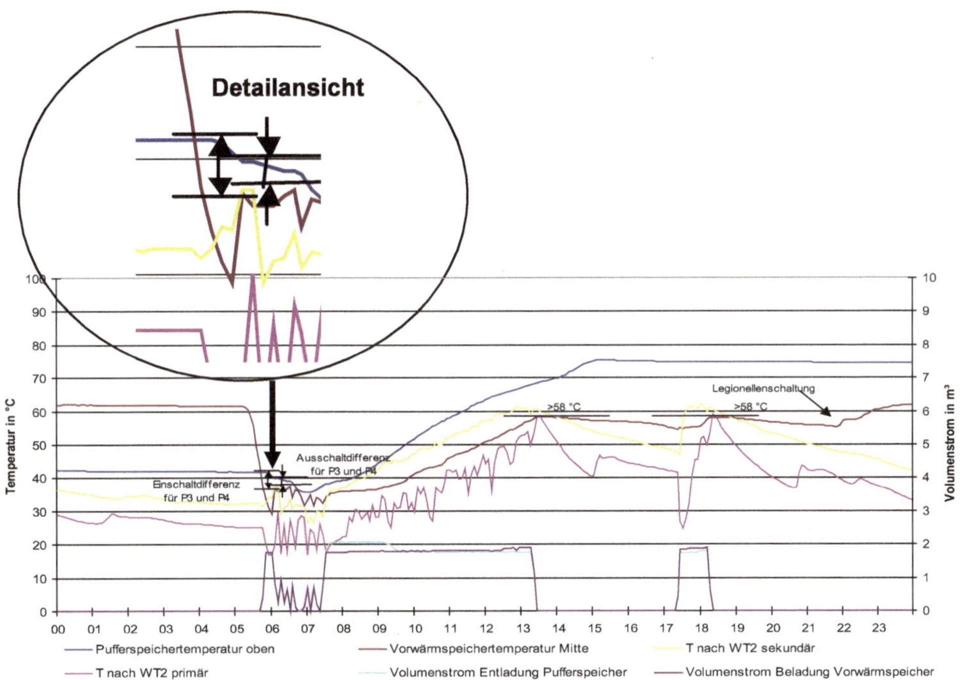

Abb. 5.8 Entladevorgänge bei einer solaren Trinkwassererwärmungsanlage mit Vorwärmespeicher gemessen in der Anlage Mindelheim

Entladung des Pufferspeichers wird fortgesetzt. Nach einer Stunde ist die Grenze jedoch wieder erreicht und die Pumpen schalten aus.

Es fällt auf, dass die Rücklauftemperatur zum Pufferspeicher ab 8:00 Uhr ansteigt und um 13:30 Uhr auf einem sehr hohen Niveau von 55 °C gestiegen ist. Die Vermutung liegt nahe, dass der Vorwärmspeicher sich aufheizt und keine oder nur eine geringe thermische Schichtung vorhanden ist und so die Einlauftemperatur in den Entlade-Wärmeübertrager auf dieses hohe Niveau steigt. Eine Vergrößerung des Vorwärmespeichers könnte hier Abhilfe schaffen.

Trinkwassererwärmung mit Direkterwärmungsverfahren

Beim Direkterwärmungsverfahren bzw. Frischwassersystem wird kein solar erwärmtes Trinkwasser bevorratet, der Vorwärmspeicher entfällt (siehe Abb. 5.2) und damit auch die Legionellendesinfektion des Solaranlagenteils (siehe Abschn. 5.1.2.3).

Die Trinkwassererwärmung erfolgt hier wie in Abb. 5.9 gezeigt unmittelbar während des Trinkwasser-Zapfvorgangs. Dabei durchströmt das Trinkwasser einen Wärmeübertrager, der es mit Hilfe von Solarenergie aus den Pufferspeichern direkt erwärmt. Findet kein Zapfvorgang statt, wird auch der Pufferspeicher nicht entladen. In Anlagen mit geringen solaren Deckungsraten erfolgt bei der direkten solaren Trinkwassererwärmung keine

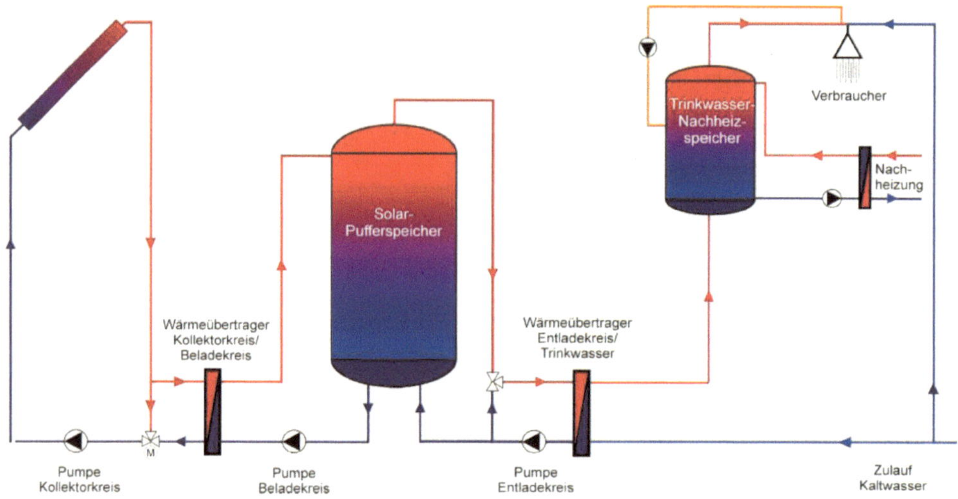

Abb. 5.9 Hydraulikschema einer solaren Großanlage zur Trinkwassererwärmung im Direkterwärmungsverfahren bzw. Frischwassersystem mit Wärmeübertrager

Regelung auf die Trinkwasser-Solltemperatur, das Trinkwasser wird in der Regel nur vorgewärmt. Bei Kleinanlagen wird hier auch mit einer aufwändigen Trinkwassertemperaturregelung gearbeitet (siehe Abschn. 5.2).

Aufgabe der Automationseinrichtung in solaren Großanlagen zur Trinkwassererwärmung ist es zunächst den Zapfvorgang zu erfassen und zu prüfen, ob die Solaranlage Wärme zur Verfügung stellen kann. Dann muss die Regelung genau die Wassermenge bereitstellen, die der momentane Trinkwasser-Zapfvorgang erfordert. In erster Nährung gilt hier, dass die momentane Trinkwasserzapfmenge und der Entladevolumenstrom aus dem Pufferspeicher identisch sind. Nur so wird vermieden, dass dem Speicher zu viel heißes Wasser oben entnommen wird und dieses im unteren Speicherbereich wenig abgekühlt wieder beigemischt wird (thermische Vermischung des Speicherinhalts). Wird dem Pufferspeicher dagegen zu wenig Volumenstrom entnommen, kann der Speicher nicht richtig entladen werden.

Gelingt es die Wärmeentnahme aus dem Pufferspeicher optimal zu gestalten, wird eine thermische Vermischung des Pufferspeicherinhaltes vermieden und dem Solarkreis ein maximal ausgekühlter Rücklauf zur Verfügung gestellt (siehe Abb. 5.9).

Dieses Verfahren kommt bei großen solaren Trinkwasseranlagen verstärkt zum Einsatz, weil es keine Legionellendesinfektion im Bereich der Solaranlage erfordert und optimale Rücklauftemperaturen für den Kollektor zur Verfügung stellt. Dabei kommt einer sorgfältigen Auslegung des Wärmeübertragers zwischen Pufferspeicherkreis und Trinkwasser eine zentrale Rolle zu.

Abbildung 5.10 zeigt den Verlauf der Entladevorgänge beim Direkterwärmungsverfahren am Beispiel einer Anlage in Freiburg.

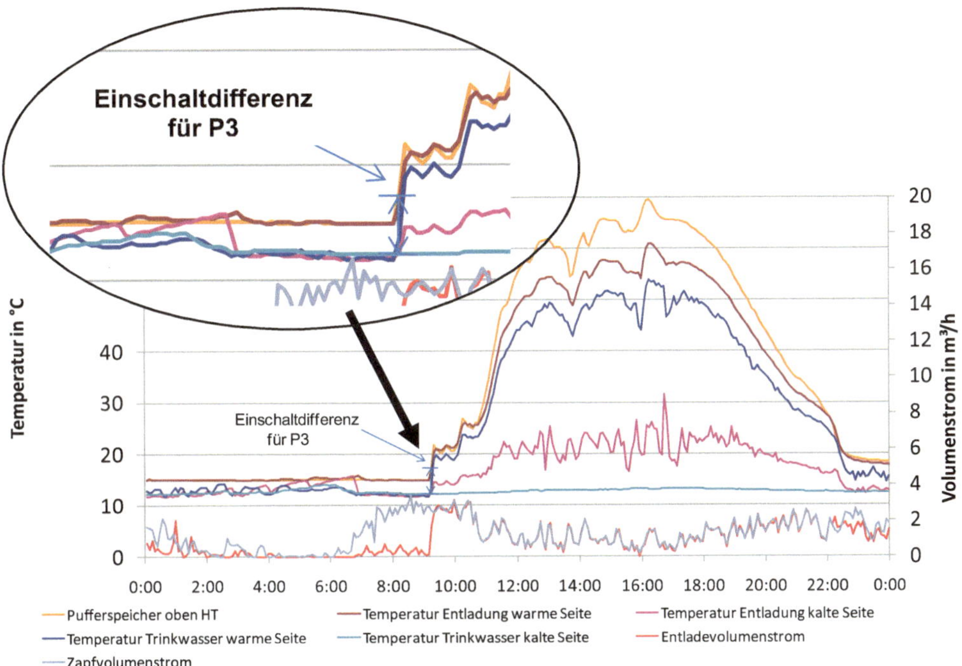

Abb. 5.10 Entladevorgänge bei einer solaren Trinkwassererwärmung mit Direkterwärmungsverfahren bzw. Frischwassersystem (gemessen in der Anlage Vauban in Freiburg)

Schon auf den ersten Blick ist an der Dynamik erkennbar, dass die Regelung bei direkter Erwärmung aufwändiger ist. Die Volumenströme und Temperaturen schwanken sehr stark. In der Freiburger Anlage wird das Vorhandensein eines Trinkwasservolumenstroms als Zapfsignal verwendet. Ein Volumenstromzähler erkennt die Zapfmenge und anhand dieser Größe wird die Laufzeit der Entladepumpe errechnet. Dabei muss ein Bereich von einem Zapfvolumenstrom bei nahezu $0\,\mathrm{m^3/h}$ bis zu einem Spitzenwert von fast $3\,\mathrm{m^3/h}$ an diesem Tag abgedeckt werden. Der Volumenstrom der Entladeseite sollte im Idealfall genauso groß sein wie der Zapfvolumenstrom. Im Diagramm ist zu sehen, dass dies während der Phase der Kollektorbeladung sehr gut funktioniert.

Die Trinkwarmwasser-Zapfvorgänge beginnen nach 6:00 Uhr, dennoch schaltet die Entladepumpe nicht ein, weil der Pufferspeicher noch kalt ist. Gegen 9:00 Uhr erhöht sich die Pufferspeichertemperatur bei gleichzeitigem Zapfvorgang und die Entladeregelung nimmt ihren Betrieb auf. Die Wärme des Pufferspeichers wird an das Kaltwasser übertragen und die Temperaturdifferenz zwischen den warmen Seiten auf der Primär- und der Sekundärseite liegen meist zwischen 5 K und 10 K. Sehr schön ist die Übereinstimmung von Entladevolumenstrom und Zapfvolumenstrom bei dieser Entladeregelung zu erkennen.

Die Entladung wird bis zum Ende des Tages betrieben, da der Pufferspeicher auch nachts noch über ein ausreichendes Temperaturniveau für die Entladung verfügt.

5.1.2.4 Überwachungs- und Servicefunktionen

Service- und Überwachungsfunktionen in solaren Trinkwasseranlagen übernehmen die Überwachung von speziellen Temperaturen oder dienen der thermischen Desinfektion von Anlagenteilen.

Typischerweise wird die Temperatur des Pufferspeichers und des Vorwärmespeichers begrenzt. Um Dampfbildung im Pufferkreis- und Trinkwasserkreis zu vermeiden, werden diese Speichertemperaturen bei der Beladung auf max. 95 °C begrenzt. Überschreitet die obere Speichertemperatur diesen Wert, wird der Beladevorgang von der Automationseinrichtung so lange unterbrochen, bis die Temperatur im oberen Speicherbereich wieder unter 85 °C abgefallen ist.

Bei der Entladung des Pufferspeichers über den Entlade-Wärmeübertrager in den Trinkwasserkreis wird in der Regel die maximal zulässige Trinkwassertemperatur auf Werte unter 60 °C (typischerweise 55 °C) begrenzt. Dadurch wird das Ausfällen von Kalk bei der Beladung im Wärmeübertrager und damit ein allmähliches „Verstopfen" des Wärmeübertragers vermieden. Dazu wird in der Hydraulik des Entlade-Wärmeübertragers auf der Pufferspeicherseite eine Beimischschaltung vorgesehen. Am Ausgang des Wärmeübertragers wird die Trinkwassertemperatur überwacht. Überschreitet diese 55 °C, wird so lange Rücklaufwasser aus dem Wärmeübertrager beigemischt, bis diese Temperatur unterschritten wird (siehe Abb. 5.9 Hydraulik Direkterwärmungsverfahren bzw. Frischwassersystem.)

Thermische Legionellendesinfektion:

In öffentlichen Gebäuden und Anlagen mit solaren Trinkwasser-Vorwärmspeichern größer 400 l Wasserinhalt schreiben die technischen Regeln im DVGW Arbeitsblatt W 551 vor, einmal täglich eine thermische Desinfektion vorzunehmen. Um die Legionellen abzutöten, muss der gesamte Speicherinhalt der Vorwärmespeicher zu einem Zeitpunkt im Tagesverlauf auf über 60 °C erwärmt werden. In Großanlagen muss deshalb im Falle der Verwendung von solaren Vorwärmespeichern eine so genannte „Legionellenschaltung" vorhanden sein, mit der diese thermische Desinfektion durchgeführt werden kann.

In Abb. 5.7 ist deshalb ein spezieller Rohrabzweig von der Zirkulationsrücklaufleitung in den Vorwärmespeicher vorgesehen. Zu einem festgelegten Zeitpunkt, in der Regel nachts, prüft die Automationseinrichtung, ob der Speicher im Laufe des Tages mit Hilfe der Sonne bereits einmal vollständig auf 60 °C aufgeheizt war. Ist dies nicht der Fall, wird die thermische Legionellendesinfektion frei geschaltet. Dazu wird das Umschaltventil im Zirkulationsrücklauf in Position Legionellendesinfektion gebracht und „heißes" Trinkwasser aus dem konventionell beheizten Trinkwasserspeicher in den Vorwärmespeicher geleitet, bis dieser vollständig auf 60 °C erwärmt ist, was einer thermischen Desinfektion des Vorwärmespeichers gleichkommt. Anschließend wird der Zirkulationsrücklauf mit

Hilfe des Umschaltventils wieder in die Position zum konventionell beheizten Trinkwasserspeicher geleitet.

In Abb. 5.8 schaltet am Beispiel eines Krankenhauses um 22:00 Uhr die thermische Legionellendesinfektion ein. Der Vorwärmspeicher hat aufgrund seines Sollwertes von maximal 58 °C nicht die Chance, von der Sonnenenergie auf 60 °C erwärmt zu werden und so ist eine Aufheizung mit Hilfe eines Kessels nötig, obwohl der Pufferspeicher eine Temperatur von 72 °C hat. Nachdem der gesamte Speicherinhalt des Vorwärmespeichers auf 60 °C erwärmt ist, wird die Legionellendesinfektion beendet.

5.1.3 Ausgeführtes Beispiel einer solarthermischen Großanlage

Im Rahmen des Forschungsvorhabens Solarthermie2000 des Bundesministeriums für Wirtschaft und Technologie untersuchte die Hochschule Offenburg die solarthermische Großanlage der Familienheim Freiburg Baugenossenschaft. Die Solaranlage Wilmersdorfer Straße in Freiburg unterstützt die Erwärmung des Trinkwassers für insgesamt 14 Gebäude, die an die ebenfalls sanierte Heizzentrale angeschlossen sind. So erhalten ca. 600 Bewohner solar erwärmtes Trinkwasser. Die Kollektoren der Solaranlage befinden sich auf den Flachdächern der Wohngebäude Wilmersdorfer Str. 3 und 5. Die Kollektoren sind exakt nach Süden ausgerichtet und um 30° zur Horizontalen geneigt. Die Gesamtkollektorfläche von 228 m^2 musste aus Platzgründen auf zwei Dächer verteilt werden und wurde über eine erdverlegte Fernleitung miteinander verbunden. In Abb. 5.11 ist das auf dem Flachdach aufgeständerte Kollektorfeld zu sehen. Zur Speicherung der Sonnenenergie sind zwei Pufferspeicher vorhanden, die jeweils 4500 Liter Heizungswasser fassen. Zur Speicherung des Trink-Warmwassers wurden zwei neue Trinkwasserspeicher mit jeweils 2000 Litern Inhalt installiert (siehe hierzu Abb. 5.12).

Im Folgenden wird auf die Besonderheiten bei der Automatisierung der Solaranlage zur Trinkwassererwärmung in der Wilmersdorfer Straße eingegangen. In Abb. 5.12 sind die Bezeichnungen der entsprechenden Sensoren und Aktoren zu finden.

Abb. 5.11 Ansicht der Solaranlage in der Wilmersdorfer Straße in Freiburg

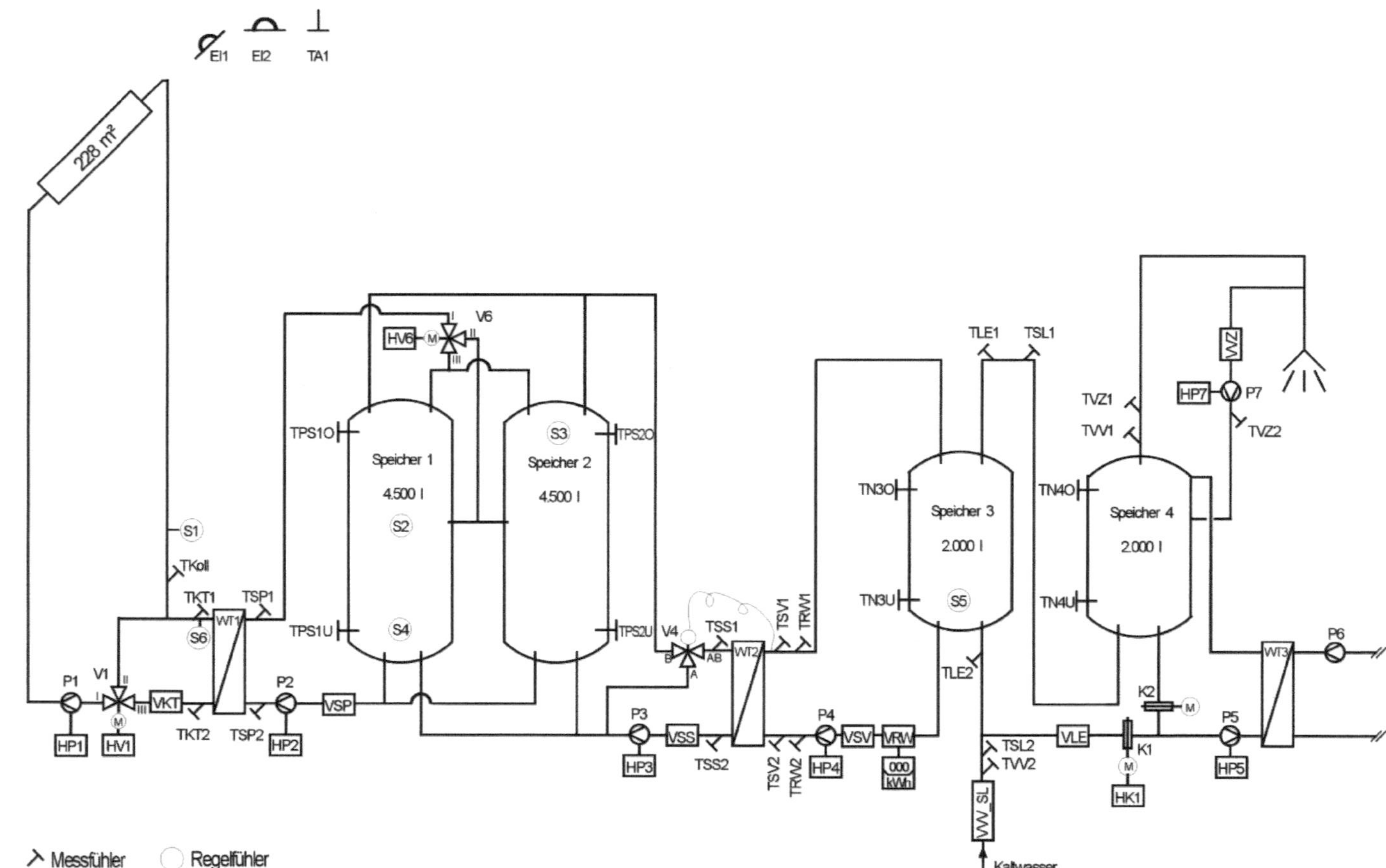

Abb. 5.12 Schema mit Mess- und Regelfühlern der Solaranlage Freiburg Wilmersdorfer Straße

Regelung der Kollektorkreispumpe über einen Strahlungssensor Die Kollektorkreispumpe P1 schaltet ein, sobald mit der Solarzelle auf dem Dach des Gebäudes eine Einstrahlungsleistung 150 W/m^2 gemessen wird. P1 schaltet aus, wenn die Einstrahlung unter 130 W/m^2 absinkt.

Umschaltventil im Kollektorkreis Im Kollektorkreis vor dem Kollektorkreis-Wärmeübertrager (WT1) ist ein Umschaltventil (V1) eingebaut, das den Strömungsweg über WT1 (III–I) erst freigibt, wenn vom Kollektorfeld ausreichend warmes Wasser im Keller ankommt. V1 schaltet auf Durchgang zu WT1, wenn die Temperatur an S1 um mindestens 6 K über der Temperatur in der Pufferspeichermitte (S2) liegt. Ansonsten ist V1 auf Stellung „Umgehung von WT1" (II–I). Dadurch ist auch der Frostschutz im Wärmeübertrager sichergestellt. Ebenfalls auf „Umgehung von WT1" wird geschaltet, wenn in halber Höhe der Pufferspeicher die Temperatur (S3) über 85 °C ansteigt. Dadurch soll ein Überhitzen des Pufferspeicherkreises verhindert werden.

Umschaltventil im Beladekreis Die Beladung der beiden parallel durchströmten Pufferspeicher erfolgt temperaturabhängig entweder in den mittleren oder den oberen Speicherbereich über das Umschaltventil V6. Dabei werden ständig die Temperaturen in der Speichermitte (S2) und im Speicher unten (S4) mit der Kollektorkreistemperatur an WT1 (S1) verglichen. Die vorrangige Beladung in den oberen Speicherbereich (I–III) erfolgt, wenn S1 mindestens 6 K über S2 liegt. V6 schaltet auf „Beladung in Speichermitte" (I–II), sobald die Temperaturdifferenz zwischen S1 und S2 unter 4 K absinkt.

Temperaturbegrenzung im Speicherentladekreis Auf der Speicherentladeseite ist zur Begrenzung der Trinkwassertemperatur an WT2 auf 60 °C ein thermostatisch gesteuertes Mischventil (V4) eingebaut, das bei Bedarf (S3 > 65 °C) durch Beimischung von kälterem Rücklaufwasser die Temperatur des aus den Pufferspeichern entnommenen Heizungswassers reduziert.

Legionellendesinfektion Zur Desinfektion des Trinkwasser-Vorwärmspeichers geht täglich um 22:00 Uhr die Legionellenschaltung in Betrieb und der gesamte Trinkwasserspeicherinhalt wird auf 65 °C erwärmt. Dazu schließt die Klappe K2 und Klappe K1 wird geöffnet, so dass der Vorwärmspeicher mit über den Nachheiz-Wärmeübertrager (WT3) erwärmtem Trinkwasser durchströmt wird. Die Legionellenschaltung geht wieder außer Betrieb (K2 zu, K1 auf), sobald der gesamte Trinkwasserspeicherinhalt auf 65 °C erwärmt wurde. Die Legionellenschaltung wird über die konventionelle Heizungsregelung (DDC) gesteuert.

Im Rahmen des Solarthermie2000-Projektes wurde über mehrere Jahre ein umfangreiches Anlagenmonitoring durchgeführt. Dabei wurden an der Solaranlage wurden folgen Daten erfasst (insgesamt 45 Messstellen):

- 26 Temperaturen (°C)
- 2 Solare Einstrahlung (W/m^2)
- 7 Volumenstrom (m^3/h)
- 6 Pumpenstatus (0 oder 1)
- 3 Ventil-/Klappenstellung (0 oder 1)
- 1 Stromverbrauch (kW).

Die Messstellen werden von einem Datenlogger alle 10 Sekunden erfasst und abgespeichert. Aus den Messwerten werden im Logger Leistungen (kW), Energien (kWh), Betriebsstunden und Volumina (m^3) berechnet, womit sich insgesamt 73 Messwerte ergeben. Außerdem werden Intervall-Mittelwerte gebildet und abgespeichert. Die Länge des Intervalls ist dabei frei wählbar. Standardmäßig beträgt die Intervalllänge für Detailbetrachtungen 5 min, im normalen Messbetrieb 30 min.

Die im Datenlogger gespeicherten Mittelwerte der Messdaten werden täglich von der Hochschule Offenburg über ein Modem ausgelesen. Zusätzlich besteht die Möglichkeit, Momentanwerte auszulesen und online in einem Anlagenschema darzustellen (siehe Abb. 5.13).

Die ausgelesenen Mittelwerte werden konvertiert, kontrolliert und abspeichert. Die konvertierten Daten können am PC als Kurven, Diagramme, Carpet-Plots und Tabellen abgebildet werden, anhand derer eine Überprüfung der Anlagenfunktionen erfolgt. Es werden Störfallanalysen durchgeführt und Optimierungsvorschläge erarbeitet. Letztendlich werden aus den Messdaten Anlagenkennwerte (Solarertrag, Nutzungs- und Deckungsgrade, Warmwasserverbrauch und solare Wärmekosten) ermittelt, die eine Bewertung der Solaranlagen ermöglichen. Als Beispiel sind in Abb. 5.14 einige Werte dargestellt die im Folgenden näher erläutert.

Messergebnisse der Solaranlage Wilmersdorfer Straße In Abb. 5.14 sind die solare Einstrahlung in Kollektorebene, die solare Nutzwärme, der solarer Nutzungsgrad und der solare Deckungsanteil am Gesamtwärmeverbrauch für die Warmwassererzeugung als Wochenmittelwerte dargestellt. Die Werte der solaren Einstrahlung liegen dabei zwischen 0,4 kWh/(m^{2}d) (Dezember) und 7,7 kWh/(m^{2}d) (Mai) und im Mittel bei 3,6 kWh/(m^{2}d). In Summe ergibt sich damit ein spezifischer Jahresertrag von 492 kWh/(m^{2}a) bei einer spezifischen Einstrahlung von 1330 kWh/(m^{2}a). Die Nutzenergie des Solarsystems erreichte im Jahr 2008 Werte von 0,1 kWh/(m^{2}d) bis 2,8 kWh/(m^{2}d) und im Mittel 1,34 kWh/(m^{2}d). Damit ergeben sich solare Nutzungsgrade des Gesamtsystems zwischen 12,5 % und 67 % (Mittelwert 37 %). Abgesehen von den Werten zu Jahresbeginn und -ende ist der Systemnutzungsgrad das ganze Jahr über relativ konstant. Der solare Deckungsanteil erreicht Ende August sein Maximum von 100 %, und sein Minimum im Januar. Dies ist vor allem auf die höhere solare Einstrahlung im Sommer aber auch auf den etwas geringeren sommerlichen Warmwasserverbrauch zurückzuführen. Im Jahresmittel wurde ein solarer Deckungsanteil von 46 % erzielt.

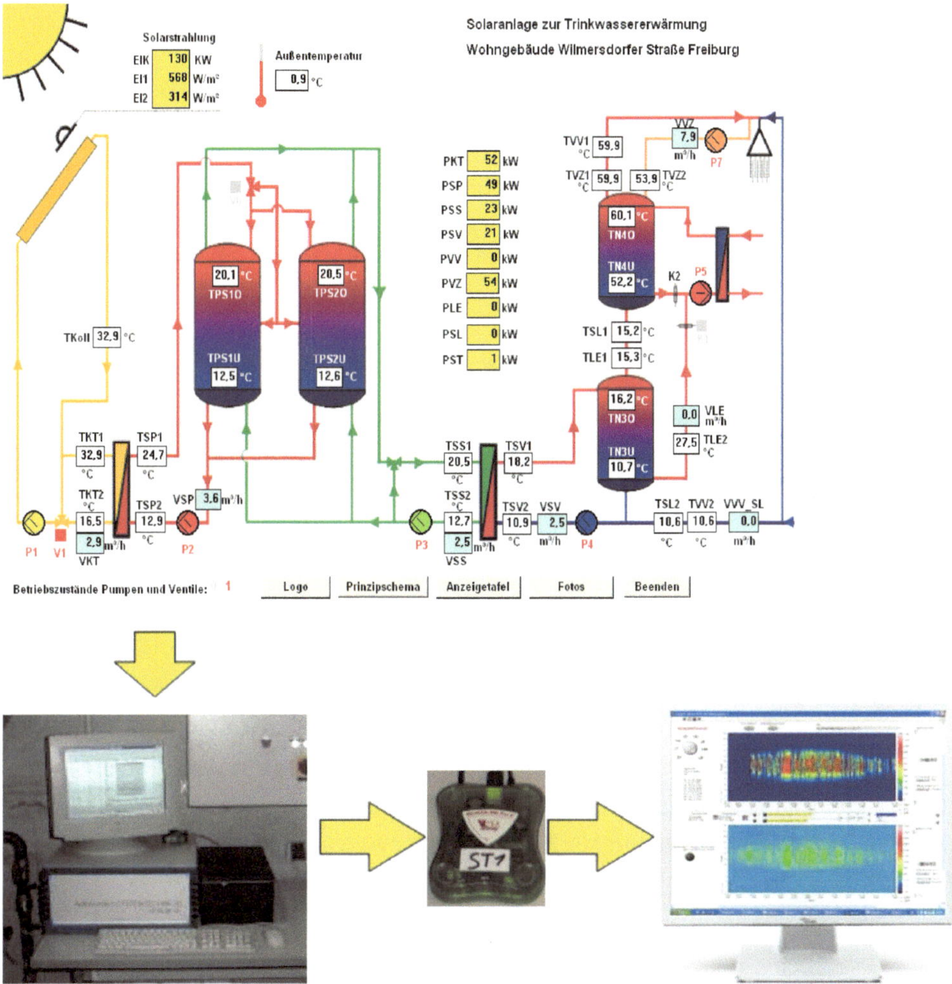

Abb. 5.13 Schematische Darstellung der Messwerterfassung und Verarbeitung in der Wilmersdorfer Straße in Freiburg

In Abb. 5.15 wird der Verlauf der solaren Einstrahlungsleistung (EIK) in Kollektorebene auf die gesamte Kollektorfläche der Solaranlage Wilmersdorfer Straße untereinander als Kurvendiagramm und als so genannter Carpet-Plot, mit demselben Zeitintervall zwischen den Datenpunkten von 5 min, dargestellt. Im Carpet-Plot wird aufgeteilt auf X- und Y-Achse der zeitliche Verlauf der solaren Strahlungsleistung in Kollektorebene auf das gesamt Kollektorfeld farblich markiert dargestellt. Die Farbskala rechts zeigt die Einstrahlungsleistung in kW.

Im Kurvendiagramm ist nur noch wenig zu erkennen. Tagesverläufe der Einstrahlung oder einzelne Datenpunkte gehen in der Masse der Daten unter. Im darunter gezeigten

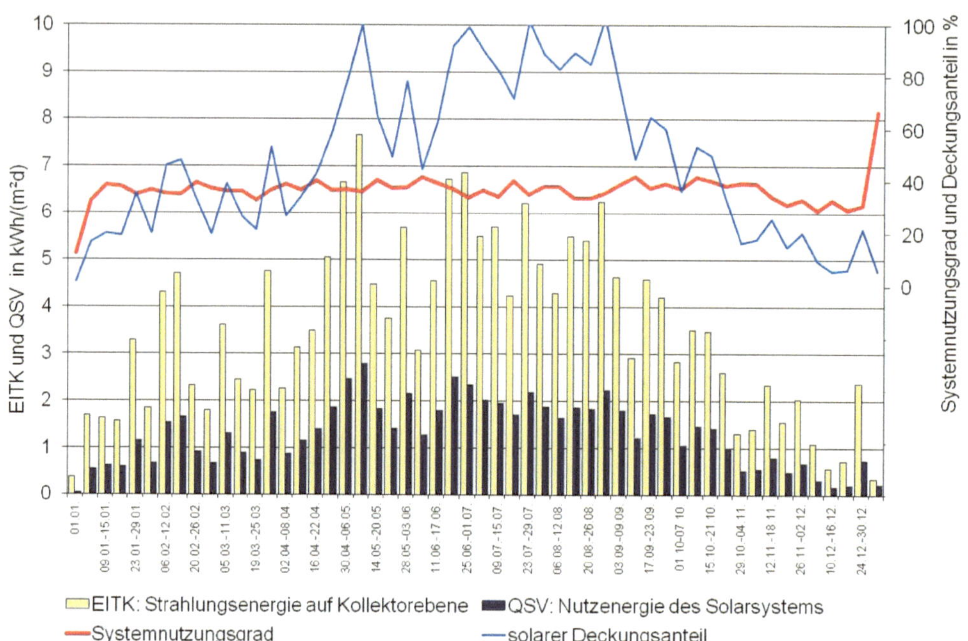

Abb. 5.14 Ausgewählte Messergebnisse des Jahres 2008 an der Solaranlage Wilmersdorfer Straße in Freiburg

Carpet-Plot sind auch noch die täglichen Verläufe der Strahlungsleistung deutlich zu erkennen. Täglich ähnlich verlaufende Einstrahlungsmuster ergeben ein übersichtliches Bild und zeigen deutlich den Verlauf der solaren Einstrahlung im Laufe eines Jahres. Mit Hilfe von Carpet-Plots können große Datenmengen in feiner zeitlicher Auflösung sehr anschaulich dargestellt werden. Ein Vergleich der Messdaten mehrerer Messpunkte in einem Diagramm ist nicht möglich. Es können allerdings zwei oder mehr Carpet-Plots miteinander verglichen werden und auf diesem Weg Abhängigkeiten voneinander festgestellt werden (siehe hierzu Abb. 5.16).

In Abb. 5.16 sind oben der Trinkwasservolumenstrom am Entlade-Wärmeübertrager (VSV), in der Mitte derselbe Wert mit einer anderen farblichen Skalierung und unten der Volumenstrom an der Legionellenschaltung (VLE). Schön ist zu erkennen, dass an den meisten Tagen die Entladung des Pufferspeichers aussetzt, sobald die Legionellenschaltung einsetzt und damit verbunden die Temperatur im Vorwärmspeicher auf 60 °C und darüber ansteigt. Die Temperatur im Pufferspeicher reicht nicht mehr aus, um Wärme an den Trinkwasservorwärmspeicher abzugeben. Zu erkennen ist allerdings auch, dass bei Volumenstrom im Legionellenkreislauf ein ähnliches Volumenstromprofil am Wärmeübertrager anliegt. Vermutlich werden hier durch die Legionellenschaltung unter bestimmten Umständen Fehlströmungen am Entlade-Wärmeübertrager verursacht. In einigen Zeiträu-

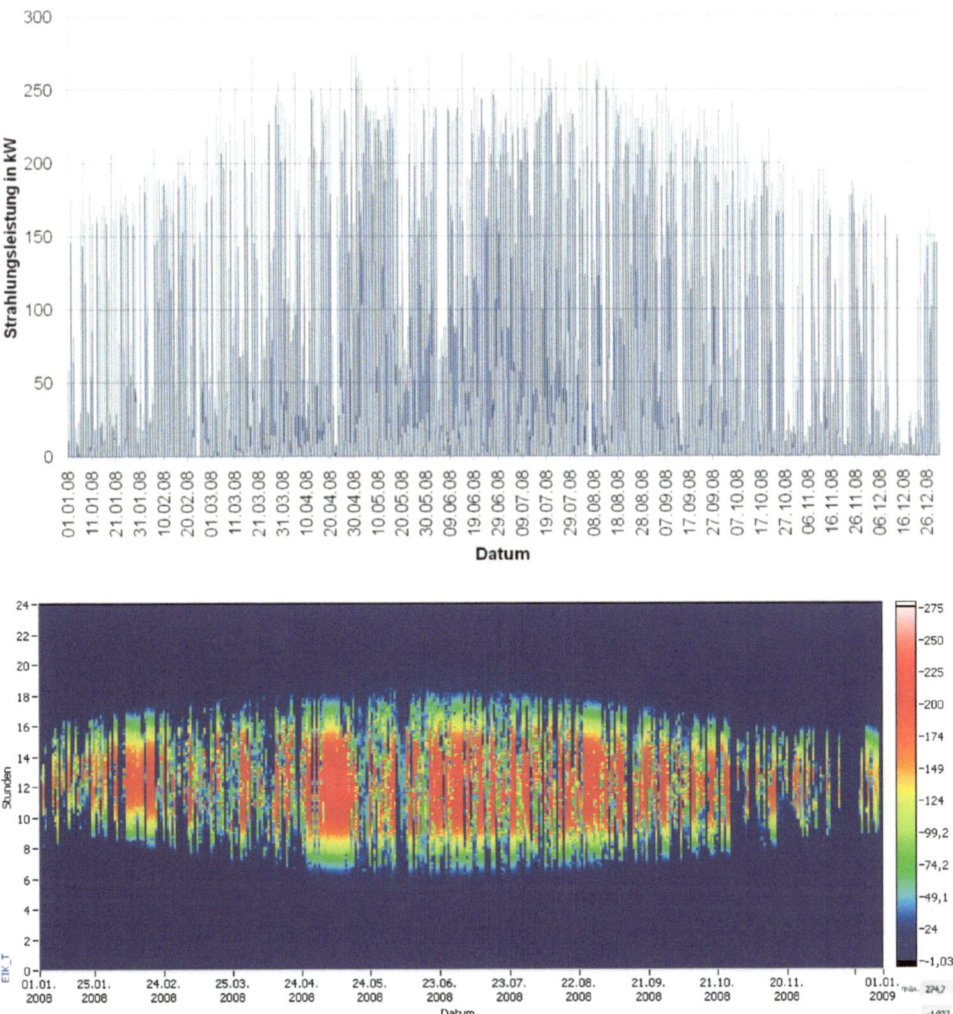

Abb. 5.15 Strahlungsleistung in Kollektorebene auf das gesamte Kollektorfeld der Wilmersdorfer Straße Freiburg des Jahres 2008 als Kurvendiagramm und Carpet-Plot

men, vor allem im Sommer, liegt im Trinkwasserkreislauf auch während der gesamten Nacht ein Volumenstrom an. Ursache hierfür sind hohe Temperaturen im Pufferspeicher. Dadurch ist das Einschaltkriterium für die Speicherentladung auch bei voll beladenem Trinkwasservorwärmspeicher erfüllt. Da aber die Maximaltemperatur am Mischventil im Speicherentladekreislauf überschritten ist, schließt dieses den Weg vom Pufferspeicher komplett, so dass 100 % Rücklauf in den Vorlauf am Wärmeübertrager kommen. Deshalb wird auch nur wenig Wärme an das Trinkwasser abgegeben.

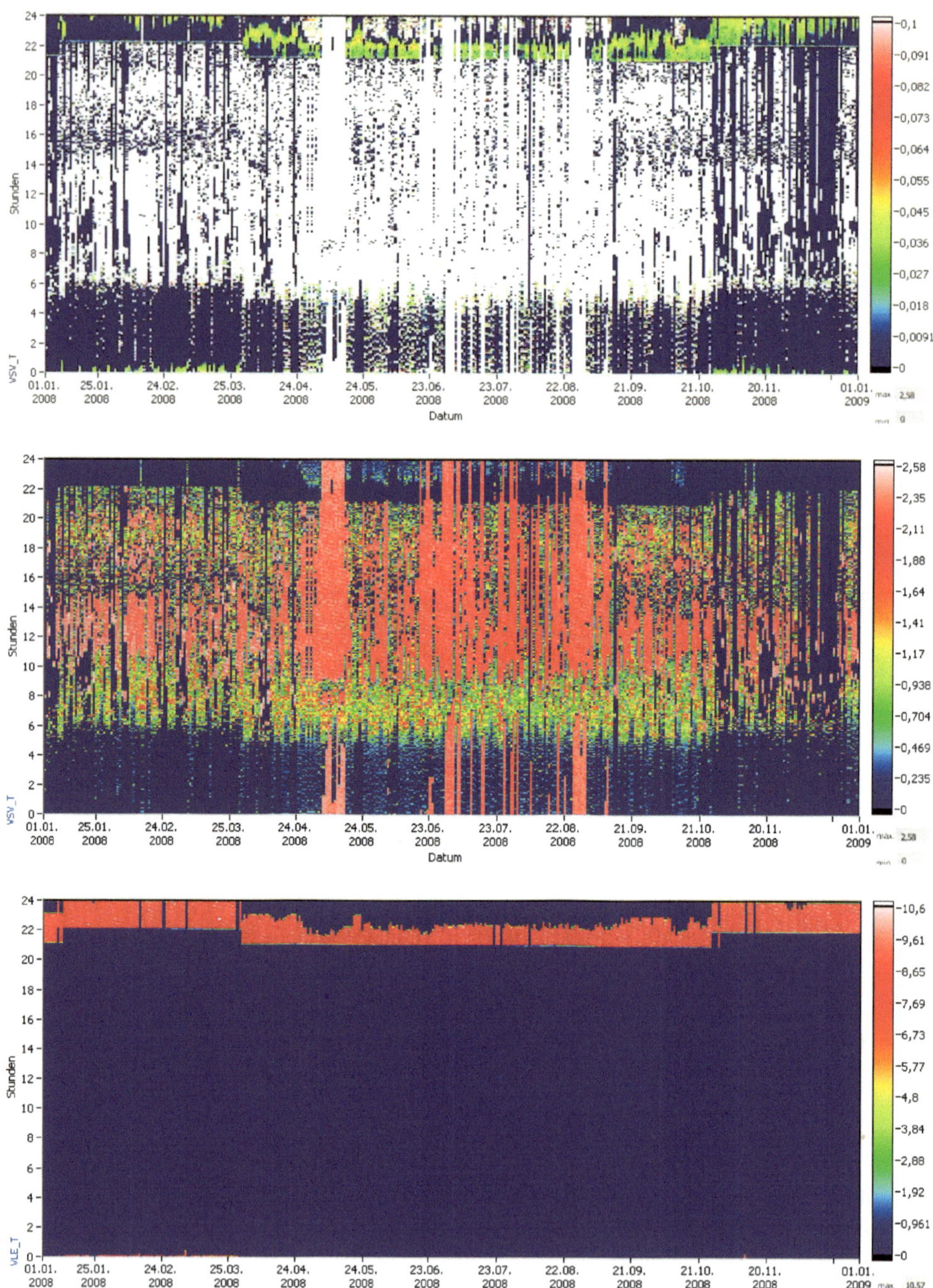

Abb. 5.16 *Oben* der Trinkwasservolumenstrom am Entlade-Wärmeübertrager (VSV), *in der Mitte* derselbe Wert in einer anderen farblichen Skalierung und *unten* der Volumenstrom an der Legionellenschaltung (VLE)

5.2 Solarunterstützte Gebäudeheizung

Elmar Bollin

Wie in den einführenden Kapiteln gezeigt, kommt es bedingt durch den nicht gleichzeitigen Verlauf von solaren Strahlungsangebot und Gebäudeheizbedarf im Jahresverlauf zu einer Phasenverschiebung: Während die Spitze des solaren Energieangebots im Sommer auftritt, erreicht das Maximum des Gebäudeheizbedarf im Dezember seinen Höhepunkt. Dies stellt generell ein Hemmnis bei der Nutzung von Solarenergie zur Gebäudeheizung dar. Groß dimensionierte Sonnenkollektorflächen führen im Sommer wegen fehlender Wärmeabnahme zu Überhitzung der Kollektoren und zu erheblichen Energieverlusten im Kollektorkreis. Die zeitliche Verschiebung der Maxima von Bedarf und Angebot ließe sich nur mit so genannten saisonalen Speichern überwinden, die Wärme verlustfrei über Monate speichern können.

Dennoch haben sich in den letzten Jahren bedingt durch systemtechnische Veränderungen in der Hydraulik von Solaranlagen so genannte „Kombinanlagen" auf dem Markt durchgesetzt, die die solare Trinkwassererwärmung mit der Gebäudeheizung kombinieren. Zentrales Element dieser Anlagen ist ein Pufferspeicher, oft auch in schichtender Ausführung. Die Bevorratung von Wärme in Pufferspeichern stellt zugleich eine Art Energiezentrale für die gesamte Wärmeversorgung des Gebäudes dar. Abbildung 5.17 zeigt ein Anlagenschema zur Einbindung eines Pufferspeichers mit Temperaturschichtung, das für die solare Brauchwassererwärmung und für die solare Gebäudeheizung geeignet ist. Wie Abb. 5.17 zeigt, dient der Pufferspeicher als zentrale Verteilstation. Sowohl die Erzeu-

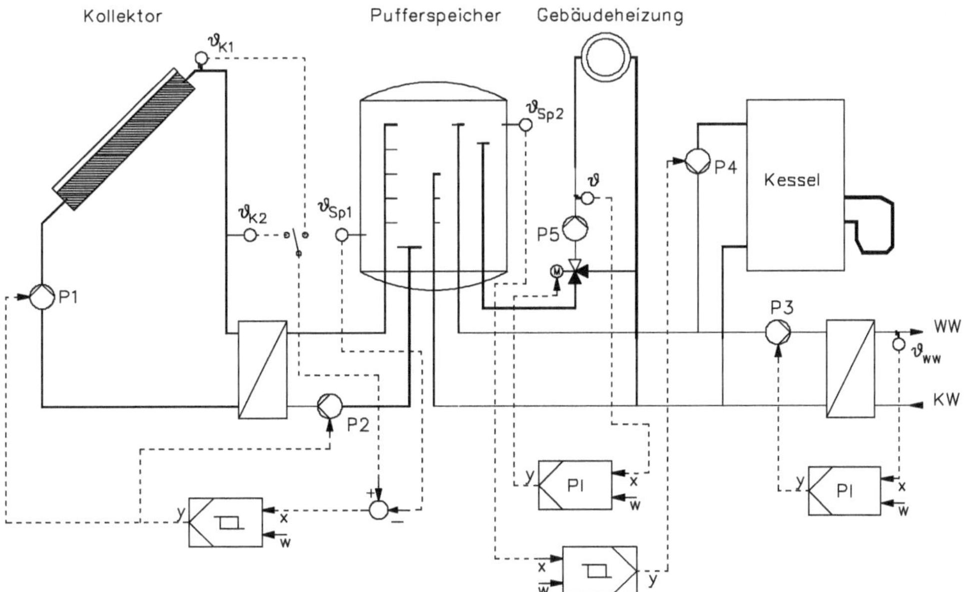

Abb. 5.17 Vereinfachtes Automationsschema einer solaren Gebäudeheizanlage

ger (Solarkollektor und Heizkessel) als auch die Verbraucher (Brauchwarmwasser und Gebäudeheizung) sind daran angeschlossen. Der Pufferspeicher wird somit zur zentralen Anlagenkomponente.

Bei Kleinanlagen in Ein- und Mehrfamilienhäusern wird ganz auf die Bevorratung von Brauchwarmwasser verzichtet. Das Brauchwasser wird, wie in Abb. 5.17 gezeigt, mit Hilfe eines leistungsstarken Plattenwärmeübertragers direkt auf Solltemperatur gebracht. Die Wärmeentnahme und Wärmeeinspeisung erfolgt bei diesen Schichtspeichern jeweils an den Stellen, die für das Speichern bzw. den Bedarf am sinnvollsten ist.

Wesentlicher Vorteil eines Anlagenkonzeptes ohne Trinkwasserbevorratung ist es, dass die Legionellenbildung nicht begünstigt wird und gleichzeitig eine problemlose Einbindung der Solaranlage in die Gebäudeheizung möglich ist. Der Betrieb solcher komplexer Anlagen erfordert die Unterteilung der Regelung und Steuerung in verschiedene Regelkreise bzw. Steuerungen (siehe Abb. 5.17 Automationsschema Gebäudeheizung). Zum Anfahren wird über einen Zweipunktregler die solare Umwälzpumpe P1 aktiviert, wenn $\vartheta_{K1} > \vartheta_{SP1}$ (Anfahrschaltung). Nach Ablauf einer Zeitspanne von ca. 5 bis 10 min wird mittels eines Messstellenumschalters ϑ_{K2} aktiviert. Der Regler nutzt dann die effektive Temperaturdifferenz $\vartheta_{K2} - \vartheta_{SP1}$ und gibt die Pumpen P1 und P2 für den Ladebetrieb frei. P2 entnimmt nun aus dem unteren Speicherbereich kaltes Heizwasser und führt es über den Wärmetauscher der Schichtladevorrichtung dem Pufferspeicher zu. Der Speicherladevorgang wird beendet, sobald die Temperaturdifferenz $\vartheta_{K2} - \vartheta_{SP1}$ unterhalb 3 K bis 5 K liegt.

Die Nachheizung durch den Heizkessel wird von einem separaten Zweipunktregler freigegeben, sobald der Sollwert ϑ_{SP2} im oberen Speicherbereich unterschritten wird. Die Kesselpumpe P4 entnimmt dann aus dem oberen Drittel des Speichers Heizwasser und führt heißes Kesselwasser in die oberste Speicherschicht, bis der Sollwert erreicht ist.

Für die Gebäudeheizung entnimmt P5 Heizwasser aus der obersten Speicherschicht und führt die Energie dem Wärmeverteilungssystem der Gebäudeheizung zu. Hier kann eine witterungsgeführte Vorlauftemperaturregelung eingesetzt werden.

Wird vom Nutzer warmes Wasser gezapft, fällt die Temperatur ϑ_{WW} ab, der PI-Regler wird freigegeben und schaltet die Pumpe P3 zu. P3 entnimmt ebenfalls Heizwasser aus der obersten Speicherschicht und führt sie über den Plattenwärmetauscher. Mit Hilfe des PI-Regelalgorithmus wird die Drehzahl der Pumpe P3 so eingestellt, dass die Soll-Warmwassertemperatur eingehalten werden kann.

Kontrollfragen zu Abschn. 5.2

- Welchen Vorteil hat die solare Trinkwassererwärmung im Vergleich zur solaren Gebäudeheizung?
- Was unterscheidet die solare Trinkwassererwärmung in Klein- und Großanlagen?
- Welche Funktion hat ein Automationsschema, wenn die Steuerung und Regelung einer Solaranlage beschreiben werden soll?
- Welchen Vorteil hat das solare Direkterwärmungsverfahren/Frischwasseranlage im Vergleich zur solaren Trinkwassererwärmung mit Vorwärmespeicher?
- Was kombiniert die Kombianlage?

5.3 Raumverhalten

Mathias Fraaß

5.3.1 Einleitung

Auf die Raumbeheizung entfallen heute rund ein Drittel des Primärenergieverbrauchs in Deutschland. Überwiegend werden fossile Brennstoffe verfeuert. Die Raumbeheizung auf erneuerbare Energien umzustellen, gehört zu den größten technischen Herausforderungen unserer Zeit. Das Angebot an erneuerbaren Energien ist örtlich begrenzt, bei Sonnenenergie, z. B. durch die vorhandenen Dachflächen. Um mit dem gegebenen Angebot in möglichst hohem Maß fossile Brennstoffe ablösen zu können, muss der Bedarf reduziert werden, z. B. durch Dämmmaßnahmen. Daneben muss auch die Energieeffizienz verbessert werden. Das erfordert Regeleinrichtungen mit erweiterten Funktionen.

In der Regelung der Raumbeheizung reicht es nicht mehr aus, die beteiligten Prozessgrößen in engen Grenzen zu halten und eine programmierbare Zeitplanregelung vorzuhalten. Regeleinrichtungen müssen heute vorausschauend arbeiten können. Dazu benötigen sie zusätzliche Witterungs- und Nutzungsdaten und ein Modell des Raumverhaltens (Raummodell). Regelungstechnik und Simulationstechnik stehen in modernen Regeleinrichtungen in enger Beziehung.

Bevor sie in die Produktion geht, wird eine Regeleinrichtung mit Hilfe von Rechnersimulationen erprobt. Dazu wird ihr Programm in ein gekoppeltes Raum- und Anlagenmodell eingebettet und realistischen Betriebsbedingungen unterworfen. Neben den möglichen Nutzungsprofilen gehören dazu repräsentative Verläufe der Witterung. Aus ihnen werden die jeweilige Intensität der einfallenden Sonneneinstrahlung, der Wärmestrahlungsaustausch im Raum und die Oberflächentemperaturen der Bauteile berechnet. Solche Simulationen sind speicherplatz- und rechenzeitintensiv, sie verlangen leistungsstarke Rechner.

Dagegen müssen Modelle, die in die Software einer Regeleinrichtung eingebettet sind, in kleinen Programmspeichern Platz finden und dürfen innerhalb des Programmzyklus nur wenig Rechenzeit in Anspruch nehmen. Dazu dürfen sie nur die für ihren Einsatzzweck relevanten Aspekte des Raumverhaltens enthalten. Zum Beispiel muss ein Modell, das für Auskühl- und Aufheizvorgänge verwendet wird (Absenkmodell), nicht zusätzlich noch die einfallende Sonnenstrahlung berücksichtigen. Anders als die komplexen Modelle der Rechnersimulation, sind solche eingebetteten Modelle ständig mit dem realen Raumverhalten konfrontiert. Ihre Parameter können während des Betriebs nach und nach an das Verhalten des realen Raums angepasst – und in dieser Form auch wieder für verbesserte Simulationsrechnungen genutzt werden.

Im Folgenden werden zunächst einige Grundbegriffe erörtert, die für die Beurteilung der Energieeffizienz von Regeleinrichtungen notwendig sind. Anschließend werden verschiedene Raummodelle vorgestellt und ihre Einsatzmöglichkeiten erläutert.

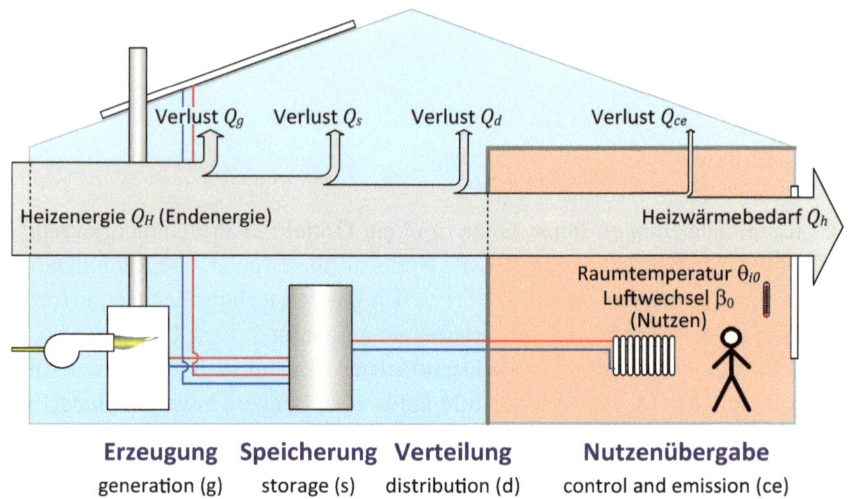

Abb. 5.18 Energiefluss im Gebäude

5.3.2 Energiefluss in der Raumbeheizung

In der Energieeinsparverordnung (EnEV) ist eine nutzen- bzw. bedarfsorientierte Sichtweise entwickelt worden, die das Verständnis des Energieflusses in der Raumbeheizung und die Beurteilung der Energieeffizienz von Regeleinrichtungen erleichtert. Zentrale Begriffe sind Nutzen, Bedarf und Aufwand. Das Normenwerk der EnEV besteht aus DIN V 4108-6 für die Berechnung des Jahresheizwärmebedarfs und DIN V 4701-10 für die energetische Anlagenbewertung. Abbildung 5.18 dient zur Erläuterung der Begriffe.

5.3.2.1 Nutzen und Bedarf

Der Nutzen der Raumbeheizung besteht darin, den Aufenthalt in einem Raum unter behaglichen Bedingungen über vorgesehene Nutzungszeiten hinweg zu ermöglichen. Er lässt sich mit Werten der Innentemperatur θ_{i0}, des Luftwechsels β_0 und der Nutzungszeit beziffern. Solche Werte werden in Auslegungsrechnungen verarbeitet und dienen später als Ersteinstellungen der Regeleinrichtung.

Im Betrieb der Anlage können die Nutzeranforderungen von den Auslegungswerten abweichen und auch zeitlichen Veränderungen unterworfen sein. Zur erweiterten Funktionalität einer Regeleinrichtung gehört die Fähigkeit, die Nutzeranforderungen möglichst genau zu erfassen. Dazu muss sie in individuell genutzten Räumen über ein leistungsfähiges Nutzerinterface verfügen und in organisiert genutzten Räumen über einen Datenaustausch mit einem Raumverwaltungsprogramm, üblicherweise einem **CAFM**-Programm.

Mit dem Nutzen ist eine Energiemenge Q_h verbunden, die dem Raum über einen Bilanzzeitraum, z. B. die Heizperiode, hinweg zugeführt werden muss. Sie stellt den Heiz-

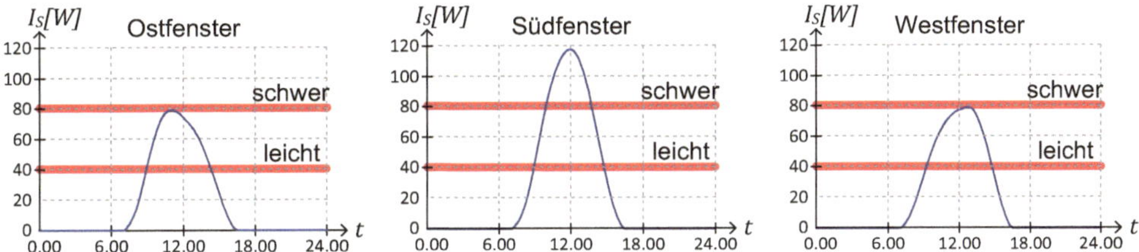

Abb. 5.19 Globalstrahlung auf vertikale Flächen am Standort Passau an einem normalen Tag im Januar

wärmebedarf des Raums dar und berechnet sich gemäß

$$Q_h = Q_l - \eta Q_g = Q_T + Q_V - \eta(Q_I + Q_S). \tag{5.1}$$

Darin sind Q_l und Q_g der Wärmeverlust und der Wärmegewinn des Raums. Der Verlust setzt sich aus den Transmissions- und Lüftungsverlusten Q_T und Q_V zusammen, der Gewinn entsteht aus inneren Quellen (Q_I) und aus solarer Einstrahlung (Q_S). Vor seinem Abzug vom Verlust wird der Gewinn noch mit einem Ausnutzungsgrad η gewichtet.

Der **Ausnutzungsgrad der Wärmegewinne** hängt von der wirksamen Speicherfähigkeit des Raums und dem Wärmegewinn/-verlustverhältnis $\frac{\gamma = Q_g}{Q_l}$ ab. γ-Werte größer als Eins bedeuten, dass der Gewinn den Verlust übersteigt. Der überschüssige Teil des Gewinns würde zu einer Raumtemperatur oberhalb von θ_{i0} führen. Häufig wird das durch Fensteröffnung vermieden („Ablüften des Gewinns"), in jedem Fall aber kann der überschüssige Teil des Gewinns nicht genutzt werden und schmälert den Ausnutzungsgrad η ($\eta < 1 \Leftrightarrow \gamma > 1$). Aber auch schon bei $\gamma \leq 1$ ist der Ausnutzungsgrad in den wenigsten Fällen gleich Eins.

Abbildung 5.19 zeigt typische Verläufe der solaren Einstrahlung auf ein Fenster (Globalstrahlung, normaler Januartag in Passau, berechnet nach Werten aus DIN 4710). Auch wenn die Wärmegewinne über den Tag hinweg kleiner ausfallen als die Wärmeverluste, entstehen um die Mittagszeit Spitzen, die nicht genutzt werden können und folglich zu einer Minderung des Ausnutzungsgrads η führen.

Wie groß die Minderung ausfällt, hängt von der Speicherfähigkeit des Raums, ausgedrückt in seiner Bauschwere, ab. In einem leichten Raum erhöht die absorbierte Strahlung die Oberflächentemperatur der Bauteile sehr schnell auf einen Wert, der mit einer Überschreitung von θ_{i0} verbunden ist. In einem schweren Raum fließen hohe Speicherwärmeströme in die Bauteile hinein, die das verhindern (Abb. 5.19 links und rechts, dort wird die Spitze voll genutzt) oder zumindest lindern (Abb. 5.19 Mitte, dort wird die Spitze zu einem größeren Teil genutzt). Ein schwerer Raum hat also einen höheren Ausnutzungsgrad η als ein leichter.

Neben dem Ausnutzungsgrad η ist an Gl. 5.1 auch die Behandlung der Sonnenenergie in Gestalt von Q_S bemerkenswert (siehe Abb. 5.18): Wenn die Sonnenenergie über den

Kollektor ins Gebäude gelangt, trägt sie zusammen mit der Heizenergie aus dem Kessel zur Deckung des Bedarfs bei, verändert ihn aber nicht. Gelangt sie hingegen durch das Fenster in den Raum, reduziert sie unmittelbar den Bedarf und kann ihn, wie gerade besprochen, sogar in einen Kühlbedarf umkehren.

Regeleinrichtungen, die über eine Sequenz für einen motorisch verstellbaren Sonnenschutz und einen Messwert der solaren Einstrahlung verfügen, brauchen die Temperaturerhöhung im Raum nicht erst abzuwarten, sondern können sie aus dem Messwert prognostizieren und entsprechend den Sonnenschutz verstellen. Das gehört zur eingangs geforderten antizipierenden Arbeitsweise. Die morgendliche Beheizung eines Raums, dessen Bedarf sich schon wenig später infolge der Sonneneinstrahlung auf null reduziert, kann so ebenfalls vermieden werden.

Weiterhin bedarfsreduzierend wirkt neben den Gewinnen auch die tägliche Nutzungszeit. Wenn sie nicht den ganzen Tag umfasst, kommt es zu einer Bedarfsminderung ΔQ_l, die DIN V 4108-6 in einem Berechnungsansatz für die intermittierende Beheizung berücksichtigt. Die zugehörige Gleichung ist

$$Q_h = Q_l - \Delta Q_l - \eta Q_g. \qquad (5.2)$$

Damit ΔQ_l genutzt werden kann, müssen Regeleinrichtungen Informationen über das Raumverhalten, z. B. in Gestalt von Absenkmodellen, besitzen, mit denen sie ihre Zeitplanregelung optimieren können.

5.3.2.2 Aufwand und Energieeffizienz

Die EnEV unterscheidet zwischen verschiedenen Anlagenteilen, die in Abb. 5.18 zu erkennen sind. Aus Sicht des Raums ist der erste Anlagenteil die sogenannte Nutzenübergabe (control and emission, „ce"). Anlagenteile, die hinter der Übergabe folgen, sind die Verteilung (distribution,"d"), die Speicherung (storage, „s") und die Erzeugung (generation, „g").

Jeder dieser Anlagenteile ist verlustbehaftet. In Abb. 5.18 erkennt man die Verluste Q_{ce}, Q_d, Q_s und Q_g. Die jeweils zugeführte Energiemenge wird als Aufwand bezeichnet. Jeder Anlagenteil hat auch einen eigenen Bedarf. Zum Beispiel ist der Aufwand der Nutzenübergabe zugleich der Bedarf der Verteilung. Das setzt sich fort bis zum Bedarf der Erzeugung. Ihr Aufwand wird an der Gebäudegrenze übergeben und allgemein als Endenergie oder auch Bezugsenergie bezeichnet.

Im Beispiel des gezeigten Gaskessels ist die Bezugsenergie der Energieinhalt des an das Gebäude übergebenen Gases. In der aufzuwendenden Primärenergie ist zusätzlich zur Endenergie noch der Energieaufwand für die Erschließung des Gases, seine Aufbereitung und seinen Transport enthalten.

Zwischen der Heizenergie und dem Heizwärmebedarf besteht nach Abb. 5.18 die Beziehung

$$Q_H = Q_g + Q_s + Q_d + Q_{ce} + Q_h = e_g e_s e_d e_{ce} Q_h = e Q_h. \qquad (5.3)$$

Sie muss für jede Energieart mit dem jeweiligen Deckungsanteil aufgestellt werden, damit die zugehörige Primärenergiemenge berechnet werden kann. In der Gleichung sind Q_g, Q_s, Q_d und Q_{ce} die Verlustenergiemengen der einzelnen Anlagenteile und e_g, e_s, e_d und e_{ce} die entsprechenden Aufwandszahlen. Sie bilden ein Maß für die eingangs angesprochene Energieeffizienz: Je kleiner die Aufwandszahl eines Anlagenteils oder einer gesamten Anlage ausfällt, desto höher ist die jeweilige Energieeffizienz.

In der Raumbeheizung interessiert zunächst die Aufwandszahl der Nutzenübergabe (kurz Übergabe). Sie umfasst die Raumtemperaturregeleinrichtung (control) und die Heizflächen (emission). Der Verlust der Übergabe Q_{ce} ergibt sich aus einer zu hohen Raumtemperatur, verbunden mit einem entsprechend höheren Wärmeverlust des Raums. Eine zu hohe Raumtemperatur kann zum einen aus mangelnder Regelgüte resultieren und sich als bleibende Regelabweichung äußern. Die Raumtemperatur ist aber auch dann schon zu hoch, wenn die Heizleistung reduziert werden muss, aber die Heizflächen wegen ihrer Trägheit nicht so schnell auskühlen, wie das erforderlich wäre. Und schließlich kann eine zu hohe Raumtemperatur auch auf falsche Heizflächenanordnungen zurückgehen. Führt die Heizflächenanordnung nämlich zu einer signifikanten Strahlungsasymmetrie, müssen die damit verbundenen Behaglichkeitsdefizite dauerhaft durch eine Anhebung der Lufttemperatur ausgeglichen werden.

Die Übergabe bestimmt ferner auch über die Systemtemperaturen. Große Heizkörper erlauben niedrigere Systemtemperaturen als kleine, noch geringere Systemtemperaturen werden bei Einsatz von Flächenheizungen erforderlich. Das ist ein Beispiel, wie die Übergabe auch das Verhalten aller anderen Anlagenteile beeinflusst: Aggregatwirkungsgrade, Speicherverluste, Verluste der Verteilung in ungeheizten Bereichen – all das reduziert sich, wenn die Übergabe geringere Systemtemperaturen zulässt.

5.3.3 Modellierung des Raumverhaltens

Raummodelle lassen sich unterscheiden in Modelle, die die einzelnen Bauteile des Raums und ihre Orientierung zueinander nachbilden (geometrische Modelle), und solche, die den raumumschließenden Baukörper zusammenfassen (nichtgeometrische Modelle). Beide Klassen von Modellen unterteilen sich weiter in Modelle, die den zeitlichen Verlauf interessierender Größen zeigen (instationäre Modelle, auch dynamische Modelle genannt), und solche, die nur ihre Beharrungswerte zeigen (stationäre Modelle, auch als statische Modelle bezeichnet).

Ferner können Modelle noch nach dem Grad der Feinheit unterschieden werden, mit dem sie den Raum nachbilden. Ein Feinmodell beschreibt das Raumverhalten in einer Vielzahl von Gleichungen, während ein Grobmodell im Extremfall nur eine einzige Gleichung enthält. Für den Einsatz in Regeleinrichtungen werden bevorzugt Grobmodelle verwendet, während bei Simulationsrechnungen auf einem Rechner überwiegend Feinmodelle zum Einsatz kommen. Eine Zwischenstellung nehmen Modelle für Bedarfsberechnungen ein, die in Auslegungsprogrammen verwendet werden.

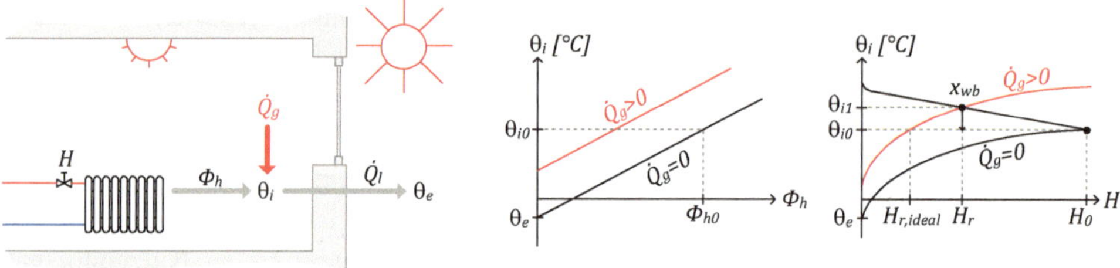

Abb. 5.20 Kennlinien des Raums und der Raumtemperaturregelstrecke

5.3.3.1 Raumkennlinie und Raumtemperaturregelung

Abbildung 5.20 zeigt links einen beheizten Raum mit einer Innentemperatur θ_i (interior) bei einer Außentemperatur θ_e (exterior). $\dot{Q}_g$ und $\dot{Q}_l$ haben eine analoge Bedeutung zu den Größen in Gln. 5.1 und 5.2, nur sind es Leistungen und keine Energiemengen. Für den Wärmeverlust des Raums gilt wie in Gln. 5.1 und 5.2:

$$\dot{Q}_l = \dot{Q}_T + \dot{Q}_V = (H_T + H_V) \cdot (\theta_i - \theta_e) = H \cdot (\theta_i - \theta_e) = \frac{\theta_i - \theta_e}{R_a}. \tag{5.4}$$

Darin sind $\dot{Q}_T$ und $\dot{Q}_V$ die Verlustwärmeströme aus Transmission und Lüftung. H_T und H_V sind die zugehörigen Wärmeverlustkoeffizienten. Sie lassen sich zu einem Gesamtwärmeverlustkoeffizienten H zusammenfassen. Ganz rechts in Gl. 5.4 erscheint sein Kehrwert, der thermische Widerstand zwischen Raum und Umgebung R_a.

Die Kennlinie des Raums ist

$$\theta_i(\Phi_h) = \theta_e + R_a \cdot (\Phi_h + \dot{Q}_g). \tag{5.5}$$

Darin ist Φ_h die dem Raum zugeführte Heizleistung (von technischen Einrichtungen abgegebene Leistungen werden hier mit Φ, alle weiteren Wärmeströme aber mit $\dot{Q}$ bezeichnet).

Abbildung 5.20 zeigt in der Mitte Raumkennlinien mit und ohne Wärmegewinn. Ohne Wärmegewinn ($\dot{Q}_g = 0$) kühlt der Raum bei $\Phi_h = 0$ bis auf die Temperatur seiner Umgebung aus, in Abb. 5.20 ist angenommen, dass das die Außentemperatur ist. Bei $\Phi_h = \Phi_{h0} = \frac{\theta_{i0} + \theta_e}{R_a}$ wird der Raum auf die Nutztemperatur θ_{i0} aufgeheizt. Tritt zusätzlich noch ein Wärmegewinn auf ($\dot{Q}_g > 0$), wird bei Φ_{h0} und auch bei allen anderen Werten von Φ_h eine höhere Raumtemperatur erreicht. Entsprechend verschiebt sich die Kennlinie nach oben.

Rechts in Abb. 5.20 sind unten zwei Kennlinien der kompletten Raumtemperaturregelstrecke zu erkennen, auch wieder mit und ohne Wärmegewinn. Stellgröße ist der Ventilhub H. Anders als die Kennlinien des Raums sind die Kennlinien der Raumtemperaturregelstrecke nichtlinear. Dafür ist die Kennlinie des Heizkörpers verantwortlich. Übliche Heizkörperventile haben eine lineare Kennlinie und können die Nichtlinearität nicht ausgleichen. Bei geschlossenem Ventil kühlt der Raum ohne Wärmegewinn wieder bis auf θ_e aus. Bei $H = H_0$ wird die Heizleistung Φ_{h0} abgegeben. Entsprechend erreicht der Raum auch hier wieder θ_{i0}. Wenn nun noch ein Wärmegewinn auftritt, ergibt sich wie bei den Raumkennlinien eine Verschiebung nach oben.

Oben im Bild ist noch die Kennlinie einer proportionalwirkenden Regeleinrichtung (Thermostatventil) eingetragen. Sie wird auf H_0 justiert und schließt, wenn ein Wärmegewinn auftritt. Regelungstechnisch gesehen, ist der Wärmegewinn also eine Störgröße, den die Regeleinrichtung ausregeln muss. Wenn sie optimal arbeitet, schließt sie bis auf einen Hub $H_{r,\text{ideal}}$ und vermindert die Heizleistung um den vollen Betrag des Wärmegewinns. In diesem Fall bleibt die Raumtemperatur bei θ_{i0} und es tritt keine Regelabweichung auf. Eine proportionalwirkenden Regeleinrichtung schließt hingegen nur bis auf einen Hub H_r, der mit einer erhöhten Raumtemperatur θ_{i1} verbunden ist. Die bleibende Regelabweichung x_{wb} lässt sich in einen statischen Verlustwärmestrom

$$\dot{Q}_{ce,\text{stat}} = \frac{x_{wb}}{R_a} \qquad (5.6)$$

umrechnen, der zeitlich integriert in die Verlustenergie der Übergabe Q_{ce} gemäß Gl. 5.3 eingeht.

Ihm zur Seite tritt ein dynamischer Verlustwärmestrom $\dot{Q}_{ce,\text{dyn}}$, der sich aus der Trägheit der Heizfläche ergibt und auch von einer ideal arbeitenden Regeleinrichtung nicht vermieden werden kann: Bei mittaglichen Spitzen, wie sie Abb. 5.19 zeigt, wird jede Regeleinrichtung das Heizkörperventil schließen. Aber auch danach gibt der Heizkörper noch solange Wärme ab, bis sein Wasserinhalt auf Raumtemperatur ausgekühlt ist. Auch diese Wärme geht verloren, wenn sie zu einer Überschreitung von θ_{i0} führt. In Simulationen zur Ermittlung von Q_{ce} bzw. e_{ce} wird daher als Referenz häufig ein nichtträges Heizsystem mit optimaler Regelgüte („idealer Heizer") herangezogen.

Eine weitere Überlegung betrifft die Vorlauftemperaturregelung: Abb. 5.19 zeigte, dass auch während der Spitzenzeiten nur ein Teil des Wärmegewinns als Störgröße ausgeregelt werden muss. Demzufolge lässt sich der Wärmegewinn gemäß

$$\dot{Q}_g = \dot{Q}_{g0} + \Delta\dot{Q}_g \qquad (5.7)$$

in den auszuregelnden Teil $\Delta\dot{Q}_g$ und einen Sockelbetrag $\dot{Q}_{g0}$ unterteilen. Anders als $\Delta\dot{Q}_g$ kommt $\dot{Q}_{g0}$ dem Raum dauerhaft zugute und wirkt wie eine erhöhte Außentemperatur $\theta_{e,g} > \theta_e$. In einer bestimmten Zeitspanne, z. B. einer Stunde oder einem Tag, lässt sich der Mittelwert des Sockels $\overline{\dot{Q}_{g0}}$ in Gl. 5.4 einführen und liefert für $\theta_{e,g}$

$$\theta_{e,g} = \theta_e + R_a \overline{\dot{Q}_{g0}}. \qquad (5.8)$$

Darin ist θ_e der Messwert des Außentemperaturfühlers. Werte, mit denen sich $\overline{\dot{Q}_{g0}}$ abschätzen lässt, können von einem örtlichen Fühler für die Sonneneinstrahlung, aus Daten-

Abb. 5.21 Einknotenmodell

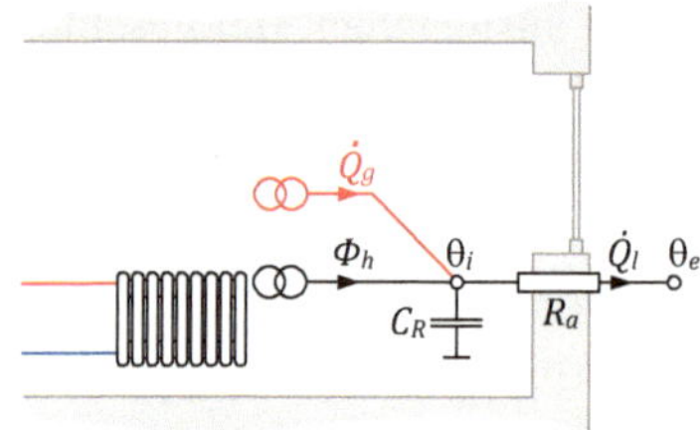

kanälen zu Wetterdiensten oder auch aus dem Informationsverbund des örtlichen Automatisierungssystems stammen. Das Automatisierungssystem liefert interne Gewinne, die, wenn sie regelmäßig auftreten, ebenfalls in $\overline{\dot{Q}_{g0}}$ eingehen.

Mit Berücksichtigung von $\theta_{e,g}$ gelangt die Heizkreisregelung zu einer verbesserten Heizkurve mit einer niedrigeren Vorlauftemperatur. Dadurch ist u. a. die Energie des Wasserinhalts an Heizflächen nach Schließen der Heizkörperventile geringer und mit ihm der dynamische Wärmeverlust der Übergabe. Noch höher anzusetzen ist die Reduzierung von Mehrverbräuchen infolge irregulären Nutzerverhaltens: Nutzer wählen oftmals den Sollwert zu hoch oder stellen das Fenster in Kippstellung oder tun beides zugleich. Auch diese Mehrverbräuche fallen geringer aus, wenn die Vorlauftemperatur niedriger ist.

5.3.3.2 Einknotenmodell

Abbildung 5.21 zeigt, in einer elektrischen Analogie, ein einfaches dynamisches Modell eines beheizten Raums. Der Heizkörper ist als Stromquelle nachgebildet, die einen Strom Φ_h abgibt. Eine weitere Stromquelle gibt den Wärmegewinn als Strom $\dot{Q}_g$ ab. Beide Ströme fließen in einen Knotenpunkt, dessen Potential der Raumtemperatur θ_i entspricht. Zwischen θ_i und θ_e fließt durch den Widerstand R_a der Wärmeverlust $\dot{Q}_l$. Bis hierhin wird durch die elektrische Analogie die gleiche Situation dargestellt, wie sie in Abb. 5.20 abgebildet und in Gl. 5.5 mathematisch beschrieben ist.

Neu ist die Kapazität C_R, die das Speichervermögen des Raums repräsentiert. Mit der Kapazität ist ein Speicherstrom $C_R\dot{\theta}_i$ verbunden, der aus dem Knotenpunkt herausfließt und den drei in den Knotenpunkt hereinfließenden Strömen entsprechen muss. Daraus ergibt sich zunächst

$$C_R\dot{\theta}_i = \Phi_h + \dot{Q}_g - \frac{\theta_i - \theta_e}{R_a}. \tag{5.9}$$

Darin bildet θ_e eine Inhomogenität, die mathematische Schwierigkeiten mit sich bringt. Um sie auszublenden, wird θ_i auf θ_e bezogen und eine Übertemperatur $\vartheta_i = \theta_i - \theta_e$ gebildet. $\vartheta_i = 0$ ist dann gleichbedeutend mit $\theta_i = \theta_e$, und ϑ_{i0} entspricht $\theta_i = \theta_{i0}$. Mit der Übertemperatur kann Gl. 5.9 in die homogene Gleichung

$$R_a C_R \cdot \dot{\vartheta}_i + \vartheta_i = R_a \cdot (\Phi_h + \dot{Q}_g) \tag{5.10}$$

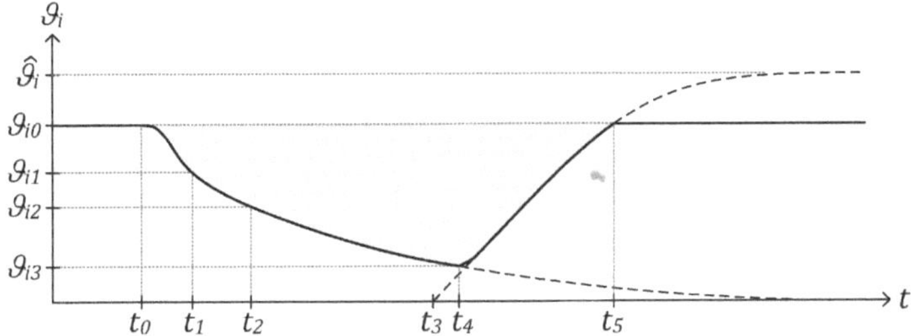

Abb. 5.22 Absenkbetrieb und Aufheizbetrieb

überführt werden. Man erkennt ein PT1-Glied mit dem Proportionalbeiwert $K_P = R_a$ und der Zeitkonstanten $T_1 = R_a C_R$. Darin liegt eine Vereinfachung, denn reale Räume zeigen ein PTn-Verhalten mit einer Verzugszeit T_u. Man spricht zwar häufig von der Zeitkonstante eines Raums, aber in Wirklichkeit ist das eine Ausgleichszeit T_g.

Abbildung 5.22 zeigt einen möglichen Zeitverlauf der Übertemperatur in einem Raum, beginnend mit dem Wert ϑ_{i0} bei normaler Nutzung. Es wird angenommen, dass zu keinem Zeitpunkt ein Wärmegewinn besteht ($\dot{Q}_{\downarrow g} = 0$). Zu einem Zeitpunkt t_0 wird zusätzlich noch die Heizleistung abgeschaltet ($\Phi_{\downarrow h} = 0$). Aus Gl. 5.10 ergibt sich daraus allgemein ein Abkühlverlauf

$$\vartheta_i(t) = \vartheta_{i0} \cdot e^{-\frac{t}{T_1}}, \tag{5.11}$$

für den in der Kurve nach Abb. 5.22 $t - t_0$ anstelle von t eingesetzt werden muss. (Zeitabhängigkeiten wie hier $\vartheta_i(t)$ werden im Folgenden nicht immer gezeigt.)

Gleichung 5.11 bildet die einfachste Form eines Abkühlmodells. Regeleinrichtungen können es nutzen, um aus dem Verlauf von $\vartheta_i(t)$ die Zeitkonstante T_1 zu bestimmen. Anschließend können sie T_1 verwenden, um interessierende Zeitpunkte, z. B. auch den Aufheizzeitpunkt, zu bestimmen. Allerdings muss dazu der aktuelle Wert von θ_e bekannt sein (ϑ_i ist ja weiter $\theta_i + \theta_e$), und θ_e muss über den interessierenden Zeitraum hinweg auch genügend konstant sein.

Unter diesen Voraussetzungen könnte eine Regeleinrichtung z. B. zum Beginn eines Abkühlvorgangs t_0 und zu einem späteren Zeitpunkt t_1 die Raumtemperatur messen, daraus die beiden Werte ϑ_{i0} und ϑ_{i1} bilden und mit ihnen nach Umformung von $\vartheta_{i1} = \vartheta_{i0} \cdot e^{-\frac{t_1 - t_0}{t_1}}$ in $T_1 = (t_1 - t_0) \ln\left(\frac{\vartheta_{i0}}{\vartheta_{i1}}\right)$ die Zeitkonstante bestimmen. Dafür wäre ein kurzer Messzeitraum $t_1 - t_0$ günstig, in dem der zeitliche Verlauf von θ_e das Ergebnis von T_1 nur wenig verfälschen kann. Andererseits gelangt man mit zu kurzen Messzeiträumen in den Bereich der Verzugszeit und erhält dann erst recht ein unbrauchbares Ergebnis für T_1 – auf der Flucht vor der Biene läuft man so in die Arme des Bären.

Besser sind Messungen an zwei Zeitpunkten t_1 und t_2, die kurz hinter dem Wendepunkt liegen. (Eine Regeleinrichtung kann den Wendepunkt detektieren, in dem sie fortlaufend Ableitungen des Raumtemperaturverlaufs bestimmt.) Die beiden Messergebnisse $\vartheta_{i1} =$

$\vartheta_{i0} \cdot e^{-\frac{t_1 - t_0}{T_1}}$ und $\vartheta_{i2} = \vartheta_{i0} \cdot e^{-\frac{t_2 - t_0}{T_1}}$ ergeben nach Division die Bestimmungsgleichung

$$T_1 = (t_2 - t_1) \ln \left(\frac{\vartheta_{i1}}{\vartheta_{i2}} \right) \tag{5.12}$$

für die Zeitkonstante. Anders als zuvor noch $t_1 - t_0$ ist $t_2 - t_1$ eine Zeitspanne, die nicht die Verzugszeit umfasst. Allerdings setzt auch Gl. 5.12 voraus, dass θ_e nicht nur zwischen t_1 und t_2, sondern über den gesamten Zeitraum von t_0 bis t_2 möglichst konstant ist.

Im Anschluss an das Abkühlen des Raums ist in Abb. 5.22 ein Aufheizvorgang gezeigt, der zum Zeitpunkt t_4 beginnt. Ohne die Aufheizung würde die Übertemperatur des Raums gegen null streben, wie es die gestrichelte Fortsetzung der Abkühlkurve zeigt. Wenn für den Aufheizbetrieb eine Heizleistung $\hat{\Phi}_h$ zur Verfügung steht, ergibt sich aus Gl. 5.10 eine Aufheizkurve, in der die Übertemperatur gegen einen Beharrungswert $\hat{\vartheta}_i = R_a \hat{\Phi}_h$ strebt:

$$\vartheta_i(t) = R_a \hat{\Phi}_h \cdot \left(1 - e^{-\frac{t}{T_2}} \right) = \hat{\vartheta}_i \cdot \left(1 - e^{-\frac{t}{T_2}} \right). \tag{5.13}$$

Auch die Aufheizkurve endet in einer gestrichelten Linie, denn im realen Betrieb wird die Übertemperatur geregelt, sobald sie den Wert ϑ_{i0} erreicht. In Abb. 5.22 ist das zum Zeitpunkt t_5 der Fall, der als Beginn der Nutzungszeit angenommen ist. $t_5 - t_4$ ist die Aufheizzeit.

Für die Bestimmung des **Aufheizzeitpunkts** t_4 muss zunächst ein fiktiver Startzeitpunkt t_3 berechnet werden der sich ergeben würde, wenn der Raum zuvor bis auf $\vartheta_i = 0$ ausgekühlt ist. In Abb. 5.22 verweist eine weitere gestrichelte Linie auf diesen Zeitpunkt. Er ist deswegen fiktiv, weil er eine Größe des Raumknotenmodells mit PT1-Verhalten und nicht des realen Raums mit ist. (Auch der Knick des Temperaturverlaufs zwischen Abkühlen und Aufheizen ist Ausdruck des angenommenen PT1-Verhaltens.)

Mit $\hat{\vartheta}_i = R_a \hat{\Phi}_h$ gilt für die Aufheizkurve allgemein: $\vartheta_i(t) = \hat{\vartheta}_i \cdot (1 - e^{-\frac{t - t_3}{T_2}})$. Darin lässt sich t_3 aus dem Aufheizzustand zum Zeitpunkt t_5, $\vartheta_{i0} = \hat{\vartheta}_i \cdot (1 - e^{-\frac{t_5 - t_3}{T_2}})$, bestimmen und zwar zu

$$t_3 = t_5 + T_1 \ln \left(1 - \frac{\vartheta_{i0}}{\hat{\vartheta}_i} \right). \tag{5.14}$$

In die Aufheizkurve eingesetzt, liefert das einen Zeitverlauf

$$\vartheta_i(t) = (\hat{\vartheta}_i - \vartheta_{i0}) \cdot \left(1 - e^{-\frac{t_3 - t}{T_2}} \right) \tag{5.15}$$

der Aufheizkurve. Der Zeitpunkt t_4 ist erreicht, wenn das Wertepaar (t, ϑ_i) Gl. 5.15 erfüllt.

Eine Regeleinrichtung könnte den Aufheizzeitpunkt feststellen, in dem sie ab dem Zeitpunkt t_3 fortlaufend den Ausdruck $\vartheta_i - (\hat{\vartheta}_i - \vartheta_{i0}) \cdot (1 - e^{-\frac{t_3 - t}{T_2}})$ auswertet und mit dem Aufheizen beginnt, wenn er eine festgelegte Schwelle unterschreitet. Erheblich einfacher wird die Berechnung, wenn der Raum bei seiner Auskühlung eine vorgesehene Absenk-temperatur $\vartheta_{i,sb}$ (stand by) erreicht, auf die er geregelt wird. Aus Gl. 5.15 ergibt sich dann unmittelbar der Aufheizzeitpunkt t_4 gemäß

$$t_4 = t_5 - T_1 \ln \left(\frac{\hat{\vartheta}_i - \vartheta_{i,sb}}{\vartheta_i - \vartheta_{i0}} \right). \tag{5.16}$$

Damit eine Regeleinrichtung solche Gleichungen verwenden kann, müssen ihr nicht nur Messwerte der Außentemperatur θ_e zur Verfügung stehen, sondern auch der Aufheizleis-tung $\hat{\Phi}_h$, die wiederum aus der Vorlauftemperatur folgt. Das setzt eine Kommunikation mit der Heizkreisregelung voraus. Aber auch dann wird es selten gelingen, Aufheizzeit-punkte exakt zu bestimmen. Dennoch haben solche Verfahren ihre Berechtigung, denn sie sind auch bei wechselnden Betriebsbedingungen einsetzbar und verschaffen zumindest ei-ne Abschätzung der Zeitkonstante und der Aufheizzeit. Eine gute Ergänzung zu solchen Verfahren bilden Iterationsverfahren, die aus der Regelabweichung zum Zeitpunkt t_5 eine Verschiebung des Startzeitpunkts t_4 bilden.

Neben der Berechnung von Aufheizzeitpunkten werden ähnliche Gleichungen, wie sie hier angegeben sind, auch für die Berechnung der Bedarfsminderung durch intermittie-rende Beheizung ΔQ_l gemäß Gl. 5.3 herangezogen. Abbildung 5.22 zeigt ΔQ_l als grau hinterlegte Fläche oberhalb der Abkühl- und der Aufheizkurve. Ein leichter Raum kann zwar nicht so gut Wärmegewinne ausnutzen wie ein schwerer, weil er einen geringeren Wert von C_R und damit auch eine kleinere Zeitkonstante T_1 hat. Aber aus dem gleichen Grund hat er gemäß Gl. 5.11 auch eine steilere Abkühlkurve und erreicht dadurch eine höhere Bedarfseinsparung ΔQ_l. In Abhängigkeit von Lage und Nutzung eines Gebäudes kann mal die eine, mal die andere Bauweise die energetisch günstigere sein. Es kann sich sogar als günstig erweisen, unterschiedliche Bereiche eines Gebäudes in unterschiedlicher Bauweise auszuführen.

Wie Abb. 5.22 weiterhin zeigt, entstehen höhere Werte von ΔQ_l auch dann, wenn die Aufheizkurve steiler ist. In diesem Fall kann die Aufheizung später beginnen, der Raum kühlt bis dahin noch weiter ab und die Minderung wird noch höher. Bei intermittierender Beheizung ist der Jahresheizwärmebedarf also nicht nur vom Gebäude abhängig, sondern auch von seiner Heizungsanlage. Gleichung 5.13 bestätigt nämlich auch rechnerisch die Tatsache, dass die Aufheizung umso schneller geschieht, je höher die Aufheizleistung ist, die von einer Anlage erbracht werden kann. Aus diesem Umstand leitet sich die Be-rechtigung des Aufheizzuschlags ab, der in der Heizlastberechnung nach DIN EN 12831 ursprünglich enthalten war.

5.3.3.3 Zweiknotenmodell

Abbildung 5.23 zeigt ein Modell, das in DIN EN 4108-6, Anhang C, verwendet wird. Es geht auf die Vornorm EN 832 zurück. Anders als in Abb. 5.21 ist in Abb. 5.23 kein Wärmegewinn mehr eingezeichnet, es handelt sich um ein reines Absenkmodell. Neben

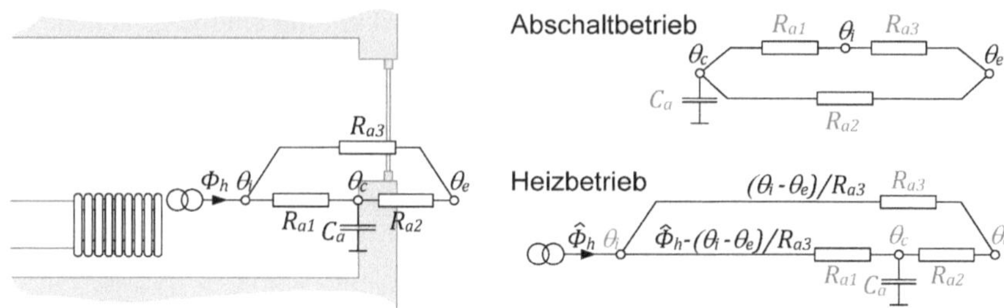

Abb. 5.23 Zweiknotenmodell

θ_i enthält es mit θ_c noch einen weiteren Knoten. Aus diesem Grund wird es hier als Zwei-knotenmodell bezeichnet.

Wie schon das Einknotenmodell enthält aber auch das Zweiknotenmodell nur eine ein-zige Kapazität und weist daher ebenfalls PT1-Verhalten auf. Die Kapazität C_a steht im Zweiknotenmodell nicht mehr für den ganzen Raum, sondern nur für seine eigentliche Speichermasse, nämlich die der Bauteile, die ihn umschließen. θ_c ist die Oberflächentem-peratur dieser Bauteile.

R_a ist im Zweiknotenmodell in drei Einzelwiderstände zerlegt: R_{a1} und R_{a2} sind bis auf den Wärmeverlust durch nichtspeichernde Bauteile wie Fenster und Türen deckungs-gleich mit dem Kehrwert des Transmissionswärmeverlusts H_T in Gl. 5.4 (Leitwerte H_{iC} und H_{ce} in DIN V 4108-6). R_{a3} ist bis auf die Wärmeverluste durch nichtspeichernde Bauteile deckungsgleich mit dem Kehrwert des in Gl. 5.4 aufgeführten Lüftungswärme-verlusts H_V (Leitwert H_d in DIN V 4108-6).

Im Abschaltbetrieb (Abb. 5.23 oben rechts) ist die Raumtemperatur θ_i niedriger als die Bauteiloberflächentemperatur θ_c. Zwischen den Übertemperaturen beider – die nach wie vor einen Bezug auf θ_e darstellen – besteht im Abkühlbetrieb die Beziehung:

$$\vartheta_i = \frac{R_{a3}}{R_{a1} + R_{a3}}\vartheta_c.\tag{5.17}$$

Zwischen θ_c und θ_e liegt im Abschaltbetrieb ein zusammengesetzter Widerstand der zu-sammen mit C_a die Zeitkonstante

$$T_1 = \frac{(R_{a1} + R_{a3}) \cdot R_{a2}}{R_{a1} + R_{a2} + R_{a3}} C_a\tag{5.18}$$

bildet. Die Auskühlkurve des Zweiknotenmodells erhält man analog zu Gl. 5.11 als $\vartheta_c(t) = \vartheta_{c0} \cdot e^{-\frac{t}{T_2}}$ oder, mit Gl. 5.17:

$$\vartheta_i(t) = \vartheta_{i0} \cdot e^{-\frac{t}{T_2}}.\tag{5.19}$$

Im Aufheizbetrieb (Abb. 5.23 unten rechts) fließt eine Heizleistung $\hat{\Phi}_h$ in einen Knoten-punkt und ein Strom $\frac{\theta_i-\theta_e}{R_{a3}}$ bzw. $\frac{\vartheta_i}{R_{a3}}$ aus dem Knotenpunkt heraus. Entsprechend muss der andere Strom, der den Knotenpunkt verlässt $\hat{\Phi}_h - \frac{\vartheta_i}{R_{a3}}$ sein. Daraus ergibt sich $\vartheta_i = \vartheta_c + R_{a1}\left(\hat{\Phi}_h - \frac{\vartheta_i}{R_{a3}}\right)$ und aufgelöst nach ϑ_i

$$\vartheta_i(t) = \frac{R_{a3}}{R_{a1} + R_{a3}}\vartheta_c(t) + \frac{R_{a1}R_{a3}}{R_{a1} + R_{a3}}\hat{\Phi}_h. \tag{5.20}$$

Im Knotenpunkt θ_c gilt $C_a\dot{\vartheta}_c = \frac{\vartheta_i - \vartheta_c}{R_{a1}} - \frac{\vartheta_c}{R_{a2}}$. Zusammen mit Gl. 5.20 wird daraus

$$T_1\dot{\vartheta}_c + \vartheta_c = \frac{R_{a2} \cdot R_{a3}}{R_{a1} + R_{a2} + R_{a3}}\hat{\Phi}_h \tag{5.21}$$

mit T_1 nach Gl. 5.18. Als Aufheizkurve ergibt sich: $\vartheta_c(t) = \frac{R_{a2} \cdot R_{a3}}{R_{a1} + R_{a2} + R_{a3}}\hat{\Phi}_h\left(1 - e^{-\frac{t}{T_2}}\right)$ bzw.

$$\vartheta_i(t) = R_{a3}\hat{\Phi}_h\frac{R_{a1} \cdot (R_{a1} + R_{a2}) + R_{a3} \cdot \left[R_{a1} + R_{a2} \cdot \left(1 - e^{-\frac{t}{T_2}}\right)\right]}{(R_{a1} + R_{a3}) \cdot (R_{a1} + R_{a2} + R_{a3})}. \tag{5.22}$$

Regeleinrichtungen, die Informationen über den Luftwechsel bekommen, erhalten mit dem Zweiknotenmodell eine Beschreibung des Raumverhaltens, die sie mittels R_{a3} an wechselnde Betriebsfälle anpassen können. In EN 832 und DIN V 4108-6 wird das Zweiknotenmodell verwendet, um ein genaueres Rechenergebnis für die Bedarfsverminderung durch intermittierende ΔQ_l zu bekommen, als es das Einknotenmodell liefern kann.

5.3.3.4 Wirksame Wärmekapazität

Eine gesonderte Betrachtung verdient die Kapazität C_a des Zweiknotenmodells: Sie wird als wirksame (effektive) Wärmekapazität des Raums bezeichnet. Nach DIN V 4108-6 ist sie nur ein kleinerer Teil der gesamten Speichermasse der Bauteile. Bei einer Nachtabsenkung wird sie als Wärmekapazität der ersten 3 cm der raumumschließenden Bauteile berechnet (3-cm-Regel), in der Berechnung des Ausnutzungsgrads η in Gln. 5.2 und 5.3 gilt eine 10-cm-Regel. Dahinter steht die Annahme, dass Nachtabsenkungen und Tagesgänge mit einem sinusförmigen Verlauf der Bauteiloberflächentemperatur verbunden sind.

Abbildung 5.24 zeigt links und in der Mitte solche sinusförmigen Verläufe an einer Wand. Rechts in Abb. 5.24 ist der Verlauf nach einem Temperatursprung zu sehen. Die Wand ist 50 cm stark und hat die Stoffwerte $\lambda = 1\,\mathrm{W/(m\,K)}$, $\rho = 1000\,\mathrm{kg/m^3}$ und $c = 1000\,\mathrm{J/(kg\,K)}$. Die einfache Amplitude der Sinusschwingungen wie auch die Sprunghöhe betragen jeweils 1 K. Der links gezeigte sinusförmige Verlauf hat eine Periodendauer von 1 Stunde, beim in der Mitte gezeigten Verlauf beträgt sie einen Tag.

Die gezeigten sinusförmigen Verläufe sind für eine halbunendliche Wand gerechnet. In DIN EN 13789 werden Rechenregeln angegeben, mit denen sich der exakte Wandaufbau und eine zusätzliche Randbedingung an der Außenseite berücksichtigen lassen. Die Ver-

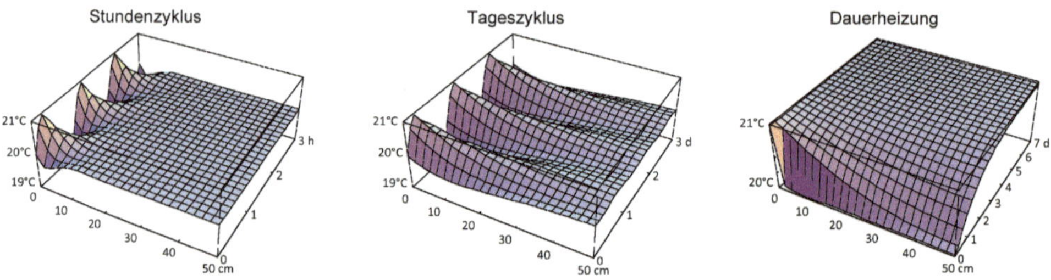

Abb. 5.24 Verlauf des Temperaturprofils bei periodischen und transienten Vorgängen

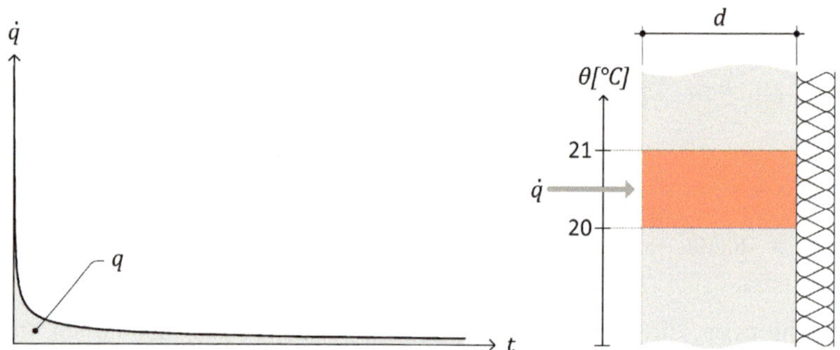

Abb. 5.25 Transient gespeicherte Wärme und statische Wärmekapazität

läufe an der Oberfläche werden nach innen hin gedämpft und phasenverschoben. Es bilden sich Energieberge und Energietäler aus. Die Energieberge sind mit einer Wärmeaufnahme der Wand verbunden, die Energietäler mit einer Wärmeabgabe. Beide fallen umso größer aus, je höher die Periodendauer ist. Bei kurzer Periodendauer ist der größte Teil der Wand von den Vorgängen nicht berührt.

Bei üblichen Wandaufbauten gilt das auch für Nachtabsenkung. Betrachtet man unter diesem Gesichtspunkt noch einmal das Zweiknotenmodell in Abb. 5.23, fällt der Blick auf den Widerstand R_{a2}: Im Zweiknotenmodell wird angenommen, dass sich θ_c und θ_e zwar zeitlich ändern, aber zwischen ihnen ständig der gleiche Wärmestrom fließt, wie er stationär zustande kommen würde – man bezeichnet das als quasistationär. In Wirklichkeit verhindert aber das instationäre Verhalten der Wand solch einen ständigen Wärmestrom.

Erst auf den rechts in Abb. 5.24 gezeigten Sprung hin durchdringt die Wärme tatsächlich die Wand. Man nennt das einen transienten Vorgang (lat. transire: hindurchgehen). Sein Ergebnis ist ein neues Beharrungsprofil. Wegen des adiabaten Abschlusses ist es, wie schon das Ausgangsprofil, konstant.

Abbildung 5.25 zeigt rechts die Differenz der beiden Beharrungsprofile vor und nach dem transienten Vorgang. Die rot unterlegte Fläche kennzeichnet den Temperatursprung $\Delta\theta$ und seine Durchdringung des Bauteils. In Verbindung mit den Stoffwerten der Wand ist die rot unterlegte Fläche auch ein Maß für den mit dem Temperatursprung in der Wand gespeicherten Wärmeeintrag. Als flächenbezogener Wärmeeintrag q berechnet er sich zu

$$q = C\Delta\theta \tag{5.23}$$

mit

$$C = d\rho c. \tag{5.24}$$

Darin ist C die flächenbezogene Wärmekapazität der Wand. Weil sie Beharrungszustände kennzeichnet, wird sie auch als statische Wärmekapazität bezeichnet. Mit den Zahlenwerten beträgt sie $0{,}5\,\text{m} \cdot 1000\,\text{kg/m}^3 \cdot 1000\,\text{J/(kg K)} = 500\,\text{kJ/(m}^2\,\text{K)}$, was zusammen mit $\Delta\theta = 1\,\text{K}$ einen Wärmeeintrag von $500\,\text{kJ/m}^2$ ergibt. Genau das gleiche Ergebnis erhält man, wenn man den in die Wand hineinfließenden Wärmestrom zeitlich integriert. Abbildung 5.25 zeigt links seinen Verlauf. Die Fläche unter dem Verlauf ist die Wärmemenge q.

Bei periodischen Vorgängen gibt es keinen dauerhaften Wärmeintrag, sondern einen Wechsel von Be- und Entladung. Links in Abb. 5.26 ist der Verlauf des in die Wand eintretenden Wärmestroms gezeigt, zum Temperaturverlauf besteht ein Phasenversatz. Die Wand wird mit der positiven Halbperiode beladen, wie z. B. während der Spitzen des Wärmegewinns, und in der negativen Halbperiode entladen, wie z. B. während der Nachtabsenkung. Der Wärmeeintrag in die Wand q entspricht dem Flächenintegral einer Halbperiode. Für die halbunendliche Wand lautet die Lösung des Integrals:

$$q = \sqrt{\frac{2\lambda\varrho c T}{\pi}}\,\Delta\theta = C_{\text{eff}}\Delta\theta. \tag{5.25}$$

Darin sind T die Periodendauer und $\Delta\theta$ die Amplitude der Sinusschwingung. Man erkennt die Ähnlichkeit zu Gl. 5.23. Deswegen ist rechts schon eine wirksame Wärmekapazität C_{eff} eingeführt, die der statischen Wärmekapazität aus Gl. 5.23 gegenübertritt. Man kann die Analogie fortführen und C_{eff} genauso wie C in Gl. 5.24 als

$$C_{\text{eff}} = d_{\text{eff}}\varrho c \tag{5.26}$$

beschreiben. Dazu muss d_{eff} die Gleichung $\sqrt{2\lambda\varrho c\frac{T}{\pi}} = d_{\text{eff}}\varrho c$ erfüllen. Daraus ergibt sich $d_{\text{eff}} \doteq \sqrt{\frac{2T}{\pi}}\sqrt{\frac{\lambda}{\varrho c}}$ und, mit Verwendung der Temperaturleitzahl $a = \frac{\lambda}{\varrho c}$:

$$d_{\text{eff}} = \sqrt{2}\sqrt{\frac{aT}{\pi}}. \tag{5.27}$$

Alternativ kann d_{eff} als $\sqrt{a\frac{T}{\pi}}$ gebildet werden. In Gl. 5.25 muss dann statt der einfachen Amplitude $\Delta\theta$ die Amplitude $\sqrt{2}\Delta\theta$ verwendet werden. Wie Abb. 5.26 rechts zeigt, entspricht d_{eff} der Dicke einer transient beladenen Wand mit adiabatem Abschluss. So betrachtet hat d_{eff} den Charakter einer äquivalenten Wandstärke, die maximal die tatsächliche Stärke einer Wand erreichen kann (s. Tab. 5.1). Der Vergleich mit der tatsächlichen Wandstärke ergibt bei den im Beispiel verwendeten Stoffwerten (vgl. mit Abb. 5.24).

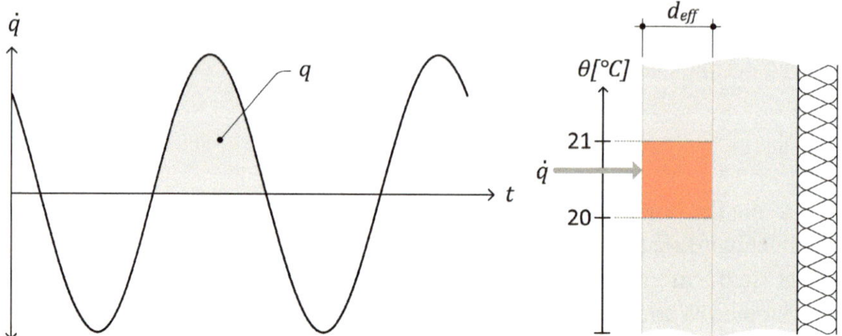

Abb. 5.26 Periodisch gespeicherte Wärme und wirksame Wärmekapazität

Tab. 5.1 Eindringtiefen bei verschiedenen Vorgängen

	$\Delta\theta$ [K]	d_{eff} [cm]	$\frac{d_{\text{eff}}}{d}$ [%]
Transient	1	(50,0)	(100)
$T = 24\,$h	1	23,5	47
$T = 1\,$h	1	4,8	9,6

Je nach Periodendauer ergeben sich erhebliche Unterschiede in der Eindringtiefe. Weiteren Einfluss hat nach Gl. 5.27 die Temperaturleitzahl a. Allerdings variiert sie bei mineralischen Baustoffen verhältnismäßig wenig. Im Berechnungsbeispiel ist $a = 1\,\text{mm}^2/\text{s}$. Tabelle 5.2 zeigt zum Vergleich Stoffwerte für einige gebräuchliche Mauerwerksbaustoffe.

Bei jedem Baustoff sind Werte für $\rho = 1200$ und für $\rho = 1600$ angegeben. Mit der Rohdichte steigt jedesmal auch die Wärmeleitfähigkeit λ, und zwar annähernd proportional. Weil die Temperaturleitzahl a neben dem festen Wert c nur noch das Verhältnis λ/ρ enthält, sind ihre Änderungen über die aufgeführten Baustoffe und Rohdichten hinweg nur gering. Insgesamt variiert a bei mineralischen Baustoffen zwischen 0,4 und $1\,\text{mm}^2/\text{s}$.

Tab. 5.2 Stoffwerte von Mauerwerksbaustoffen

Mauerwerk	ρ [kg/m^3]	λ [W/(m K)]	c [kJ/(kg K)]	a [mm^2/s]
Vollziegel	1200	0,50	1000	0,42
	1600	0,68	1000	0,43
Kalksandstein	1200	0,56	1000	0,47
	1600	0,79	1000	0,49
Lehm	1200	0,47	1000	0,39
	1600	0,70	1000	0,44
Hüttensteine	1200	0,52	1000	0,43
	1400	0,64	1000	0,40

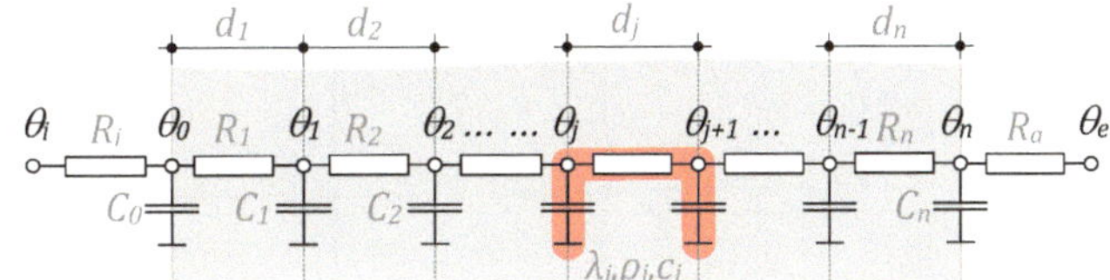

Abb. 5.27 Beukenmodell

5.3.3.5 Mehrknotenmodell

Aus dem Umstand, dass die Temperaturleitzahl mineralischer Baustoffe nur wenig variiert, leiten sich Rechenregeln mit vorgegebener Eindringtiefe ab, die natürlich Ungenauigkeiten bergen. Noch größere Ungenauigkeiten entstehen indessen aus den angenommen sinusförmigen Randbedingungen. Reale Zeitverläufe der Raum- oder der Bauteiloberflächentemperatur haben neben einer Grundschwingung viele Oberschwingungen.

Wesentlich genauere Aufschlüsse liefern Wandmodelle, die nicht nur den effektiv wärmespeichernden Teil der Wand nachzubilden versuchen, sondern den gesamten Wandaufbau nachbilden und beliebigen zeitlichen Verläufen der Raumtemperatur, der auftreffenden Sonnenstrahlung oder auch der Außentemperatur unterworfen werden können. Bewährt haben sich Mehrknotenmodelle. Das sind Modelle, die die Wand rechnerisch in eine Reihe von Schichten unterteilen und für jede Schicht den zeitlichen Verlauf der Temperatur liefern.

Der niederländische Ingenieur Alexander Beuken hat 1938 ein erstes Mehrknotenmodell aus elektronischen Bauteilen, Widerständen und Kondensatoren, aufgebaut, um damit Temperaturausgleichvorgänge in den Wänden von Elektroöfen nachzubilden. Seitdem sind bis in die 1970er Jahre hinein viele solcher Modelle gebaut worden. Nach ihrem Erfinder werden sie Beukenmodelle genannt. Als „digitales Beukenmodell" wurden solche Modelle in den 1970er Jahren auch in die Rechnersimulation übertragen. Das zugrunde liegende numerische Verfahren heißt Linienmethode.

Abbildung 5.27 zeigt ein Beispiel eines Beukenmodells für eine einschichtige Wand, die rechnerisch in n Schichten unterteilt ist. Im Beispiel werden sogenannte Π-Knoten verwendet (die Alternative sind T- oder Γ-Knoten). Die Π-Form besteht aus einem Widerstand und zwei Kondensatoren. Für die j-te Schicht ist sie rot unterlegt gekennzeichnet. In mehrschichtigen Bauteilen können einzelne Kapazitäten der Π-Knoten auch auf Schichtgrenzen liegen. In solchen Fällen enthalten sie Stoffwerte aus beiden Schichten. Konkret berechnen sich die Kapazitäten zu

$$C_j = \begin{cases} \dfrac{d_1 \rho_1 c_1}{2}, & j = 0 \\ \dfrac{d_j \rho_j c_j + d_{j+1} \rho_{j+1} c_{j+1}}{2}, & 1 \leq j \leq n-1 \\ \dfrac{d_n \rho_n c_n}{2}, & j = n \end{cases} \tag{5.28}$$

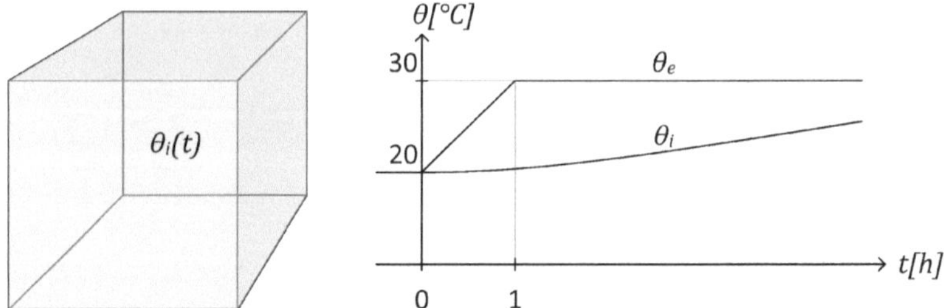

Abb. 5.28 Validierungsverfahren für Wandmodelle nach DIN EN ISO V 13791

Die Widerstände berechnen sich zu

$$R_j = \frac{d_j}{\lambda_j} \tag{5.29}$$

Für die Temperaturen gilt an jedem Knotenpunkt:

$$C_j \dot{\theta}_j = \begin{cases} \dfrac{\theta_i - \theta_0}{R_i} + \dfrac{\theta_1 - \theta_0}{R_1}, & j = 1 \\[2ex] \dfrac{\theta_{j-1} - \theta_j}{R_i} + \dfrac{\theta_{j+1} - \theta_j}{R_1}, & 1 \leq j \leq n \\[2ex] \dfrac{\theta_{n-1} - \theta_n}{R_n} + \dfrac{\theta_e - \theta_n}{R_a}, & j = n \end{cases} \tag{5.30}$$

Zusammen liefern diese Gleichungen das Wandmodell.

Die Genauigkeit des Wandmodells lässt sich als Abweichung der errechneten Temperaturen von den richtigen angeben, also als Rechenfehler. Wie in der Messtechnik ermittelt man den Fehler im Vergleich mit einem Referenzsystem, das ist in diesem Fall ein hochfeines Referenzmodell. Für solche Vergleiche gibt es spezielle Verfahren, sog. Validierungsverfahren, die folgende Angaben beinhalten:

- Aufgabenstellung für die Simulationsrechnung,
- vorgegebene, mit dem Referenzmodell errechnete Ergebnisse,
- maximal zulässige Abweichung von den vorgegebenen Werten.

Für Wandmodelle stellt DIN EN ISO 13791 ein solches Validierungsverfahren bereit. Ein Wandmodell ist optimal konstruiert, wenn es die von der Norm angegebenen maximal zulässigen Abweichungen bei einer möglichst geringen Knotenanzahl einhält.

Abbildung 5.28 zeigt die Aufgabenstellung des Validierungsverfahrens. Mit dem Wandmodell wird ein Raum gebildet, wie er links gezeigt ist. Dieser Raum wird einem zunächst rampenförmig ansteigenden und dann gleichbleibenden Verlauf der Umgebungstemperatur θ_e ausgesetzt, wie er rechts im Diagramm gezeigt ist. Ausgehend vom

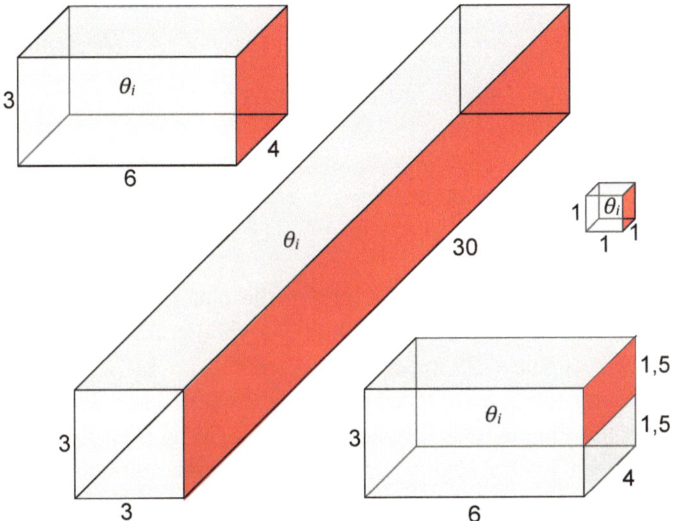

Abb. 5.29 Validierungsverfahren für den langwelligen Strahlungsaustausch nach DIN EN ISO 13791

Ursprungswert der Umgebungstemperatur steigt die Innentemperatur θ_i dann langsam an, bis sie den neuen Beharrungswert der Umgebungstemperatur erreicht. Als vorgegebene Ergebnisse dienen Werte der Raumtemperatur θ_i für verschiedene Wandaufbauten und zu festen Zeitpunkten.

Obwohl der Raum dreidimensional gezeichnet ist, muss nur eine Wand berechnet werden, denn die Randbedingungen sind für alle Wände die gleichen. Deswegen muss auch der Wärmeaustausch innerhalb des Raums nicht weiter berechnet werden, denn die Raumtemperatur ist unter diesen Bedingungen gleich der Wandtemperatur.

5.3.3.6 Geometrische Raummodelle

Das wird anders bei der Validierung von geometrischen Modellen. Ihre Besonderheit liegt ja gerade darin, dass es raumseitig verschiedene Temperaturen gibt. Auch dafür stellt DIN EN ISO 13791 ein Validierungsverfahren bereit. Abbildung 5.29 zeigt seine Aufgabenstellung. Es wird angenommen, dass an der Außenseite des jeweils rot unterlegten Bauteils eine andere Temperatur herrscht als an den Außenseiten der anderen Bauteile. Zusätzlich wird angenommen, dass an der Innenoberfläche des rot unterlegten Bauteils noch kurzwellige Sonnenstrahlung absorbiert wird.

Beides führt zunächst dazu, dass dieses Bauteil eine andere Innenoberflächentemperatur (Strahlungstemperatur) annimmt als alle anderen Bauteile. Damit sind Überschüsse im Strahlungsaustausch verbunden, die im Weiteren dazu führen, dass sich an jedem Bauteil eine andere Strahlungstemperatur einstellt. Die genaue Berechnung der Strahlungstemperaturen verlangt den Einsatz von geometrischen Raummodellen. Die Anforderungen an

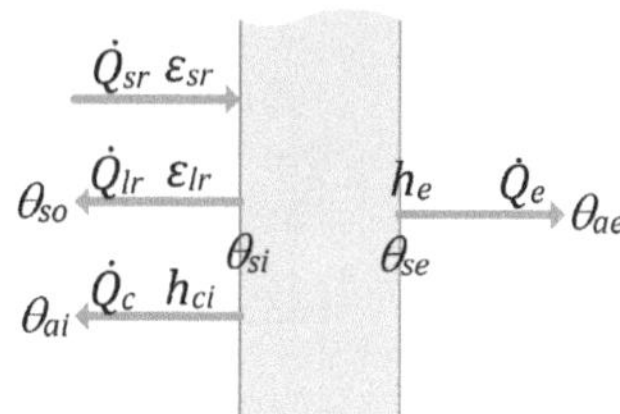

Abb. 5.30 Randbedingungen mit Strahlungsaustausch

das Raummodell werden umso höher, je größer die Unterschiede in den Abmessungen der einzelnen Bauteile sind. Deswegen enthält das Validierungsverfahren auch solch ein Extrembeispiel, wie es Abb. 5.29 in der Mitte zeigt.

Aus den Strahlungstemperaturen der einzelnen Bauteile lässt sich die Strahlungstemperatur an beliebigen Punkten des Raums bestimmen. Wenn $\theta_{si,j}$ die mittlere Innenoberflächentemperatur des j-ten Bauteils ist, errechnet sich die auf einen Punkt P bezogene Strahlungstemperatur des Raums $\theta_{si,P}$ zu

$$\theta_{si,P} = \sum \varphi_{P,j}\,\theta_{si,j}. \tag{5.31}$$

Darin ist $\varphi_{P,j}$ die Einstrahlzahl zwischen dem Punkt P und dem j-ten Bauteil Bauteil. Für die Berechnung von Einstrahlzahlen sei auf die einschlägige Fachliteratur verwiesen. DIN EN ISO 13791 enthält eine vereinfachte Berechnungsgleichung für die Strahlungstemperatur, die für jeden Punkt des Raums die gleiche Strahlungstemperatur liefert. Gleichung 5.31 ist vorteilhaft, wenn man wissen möchte, welche Strahlungstemperatur am Aufenthaltsort einer Person oder am Montageort eines Fühlers tatsächlich herrscht. Heizflächen und Fensterflächen können darauf großen Einfluss haben.

Abbildung 5.30 zeigt die Randbedingungen an einer Wand in einem geometrischen Raummodell mit zusätzlicher Absorption von kurzwelliger Sonnenstrahlung $\dot{Q}_{sr}$ (short radiation) entsprechend dem Emissionskoeffizienten ε_{sr} der Oberfläche. Davon zu unterscheiden ist der langwellige Strahlungsaustausch $\dot{Q}_{lr}$ (long radiation) im Raum entsprechend den Emissionskoeffizienten ε_{lr} und den Oberflächentemperaturen $\theta_{si,j}$ der einzelnen Bauteile. In Abb. 5.29 sind die Oberflächentemperaturen der anderen Bauteile zu einem Wert θ_{so} zusammengefasst.

Hinzu kommen noch konvektive Wärmeströme $\dot{Q}_c$, die mithilfe von konvektiven Wärmeübergangskoeffizienten H_{ci} ermittelt werden können. Aus dem konvektiven Wärmeaustausch lässt sich eine Lufttemperatur θ_a (air) berechnen und von der Strahlungstemperatur θ_{si} (surface) unterscheiden. Beide bilden zusammen eine empfundene Raumtemperatur, im einfachsten Fall durch arithmetische Mittelwertbildung.

Man kann die Modellbildung noch verfeinern, indem man Bauteile in kleinere Flächen mit verschiedener Strahlungstemperatur unterteilt, die Wärmeübergänge genauer rechnet und daraus auch zu einer Verteilung der Lufttemperaturen gelangt. Man bekommt damit allerdings auch immer komplexere Rechenmodelle.

Vereinfachende Annahmen für Raummodelle
DIN EN ISO 13791, aus der die vorgestellten Validierungsverfahren stammen, gibt eine Reihe von vereinfachenden Annahmen an, mit denen die Komplexität von Raummodellen begrenzt werden soll:

- Die Wärmeleitung in den Bauteilen ist eindimensional. Es werden keine Ecken oder Kanten berücksichtigt.
- Im Raum herrscht überall die gleiche Lufttemperatur, es gibt kein Profil.
- Jedes Bauteil hat eine einzige, überall gleiche Oberflächentemperatur.
- Die konvektiven Wärmeübergangskoeffizienten an den Innenoberflächen und die Gesamtwärmeübergangskoeffizienten an den Außenoberflächen sind nicht über Nußeltgleichung u. ä. von den Temperaturen abhängig, sondern konstant.
- Die Außentemperatur ist überall gleich der Außenlufttemperatur, eine evtl. noch vorhandene Strahlungstemperatur der äußeren Umgebung wird vernachlässigt.
- Die einfallende Sonneneinstrahlung wird so behandelt, als würde sie sich im Raum völlig gleichmäßig verteilen.
- Die Strahlungstemperatur des Raums wird flächengemittelt.
- Die Raumtemperatur wird als arithmetischer Mittelwert aus der Luft- und der Strahlungstemperatur gebildet.

Auch für Raummodelle, die in regelungstechnischen Untersuchungen verwendet werden, etwa zum virtuellen Probebetrieb eines Reglers, geben diese Annahmen einen angemessenen Rahmen. Wenn man die Strahlungstemperatur, die ein Fühler misst, nach Gl. 5.31 bestimmen möchte, macht es allerdings Sinn, beim Strahlungsaustausch im Raum mehrfache Reflektionen zu berücksichtigen. Bei Emissionskoeffizienten nahe 90 % werden dadurch die Rechenergebnisse für die mittleren Bauteiloberflächentemperaturen nämlich noch einmal deutlich genauer.

Gekoppelte Raum- und Anlagenmodelle
Das setzt sich fort, wenn zum Raummodell noch Anlagenmodelle hinzukommen und ein gekoppeltes Raum- und Anlagenmodell entsteht. Solche Modelle werden gerne in Wirkungsplänen dargestellt, die den Raum als Übertragungsglied zeigen. Dabei darf indessen nicht übersehen werden, dass auch die Genauigkeit eines gekoppelten Raum- und Anlagenmodells an die Genauigkeit des Raummodells gebunden ist.

Abbildung 5.31 zeigt links einen Raum mit einem Heizkörper. Der Heizkörper wird mit einem eigenen Rechenmodell nachgebildet, das an das Raummodell angekoppelt wird. Die Kopplung geschieht über die Lufttemperatur θ_{ai} und die mittleren Oberflächentemperaturen $\theta_{si,j}$ der einzelnen Bauteile des Raums. Aus der Übertemperatur $\theta_h - \theta_{ai}$ geht die Gesamtleistungsabgabe des Heizkörpers hervor. Aus θ_h und den einzelnen $\theta_{si,j}$ lässt sich die Strahlungsleistungsabgabe des Heizkörpers ermitteln. Die Differenz beider ist die konvektive Leistungsabgabe Φ_{hc}, eine Größe, die ohne Verwendung eines geometrischen Raummodells schlecht zu berechnen wäre.

Abb. 5.31 Gekoppelte Raum-
und Anlagenmodelle

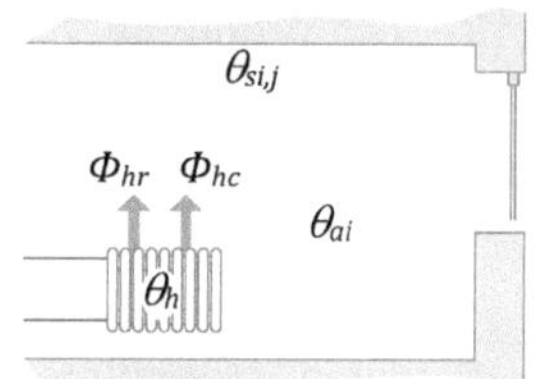

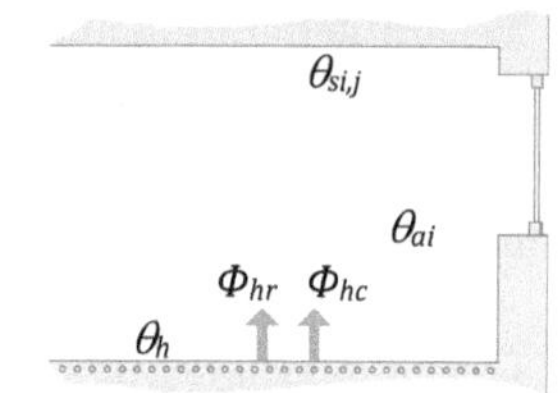

Rechts in Abb. 5.31 ist eine Fußbodenheizung mit eingelegten Rohren gezeigt. Hier ist das Anlagenmodell vom Raummodell überhaupt nicht mehr zu trennen. Regelungstechnisch gesehen bildet die Fußbodenheizung ein PTn-Glied mit hoher Verzugszeit. Würde aber der Estrich, in dem die Rohre liegen, nur mit einem einzelnen Knoten in der Art von Gl. 5.30 nachgebildet werden, erschiene die Fußbodenheizung völlig unrealistisch als PT1-Glied. Auch daran erkennt man wieder den engen Zusammenhang zwischen der Genauigkeit eines Raum-und Anlagenmodells mit der Genauigkeit des verwendeten Raummodells.

Raumdynamik und Selbstregeleffekt

Mit Raumdynamik wird das instationäre Verhalten eines Raums bei interessierenden Vorgängen, z. B. unter dem Tagesgang der solaren Einstrahlung, bezeichnet.

Abbildung 5.32 zeigt Simulationsergebnisse für einen Raum, wie er links im Bild gezeigt ist. Seine Fenster sind nach Süden orientiert. Es handelt sich um einen Typraum nach VDI 2067-11 mit verkleinerten Fenstern, der in zwei Bauweisen nachgebildet wurde: schwer (S) und sehr leicht (XL). Wie schon in Abb. 5.19 wird wieder ein Typtag für den Referenzort Passau verwendet, diesmal aber ein Sommertag im Juli. Die Simulationsrechnung zeigt einen periodischen Verlauf der Strahlungstemperatur bei konstant gehaltener Lufttemperatur in Abhängigkeit der im linken Diagramm gezeigten Intensität der Sonneneinstrahlung durch die Fenster.

Die unterschiedlichen Verläufe der Strahlungstemperatur in den beiden rechten Diagrammen bestätigen den weiter oben schon angesprochenen Zusammenhang, dass ein schwerer Raum sich weniger aufheizt und abkühlt als ein leichter. Wärmegewinne, die im leichten Raum abgelüftet werden müssen, können im schweren genutzt werden. Gut zu erkennen ist weiter, dass durch die Speichermassen des schweren Raums nicht nur die

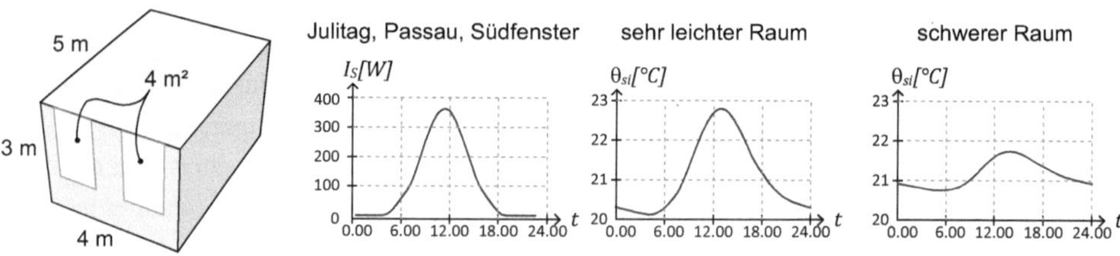

Abb. 5.32 Strahlungstemperaturverläufe bei unterschiedlicher Bauschwere

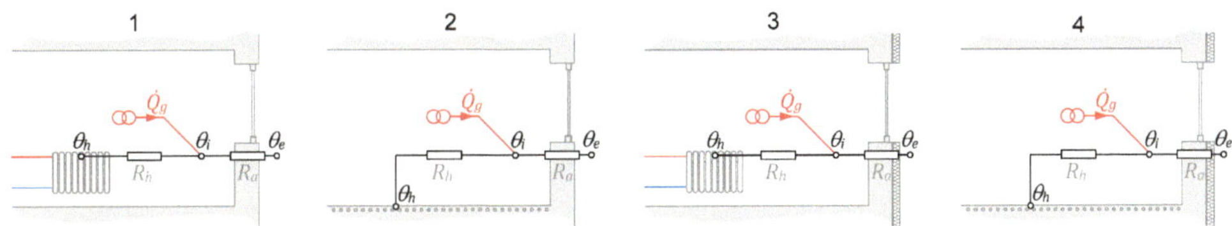

Abb. 5.33 Raumdynamik bei verschiedenen Heizflächen und Dämmstandards

Spitzen des Wärmegewinns geglättet werden, sondern sich auch ein ständig wirksamer Sockel gemäß Gl. 5.7 ausbildet.

Etwas anders betrachtet, zeigen die zuletzt erläuterten Vorgänge das Vermögen eines Raums, sein Innenklima ohne Eingreifen einer Regeleinrichtung gegen unerwünschte Einflüsse wie hier die Sonneneinstrahlung zu schützen. Genau das gleiche gilt, wie schon verschiedentlich erläutert, allerdings auch für erwünschte Einflüsse wie z. B. die Heizleistung. Bei Flächenheizungen kommt noch hinzu, dass sie mit deutlich geringeren Übertemperaturen betrieben werden als Heizkörper und üblicherweise in den Baukörper eingebettet sind. Daher werden sie als besonders träge bezeichnet.

Eine andere Sichtweise auf Flächenheizungen oder -kühlungen ergibt sich, wenn sie die Raumdynamik durch ihre eigene Dynamik unterstützen sollen: Wird z. B. ein Raum mit einer Fußbodenheizung beheizt und es kommt zu einem Wärmegewinn, der die Raumtemperatur erhöht, dann reduziert sich im gleichen Maße die Übertemperatur der Fußbodenheizung und mit ihr die Heizleistung. Dieses Verhalten wird als **Selbstregeleffekt** bezeichnet.

Flächenheizungen und -kühlungen halten den Selbstregeleffekt aufrecht, indem sie die notwendige Energie bereitstellen, damit sich ein heizendes Bauteil nicht allmählich auskühlt und ein kühlendes sich nicht allmählich aufheizt. Der Selbstregeleffekt tritt grundsätzlich auch bei Heizkörpern auf, aber er äußert sich dort wesentlich schwächer.

Abbildung 5.33 zeigt einen beheizten Raum in vier Varianten. Sie unterscheiden sich durch die Heizfläche und den Dämmstandard. Als Heizflächen erkennt man einen Heizkörper (Variante 1 und 3) und eine Fußbodenheizung (Variante 2 und 4). Der bessere Dämmstandard der Varianten 3 und 4 ist durch eine zusätzliche Dämmung an der Außenseite angedeutet.

Es werden stationäre Zustände anhand der eingetragenen elektrischen Analogie betrachtet. Anders als in Abb. 5.20ff. erscheint in der Analogie hier nicht allein die Heizleistung, sondern die mittlere Oberflächentemperatur θ_h der Heizfläche und ein Transportwiderstand R_h zwischen Heizfläche und Raum. Vereinfachend wird angenommen, dass R_h konstant ist und die Heizleistung $\frac{\theta_h - \theta_i}{R_h}$ ist. Mit dem Wärmegewinn $\dot{Q}_g$ erhöht sich die Raumtemperatur θ_i über den Nutzen θ_{i0} hinaus auf den Wert

$$\theta_i = \frac{\frac{\theta_h}{R_h} + \frac{\theta_e}{R_a} + \dot{Q}_g}{\frac{1}{R_h} + \frac{1}{R_a}}. \tag{5.32}$$

Tab. 5.3 Selbstregeleffekt

	1	2	3	4
$\dot{Q}_l$	1000 W	1000 W	400 W	400 W
θ_h	50,0 °C	25,0 °C	32,0 °C	22,0 °C
θ_i	22,5 °C	20,9 °C	24,2 °C	21,1 °C
$\dot{Q}_{ce,\text{stat}}$	167 W	62,5 W	111 W	29 W
η_g	33,3 %	75,0 %	55,5 %	88,2 %

Daraus folgt gemäß Gl. 5.6 ein statischer Verlustwärmestrom $\dot{Q}_{ce,\text{stat}} = \frac{\theta_i - \theta_{i0}}{R_a}$. Andererseits vermindert sich mit höherem θ_i auch die Heizleistung. Ohne den Wärmegewinn entspricht sie dem Verlustwärme $\dot{Q}_l$ des Raums. Mit dem Wärmegewinn reduziert sie sich um den Betrag $\dot{Q}_g - \dot{Q}_{ce,\text{stat}}$. Bezogen auf $\dot{Q}_g$ ergibt sich daraus ein Ausnutzungsgrad

$$\eta_g = \frac{\dot{Q}_g - \dot{Q}_{ce,\text{stat}}}{\dot{Q}_g} = 1 - \frac{\dot{Q}_{ce,\text{stat}}}{\dot{Q}_g}. \tag{5.33}$$

Tabelle 5.3 zeigt Berechnungsergebnisse für $\theta_{i0} = 20\,°C$ und $\theta_e = 5\,°C$, also Temperaturen, die repräsentativ für die Heizzeit sind. In der ersten Zeile erscheinen die zugehörigen Wärmeverluste $\dot{Q}_l$ des gut-und des schlechtgedämmten Raums. In der zweiten Zeile erscheinen in den ersten beiden Spalten typische Heizflächentemperaturen. Aus ihnen gehen die Transportwiderstände der Heizflächen gemäß $R_h = \frac{\theta_h - \theta_{i0}}{\dot{Q}_l}$ hervor. Die Heizflächentemperaturen in den letzten beiden Spalten der zweiten Zeile folgen diesen Widerständen.

Als Wärmegewinn $\dot{Q}_g$ ist ein Betrag angenommen, der in den Varianten 3 und 4 genauso hoch wie der Wärmeverlust ausfällt. Die Heizleistung entspricht in diesen Fällen der statischen Verlustwärme $\dot{Q}_{ce,\text{stat}}$. Im schlecht gedämmten Raum macht der gleiche Wärmegewinn dagegen nur 40 % des Wärmeverlusts aus. Entsprechend niedriger ist die Raumtemperaturerhöhung. Wegen der schlechteren Dämmung weist der schlecht gedämmte Raum höhere Werte der Verlustwärme $\dot{Q}_{ce,\text{stat}}$ und entsprechend schlechtere Werte des Ausnutzungsgrads η_g auf.

Die Varianten 1 und 2 zeigen, dass der Selbstregeleffekt mit einem herkömmlichen Dämmstandard nicht technisch genutzt werden kann. Wir haben uns an Regeleinrichtungen gewöhnt, die die Raumtemperatur unmittelbar über ein Stellglied beeinflussen. Aber solche Regelungen sind träge: Wenn ein Wärmegewinn im Raum auftritt, muss sich der Messfühler erwärmen, bis er die richtige Temperatur misst und das Stellglied geschlossen wird. Anschließend kühlt sich das Heizungswasser langsam aus. Der Selbstregeleffekt tritt hingegen unverzüglich und unverzögert ein.

Die Variante 4 zeigt, dass bei einem modernen Dämmstandard und ausreichend niedrigen Systemtemperaturen (die durch eine entsprechend hohe Belegung der Raumumschließungsfläche mit Rohrsystemen erzielt werden), der Selbstregeleffekt in einen Bereich kommt, in dem er technisch nutzbar wird. Wenn es gelingt, fossile Energieträger in der

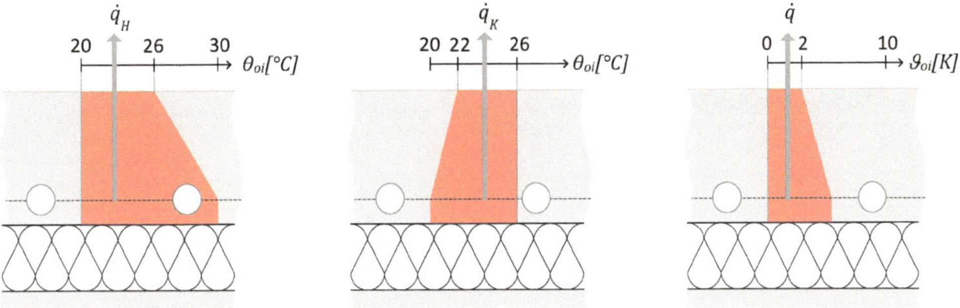

Abb. 5.34 Thermisch aktivierbares Bauteil

Raumbeheizung abzulösen, spielt auch die bleibende Regelabweichung des Selbstregeleffekts keine Rolle mehr.

Das verlangt eine Regeleinrichtung, die nicht mehr unmittelbar auf die Raumtemperatur wirkt, sondern den Selbstregeleffekt unterstützt, indem sie das Temperaturniveau des Heizsystems auf einem möglichst konstanten Wert hält. Bei einer Fußbodenheizung ist das Temperaturniveau durch die mittlere Wassertemperatur gegeben, also durch eine Größe, die sich nicht messen lässt. Allerdings lässt sie sich aus anderen Messwerten, insbesondere der Rücklauftemperatur nachverfolgen und entsprechend beeinflussen. Auch dazu muss die Regeleinrichtung modellgestützt und antizipierend arbeiten.

5.3.4 Thermische Bauteilaktivierung

5.3.4.1 Thermisch aktivierbares Bauteil

Abbildung 5.34 zeigt das Innenleben der gerade betrachteten Fußbodenheizung. Sie hat ein Rohrsystem, das in einen Estrich eingegossen ist. Unterhalb des Estrichs befindet sich eine Wärmedämmung (vereinfachend als adiabat angenommen). Mit den rot unterlegten Flächen wird, wie schon in Abb. 5.25 und 5.26, die jeweilige Differenz zur Raumtemperatur angezeigt. Die Flächen beziehen sich auf den Beharrungszustand.

Links in Abb. 5.35 ist angenommen, dass die Raumtemperatur 20 °C beträgt und der Estrich auf Höhe der Rohre eine mittlere Temperatur von 30 °C hat. Zum Raum hin fällt die Estrichtemperatur linear ab. An der Oberfläche des Fußbodens erreicht sie aber immerhin noch einen Wert $\theta_{oi} = 26$ °C. Nimmt man einen Wärmeübergangskoeffizienten von 10 W/(m² K) an, gibt die Fußbodenheizung in diesem Beispiel eine flächenbezogene Heizleistung $\dot{q}_H$ von 60 W/m² ab.

Im mittleren Teilbild ist ein Fall gezeigt, in dem auf Höhe der Rohrachsenebene 20 °C herrschen und im Raum 26 °C (Sommer), verbunden mit einer Oberflächentemperatur θ_{oi} des Fußbodens von 22 °C. Nimmt man einen Wärmeübergangskoeffizienten von

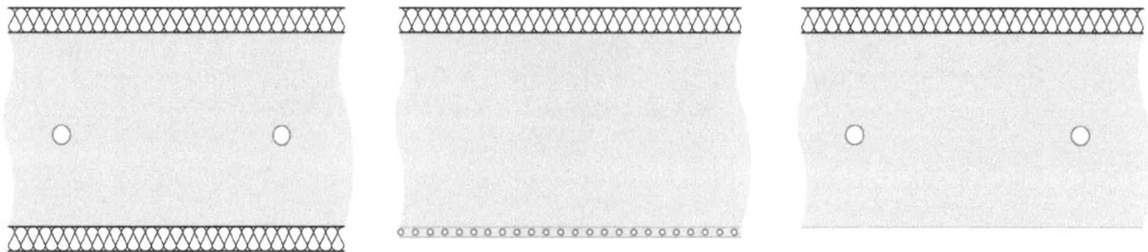

Abb. 5.35 Konstruktionsprinzipien von TAB

$6\,\mathrm{W/(m^2\,K)}$ an (er ist kleiner, weil es nun keine Aufsteigen der Raumluft mehr gibt, das den konvektiven Wärmetransport begünstigt), wird eine Kühlleistung $\dot{q}_K$ von $24\,\mathrm{W/m^2}$ abgegeben, d. h., es fließt ein entsprechender Wärmestrom in den Fußboden hinein.

Die Fußbodenheizung kann in begrenztem Umfang also auch kühlen. Umgekehrt werden Rohrdecken nicht nur zum Kühlen, sondern auch zum Heizen eingesetzt. Um die Begriffe zu vereinheitlichen, wurden in den 1990er Jahren zunächst Heiz- und Kühlflächen unter dem Begriff der thermisch aktiven Fläche zusammengefasst und später auch noch die Bauteile selbst als thermisch aktivierbare Bauteile (TAB) u. ä. bezeichnet. In seiner allgemeinsten Definition ist ein TAB eine Bauteil, in dessen Inneren Wärme zu- oder abgeführt werden kann [4].

Als Heizungen gibt es TAB schon sehr lange. In Europa ist die Urmutter aller TAB die römische Hypokaustenheizung, ein Heizsystem bei dem durch einen Hohlraum (Hypokausis) Rauchgase geleitet werden, um einen darüber liegenden Bereich zu erwärmen. Ursprünglich für die Temperierung von Karpfenbecken gebaut, wurde die Hypokaustenheizung bald in Bädern und später auch zur Raumbeheizung eingesetzt.

Was die thermische Aktivierung (oder kurz Aktivierung) selbst anbelangt, so kann man sie nicht nur als Oberbegriff für Heizen und Kühlen, sondern auch als Oberbegriff für Über- und Untertemperaturen, also als physikalische Größe, auffassen. Ein TAB wird so verstanden nicht nur aktiviert, sondern es hat infolge dessen auch eine Aktivierung. Rechts in Abb. 5.34 ist für die Fußbodenheizung ein möglicher Aktivierungsverlauf in K gezeigt. Im Heizfall ist die Aktivierung eine Übertemperatur, im Kühlfall eine Untertemperatur.

Diese Vorstellung vom TAB und seiner Aktivierung lässt sich vergleichen mit den Verhältnissen in einem Druckbehälter: Wenn ein Druckbehälter befüllt wird, äußert sich seine Befüllung in einem Überdruck. Ebenso führt die Beladung eines TAB zu einer Aktivierung. Mit dem Überdruck des Behälters ist je nach Fassungsvermögen eine nutzbare gespeicherte Energie verbunden. Ebenso ist mit der Aktivierung des TAB eine gespeicherte Energie verbunden, die für unterschiedliche Betriebsweisen genutzt werden kann. Die Betriebsweisen wiederum werden üblicherweise schon der Konstruktion des TAB, vor allem durch die Lage seines Quellsystems sowie durch die Art und die Lage seiner Dämmschichten vorgegeben.

Links in Abb. 5.35 ist ein Bauteilspeicher gezeigt, wie er z. B. in einem Fundament ausgebildet wird. Dieses TAB hat keine thermisch aktiven Flächen und dient nur der Spei-

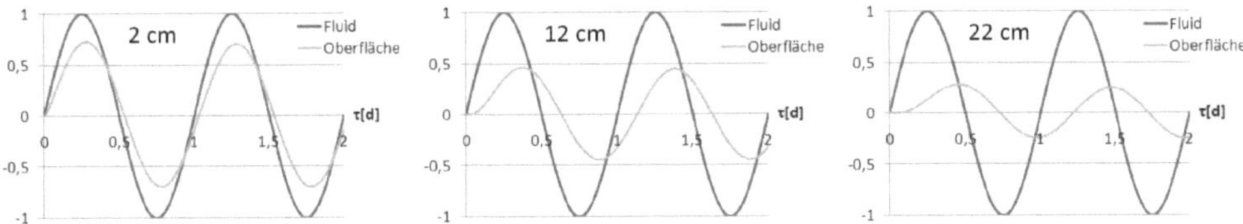

Abb. 5.36 Dämpfung und Phasenversatz bei verschieden tief eingebrachten Quellsystemen

cherung von Energie. Es funktioniert wie ein Druckbehälter der gelegentlich beladen wird und anschließend entladen werden kann.

Das andere Extrem ist die im mittleren Bild gezeigte Rohrdecke. Hier ist das Rohrsystem in den Deckenputz integriert, um möglichst dicht am Raum zu liegen. Solche TAB sollen unmittelbar und fortlaufend eine Heiz- oder Kühlleistung abgeben. Das ist vergleichbar einem Druckbehälter, der fortlaufend befüllt und entladen wird und durch seine Pufferwirkung eine kurzzeitige Unterbrechung der Befüllung überbrücken kann.

5.3.4.2 Betonkernaktivierung

Eine Mittelstellung zwischen den beiden genannten Wirkprinzipien nimmt das rechts in Abb. 5.35 gezeigte System ein. Es erschien gegen Ende der 1990er Jahre als „Betonkernaktivierung" auf dem Markt. In der Fachliteratur sind solche Systeme auch unter dem Begriff „Thermische Bauteilaktivierung" bekannt geworden. Bei diesen TAB wird das Rohr mitten in den Rohdeckenbeton eingegossen. Nach oben hin werden solche TAB meist durch eine Trittschalldämmung abgeschlossen. Ihre thermisch aktive Fläche befindet sich dann an der Unterseite.

Durch die tiefe Lage des Quellsystems im Bauteil entsteht eine Entkopplung zwischen Beladung und Entladung, einmal im Zeitpunkt und dann auch in der Dauer. Ähnlich wie ein Speicherwassererwärmer mit einer niedrigerer Leistung beladen als entladen werden kann, bestand auch bei der Entwicklung der Betonkernaktivierung ein wesentliches Motiv darin, Aggregate, vornehmlich Kälteaggregate niedriger dimensionieren zu können.

Der zeitliche Versatz zwischen Beladung und Entladung sollte es ferner ermöglichen, günstigere Konditionen, z. B. Nachtstromtarife, zu nutzen. Abbildung 5.36 zeigt diesen Effekt für eine 24 cm starke Rohdecke bei verschieden tiefen Lagen des Quellsystems. Im mittleren Teilbild liegt das Quellsystem auf 12 cm, also wie üblich in der Mitte der Rohdecke. Links daneben ist der Fall gezeigt, dass das Quellsystem nur 2 cm tief im Rohdeckenbeton sitzt, und rechts der Fall, dass es 22 cm tief, also auf der anderen Seite der Rohdecke liegt.

Um zu sehen, welcher zeitliche Versatz mit der Lage des Rohrsystems verbunden ist, wird das Fluid im Rohrsystem einem sinusförmigen Aktivierungsverlauf mit einer Periode von einem Tag unterworfen und der Aktivierungsverlauf an der Oberfläche betrachtet. Auf der Ordinate interessiert nur das Verhältnis der beiden Verläufe, also die Dämpfung. Sie ist natürlich umso stärker, je weiter hinten das Rohrsystem im Bauteil liegt.

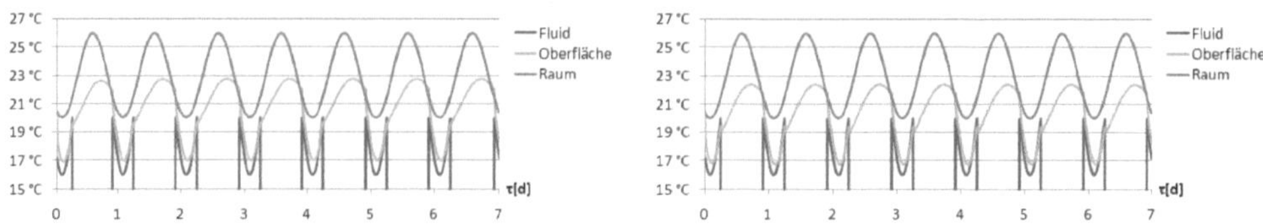

Abb. 5.37 Bauteilkühlung

Auf der Zeitachse zeigt sich ein Versatz, der von ca. einer 3/4 Stunde im linken Teilbild bis zu etwa 5 1/2 Stunden im rechten Teilbild reicht. In der Mitte beträgt er gute 3 Stunden. Dieser Wert ist für die angestrebte Entkopplung sicherlich nicht ausreichend. Überall dort, wo die starke Dämpfung bei tiefliegendem Quellsystem hingenommen werden kann – oder sie sogar erwünscht ist, weil die Systemtemperaturen fernab der Raumtemperatur liegen – ist ein möglichst tiefe Lage des Quellsystems von Vorteil.

5.3.4.3 Bauteilkühlung

Bauteilkühlung bedeutet bei einem TAB, dass es nachts über sein Quellsystem ausgekühlt wird, nach Möglichkeit aus Umweltenergie, und tagsüber der Raumkühlung dient. Abbildung 5.37 zeigt diese Betriebsweise für das zuvor schon betrachtet TAB. Das TAB wird hier täglich zwischen 22:00 Uhr abends und 6:00 Uhr morgens mit Wasser aus freier Kühlung aktiviert und ansonsten sich selbst überlassen. Während der Aktivierung beschreibt die Fluidtemperatur einen sinusförmigen Verlauf zwischen 16 und 20 °C, Für die Raumtemperatur ist ein sinusförmiger Verlauf angenommen, der mit 26 °C um 14:00 Uhr seinen Höchstwert und mit 20 °C um 2:00 Uhr nachts seinen Tiefstwert erreicht.

Ohne die Bauteilkühlung würden ähnliche Dinge passieren wie schon in Abb. 5.24. Mit der Bauteilkühlung werden die Temperaturen des TAB einschließlich seiner Oberflächentemperatur in der Aktivierungszeit deutlich abgesenkt. Nach Fortfall der Aktivierung steigt die Oberflächentemperatur langsam ein. Während dieser Zeit gibt das TAB ständig eine Kühlleistung ab. Sie ist umso größer, je höher die Differenz zur Raumtemperatur ist. Im Beispiel erreicht sie um die Mittagszeit herum ihren höchsten Wert.

Vergleicht man die beiden Diagramme, erkennt man, dass im rechten Teilbild noch etwas höhere Kühlleistungen zustande kommen. In beiden Diagrammen ist angenommen, dass das Rohrsystem dicht unter der Deckenoberfläche liegt (2 cm), aber im rechten Diagramm ist noch ein zweites Rohrsystem in 22 cm Tiefe angenommen. Dort wirkt es als Hintergrundquellsystem mit dem Effekt, dass eine bessere Beladung des TAB entsteht und das vordere Quellsystem entlastet wird.

Mithilfe solcher Hintergrundquellsysteme können TAB-Konstruktionen verbessert und neue Fahrweisen realisiert werden. Zum Beispiel können sie genutzt werden, um TAB über lange Zeiträume hinweg zu beladen, während die Vordergrundquellsysteme unmittelbar für die Raumtemperaturregelung eingesetzt werden. Selbst bei einer konventionelle Kühldecke, die aus einem Kältesatz betrieben wird, macht es Sinn, ein Hintergrundquell-

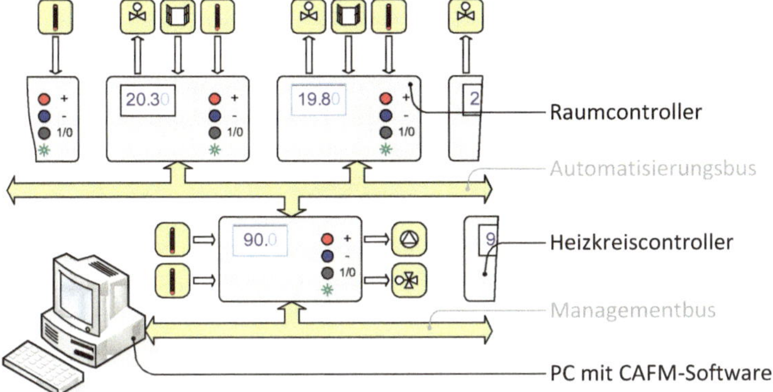

Abb. 5.38 Aufbau des LCB

system einzusetzen, das zusätzlich Umweltenergie nutzt. Es verbessert die Dynamik der Kühldecke und senkt den Energieverbrauch des vorderen Quellsystems.

5.3.5 Low Cost Bus (LCB)

Low Cost Bus (LCB) ist die Bezeichnung für ein System, mit dem einige neuere automatisierungs- und regelungstechnische Ansätze umgesetzt werden. Sein wichtigster Anwendungszweck ist die Einzelraumregelung.

5.3.5.1 Aufbau

Abbildung 5.38 zeigt die wichtigsten Komponenten des LCB-Systems in einer Einzelraumregelung für die Raumbeheizung. Oben erkennt man Raumcontroller, mit Eingängen für Temperaturfühler, einem Eingang für einen oder mehrere Fensterkontakte und einem Ausgang für ein oder mehrere Heizkörperventile mit elektrothermischem Stellantrieb. Die Controller haben ein Nutzerinterface, bestehend aus einem Display, drei Tasten und einem LED-Leuchtmelder.

Darunter sind Heizkreiscontroller gezeigt. Sie haben Ausgänge für den Heizkreismischer und die Heizkreispumpe und Eingänge für verschiedene Temperaturfühler. Wenn der Heizkreismischer mit einem Positionsmotor angetrieben wird, gehört zu den Eingängen auch die Stellungsrückmeldung. Auf der Frontplatte benutzen die Heizkreiscontroller die gleiche Bedieneinheit wie die Raumcontroller als Handbedienebene.

Links unten erkennt man einen PC, der über einen sog. Managementbus mit verschiedenen Heizkreiscontrollern verbunden ist. Üblicherweise wird dafür ein vorhandenes Bürokommunikationsnetzwerk verwendet. Für die Verbindung von Heizkreis- und Raumcontrollern miteinander (Automatisierungsbus) kommen die verschiedensten Übertragungsmedien und Netzwerkprotokolle in Frage. Ein spezielles LCB-Netzwerkprotokoll gibt es

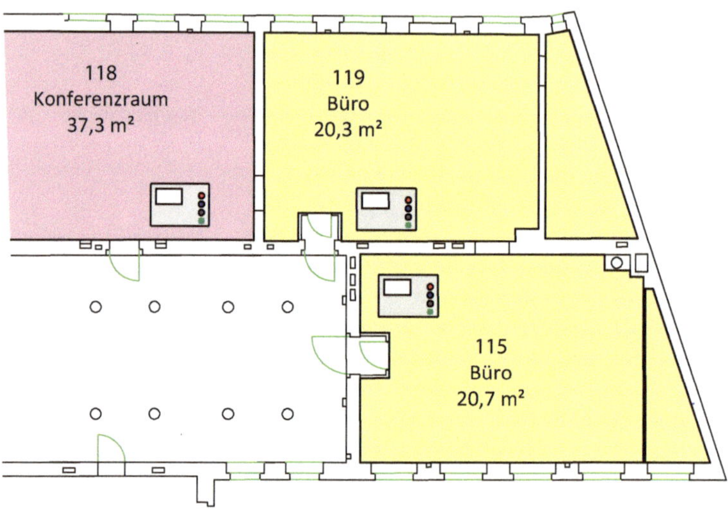

Abb. 5.39 Ausschnitt aus einer CAFM-Zeichnung

nicht. Hingegen bestehen im LCB-System sehr weitgehende Festlegungen für die Abläufe auf den Controllern und die Darstellung der Daten.

5.3.5.2 CAFM-Funktionalität

Auf dem PC wird im LCB-System eine spezielle CAFM Software (Computer Aided Facility Management) betrieben. CAFM-Programme arbeiten mit Zeichnungen, vornehmlich Grundrissen, die mit einer Datenbank gekoppelt sind. In den Grundrissen werden Daten eingegeben, angezeigt und sichtbar gemacht. Im Beispiel nach Abb. 5.39 ist ein grafischer Filter eingeschaltet, der unterschiedliche Raumnutzungen sichtbar macht. Aus der Datenbank eines CAFM-Programms können umfangreiche Berichte erstellt oder auch Emails an einzelne Nutzer und Gruppen erzeugt werden.

Beim LCB-System wird die CAFM-Basis schon für die Einrichtung und ggf. erforderliche Änderungen genutzt: In Abb. 5.39 erkennt man Controllersymbole in einzelnen Raumen. Aus der grafischen Zuordnung wird für jeden Raumcontroller eine Adresse erzeugt. Anschließend werden die Adressen aufgerufen und an jedem Raumcontroller angezeigt. Die Zuweisung an einen bestimmten Controller erfolgt durch die örtliche Quittierung an diesem Controller. Auf diese Weise wird nacheinander allen Controllern ihre Adressen zugewiesen.

Dieses Verfahren lässt sich jederzeit wiederholen, z. B. auch, wenn Raumzuordnungen geändert wurden. Auch das geschieht mithilfe des CAFM-Programms. Über die Zeichnung können auch die Daten eines Controllers angezeigt, und geändert werden. Das soll dazu beitragen, dass sog. Engineeringkosten, das sind Kosten, die mit der Einrichtung und Änderung des Systems verbunden sind, auf ein Minimum reduziert werden.

Im Betrieb wird die CAFM-Funktionalität verwendet, um Nutzungsprofile vorzugeben und den Betrieb zu überwachen. In organisiert genutzten Räumen wie dem gezeigten Konferenzraum ermöglichen CAFM-Programme eine Kopplung mit dem Raumvergabeplan. Die Berichtsfunktionalität von CAFM-Programmen wird beim LCB für das Energiemanagement und ein regelmäßiges Feedback an die Nutzerschaft herangezogen.

Dabei erscheinen die Daten des LCB-Systems neben anderen Daten, die es im Gebäude gibt, wie z. B. den Daten der Raumnutzer und ihrer Organisationseinheiten. Auf diese Weise können Nutzer direkt benachrichtigt werden oder Organisationseinheiten in einen Wettbewerb um den niedrigsten Energieverbrauch gesetzt werden. Ferner wird mit einem CAFM-System häufig auch Netzwerkmanagement betrieben. In diesem Fall reihen sich die Controller und ihre Verbindungsleitungen in die übrige Infrastruktur ein, die mit dem CAFM-System verwaltet wird.

5.3.5.3 Energieeinsparung durch verbesserte Regelung

Bei einem LCB-Einzelraumregelungssystem für die Raumbeheizung werden für einen Raum mit zwei Heizkörpern Materialkosten von etwa 100 € angestrebt. Das ist eine prägnante Zahl, die auch aus anderen Bereichen bekannt ist, z. B. von Notebooks, die 100 € kosten sollen, damit jedes Schulkind sie verwenden kann. Beim LCB-System sollen die niedrigen Kosten eine Nachrüstung im Bestand erleichtern.

Geht man von einer Amortisierungsdauer von 5 Jahren aus, betragen die Investitionskosten in einem $20\,m^2$ großen Raum 1 € pro m^2 und Jahr. Im Bestand liegen typische Verbräuche bei $200\,kWh/(m^2\,a)$ und mehr. Nimmt man an, dass durch den Einsatz des LCB-Systems 20 % Energie eingespart werden können, betragen die Kosten der eingesparten kWh etwa 2,5 ct.

20 % Energieeinsparung ist eine Zahl, die in sogenannten Performance Contractings auftaucht. Solche Contractings sind heute in öffentlichen Gebäuden üblich. Der Contractor führt Energieeinsparungsmaßnahmen durch, zahlt die erforderlichen Investitionen und wird aus den eingesparten Energiekosten bezahlt. Mit dem Contracting wird üblicherweise eine Mindesteinsparung von 20 % und mehr vereinbart, d. h., man kann davon ausgehen, dass unnötige Mehrverbräuche in dieser Höhe vorliegen. Mit dem LCB-System sollen solche Mehrverbräuche gekappt werden.

Die Mehrverbräuche resultieren aus einer fehlenden Anpassung des Heizbetriebs an die Nutzungszeiten, unnötigen Fensteröffnungen und unnötig höhen Raumtemperaturen. Nimmt man an, dass bei einer mittleren Außentemperatur von 5 °C an statt einer an sich ausreichenden Raumtemperatur von 20 °C durchgehend eine Raumtemperatur von 23 °C besteht, entsteht allein schon dadurch ein Mehrverbrauch in Höhe der genannten 20 %.

Tatsächlich stellen Nutzer recht häufig zu hohe Sollwerte ein, oft unwissentlich, weil ihnen von der Raumtemperaturregeleinrichtung (z. B. einem Thermostatventil) weder der Sollwert noch der Istwert angezeigt wird. Beim LCB-System werden beide Werte angezeigt und eine Form der Raumtemperaturregelung realisiert, mit der zu hohe Raumtemperaturen vermieden werden können.

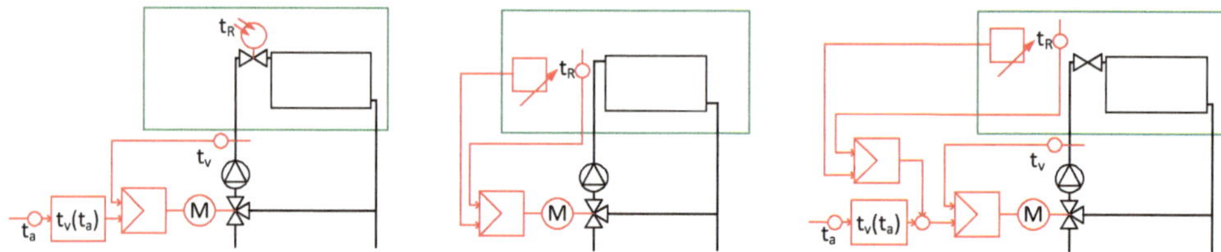

Abb. 5.40 Formen der Raumtemperaturregelung

Abbildung 5.40 zeigt links die heute übliche Form der Raumtemperaturregelung, eine dezentrale Raumtemperaturregelung mit **witterungsgeführter Vorlauftemperaturregelung**. In der Mitte ist eine **zentrale Raumtemperaturregelung** gezeigt, wie sie z. B. in Gasetagenheizungen üblich ist, und rechts die Regelung im LCB-System.

Bei der zentralen Raumtemperaturregelung wird ein Pilotraum zentral geregelt und alle anderen dezentral, d. h. genauso wie bei einer witterungsgeführten Vorlauftemperaturregelung. Im Pilotraum sind die Heizkörperventile geöffnet und die Raumtemperatur wird unmittelbar über die Vorlauftemperatur eingestellt. Dadurch werden die Netztemperaturen wirksam begrenzt. Zu hohe Sollwerte werden dann nicht mehr erreicht. Ebenso werden unnötig lange Fensteröffnungen vermieden, denn die Räume kühlen dann schneller und auf tiefere Temperaturen aus.

Nachts ist es bei einer zentralen Raumtemperaturregelung möglich, auch bei Außentemperaturen unter dem Gefrierpunkt einen Raumtemperatursollwert einzustellen, bei dem die Heizung ganz abgestellt wird, während bei einer witterungsgeführten Vorlauftemperaturregelung nur der Vorlauftemperatursollwert herabgesetzt, aber weiter Energie verbraucht wird.

Die zentrale Raumtemperaturregelung hat aber auch Nachteile: Zum einen ist nur selten immer der gleiche Raum als Pilotraum geeignet, zum anderen hat die Regelstrecke infolge der großen Entfernung von Stellort und Messort eine hohe Totzeit, die die Regelung erheblich erschwert. Ersterer Nachteil kann bei einem Bussystem leicht vermieden werden, indem der Pilotraum wechselt. Beim LCB-System wird ein Raum zum Pilotraum, wenn er über gewisse Zeit die höchste Regeldifferenz aufweist und kein Fenster geöffnet ist.

Dem zweiten Nachteil wird beim LCB-System durch eine erweiterte Regelkreisschaltung begegnet (Abb. 5.40 rechts): Die Außentemperatur wird wie bei der witterungsgeführten Vorlauftemperaturregelung erfasst, nun aber als Störgröße aufgeschaltet. Aus ihr wird ein Sockel des Vorlauftemperatursollwerts gebildet, der um einen Saldo aus der Raumtemperaturreglung ergänzt wird. Auch bei optimaler Einstellung der Heizkurve ist dieser Saldo stets negativ und bildet die angestrebte Reduzierung der Netztemperaturen, verbunden mit den entsprechenden Energieeinsparungen.

5.3.5.4 Energieeinsparung durch Interaktion mit den Nutzern

Ein weiterer wesentlicher Einsatz des LCB-Systems besteht darin, den aktuellen Bedarf möglichst genau zu erfassen. In organisiert genutzten Räumen wie dem gezeigten Konferenzraum oder den Veranstaltungsräumen einer Hochschule lassen sich Nutzungsprofile einzelner Räume aus der Raumplanung gewinnen und mit der CAFM-Software verwalten.

Für individuell genutzte Räume wird das gezeigte Nutzerinterface verwendet. Bei der Interaktion mit den Nutzern gilt die Regel, dass die Schnittstelle intuitiv verständlich sein soll. Wenn der Nutzer auf die rote oder blaue Taste drückt, wird der Sollwert angezeigt und nach oben oder unten hin verändert. Drückt er auf die schwarze, geht der Leuchtmelder in Dauerbetrieb, wenn er zuvor aus war, und er wird ausgeschaltet, wenn er zuvor leuchtete. Der Leuchtmelder zeigt an, dass ein Normalbetrieb besteht.

Der Nutzer kann also durch Änderungen des Sollwerts und der Taste für den Heizbetrieb in den Betrieb des Controllers eingreifen. Der Controller pflegt die Nutzereingriffe in die hinterlegten Nutzungs- und Sollwertprofile ein, indem er sie entsprechend verändert. Kommt ein Nutzer z. B. wiederholt eine Stunde eher und tut das durch Betätigung der schwarzen Taste kund, verändert der Controller das Nutzungsprofil entsprechend und sorgt dafür, dass der Raum eine Stunde eher ausreichend beheizt ist. Ebenso verfährt er bei Sollwertänderungen.

Von Zeit zu Zeit bietet der Controller auch einen etwas niedrigeren als den vom Nutzer eingestellten Sollwert an, um zu sehen, ob der Nutzer ihn akzeptiert. Auf diese Weise bildet sich eine Interaktion zwischen Nutzer und Controller aus, in der der Nutzer wirksam unterstützt wird, den Energieaufwand an den tatsächlichen Bedarf anzupassen und Mehrverbräuche zu vermeiden. Hinzu kommen regelmäßige Auswertungen in Form von Berichten aus der Datenbank, mit denen ein Prozess in Gang gesetzt werden kann, der dazu führt, dass die Nutzer ihre Handlungsmöglichkeiten erkennen und umsetzen.

Kontrollfragen zu Abschn. 5.3

1. Warum kann der Ausnutzungsgrad der Wärmegewinne auch dann kleiner als eins sein, wenn der gesamte Wärmegewinn an einem Tag nicht größer als der Wärmeverlust ist?
2. Welche Anteile hat der Verlustwärmestrom der Nutzenübergabe und wie kommen sie zustande?
3. Warum ist die wirksame Speicherfähigkeit eines Bauteils kleiner als die Summe der Wärmespeicherfähigkeiten seiner Schichten und wovon hängt sie ab?
4. Was geschieht beim Selbstregeleffekt?
5. Welche Nachteile hat eine witterungsgeführte Außentemperaturregelung und welche Nachteile hat eine zentrale Raumtemperaturregelung?

5.4   Solare Kühlung

Alfred Karbach

Solare Kühlung bedeutet, dass man den mit der Solarstrahlung verbundenen Wärmestrom durch Energiewandlungsprozesse in eine Kälteleistung umwandelt. Prinzipiell eröffnen sich dabei zwei Wege:

Umwandlung von Strahlungsleistung in elektrische Leistung mit einem Photovoltaikgenerator. Die elektrische Leistung wird genutzt, um eine Kompressionskältemaschine zu betreiben.

Umwandlung der Strahlungsleistung in eine Wärmeleistung. Diese wird in eine thermisch angetrieben Kältemaschine eingespeist. (Absorptions- und Adsorptionskältemaschinen). Daneben gibt es Klimatisierungskonzepte, die mit direkter Wärmeeinspeisung und adiabatischen Befeuchtern arbeiten (DEC-Systeme Dessicative Evaporative Cooling).

Die zweite Prozessvariante kann in der Regel wirtschaftlicher betrieben werden, so dass hier die entsprechenden Prozesse betrachtet werden sollen.

Hochwertige Solarkollektoren wandeln die Solarstrahlung in einen Wärmestrom bei Temperaturen, die mindesten 70 °C betragen sollten. In einem nachgeschalteten Kälteprozess wird die Wärme mit einem thermisch angetriebenen Wärmepumpenprozess auf einem niedrigen Temperaturniveau entzogen (Kälteleistung) und zusammen mit der antreibenden Wärmeleistung bei einem mittleren Temperaturniveau im Bereich der Umgebungstemperatur abgegeben.

Für die Optimierung und Regelung solcher Anlagensysteme ist das Zusammenspiel der Wirkungsgradverläufe der Komponenten entscheidend. Ändert man den Volumenstrom am Kollektor in Richtung kleinerer Volumenströme, steigt das Temperaturniveau und der Kollektorwirkungsgrad geht zurück (Abb. 5.44).

Der thermische Kälteprozess wird charakterisiert durch den COP-Wert (COP Coefficient of Performance Abschn. 3.3.5). Dieser beschreibt, welcher Anteil der Antriebswärmeleistung in Kälteleistung umgewandelt wird. Der COP-Wert nimmt mit steigendem Temperaturniveau zu, so dass eine Gegenläufigkeit zum Wirkungsrad des Kollektors gegeben ist (Abb. 5.45).

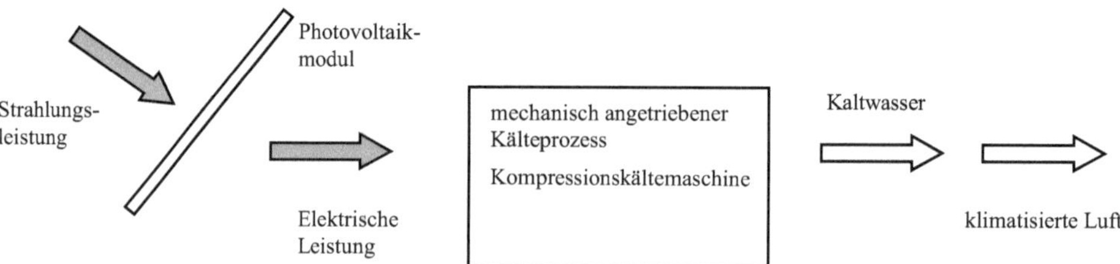

Abb. 5.41 Energiewandlungsprozesse bei der solaren Kühlung mit mechanisch angetriebenem Kälteprozess

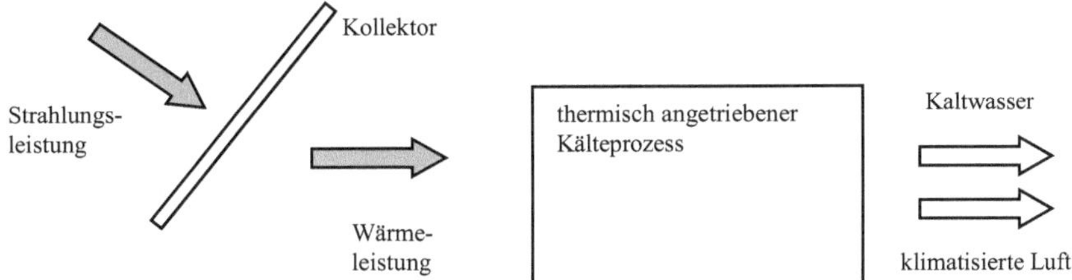

Abb. 5.42 Energiewandlungsprozesse bei der solaren Kühlung mit thermisch angetriebenem Kälteprozess

Klar ist, dass es bei solar betriebenen Systemen Begrenzungen in der Antriebstemperatur gibt. Die Temperaturen über 100 °C können mit speziellen Kollektorsystemen (Parabolrinnenkol-lektoren) erreicht werden. Für eine bestimmte Kombination im Betrieb ergibt sich also aus der Sicht der Regelungstechnik ein Optimierungsproblem (Abb. 5.46).

Abbildung 5.46 gibt für eine ganze Reihe von unterschiedlichen Kälteprozessen die Verhältnisse wieder. Der COP-Wert wird dabei immer in der gleichen Weise definiert. Es gibt Niedertemperatur und Hochtemperaturprozesse, beispielsweise zweistufige Absorptionskältemaschinen, die bei Temperaturen im Bereich von 150 °C angetreiben werden.

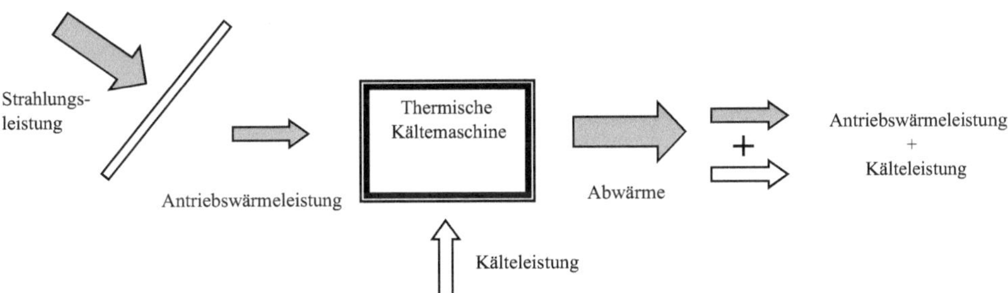

Abb. 5.43 Funktion einer thermischen Kältemaschine

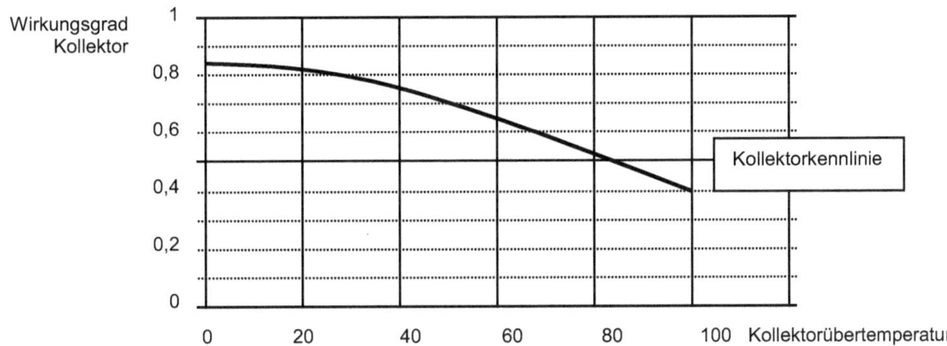

Abb. 5.44 Wirkungsgradverlauf eines Solarkollektors bei konstanter Einstrahlung G

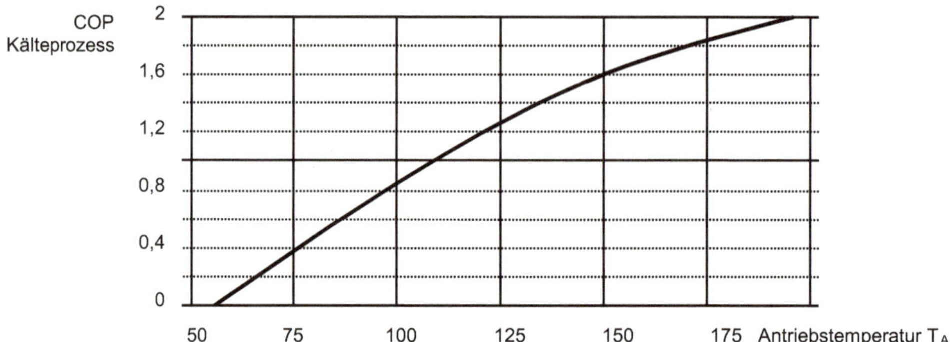

Abb. 5.45 COP-Verlauf eines Kälteprozesses in Abhängigkeit von der Antriebstemperatur T_A

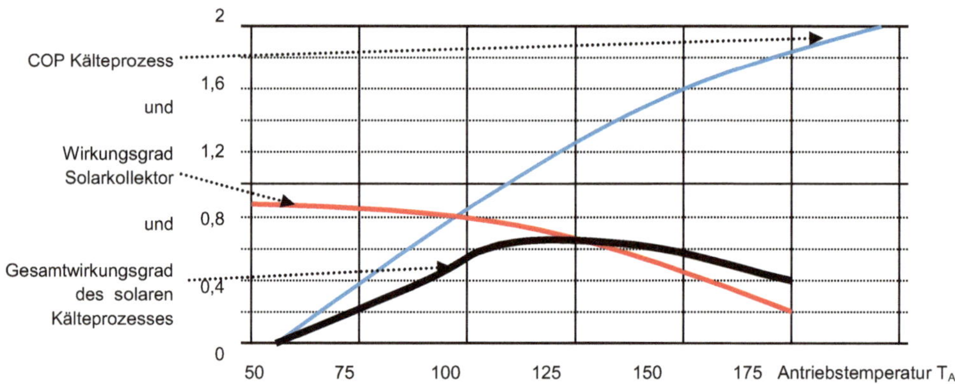

Abb. 5.46 Gesamtwirkungsgrad des solaren Kälteprozesses

Auch im Bereich unter 100 °C müssen relativ hohe Temperaturen erreicht werden, um zu vernünftigen COP-Werten zu kommen. Die Entwicklung in der Kältetechnik versucht die thermischen Kälteprozesse dahingehend zu optimieren, dass mit niedrigeren Temperaturen günstige COP-Werte erreicht werden können. DEC-Systeme und Adsorptionskältemaschinen arbeiten ab 60 °C, Absorptionskältemaschinen ab etwa 70 °C mit akzeptablen Wirkungsgraden.

Es müssen also auf der Solarseite höhere Temperaturen als bei der Warmwasserbereitung erreicht werden. Dies erfordert sehr hochwertige Kollektoren mit einer flachen Wirkungsgradkennlinie (Abb. 5.44). Daher kommen hauptsächlich Vakuumröhrenkollektoren oder sehr hochwertige Flachkollektoren in Frage.

Für jede Betriebssituation, die durch eine bestimmte Umgebungstemperatur und Einstrahlung charakterisiert ist, muss für die Sollwertführung des Solarkollektors das Optimum bestimmt werden. Häufig aber nicht immer ist es so, dass das Optimum bei den höchsten erreichbaren Temperaturen liegt.

Tab. 5.4 Raumklimatisierung mit Solarenergie

Solar unterstützte Systeme	Solar autarke Systeme
Solarkollektor deckt einen gewissen Anteil an der Antriebswärme	Solarkollektor liefert Antriebswärme komplett
Die erreichbaren Raumluftzustände sind nicht durch die verfügbare Einstrahlung begrenzt	Die erreichbaren Raumluftzustände hängen von der verfügbaren Einstrahlung ab
Auslegungsgröße: solarer Deckungsanteil	Auslegung: Häufigkeitsverteilung von Raumlufttemperatur und -feuchte

Über bestimmte Betriebsperioden gesehen ergibt sich ein zeitlich gemittelter Gesamtwirkungsgrad des solaren Kälteprozesses im Bereich von 0,2–0,4.

Die allgemeine Prozessbetrachtung erfordert eine detaillierte Betrachtung der Abnahmesituation, also der Klimatisierungsanforderungen.

Beim Anlagenkonzept werden solar unterstützte und solar autarke Systeme unterschieden. Bei den solar autarken Systemen gibt es immer Beschränkungen in den erreichbaren Raumluftzuständen in Abhängigkeit von den Witterungsbedingungen. Bei schwülem Wetter und bedecktem Himmel kann die Kühlleistung relativ gering ausfallen.

Tabelle 5.4 zeigt einen Vergleich solar unterstützter und solar autarker Systeme.

Bei den solar unterstützten Systemen wird wie bei den großen Anlagen zur Warmwasserbereitung der solare Deckungsanteil über die wirtschaftliche Optimierung der Gesamtanlage bestimmt.

Ein typischer Wert der benötigten Kollektorfläche bei Büronutzung beträgt 0,2–0,4 m^2 Solarkollektorfläche pro m^2 der klimatisierten Raumfläche. Bei hoher Einstrahlung von 1000 W/m^2 bedeutet dies eine maximale Kälteleistung von 300–400 W/m^2. Im Mittel liegt die Kälteleistung dann bei etwas weniger als der Hälfte.

Bei solar unterstützten Systemen wird der solare Deckungsanteil wie bei den Systemen zur Warmwasserbereitung und Heizungsunterstützung bestimmt. Die Erzielung eines solaren Deckungsbeitrages von 70–80 % ist erforderlich, um deutliche Primärenergieersparnisse zu erzielen.

Solar autarke Systeme sind nur möglich, wenn der Nutzer nicht auf einer strengen Einhaltung vorgegebener Raumluftzustände besteht. Es handelt sich dann eher um ein sogenanntes „solar comfort improvement".

Das Design des Systems ist stark abhängig von den konkreten Klimabedingungen (Einstrahlung, Wetter). Bei der Anwendung besonders bevorzugt sind die südeuropäischen Zonen mit höherer Sonneneinstrahlung.

Vakuumröhrenkollektoren werden für Absorptions- und Adsorptionsanlagen verwendet, für Desiccant Cooling (DEC) und Adsorptionsanlagen auch hochwertige Flachkollektoren mit selektiver Beschichtung.

Die Verwendung der solaren Wärmequelle bedingt die Zeitabhängigkeit von Wärmeleistung und machbarer Antriebstemperatur. Die Regelungstechnik ist dadurch komplexer im Vergleich zu Systemen mit konventionellen Wärmequellen (Gas, Öl, Fernwärme).

Eine optimierte Regelungstechnik ist essentiell für den Systemertrag (siehe ausgeführtes Anlagenbeispiel Abschn. 5.4.2).

Betriebserfahrungen zeigen, dass eine genaue Beobachtung des Systems im ersten Betriebszeitraum zwingend notwendig ist, um sowohl Fehler in der Regelungstechnik wie auch in der Hydraulik zu identifizieren.

5.4.1 DEC-Systeme

Die englische Bezeichnung Desiccative and Evaporative Cooling (DEC) und der im Deutschen verbreitete Begriff Sorptionsgestützte Klimatisierung (SGK) werden zur Bezeichnung des Kälteprozesses verwendet.

DEC-Systeme unterscheiden sich von thermisch getriebenen Ab- und Adsorptionskältemaschinen dadurch, dass sie ein offenes System ohne zusätzlichen Wasserkreislauf darstellen.

Sowohl das Kältemittel Wasser als auch das zu kühlende Medium Luft stehen einerseits mit der Umgebung und andererseits auch untereinander in Kontakt und gegenseitigen Austausch. Verdeutlicht wird dies in Abb. 5.47 und der dazugehörigen Beschreibung mit den einzelnen Prozessschritten. Bei den Absorptionskältemaschinen wird ein Kaltwassersatz bereitgestellt, der zur weiteren Anwendung genutzt werden kann. Mit einem DEC-System wird dagegen sowohl die Temperatur als auch die Feuchte der durchströmenden Luft direkt konditioniert, so dass dieses System als vollständiges Klimatisierungsgerät betrachtet werden muss.

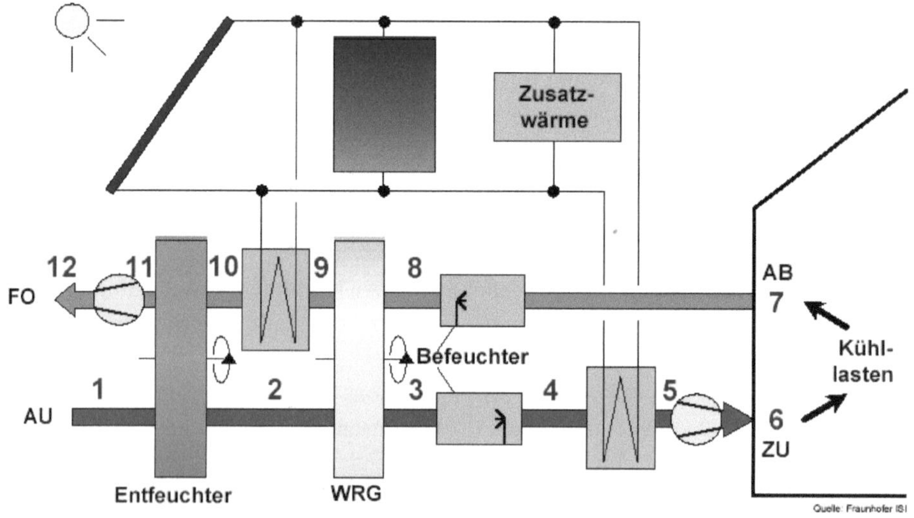

Abb. 5.47 DEC-Prozess mit solarthermischer Regeneration

Die Kühllast des Raumes wird durch Ventilation mit konditionierter Umgebungsluft abgeführt. Sensible Kühlung geschieht ausschließlich durch Verdunstungskühlung und Wärmerückgewinnung. Die Sorption erhöht das Verdunstungspotential und dient der Feuchtekontrolle. Das Kältemittel Wasser ist in direktem Kontakt mit der Raumluft. Die direkte Beeinflussung des Raumluftzustandes über die Zulufttemperatur ist durch den Taupunkt der befeuchteten Zuluft limitiert.

Zustandsänderung im Prozessverlauf

1–2 Adiabate Entfeuchtung der Umgebungsluft über das Sorptionsrad bei durch den solar betriebenen Wärmetauscher auf der Abluftseite bereitgestellten höheren Temperaturen.

2–3 Sensible Abkühlung der entfeuchteten Luft über das Wärmerückgewinnungsrad im Gegenstrom zur kälteren Abluft.

3–4 Weitere Abkühlung durch Verdunstungseffekt aufgrund von Luftbefeuchtung. Regelbare Befeuchter bieten zusätzliche Kontrollmöglichkeit.

4–5 Zulufterwärmung (nur im Heizfall aktiv!)

6–7 Aufnahme der Kühllast des Raumes. Erwärmung durch innere und äußere Lasten sowie evtl. Feuchteaufnahme.

7–8 Möglichst maximale Befeuchtung der Abluft, um ihr Kältepotential in vollem Umfang zu nutzen.

8–9 Aufnahme der Wärme aus getrockneter Zuluft über das Wärmerückgewinnungsrad ohne Feuchteänderung.
„Kälteübertragung an die Zuluft"

9–10 Zufuhr der anteilig solaren Antriebswärme über den Lufterhitzer

10–11 Regeneration des Sorptionsrades. Die warme Regenerationsluft desorbiert das Rad durch adiabate Feuchteaufnahme. Der von der Regenerationsluft aufgenommene Wasserdampf wird an die Umgebung abgegeben.

5.4.2 Solarbetriebene Absorptionskältemaschinen

Wärmetransformationsprozesse zeichnen sich gegenüber solar-elektrischen und thermo-mechanischen Kühlprozessen dadurch aus, dass hier ein gegenüber der Kompressionskältemaschine abgewandelter Kühlprozess betrieben wird. Aufgrund des thermischen Antriebs muss im gewöhnlichen Kompressionskälteprozess der elektrisch getriebene Kompressor ersetzt werden. Dies geschieht durch ein Sorptionssystem. Sorption ist die Sammelbezeichnung für alle Vorgänge, bei denen ein Stoff durch einen anderen mit ihm in Beziehung stehenden Stoff selektiv aufgenommen wird. Dabei wird die sorbierte Substanz als Sorbat und die sorbierende als Sorbens bezeichnet. Je nach Art der Stoffaufnahme wird zwischen Absorption und Adsorption unterschieden. Handelt es sich bei dem Sorbat

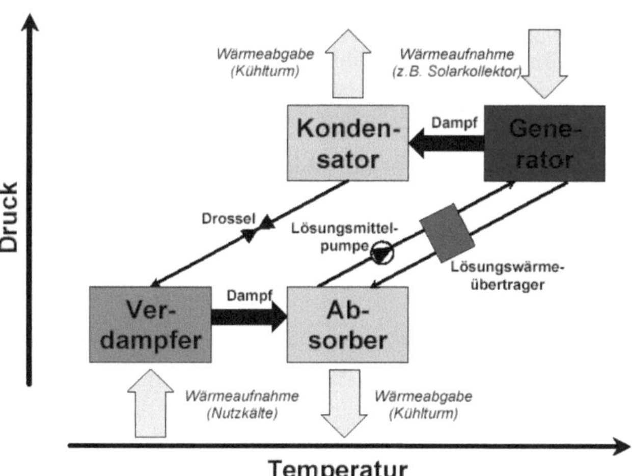

Abb. 5.48 Solarthermisch angetriebener Absorptionsprozess

um ein Gas oder Gasgemisch, das gleichmäßig in das Sorbens eindringt, so wird dieser Sorptionsprozess als Absorption, das Sorbat als Absorbat und das Sorbens als Absorbens bezeichnet. Dringt das Sorbat nicht gleichmäßig in das Sorbens ein, sondern wird es vielmehr durch Oberflächenkräfte an der Phasengrenze zwischen Sorbens und Sorbat festgehalten, so liegt Adsorption vor.

Das Sorptionssystem ersetzt den Kompressor dadurch, dass es bei niedrigen Verdampferdruck den Kältemitteldampf ab- bzw. adsorbiert und ihn durch die Desorption (Austreibung des Sorbates – hier Kältemittel) dem Kondensator beim höheren Kondensationsdruck zuführt. Die Desorption geschieht durch Wärmezufuhr in das Sorbens. In diesem Vorgang verbirgt sich der thermische Antrieb des Systems, speziell des „Ersatzkompressors", der auch als thermischer Kompressor bezeichnet wird. Durch die Verbindung (den Phasenkontakt) des Kältemittels mit dem Sorptionsmaterial verschiebt sich die Dampfdruckkurve des Kältemittels. Dieser Effekt ermöglicht durch Zufuhr von Wärme eine Kompression (thermische Kompression) des Kältemitteldampfes. In Abb. 5.48 ist im p-T-Diagramm der Prozess einer Absorptionskältemaschine skizziert. Der eingezeichnete Lösungsmittelkreislauf mit konzentrierter und verdünnter Lösung ist nötig, um einen kontinuierlichen Betrieb zu gewährleisten. Bei Adsorptionskältemaschinen findet der Sorptionsprozess an Feststoffen statt, so dass kein Kreislauf zwischen angereichertem und getrocknetem Sorptionsmittel möglich ist. Um hier einen kontinuierlichen Prozess durchführen zu können, werden mindestens zwei Sorptionssysteme periodisch mit dem Kältemittel beladen und regeneriert (Abschn. 5.4.2.2).

5.4.2.1 Solar Absorptionskühlung als ausgeführtes Anlagenbeispiel

Mit einem Feld von Vakuumröhrenkollektoren werden zwei Absorptionskältemaschinen mit Heizenergie versorgt. Die gewonnene Kälteleistung wird nach einer Zwischenspeicherung Kühldeckenelementen zugeführt, mit denen Büroräume gekühlt werden.

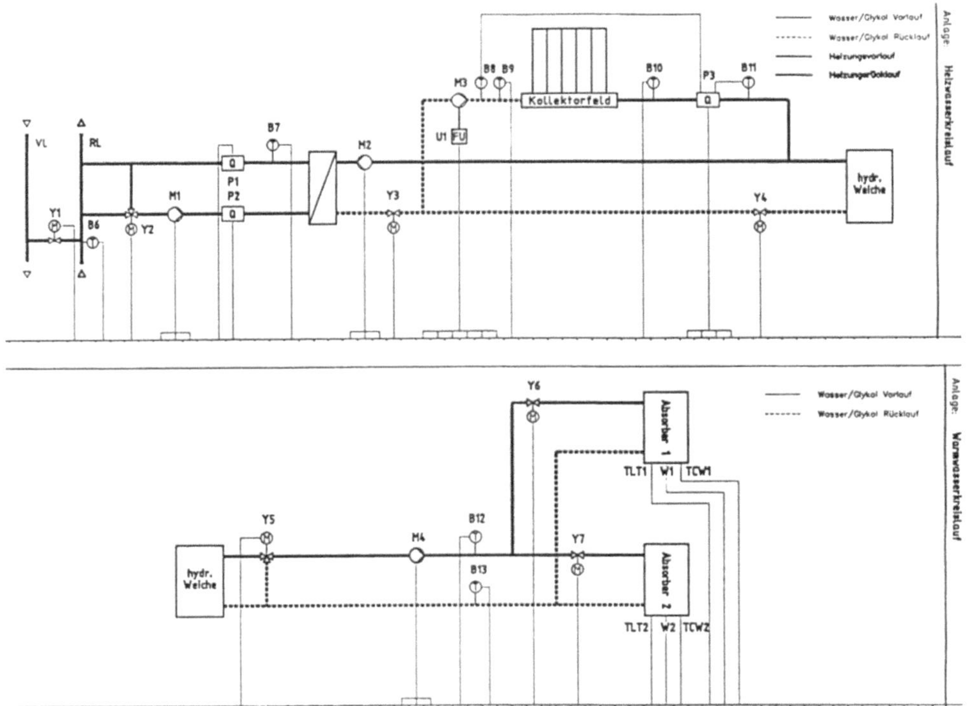

Abb. 5.49 Anlagenschema der solar angetriebenen Absorptionskälteanlage

An der Anlage wurden Messungen durchgeführt, um die Leistungsfähigkeit des Systems beurteilen zu können. Mit Hilfe eines Diagnoseverfahrens können Leistungsminderungen der einzelnen Anlagenkomponenten erkannt werden.

Die Kollektoranlage dient im Winter und in der Übergangszeit zur Heizungsunterstützung, so dass die solare Einstrahlung möglichst umfassend genutzt wird. Über den Heizkessel kann Wärmeleistung in die Absorber eingespeist werden, so dass es sich um eine solar unterstützte Kälteanlage handelt. Die Anlage wird jedoch im Kühlbetrieb solar autark betrieben.

Im Sommerbetrieb heizen die Kollektoren ($180\,\text{m}^2$) über die hydraulische Weiche die Austreiber der beiden Absorptionskältemaschinen (jeweils 46 kW Nennkälteleistung). Im Winterbetrieb wir die erzeugte Wärmeleistung über einen Wärmeübertrager zur Systemtrennung der Warmwasserheizungsanlage zugeführt, wobei eine Anhebung der Heizungsrücklauftemperatur erfolgt. Um einen effektiven solaren Wirkungsgrad zu erreichen, sollte die Vorlauftemperatur des Kollektorkreises größer sein als $85\,^\circ\text{C}$. Mit diesem Temperaturniveau können die Absorptionskältemaschinen ein Temperaturniveau von $9\,^\circ\text{C}$ erzeugen.

Bevor das Kaltwasser den Kühldeckenelementen zugeführt wird, gelangt es zunächst in einen Kaltwasserspeicher und wird danach außentemperaturabhängig auf eine geeig-

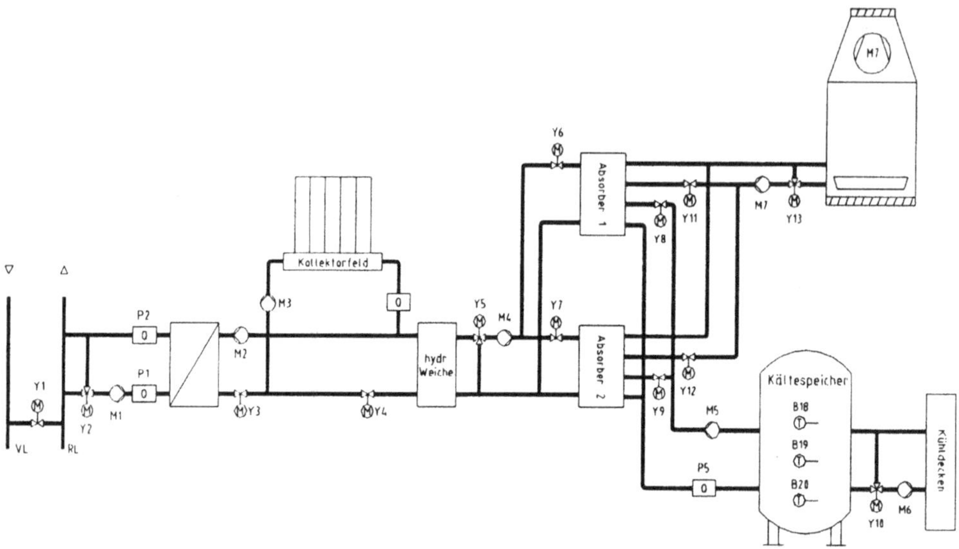

Abb. 5.50 Datenpunkte für die Kälteerzeugung

nete Vorlauftemperatur gemischt. Mit einem Gebäudeautomationssystem werden alle im Anlagenschema angezeigten Daten erfasst und stehen für eine Auswertung zu Verfügung.

Die vorhandenen Datenpunkte sind für die Kältererzeugung in Abb. 5.50 dargestellt. Die Wärmeleistung des Kollektorfeldes wird mit einem Wärmezähler gemessen. Die Kollektorkreispumpe ist drehzahlregelbar, um die Temperaturniveaus im Kollektor beeinflussen zu können, wird aber im Folgenden mit konstanter Einstellung betrieben.

Auf der Abnahmeseite werden die in Abb. 5.51 dargestellten Datenpunkte erfasst:

Die Kälteleistung nach den Absorptionskältemaschinen wird mit einem weiteren Wärmezähler erfasst. Der Kaltwasserspeicher hat nur einen Inhalt von 5 m^3 und dient nur für den kurzfristigen Ausgleich des Kältebedarfs und des Kälteangebots. Aus dem Kältespeicher werden Kühldecken versorgt, die über ein Dreiwegeventil mit einer angepassten Vorlauftemperatur unter Berücksichtigung der Taupunkttemperaturverhältnisse versorgt werden.

Die Abwärme des Systems wird über einen Kühlturm abgefahren. Der COP-Wert (Abschn. 3.3.5 coefficient of performance: Umwandlungsgrad Wärme zu Kälte) der Absorptionskältemaschinen wird über das Kühlturmtemperaturniveau entscheidend mit beeinflusst. Der COP-Wert geht bei steigenden Kühlturmtemperaturen stark zurück.

Die Regelung der Anlage erfolgt nach folgendem Verfahren: Siehe hierzu Abb. 5.52.

Es wird unterschieden nach Sommer und Winterbetrieb über die Außentemperatur (Grenze 18 °C). Die Anlage startet jeweils, nachdem die Einstrahlungsmessung einen Wert über 150 W/m^2 anzeigt. Danach erfolgt ein Aufheizvorgang.

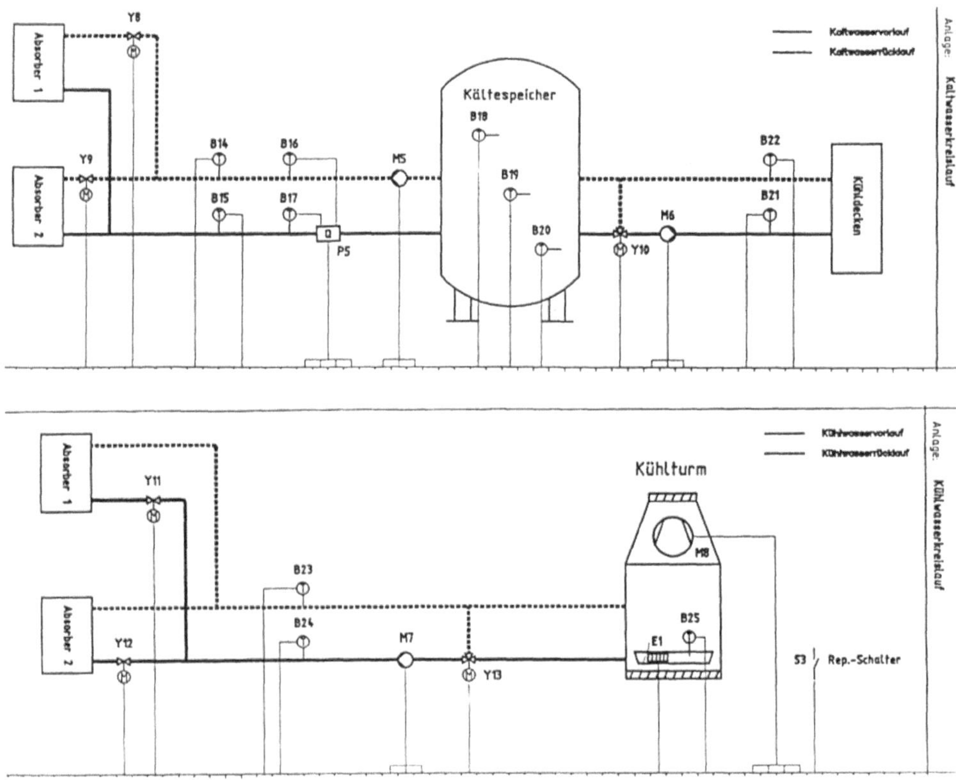

Abb. 5.51 Datenpunkte für die Wärmeabnahme und den Kühlturm

Im Winter wird solange aufgeheizt, bis die Kollektorvorlauftemperatur um einen einstellbaren Wert über der Heizungsrücklauftemperatur liegt. Danach erfolgt eine Anhebung des Heizungsrücklaufs über einen Plattenwärmetauscher (Abb. 5.49 und 5.50)

Im Kühlbetrieb wird bis zu einer Kollektorvorlauftemperatur von 90 °C aufgeheizt. Danach wird die erste Absorptionskältemaschine in Betrieb genommen und die Beladung des Kältespeichers und der Kühlturmbetrieb aktiviert. Steigt die Temperatur wieder über 90 °C, wird der zweite Absorber angefahren.

Wenn die Temperatur des Kältespeichers unter 16 °C liegt und die Außentemperatur über 24 °C, werden die Kühldecken mit Kaltwasser versorgt und die Vorlauftemperaturregelung der Kühldecken aktiviert.

Der Betrieb erfolgt im Kühlbereich solarautark; es wird also nur mit der Kälteleistung gekühlt, die solar zur Verfügung steht.

Die Volumenströme wurden konstant eingestellt. Die Kältemaschinen wurden im Zweipunktbetrieb gefahren.

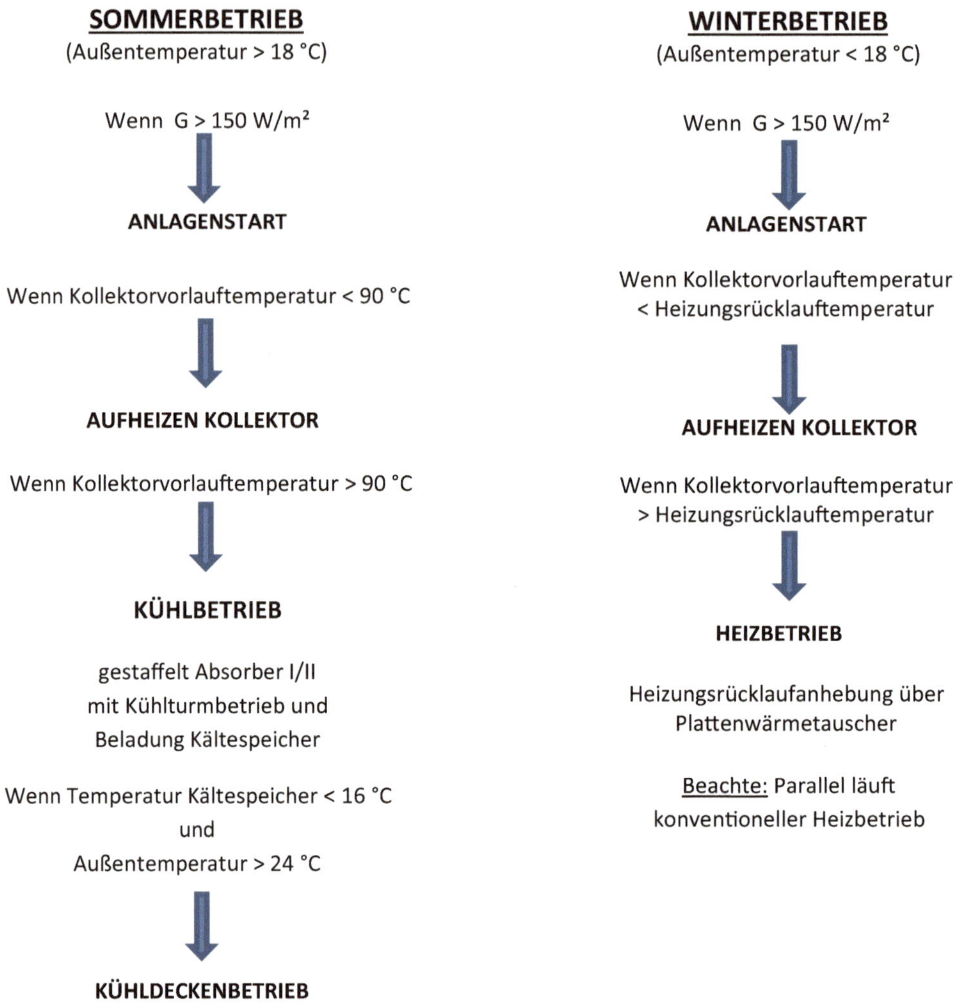

SOMMERBETRIEB
(Außentemperatur > 18 °C)

Wenn G > 150 W/m²

ANLAGENSTART

Wenn Kollektorvorlauftemperatur < 90 °C

AUFHEIZEN KOLLEKTOR

Wenn Kollektorvorlauftemperatur > 90 °C

KÜHLBETRIEB

gestaffelt Absorber I/II
mit Kühlturmbetrieb und
Beladung Kältespeicher

Wenn Temperatur Kältespeicher < 16 °C
und
Außentemperatur > 24 °C

KÜHLDECKENBETRIEB

WINTERBETRIEB
(Außentemperatur < 18 °C)

Wenn G > 150 W/m²

ANLAGENSTART

Wenn Kollektorvorlauftemperatur
< Heizungsrücklauftemperatur

AUFHEIZEN KOLLEKTOR

Wenn Kollektorvorlauftemperatur
> Heizungsrücklauftemperatur

HEIZBETRIEB

Heizungsrücklaufanhebung über
Plattenwärmetauscher

Beachte: Parallel läuft
konventioneller Heizbetrieb

Abb. 5.52 Regelkonzept mit Betriebsarten

Ein Beispiel für ein Anlagenmonitoring mit der Aufnahme von Daten im 5-Minutenabstand zeigen die folgenden Bilder, die das Anfahren und den Betrieb der Anlage an einem sonnigen Junitag darstellen:

Der Tag war nahezu wolkenlos. Das erste Teilbild von Abb. 5.53 zeigt den Verlauf der Globalstrahlung unter zwei verschiedenen Winkeln gemessen.

Betrachtet man die Vor- und Rücklauftemperaturen der Warmwasserseite der Kältemaschine, so sieht man, dass gegen 10:30 Uhr die Aufheizphase abgeschlossen ist und die erste Absorptionskältemaschinen in Betrieb geht. Die Temperaturen gehen etwas zurück

Abb. 5.53 Tagesverlauf für die solar betriebene Absorptionskältemaschine

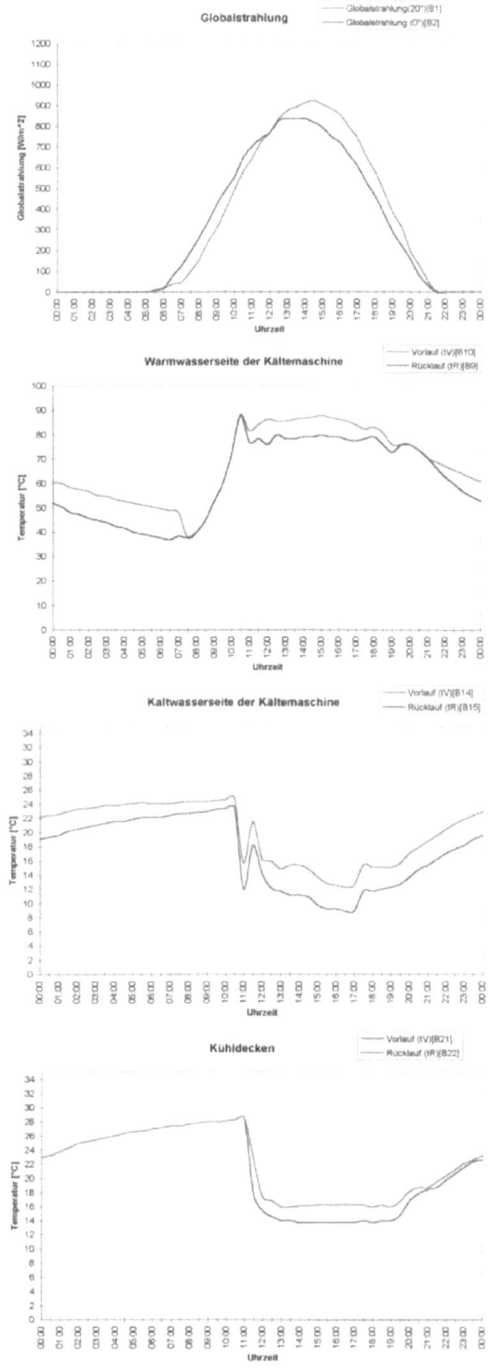

durch die Leistungsaufnahme und steigen anschließend wieder an, so dass auch der zweite Absorber zuschaltet.

Teilbild 3 zeigt die Kaltwasserseite der Kältemaschine. Die Temperaturen erreichen bis 11 Uhr Werte, die das Einschalten der Kühldecken erlauben.

Dabei muss aber deutlich darauf hingewiesen werden, dass an überwiegend bedeckten Tagen ein Kühlbetrieb mit den Sonnenkollektoren allein nicht möglich ist. Damit selbst bei solchen Witterungsverhältnissen die geforderten Behaglichkeitskriterien erfüllt werden können, muss mit der konventionellen Heizanlage zugeheizt werden.

In Teilbild 4 wird deutlich, dass nach einer weiteren Zeitspanne gegen 12 Uhr die Kühldecken soweit abgekühlt sind, dass der Kühlbetrieb die volle Leistung erreichen kann.

Die Kühlleistung hält nach Abnahme der Strahlungsleistung noch eine gewisse Zeit vor. Dies ist zurückzuführen auf die insgesamt vorhandenen Speichereffekte. Durch die relativ kleine Verzögerung gegenüber der Einstrahlung ist das System auf den auch verzögert auftretenden Kühlbedarf gut abgestimmt.

Die Temperaturen im Bereich des Rückkühlwerks sind in dem ersten Teilbild gezeigt. Vergleicht man mit dem letzten Teilbild (Außentemperaturverlauf), dann sieht man, dass sich die Vorlauf- und die Rücklauftemperatur im Mittel etwa 6 °C über der Außentemperatur einpendeln. Ein möglichst niedriges Temperaturniveau bei der Wärmeabgabe ist entscheidend für einen guten COP-Wert.

Die Temperatur im Kältespeicher wird in zwei Höhen gemessen (2. Teilbild). Nachdem die Kühldecken versorgt sind, wird in den Nachmittagsstunden der Kältespeicher abgekühlt und in den späteren Abendstunden wieder aufgewärmt. Damit wird eine Phasenverschiebung der Kälteleistung zu späteren Stunden hin bewirkt.

Das dritte Teilbild zeigt die mit den Wärmemengenzählern gemessenen Werte. Die obere Kurve zeigt den Ertrag des Kollektorfeldes, die untere Kurve die zugehörige Kälteleistung. Der COP-Wert ist über den Betriebsverlauf variabel. Das Verhältnis der Flächen unter den beiden Kurven zeigt, dass der COP-Wert im Mittel im Bereich zwischen 0,6 und 0,7 ist.

Die Einstrahlungsverhältnisse an diesem Tag sind ideal, so dass man an Tagen mit geringerer Einstrahlung mit kleineren Erträgen rechnen muss. Außerdem geht der zeitlich gemittelte Wirkungsgrad des Kollektors bei kleineren Einstrahlungen zurück so dass die Energiewandlungskette insgesamt durch einen kleineren Umwandlungsgrad gekennzeichnet ist.

Abbildung 5.55 zeigt die Wirkungsgradkennlinie des Kollektors. Für die Darstellung der Wirkungsgradkennlinie wird der thermische Wirkungsgrad der Solarkollektoren über dem sogenannten x-Wert (reduzierte Temperatur $x = \Delta\theta/G_K$) aufgetragen.

Der x-Wert, der auf der x-Achse abgetragen wird, errechnet sich aus der Differenz von mittlerer Kollektortemperatur und Umgebungstemperatur (sog. Kollektorübertemperatur) dividiert durch die Einstrahlung pro m^2. Zur Überwachung der Effizienz des Anlagenbetriebs werden für einen Zeitraum (in Abb. 5.55 ein Tag) Wirkungsgradmittelwerte eingetragen. Es entsteht eine Verteilung, die durch eine lineare oder quadratische Funktion angepasst werden kann. Diese Funktion wird mit dem oben angegebenen

Abb. 5.54 Tagesverlauf für die solar betriebene Absorptionskältemaschine, Rückkühlwerk, Kaltwasserspeicher und Wärmemengen

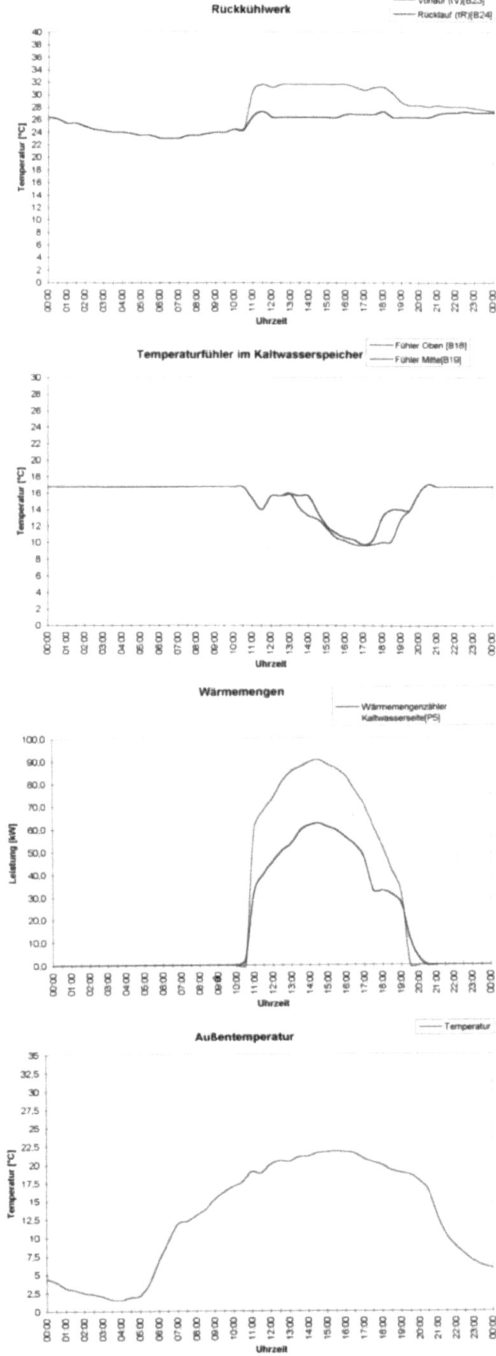

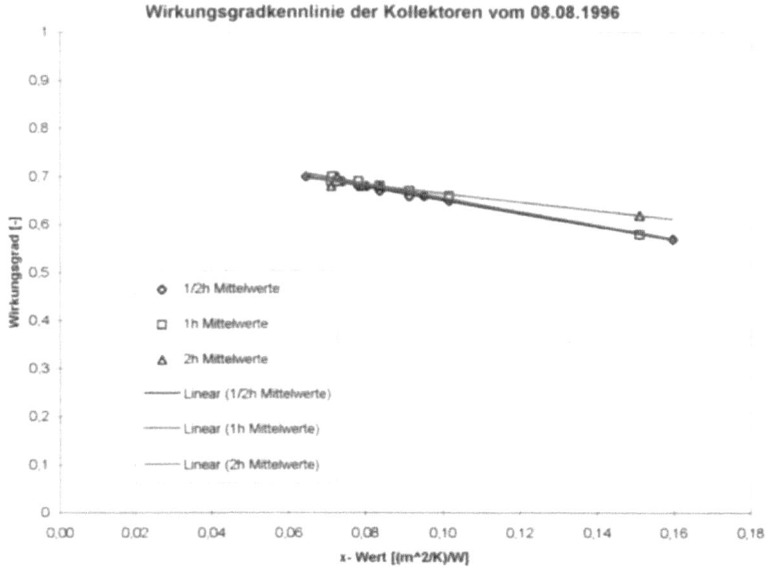

Abb. 5.55 Wirkungsgradkennlinie der Vakuumröhrenkollektoren aus Messwerten bestimmt ($\eta_0 = 0{,}789$, $k_1 = 1{,}37\,\text{W/m}^2\,\text{K}$, $k_2 = 0{,}005\,\text{W/m}^4\,\text{K}^2$)

Wirkungsgradverlauf verglichen. Durch Ungenauigkeiten bei der Messung ergeben sich kleine Abweichungen. Aus den Auswertungen nach Inbetriebnahme entstehen Referenzkurven, die für die dauerhafte Anlagenüberwachung verwendet werden können.

5.4.2.2 Solarbetriebene Adsorptionsmaschine als ausgeführtes Anlagenbeispiel

Elmar Bollin

Bei der Festo AG & Co. KG in Esslingen wird seit 2008 eine solar unterstützte Klimatisierung betrieben und im Rahmen des Forschungsvorhabens Solarthermie2000plus wissenschaftlich-technisch begleitet.

Bei dieser Anlage wurde eine bereits bestehende Adsorptionskälteanlage, die bisher mit Gaskesseln und Kompressorenabwärme betrieben wurde, durch eine Solaranlage als dritte Wärmequelle ergänzt. In Abb. 5.56 ist eine Ansicht des Kollektorfeldes bei Festo AG & Co. KG in Esslingen zu sehen. Abbildung 5.57 zeigt das Schema der Solaranlage in Esslingen. Das Solarsystem setzt sich aus einem Kollektorfeld mit 1330 m² Vakuumröhrenkollektoren und zwei Pufferspeichern mit je 8,5 m³ zusammen. Die Kälteerzeugung wird mit drei Adsorptionskältemaschinen mit je 353 kW Nennkälteleistung realisiert. Solarsystem und Kälteanlage sind über das Heizungssystem mit Hilfe diverser Verteiler miteinander verbunden. Zusätzlich wurde die Solaranlage an die Bauteiltemperierung eines neuen Gebäudes angeschlossen, um im Winter die Solarwärme optimal bei niedrigen

Abb. 5.56 Kollektorfeld mit 1330 m^2 Vakuumröhrenkollektoren bei der Festo AG & Co. KG in Esslingen

Rücklauftemperaturen ($< 30\,°$C) nutzen zu können. Mit Hilfe von 81 Sensoren wird das Detailmonitoring des Solar- und Kälteanlagenbetriebs durch die Hochschule Offenburg ermöglicht.

Regelungskonzept
Die Kollektorkreispumpe schaltet ein, wenn eine eingestellte Zieltemperatur am Kollektor erreicht ist und schaltet bei Unterschreiten einer unteren Zieltemperatur wieder aus.

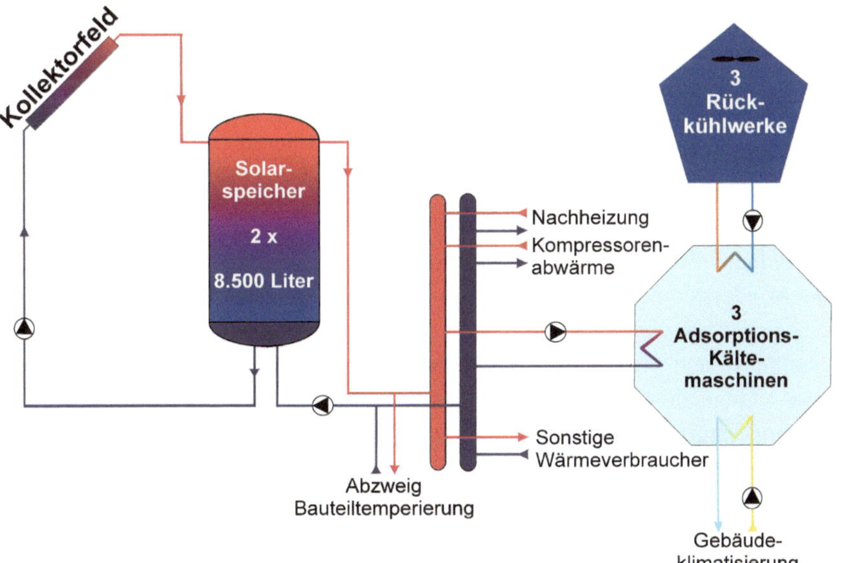

Abb. 5.57 Vereinfachtes Schema der solaren Klimatisierung der Festo AG & Co. KG Esslingen

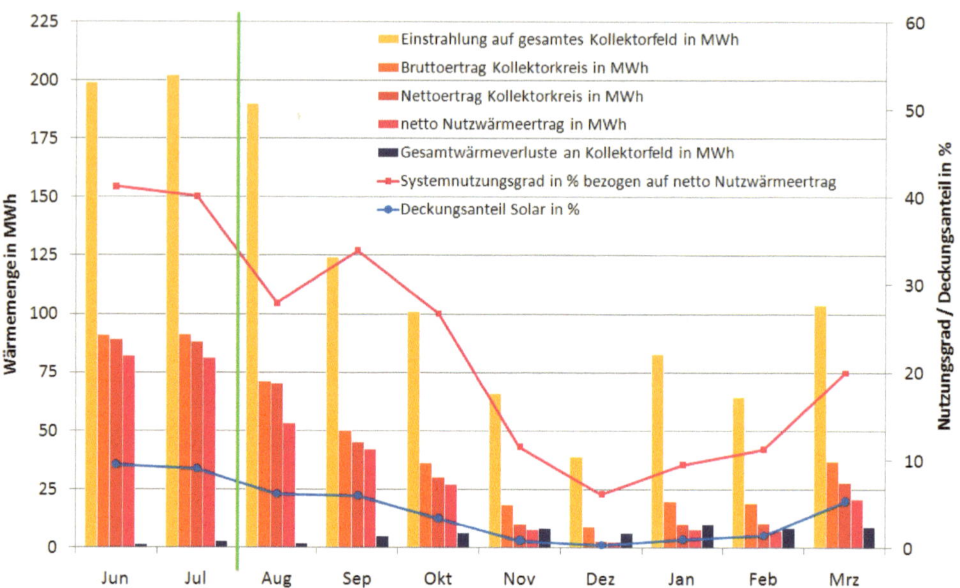

Abb. 5.58 Grafische Darstellung der wichtigsten Messdaten der solaren Klimatisierung Esslingen für Juni 2008 bis März 2009

Dadurch kann sichergestellt werden, dass mit einer bestimmten Mindesttemperatur in das System eingespeist wird. Dieser beträgt bei Kältebetrieb im Sommer 80 °C. Dadurch kommt es bei geringer Einstrahlung zu einem Intervallbetrieb der Kollektorkreispumpe, wobei bei jedem Intervall das auf die Zieltemperatur erwärmte Wasser aus dem Kollektor in den Speicher gepumpt wird.

Bei der Entladung der Solarspeicher kann zwischen Einspeisung auf den zentralen Heizverteiler und direkter Einspeisung in die Betonkernaktivierung eines Neubaus umgeschaltet werden. Da in die Betonkernaktivierung nur eine maximale Leistung von 200 kW eingespeist werden kann, kann im Winter nicht grundsätzlich auf diesen Verbraucher umgeschaltet werden. Für die Regelung der Umschaltung wird die erwartete prozentuale Sonnenscheindauer einbezogen. Die Speicherentladung erfolgt volumenstromgeregelt, wobei ab einer Mindesttemperatur von 80 °C bzw. 35 °C bei Entladung zur Bauteilaktivierung jeweils die geglättete von der Solaranlage zugeführte Leistung wieder entnommen wird. Die vorgestellte Anlage wird mit Wasser als Wärmeträgermedium betrieben. Die Frostschutzfunktion schützt die Solaranlage bei niedrigen Außentemperaturen vor dem Einfrieren. Durch temperaturabhängiges, kurzes Einschalten der Solarpumpe werden Kollektoren und Rohrleitungen frostfrei gehalten. Immer wenn die Kollektortemperatur unter 7 °C sinkt, wird die Frostschutzfunktion aktiv. Die Intervallregelung hält die Kollektortemperatur im Temperaturbereich zwischen 3 °C und 10 °C. Erst wenn die Kollektortemperatur für mehr als 24 Stunden 10 °C übersteigt, wird die Frostschutzfunktion beendet. Damit der Frostschutz zuverlässig funktionieren kann, kann bei einer Speichertemperatur unter 10 °C Wärme aus dem Heizungsnetz in die Speicher eingespeist werden.

Seit August 2008 befindet sich die Anlage in der so genannten Intensivmessphase. Im betrachteten Zeitraum von Juni 2008 bis März 2009 wurde ein solarer Deckungsanteil an der Gesamtwärme von 4,5 % bei einem solaren Systemnutzungsgrad von 28 % realisiert. Insgesamt ergibt sich zusammen mit der Kompressorenabwärme ein regenerativer Deckungsanteil von 34 %. Weitere Messergebnisse sind in Abb. 5.58 dargestellt.

Kontrollfragen zu Abschn. 5.4

- Beschreiben Sie wärmetechnisch angetriebene Kälteprozesse und deren Vorteile gegenüber dem Kompressionskälteprozess.
- Welche Gütegradverläufe als Funktion der Temperatur bestimmen den Betrieb von solar betriebenen Kälteprozessen?
- Wie kann man eine Gesamtoptimierung für den Betrieb von solar betriebenen Kälteprozessen erreichen?
- Beschreiben Sie das Konzept für eine Energiebilanz am ausgeführten Beispiel einer solarthermisch angetriebenen Absorptionskälteanlage.
- Wie kann man den Betrieb von solar betriebenen Kälteprozessen überwachen?

5.5 Wärmepumpen-Systeme zur Gebäudebeheizung

Martin Becker

5.5.1 Systemabgrenzung Wärmepumpe, Wärmepumpenanlage und Wärmepumpenheizungsanlage

Wärmepumpen-Systeme haben ein weites Einsatzfeld im Bereich der Gebäudetechnik, Industrie- und Prozesstechnik sowie bei mobilen Anwendungen. Eine typische Anwendung in der Gebäudetechnik ist der Einsatz eines Wärmepumpen-Systems zur Gebäudebeheizung einschließlich der Trinkwarmwasserversorgung.

Das Grundprinzip einer Wärmepumpe ist es, der Umwelt Wärme auf niedrigem Temperaturniveau zu entziehen und diese auf einem höheren Temperaturniveau für eine Wärmenutzung (z. B. Fußbodenheizung, Trinkwassererwärmung) nutzbar zu machen (Abb. 5.59). Gute elektrisch betriebene Wärmepumpen erzielen hierbei mindestens den Faktor vier aus dem Verhältnis von Nutzwärme zur eingesetzten elektrischen Energie, d. h. ca. 75 % der Nutzwärme kann aus der Umgebungswärme (z. B. Luft, Erdreich, Wasser) genutzt werden.

Zunehmend werden bei Zweck- und Verwaltungsgebäuden Wärmepumpen auch als Energiezentralen in Verbindung mit einer geothermischen Nutzung (z. B. Erdsonde) und einer thermischen Bauteilaktivierung (tabs) eingesetzt, wobei neben dem Heizbetrieb auch ein Kühlbetrieb möglich ist. Dazu kann entsprechend den geforderten Betriebsbedingun-

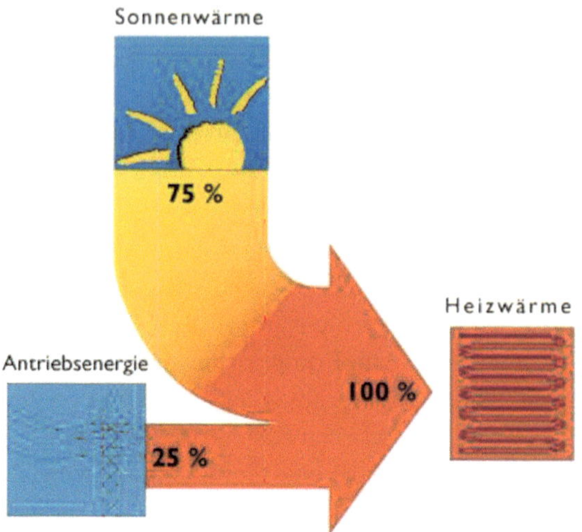

Abb. 5.59 Prinzip einer Wärmepumpe (Quelle: BWP)

gen durch eine Umkehr des internen Kältekreislaufes mittels Magnetventilen flexibel zwischen Heiz- und Kühlbetrieb umgeschaltet werden. In diesem Fall spricht man von einer reversiblen Wärmepumpe oder einer Wärmepumpe mit Kreislaufumkehr. Reversible Wärmepumpen haben somit den Vorteil, dass mit einem einzigen Anlagensystem ein Gebäude im Sommer gekühlt und im Winter geheizt werden kann. Dies wird typischerweise in Verbindung mit dem Einsatz von Kühl-/Heizdecken, thermischer Bauteilkühlung oder Fußbodenheizungen, die bis zu einer bestimmten Kühlgrenztemperatur (Taupunktunterschreitung!) betrieben werden können, eingesetzt. Dazu ist allerdings ein höherer anlagentechnischer und regelungstechnischer Aufwand für die Realisierung der internen Kreislaufumkehrung und der passenden Umschaltbedingungen zwischen Kühl- und Heizbetrieb erforderlich.

In den folgenden Ausführungen wird auf den Kühlbetrieb mit Wärmepumpe nicht näher eingegangen, sondern ausschließlich der Heizbetrieb betrachtet. Für eine Gebäudebeheizung wird üblicherweise die Wärmepumpe zusammen mit einem Pufferspeicher und einem Trinkwarmwasserspeicher als eine Wärmepumpenheizungsanlage zur Wärme- und Trinkwarmwasserversorgung betrieben, häufig kombiniert mit einer solarthermischen Anlage für die Trinkwarmwasserbereitung und/oder zur Heizungsunterstützung.

Die Abb. 5.60 und 5.61 zeigen als Beispiele eine Wärmepumpenheizungsanlage in Kombination mit einer solarthermischen Anlage und einem Pufferspeicher einschließlich einer integrierten Automationsstation.

Allgemein wird die Gesamtheit aller Komponenten eines Wärmepumpen-Systems für die Gebäudebeheizung als Wärmepumpenheizungsanlage (WPHA) bezeichnet, bestehend aus der Wärmenutzungsanlage (WNA) und der Wärmepumpenanlage (WPA) mit oder ohne Speicher.

Die Wärmepumpenanlage (WPA) besteht wiederum aus der eigentlichen Wärmepumpe (WP) mit den wesentlichen Komponenten Verdichter, Verdampfer, Verflüssiger und

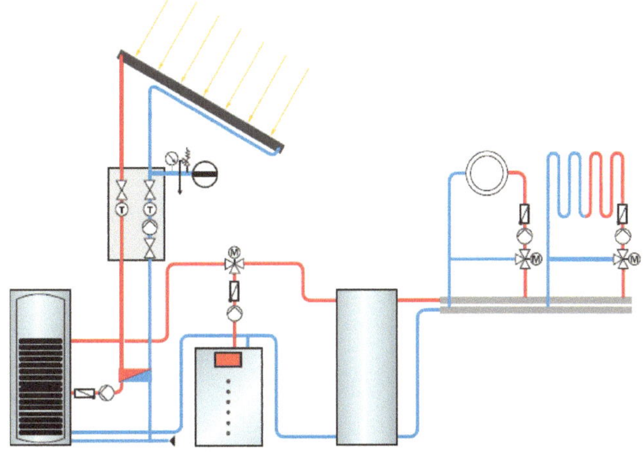

Abb. 5.60 Beispiel für Aufbau einer typischen Wärmepumpenheizungsanlage mit Pufferspeicher und Trinkwarmwasserspeicher, kombiniert mit einer thermischen Solaranlage [Abb.: Viessmann Werke]

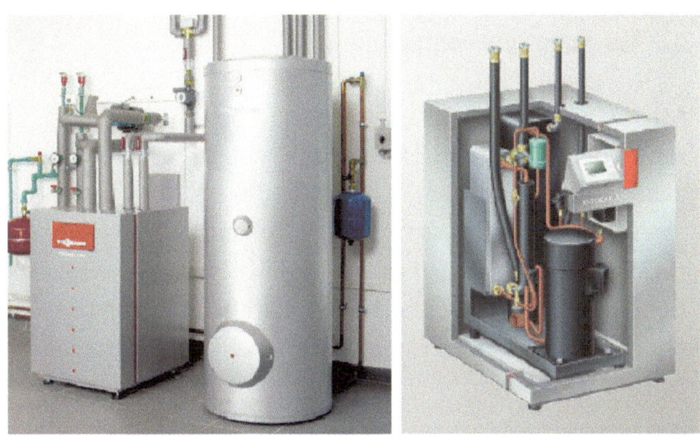

Abb. 5.61 Beispiel für Wärmepumpenheizungsanlage mit Wärmepumpe und integriertem Pufferspeicher sowie Trinkwarmwasserspeicher inkl. Automatisierungseinrichtung [Abb.: Viessmann Werke]

Expansionsventil im internen Kältekreislauf sowie weiteren Zusatzeinrichtungen wie Ölsumpfheizung, Regel- und Überwachungseinrichtungen. Zur Wärmepumpenanlage gehört außerdem auch die Wärmequellenanlage (WQA) z. B. in Form einer Erdsonde mit Zusatzeinrichtungen wie z. B. eine Zirkulationspumpe. Abbildung 5.62 zeigt die begriffliche Darstellung und Systemabgrenzung bei Wärmepumpenanlagensystemen.

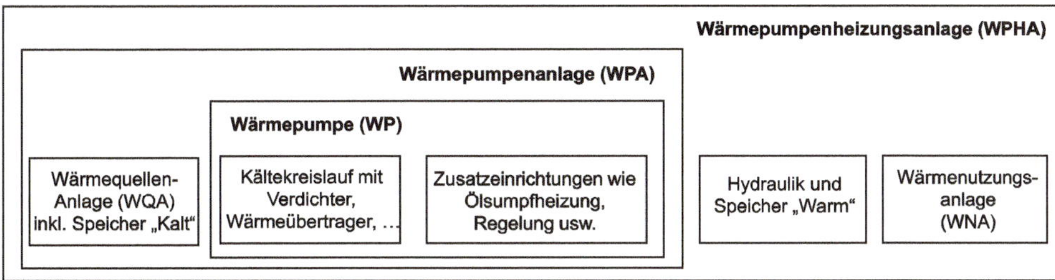

Abb. 5.62 Systemabgrenzung für Wärmepumpenanlagen in Anlehnung an VDI 2067

5.5.2 Energetische Bewertung von Wärmepumpen und Wärmepumpenanlagen

Abhängig von der Wahl der Bilanzgrenze nach Abb. 5.62 lassen sich verschiedene leistungsbezogene bzw. energiebezogende energetische Kenngrößen für Wärmepumpen bzw. Wärmepumpenanlagen definieren.

Bezogen auf den internen Kältekreislauf gilt für den (idealen) Wärmepumpen-Betrieb die Carnot-Leistungszahl:

$$\varepsilon_{\mathrm{WP},C} = \frac{T_C}{T_C - T_0} \tag{5.34}$$

mit

T_C Kondensationstemperatur in K,
T_0 Verdampfungstemperatur in K.

Mit einer Kondensationstemperatur von 45 °C (318,15 K) und einer Verdampfungstemperatur von -5 °C (268,15 K) ergibt sich in diesem Beispiel eine (theoretische) Leistungszahl von $\varepsilon_{\mathrm{WP},C} = 318,15\,\mathrm{K}/50\,\mathrm{K} = 6,36$.

Aufgrund von elektrischen, mechanischen und thermischen Verlusten und unter Berücksichtigung des Aufwands für Hilfsantriebe ist die reale Leistungszahl jedoch wesentlich kleiner als die theoretische Carnot-Leistungszahl. Die reale Leistungszahl kann im einfachsten Fall über einen Leistungsfaktor ξ berücksichtigt werden, in dem alle Verluste berücksichtigt sind.

$$\varepsilon_{\mathrm{WP,real}} = \xi \cdot \varepsilon_{\mathrm{WP},C} \tag{5.35}$$

Als erste überschlägige Berechnung kann aus praktischen Erfahrungen heraus bei Sole/Wasser-Wärmepumpen ein Leistungsfaktor von 0,5 und für Luft-/Wasser-Wärmepumpen ein Leistungsfaktor von 0,35 angesetzt werden. Es gilt somit:

$$\varepsilon_{\mathrm{WP,real}} = 0,5 \cdot \varepsilon_{\mathrm{WP},C} = 0,5 \cdot \frac{T_C}{T_C - T_0} \qquad \text{für Sole/Wasser-Wärmepumpen} \tag{5.36}$$

$$\varepsilon_{\mathrm{WP,real}} = 0,35 \cdot \varepsilon_{\mathrm{WP},C} = 0,35 \cdot \frac{T_C}{T_C - T_0} \qquad \text{für Luft/Wasser-Wärmepumpen} \tag{5.37}$$

Mit den zuvor aufgeführten Werten für eine Kondensationstemperatur von 45 °C (318,15 K) und eine Verdampfungstemperatur von -5 °C (268,15 K) ergibt sich somit eine reale Leistungszahl von:

$$\varepsilon_{\mathrm{WP,real}} = 3,18 \qquad \text{für eine Sole/Wasser-Wärmepumpe und}$$

$$\varepsilon_{\mathrm{WP,real}} = 2,23 \qquad \text{bei einer Luft/Wasser-Wärmepumpe}$$

Kann z. B. durch eine verbesserte Regelung und Betriebsführung die Verdampfungstemperatur um 5 K angehoben werden, so hat dies bereits einen deutlichen Einfluss auf die Leistungszahlen. In der Beispielrechnung ergibt sich:

$$\varepsilon_{\mathrm{WP},C} = 318{,}15\,\mathrm{K}/45\,\mathrm{K} = 7{,}07$$

$\varepsilon_{\mathrm{WP,real}} = 3{,}54$ \qquad für eine Sole/Wasser-Wärmepumpe und

$\varepsilon_{\mathrm{WP,real}} = 2{,}47$ \qquad bei einer Luft/Wasser-Wärmepumpe

Lässt sich zusätzlich, wiederum durch eine verbesserte Regelung und Betriebsführung, auf der Kondensationsseite, die Verflüssigungstemperatur um 5 K auf eine Verflüssigungstemperatur von 40 °C (313,15 K) absenken, so hat dies einen weiteren positiven Einfluss auf die Leistungszahl.

Wiederum in unserem Beispiel:

$$\varepsilon_{\mathrm{WP},C} = 313{,}15\,\mathrm{K}/40\,\mathrm{K} = 7{,}83$$

$\varepsilon_{\mathrm{WP,real}} = 3{,}91$ \qquad für eine Sole/Wasser-Wärmepumpe und

$\varepsilon_{\mathrm{WP,real}} = 2{,}74$ \qquad bei einer Luft/Wasser-Wärmepumpe

Anhand dieser Beispielrechnungen sind sowohl der hohe Einfluss der absoluten Temperaturen auf der Verdampfer- und Verflüssigerseite als auch die Temperaturdifferenz zwischen Verdampfungs- und Verflüssigungstemperatur auf die Leistungszahlen erkennbar. Eine Reduzierung der Temperaturdifferenz um 10 K führt in diesem Beispiel zu einer Erhöhung der Leistungszahl um ca. 23 %!

Auch ist die wichtige Erkenntnis abzuleiten, dass bei Angabe von konkreten Leistungszahlen immer auch die zugrunde gelegten Temperaturen inklusive der Art der Wärmequellen/Wärmesenken anzugeben sind.

Häufig wird die Leistungszahl bzw. der COP (Coefficient of Performance) einer Wärmepumpe nicht auf die interne Verflüssigungs- bzw. Verdampfungstemperatur im Kältekreislauf bezogen, sondern direkt auf die zur Verfügung stehenden und einfacher messtechnisch erfassbaren Temperaturen der Wärmequelle (z. B. Außenluft) und der Wärmesenke (z. B. Heiztemperatur).

Die Leistungszahl kann in diesem Fall dann über die Temperaturdifferent $\Delta T = T_W - T_K$ zwischen der (mittleren) Temperatur T_K der Wärmequelle und der (mittleren) Temperatur T_W der Wärmenutzungsanlage berechnet werden zu:

$$\varepsilon_{\mathrm{WP},C} = \frac{T_W}{T_W - T_K} = \frac{T_W}{\Delta T} \qquad (5.38)$$

mit

T_W Temperatur der Wärmenutzungsanlage (Wärmesenke) in K,
T_K Temperatur der Wärmequelle in K.

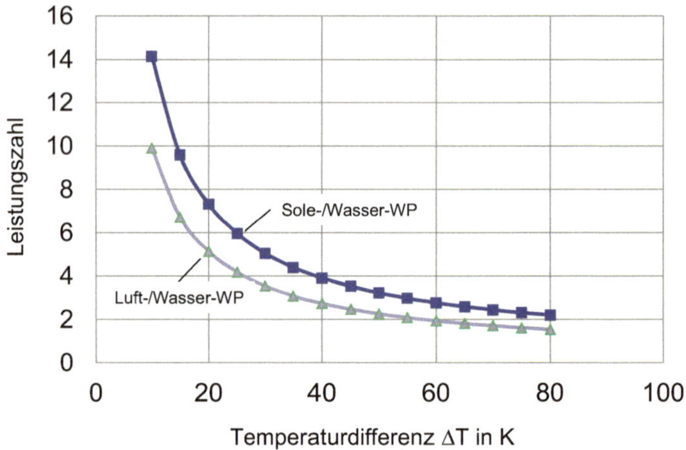

Abb. 5.63 Prinzipieller Verlauf einer (realen) Leistungszahl in Abhängigkeit von der Temperaturdifferenz ΔT zwischen Wärmequelle und Wärmesenke und bezogen auf eine Wärmequellentemperatur von $\vartheta_K = 0\,°\mathrm{C}$ für verschiedene Wärmepumpen-Systeme

Abbildung 5.63 zeigt als Beispiel den Verlauf der Leistungszahl in Abhängigkeit von der Temperaturdifferenz ΔT und unter Berücksichtigung eines realen Leistungsfaktors von 0,5 für Sole/Wasser-WP und 0,35 für Luft-/Wasser-WP.

Bei realen im Betrieb befindlichen Anlagen kann durch Messung dieser Temperaturen die tatsächliche Leistungszahl messtechnisch vergleichsweise einfach ermittelt werden.

Als weitere messtechnisch erfassbare Kälteleistungszahl COP (coefficient of performance) der gesamten Wärmepumpenanlage (WPA) kann auch das Verhältnis der tatsächlich gemessenen Nutzwärmeleistung (z. B. über einen Wärmemengenzähler) zur gemessenen Antriebsleistung des Verdichters inklusive aller Hilfsaggregate (Pumpen, Ventilatoren, Motoren, Abtauheizung, usw.) im laufenden Betrieb der Anlage erfasst werden.

$$\mathrm{COP_{WPA}} = \varepsilon_{\mathrm{WPA}} = \frac{\dot{Q}_{W,\mathrm{Nutz}}}{\sum\limits_i P_{\mathrm{el},i}} \tag{5.39}$$

Die zeitliche Aufsummierung bzw. Integration dieser Leistungszahl ergibt als energetische Größe die Arbeitszahl über einen definierten Zeitraum (z. B. Woche, Monat, Jahr). Zur energetischen Bewertung von Wärmepumpen wird die Jahresarbeitszahl (JAZ) β bzw. engl. SPF (Seasonal Performance Factor) verwendet, d. h. das Verhältnis der gelieferten Nutzwärme bezogen auf die aufgewendete elektrische Energie inklusive aller Hilfsenergien über ein Jahr.

$$\mathrm{JAZ} = \beta = \frac{\dot{Q}_{W,\mathrm{Nutz}} \cdot t}{\sum\limits_i P_{\mathrm{el},i} \cdot t_i} = \frac{\int\limits_{t1}^{t2} \dot{Q}_{W,\mathrm{Nutz}}\,dt}{\sum\limits_i (\int\limits_{t1}^{t2} P_{\mathrm{el},i}\,dt_i)} \tag{5.40}$$

Tab. 5.5 Mindestwerte und Zielwerte der Jahresarbeitszahl für Wärmepumpen, die für Raumheizung und Trinkwasserbereitung in Neubauten genutzt werden (für Mitteleuropa typische Werte), nach DIN EN 15450, [6]

Energiequelle/-senke	Mindestwert für JAZ	Zielwert für JAZ
Luft/Wasser	2,7	3,0
Erdreich/Wasser	3,5	4,0
Wasser/Wasser	3,8	4,6

Der konkrete Wert der Jahresarbeitszahl hängt damit stark von den Temperaturen der Wärmequelle und den benötigten Temperaturen für die Wärmeversorgung des Gebäudes (d. h. von der Wärmenutzungsanlage) im Laufe eines Jahres ab. Eine bedarfsgeführte Automatisierung der Wärmepumpe und optimierte Betriebsführung mit Anpassung der erforderlichen Temperaturen an die konkrete Nutzung haben somit einen starken Einfluss auf die Jahresarbeitszahl und damit letztlich auf die Energieeffizienz einer gesamten Wärmepumpenheizungsanlage.

In der DIN EN 15450 sind in Abhängigkeit der Wärmepumpenanlage (WP für Raumheizung mit Trinkwasserbereitung, WP für reine Trinkwasserbereitung) und getrennt für Neubauten oder Modernisierungen Mindest- und Zielwerte für Jahresarbeitszahlen von Wärmepumpen angegeben. In Tab. 5.5 sind exemplarisch die geforderten Werte für Wärmepumpen für Raumheizung und Trinkwasserbereitung in Neubauten aufgeführt.

Real in Anlagen gemessene Jahresarbeitszahlen können im konkreten Fall erheblich voneinander abweichen. Vom Fraunhofer Institut für solare Energiesysteme (ISE) werden im Rahmen eines laufenden Forschungsprojektes eine Vielzahl von Wärmepumpen mit unterschiedlichen Wärmequellen im realen Betrieb über einen längeren Zeitraum messtechnisch erfasst und hinsichtlich ihrer Energieeffizienz bewertet, [7]. Abbildung 5.64 zeigt als Beispiel Zwischenergebnisse für Sole/Wasser-Wärmepumpen mit Erdsonden, die sowohl für die Bereitstellung von Heizwärme als auch für die Trinkwassererwärmung dienten. Die Hilfsenergie für die Zirkulationspumpen und das eventuelle Hinzuschalten einer elektrischen Zusatzheizung (z. B. Heizstab) wurde bei der Ermittlung der Arbeitszahlen mit berücksichtigt. Der Mittelwert der gemessenen monatlichen Arbeitszahlen (AZ) aller Anlagen hatte in dem gemessenen Zeitraum von November 2007 bis Oktober 2008 einen Wert von 3,72. Die Zahlen in den Balken zeigen die Anzahl der erfassten Anlagen, die Höhe der Balken den Mittelwert der Arbeitszahl in dem jeweiligen Monat. Dieser Wert liegt somit zwischen dem Mindestwert und Zielwert für Erdreich/Wasser-WP nach Tab. 5.5. Auffallend in dieser Untersuchung war die weite Streuung der Arbeitszahlen zwischen den einzelnen Anlagen von 3,0 bis 4,6. Abbildung 5.65 zeigt die Gegenüberstellung der monatlichen Arbeitszahlen verschiedener Systemkonfigurationen von Sole-Wasser-Wärmepumpen für den Zeitraum Nov. 2007–Okt. 2008. Deutlich erkennbar ist das Absinken der mittleren Arbeitszahl bei höherer Anlagenkomplexität. Eine wichtige Erkenntnis aus diesen Zwischenergebnissen ist, dass eine sorgfältige Auslegung der gesamten Anlage

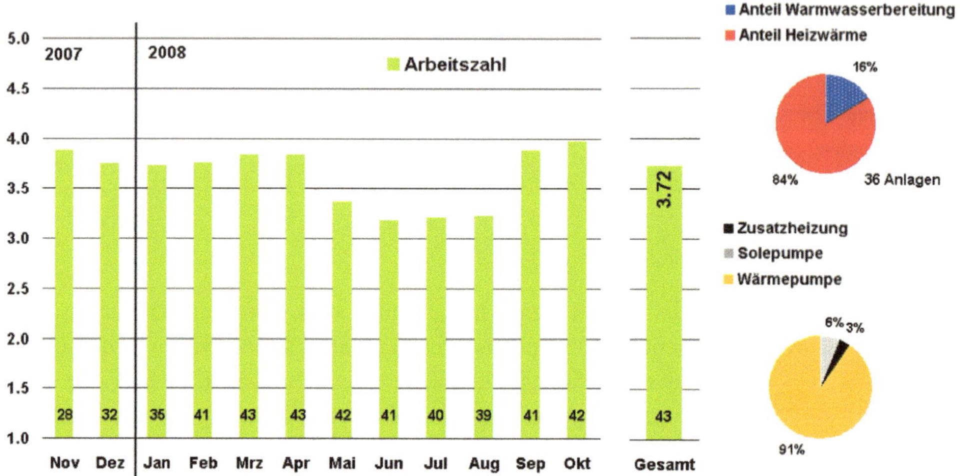

Abb. 5.64 Mittlere monatliche Arbeitszahlen von realen Sole-/Wasser-Wärmepumpen in Neubauten mit Wärmequelle Erdreich, [7]

Abb. 5.65 Gegenüberstellung von mittleren Arbeitszahlen von verschiedenen Sole/Wasser-Wärmepumpen-Anlagensystemen, [7]

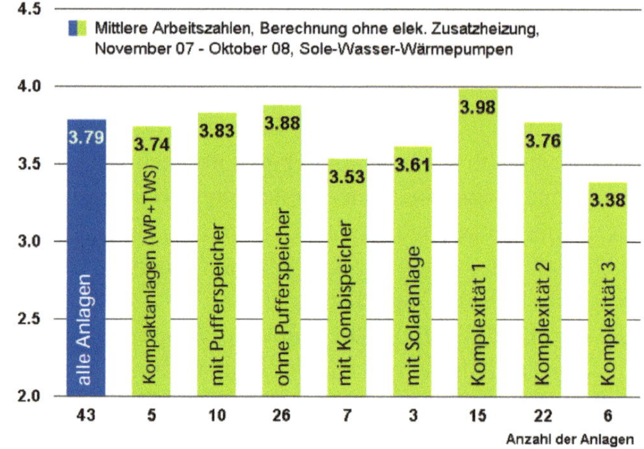

und richtige Dimensionierung aller Komponenten eine entscheidende Rolle auf die Energieeffizienz der Gesamtanlage hat. Außerdem sollte die Anlagenkomplexität durch die Planung und Ausführung einfacher Anlagen möglichst reduziert werden und gleichzeitig durch eine ständige Messwerterfassung und Überwachung der wichtigsten Anlagenparameter das optimale Zusammenspiel aller Komponenten gewährleistet werden.

Mit den Zwischenergebnissen in diesem noch bis Ende 2010 laufenden Forschungsprojekt wurden in Zusammenhang mit der Regelung und Automatisierung sowie Betriebsführung der Anlagen weiterhin folgende Aussagen gemacht:

- Es besteht noch Optimierungsbedarf bei der Einbindung der Anlagen in das Versorgungssystem des Gebäudes und bei den Regelungsstrategien der Wärmepumpenanlagen.
- Überprüfung der Beladungsstrategien, insbesondere bei Kombispeichern und Kontrolle der Vorlauftemperatur erforderlich,
- Anpassung der Einstellung der Spreizungen und Heizkurven an den realen Bedarf erforderlich,
- Auslegung und Sicherstellung von optimalen Volumenströmen auf der Primär- und Sekundärseite.

5.5.3 Komponenten einer Wärmepumpenanlage (WPA)

In Anlehnung an die Systemabgrenzung nach Abb. 5.62 wird im Folgenden auf die einzelnen Teilsysteme Wärmequellenanlage (WQA), Wärmenutzungsanlage (WNA) und Wärmepumpe (WP) einer Wärmepumpenheizungsanlage (WPHA) näher eingegangen, wobei begrifflich hierbei auch der Kühlbetrieb bei einer reversiblen Wärmepumpe eingeschlossen wird. Hierbei wird der Fokus insbesondere auf wichtige Aspekte gelegt, die im Zusammenhang mit der Automatisierung bzw. Automatisierungsaufgaben wie Messen, Steuern, Regeln, Überwachen usw. von Bedeutung sind. Die Thematik Hydraulik und Speicher ist im Kap. 4 ausführlich behandelt, so dass an dieser Stelle hierauf nicht weiter eingegangen wird.

5.5.3.1 Wärmequellen

Je nach Nutzung der Wärmequelle unterscheidet man zwischen verschiedenen Wärmepumpen-Systemvarianten. Als Wärmequelle kommt in Frage:

- Luft (z. B. Außenluft, Luft aus Abwärme, Abluft),
- Wasser (z. B. Brunnen, Flusswasser, Abwasser),
- Erdreich (z. B. Erdwärmesonden, Erdabsorber, Erdkollektoren).

Als Wärmeträger von der Wärmequelle (Primärseite) wird somit Luft, Wasser oder eine Sole verwendet. Als Wärmeträger auf der Nutzungsseite (Sekundärseite) wird Wasser (für Heizzwecke und/oder Trinkwassererwärmung) oder seltener Luft (z. B. für Raumluftgeräte) verwendet. Dann wird die Wärmepumpe (WP) entsprechend bezeichnet als:

- Luft/Wasser-WP,
- Wasser/Wasser-WP,
- Sole/Wasser-WP,
- Luft/Luft-WP,
- Sole/Luft-WP.

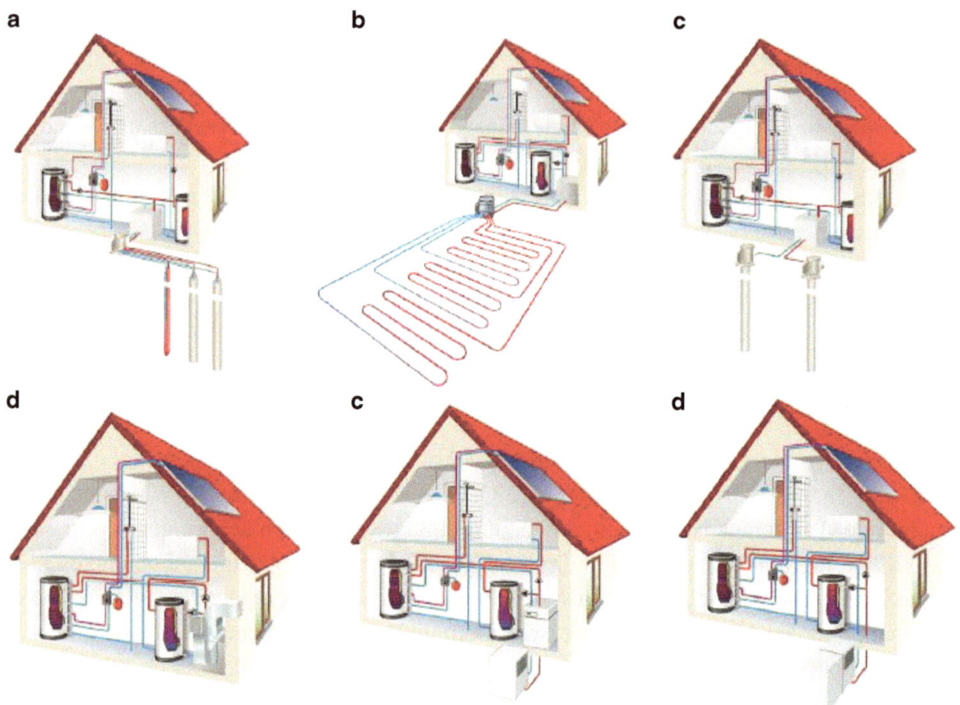

Abb. 5.66 Beispiele für typische Wärmequellen und Systemvarianten für Wärmepumpen [Grafiken: Solarpraxis AG], **a** Erdsonde, **b** Erdabsorber, **c** Saug-/Schluckbrunnen, **d** Abluft-/Außenluft mit Innenaufstellung, **e** Außenluft in Splitausführung, **f** Außenluft mit Außenaufstellung

Abbildung 5.66 zeigt hierzu einige typische Systemkombinationen. Häufig wird zur Trinkwarmwasserbereitung oder zur Heizungsunterstützung eine solarthermische Anlage mit Sonnenkollektoren kombiniert. Hierbei ist es wichtig, den üblicherweise mit der solarthermischen Anlage gelieferten separaten Solarregler geeignet mit der Regelung der Wärmepumpenanlage zu verbinden, damit ein in sich abgestimmtes Gesamtkonzept umgesetzt wird. Hierzu hat es sich in der Praxis als vorteilhaft erwiesen, bereits in einer frühen Planungsphase ein Gesamtautomationskonzept für solche kombinierten Wärmeversorgungssysteme zu berücksichtigen, damit die Automatisierungsgeräte im späteren Betrieb nicht gegeneinander, sondern abgestimmt mit einander arbeiten.

Da mit der Wärmequelle auch das Potential für die Verdampfungstemperatur im Kältekreislauf der Wärmepumpe und letztlich die Leistungszahl bzw. Jahresarbeitszahl stark beeinflusst wird, kommt dem Temperaturniveau der Wärmequelle eine wichtige Bedeutung zu. Je tiefer die Temperatur T_K der Wärmequelle liegt, desto tiefer wird auch die Verdampfungstemperatur T_0 der Wärmepumpe sinken. Je tiefer die Verdampfungstemperatur, desto kleiner die Leistungszahl und damit letztlich ein höherer spezifischer Energieaufwand und damit eine unwirtschaftlichere Betriebsweise der Wärmepumpe. Abbil-

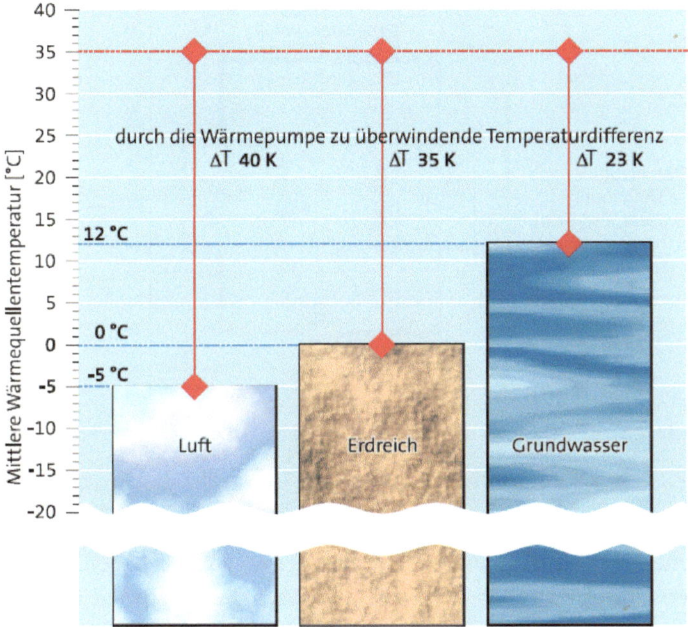

Abb. 5.67 Beispiele für typische Temperaturdifferenzen bei unterschiedlichen Wärmequellen [Grafik: Solarpraxis AG]

dung 5.67 zeigt hierzu als Beispiel typische mittlere Temperaturdifferenzen bei den unterschiedlichen Wärmequellen Außenluft, Erdreich und Grundwasser, wobei in diesem Beispiel als Bezugspunkt eine Vorlauftemperatur von 35 °C angenommen wird, die z. B. typischerweise bei einer Fußbodenheizung verwendet wird. Zu beachten ist allerdings, dass im konkreten Fall je nach Nutzungs- und Klimarandbedingungen diese mittleren Temperaturbedingungen in einer Heizperiode sehr stark schwanken können und daher nur bedingt verallgemeinerbar sind.

5.5.3.2 Wärmepumpe (WP)

Da Wärmepumpen vom Aufbau her Kältemaschinen darstellen, bei denen der Nutzen die abgegebene Wärmeleistung an das Heizungssystem darstellt, gelten die im Abschn. 3.3 gemachten Angaben zu den Grundlagen eines Kältekreislaufes generell auch für Wärmepumpen. Im Gegensatz zum Kühlbetrieb stellt im Heizbetrieb die Wärmeabgabe über den Verflüssiger an das Heizsystem den Nutzen dar. Dazu muss auf der „kalten" Seite dem Verdampfer aus der Umgebung (z. B. Erdreich, Luft, Wasser) Wärme zugeführt bzw. entzogen werden, wie dies in Abb. 5.68 als Übersicht dargestellt ist.

Je nach dem Antriebsprinzip des Verdichters bei einer Wärmepumpe wird unterschieden zwischen:

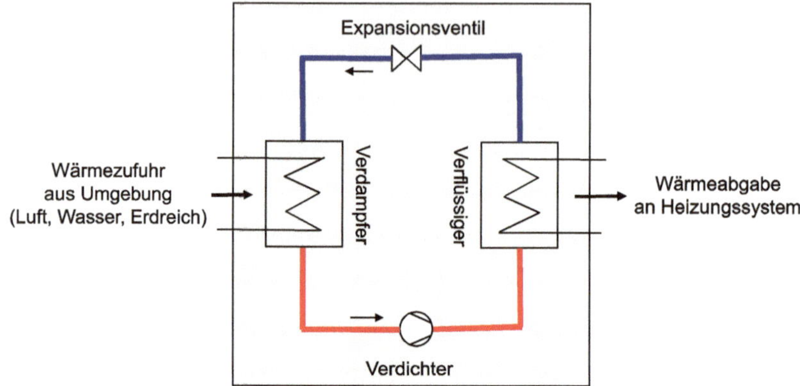

Abb. 5.68 Schematische Darstellung einer elektrisch betriebenen Wärmepumpe im Heizbetrieb

- Kompressions-Wärmepumpen mit einem elektrisch angetriebenen Verdichter,
- Gas-Wärmepumpen mit einem mit Brennstoff Gas angetriebenen Verdichter und
- Absorptions-Wärmepumpen mit einem thermisch angetriebenen Verdichter.

5.5.3.3 Betriebsarten einer Wärmepumpenheizungsanlage (WPHA)

Der prinzipielle Aufbau einer Wärmepumpenheizungsanlage (WPHA) zeigt Abb. 5.6. In Abhängigkeit vom Wärmeversorgungskonzept lassen sich unterschiedliche Betriebsarten für eine Wärmepumpenheizungsanlage unterscheiden.

Monovalente Betriebsart

Ist die Wärmepumpe alleine für die Wärmeversorgung zuständig, so handelt es sich um einen monovalenten Betrieb. Das heißt die Wärmepumpe muss so ausgelegt werden, dass sie über das gesamte Jahr den maximal erforderlichen Heizwärmebedarf inklusive des Trinkwarmwasserbedarfs abdecken kann. In der Regel wird hierbei auch ein entsprechend dimensionierter Pufferspeicher für Heizung und Warmwasser berücksichtigt. Zusätzlich muss im Betrieb berücksichtigt werden, dass im Stromliefervertrag mit dem Energieversorger i. d. R. Sperrzeiten (z. B. zwei Sperrzeiten für max. zwei Stunden pro Tag) für die Wärmepumpe vorgesehen sind. Dies ist bereits bei der Dimensionierung eines entsprechenden Pufferspeichers zu berücksichtigen. Außerdem hilft ein genügend groß dimensionierter Pufferspeicher, die Laufzeiten der Wärmepumpe zu erhöhen und damit ein zu häufiges Takten des Verdichters zu vermeiden, was sich positiv auf die Lebensdauer des Verdichters auswirkt.

Ein Nachteil jeder monovalenten Anlage ist, dass bei Ausfall der Anlage keine Alternativheizung zur Verfügung steht und somit die gesamte Heizungsversorgung ausfällt.

Bivalente Betriebsart

Im bivalenten Betrieb deckt die Wärmepumpe nur einen Teil des erforderlichen Wärmebedarfs für die Gebäudeheizung mit/ohne Trinkwassererwärmung. Die erforderliche Zusatz-

oder Alternativ-Heizung mit einem anderen Energieträger (z. B. Öl, Gas) kann hierbei unterschiedlich kombiniert werden. Zu unterscheiden ist:

- bivalent-alternativer Betrieb,
- bivalent-paralleler Betrieb,
- bivalent-parallel/alternativer Betrieb.

Bivalenter Betrieb wird üblicherweise bei Wärmepumpen mit Luft als Wärmequelle verwendet. In dieser Betriebsart liefert die Wärmepumpe bis zu einer bestimmten unteren Außentemperatur (z. B. 5 °C) den gesamten Wärmebedarf. Wird diese Temperatur unterschritten, wird eine Zusatzheizung ergänzend (Parallel-Betrieb) oder anstelle der Wärmepumpe (Alternativ-Betrieb) verwendet. Der Vorteil dieser Variante ist, dass die Wärmepumpe nur für einen Teil des gesamten Wärmebedarfs bei höheren Außentemperaturen mit entsprechend höheren Leistungszahlen eingesetzt wird. Ein weiterer Vorteil ist, dass bei Ausfall der Wärmepumpe die Zusatzheizung die Wärmeversorgung aufrecht erhalten kann.

Im allgemeinen Fall übernimmt beim bivalent-alternativen Betrieb z. B. ein Heizkessel oder eine elektrische Zusatzheizung bei einer bestimmten Umschaltbedingung die Wärmeversorgung. Als Umschaltbedingung zwischen den beiden Betriebsarten dient üblicherweise die Wärmequellentemperatur (z. B. Außentemperatur).

Beim bivalent-parallelen Betrieb sind Wärmepumpe und Zusatzheizung bei erhöhtem Wärmebedarf gemeinsam in Betrieb. Für ein gutes Zusammenspiel ist es aus regelungstechnischen und hydraulischen Gründen wichtig, dass beide Heizungssysteme richtig aufeinander abgestimmt sind und sich gegenseitig nicht negativ beeinflussen.

Beim bivalent-parallel/alternativen Betrieb sind die zuvor beschriebenen Betriebsarten miteinander kombiniert. Bei geringem Heizwärmebedarf wird die Wärmeversorgung alleine durch die Wärmepumpe abgedeckt. Steigt der Wärmebedarf über eine bestimmte Grenze an, so wird eine Zusatzheizung ergänzend parallel betrieben. Steigt der Wärmebedarf weiter über die maximal durch die Wärmepumpe bereitgestellte Wärme, so wird die Wärmepumpe ausgeschaltet und durch eine alternative Zusatzheizung ersetzt.

Monoenergetischer Betrieb
Da die maximale Leistung einer Heizungsanlage nur für wenige Stunden im Jahr benötigt wird, wird speziell bei Luft-Wasser-WP häufig eine elektrische Zusatzheizung zur Spitzenlastabdeckung bzw. bei sehr tiefen Temperaturen eingeschaltet. Da es sich hierbei eigentlich um einen bivalent-alternativen Betrieb handelt, aber lediglich ein Energieträger (Elektrizität) zum Einsatz kommt, spricht man in diesem Fall auch von einem monoenergetischen Betrieb.

Entscheidend für eine energieeffiziente und wirtschaftliche Betriebsweise sind hier die richtigen Umschaltbedingungen zwischen Wärmepumpenbetrieb und Heizen mit elektrischem Heizstab.

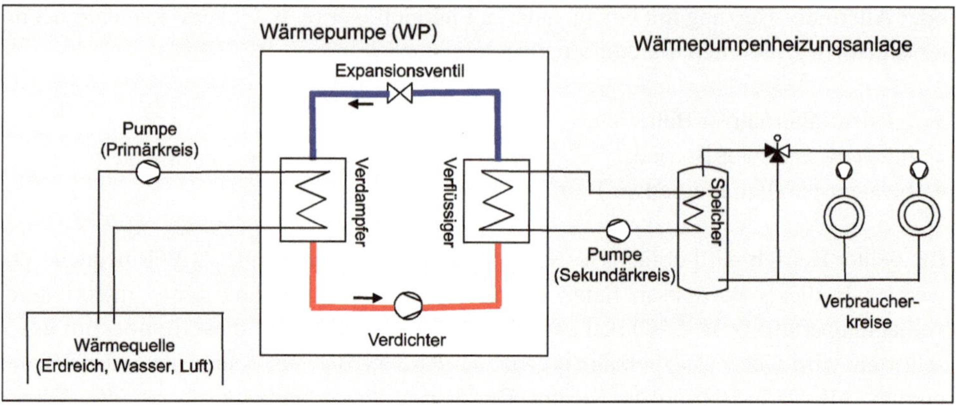

Abb. 5.69 Prinzipieller Aufbau einer Wärmepumpenheizungsanlage

Die Wahl der Betriebsart hat somit ebenfalls einen wesentlichen Einfluss auf den Energieverbrauch und damit auf die Energiekosten. Wichtige Einflussgrößen sind z. B.:

- Lastprofil des Nutzwärmebedarfs übers Jahr,
- Heizwärmeleistung der Wärmepumpe in Abhängigkeit von dem Temperaturverlauf der Wärmequelle und der Vorlauftemperaturen für die Wärmenutzung,
- maximale Heizleistung der Wärmepumpe,
- hydraulische Schaltung von Wärmepumpe und Zusatzheizung,
- Dimensionierung und Art der hydraulischen Einbindung eines Pufferspeichers,
- Wahl der Kriterien für Umschaltung zwischen verschiedenen Betriebsarten.

5.5.4 Automatisierung von Wärmepumpen und Wärmepumpenheizungsanlagen

5.5.4.1 Automatisierungsebenen

Da die Wärmepumpe die Hauptkomponente in einer Wärmepumpenheizungsanlage darstellt, kommt deren Automatisierung und Einbindung in das Gesamtsystem eine wichtige Rolle zu.

Ohne entsprechende Regelung der Heizleistung würde die Wärmepumpe während der meisten Zeit des Jahres, in der lediglich ein Teillastbetrieb vorliegt, überschüssige Wärme produzieren. Daher muss die Wärmepumpe angepasst für den Teillastbetrieb geregelt werden. Die Art der Heizleistungsregelung hängt wiederum sehr stark von der gesamten Heizungs-Anlagenkonzeption und -dimensionierung ab. So ist es z. B. aus Sicht der Automatisierung entscheidend, ob in der Anlage ein Pufferspeicher integriert ist oder nicht und wie sich die dynamischen Nutzungslastprofile darstellen.

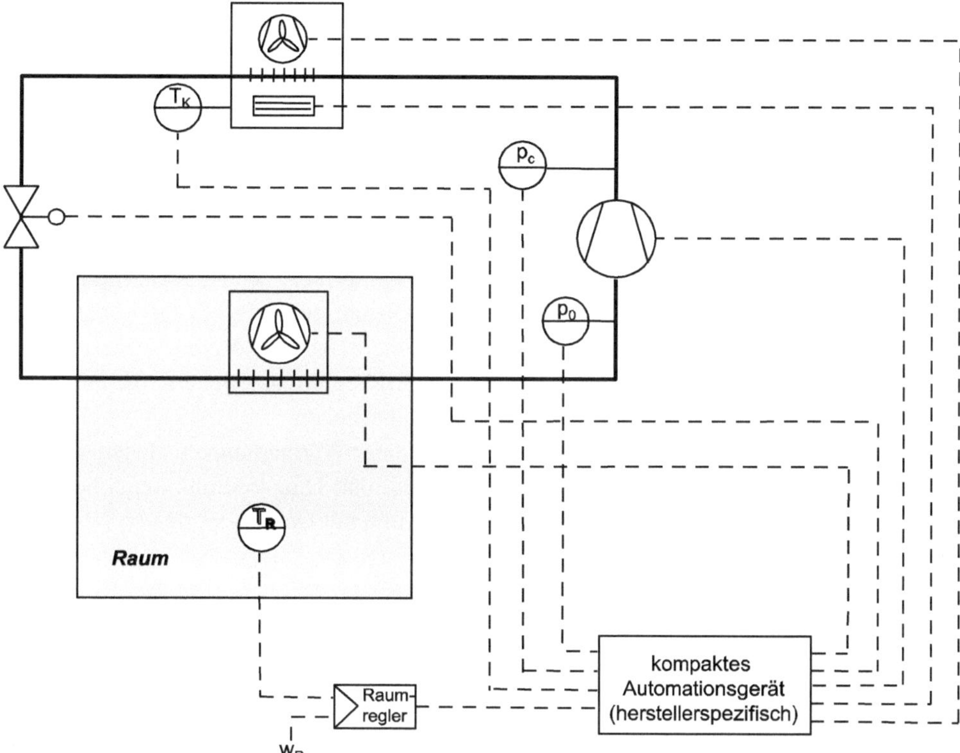

Abb. 5.70 Beispiel für ein Automationsschema einer kompakten direkten Kälteanlage auf Basis des Kaltdampf-Kompressionsprozesses mit einem luftgekühlten Verflüssiger und einem Luftkühler als Verdampfer (T_R-Raumtemperatur, T_K-Kühler-Blocktemperatur, p_c-Verflüssigungsdruck, p_o-Verdampfungsdruck)

Art und des Umfangs Automatisierung hängt von der konkreten Anlagenkonzeption ab. Grundsätzlich lassen sich drei Stufen der Automatisierung unterscheiden.

1. Stufe der Automatisierung:

Die erste Stufe umfasst die Automatisierung der Wärmepumpe selbst. Da es sich thermodynamisch um eine Kälteanlage mit dem Kältekreislauf handelt, geht es hierbei z. B. um die Erfüllung der vielfältigen Steuerungs- und Regelungsaufgaben sowie elementaren Überwachungsaufgaben im geschlossenen Kältekreislauf. Bereits in einer einfachen Kaltdampf-Kompressionskälteanlage finden sich mehrere elementare Regelkreise, die sich zudem gegenseitig beeinflussen.

Abbildung 5.70 zeigt als Beispiel ein Automationsschema eines einfachen Kaltdampf-Kompressionsprozesses mit einem luftgekühlten Verflüssiger und einem Luftkühler als Verdampfer mit den wichtigsten Steuer- und Regeleinrichtungen.

Die wesentlichen Regelkreise sind:

- Expansionsventilregelung mit Verdampferregelung,
- Verflüssigungsdruckregelung (ein/aus, stufig oder drehzahlgesteuert),
- Verdichterregelung (ein/aus, Stufig oder drehzahlgesteuert),
- Abtausteuerung-/regelung (z. B. bei Luft-/Wasser-Wärmepumpen).

Aufgrund der Übersichtlichkeit sind weitere Automationsfunktionen nicht eingezeichnet. Hinzu kommen z. B. vielfältige Steuer-, Sicherheits- und Überwachungsvorrichtungen wie z. B. Hochdruck- oder Niederdrucküberwachung, Ölsumpfheizung, …

Wird eine umschaltbare (reversible) Anlage eingesetzt, mit der ein wechselseitiger Heiz- und Kühlbetrieb möglich ist, sind zusätzliche Ventile anzusteuern, die den Kältekreislauf für den wechselnden Heiz-/Kühlbetrieb umschalten.

Heutzutage sind die im internen Kältekreislauf einer Wärmepumpe realisierten Mess-, Steuer- und Regelfunktionen sowie Überwachungs- und Diagnosefunktionen herstellerseitig in kompakten Automationsgeräten integriert und mit Default-Werten bereits voreingestellt, s. Abschn. 7.2.2.

2. Stufe der Automatisierung

Die zweite Stufe der Automatisierung umfasst die Einbindung der Wärmepumpe in eine Heizungsanlage und die damit verbundene Einbindung in die Hydraulik. Die Wärmepumpe ist somit ein Teilsystem in der gesamten Heizungsanlage.

Wesentliche Aufgaben hierbei sind z. B.:

- Be- und Entladesteuerung eines Pufferspeichers,
- Ansteuerung der Zirkulationspumpen auf der Wärmequellen- und Wärmesenken-Seite,
- bedarfsgeführte Temperaturregelung einzelner Räume oder Zonen,
- Automatik- und Absenkbetrieb der Heizungsanlage.

3. Stufe der Automatisierung

Bei der dritten Automatisierungsstufe geht es funktional darum, die komplette Heizungsanlage inklusive der Wärmepumpe adäquat in ein Last- und Energiemanagement oder eine Gesamtoptimierung aller Anlagentechniken zur optimierten Betriebsführung einzubinden. Hierbei gilt es z. B. Nutzerprofile und aktuelle Wetterdaten sowie zunehmend auch prognostizierte Wetterdaten (Wettervorhersage) zur Optimierung heranzuziehen.

Nur unter Einsatz zeitgemäßer Gebäudeautomation und moderner Bus- und Kommunikationssysteme ist ein solches ganzheitliches Automationskonzept umzusetzen. Der Ansatz hierbei ist eine integrale, gewerkeübergreifende Gebäudeautomation. Hierauf wird in Kap. 7 näher eingegangen.

5.5.4.2 Automatisierung von Wärmepumpensystemen

Elektrisch betriebene Wärmepumpen zur Gebäudebeheizung werden üblicherweise im Zweipunktbetrieb geregelt, d. h. in Abhängigkeit von der geforderten Heizleistung wird der Verdichter über einen Zweipunktregler mit der Rücklauftemperatur des Heizkreises als Regelgröße ein- und ausgeschaltet und damit über das Taktverhältnis die erforderliche Heizleistung zur Verfügung gestellt. Zu beachten ist, dass ein zu häufiges Ein-/Ausschalten des Verdichters dessen Lebensdauer stark reduziert und zudem bei größeren Wärmepumpen mit dem Einschaltvorgang ständig hohe Anlaufströme im elektrischen Netz auftreten. Deshalb muss zur Verhinderung eines zu häufigen Ein-/Ausschaltens der Wärmepumpe eine ausreichend hohe Wärmekapazität (z. B. größeres Wärmeverteilnetz und/oder Warmwasser-Speicher) vorhanden sein. Dadurch kann die im Volllastbetrieb erzeugte Heizleistung zwischengepuffert werden und der Wärmebedarf bei ausgeschalteter Wärmepumpe zeitweilig über den Speicher bedient werden. Ist ein Pufferspeicher vorhanden, dient üblicherweise die sinkende Temperatur im Pufferspeicher als Regelgröße zum Einschalten der Wärmepumpe oder bei Fußbodenheizungen die sinkende Rücklauftemperatur aus dem Verbraucherkreis. Der Sollwert für die Einschaltbedingung kann hierbei nochmals witterungsabhängig angehoben oder abgesenkt werden. Das Ausschalten der Wärmepumpe erfolgt ebenfalls über die steigende Rücklauftemperatur des Verbraucherkreises oder direkt über die Kondensator-Austrittstemperatur an der Wärmepumpe.

Leistungsgesteuerte Verdichter werden bei Wärmepumpen zurzeit noch kaum eingesetzt. Leistungsgesteuerte Verdichter – in Verbindung mit elektronischen Expansionsventilen – sind aus automatisierungstechnischer Sicht nur dann sinnvoll, wenn das Wärmenetz nicht als Speicher dienen kann und/oder kein Pufferspeicher vorhanden ist, und die erzeugte Wärmeleistung direkt der Bedarfssituation im Verbraucherkreis nachgeführt werden soll.

Als Expansionsventil werden üblicherweise thermostatische Expansionsventile eingesetzt, in Zukunft verstärkt auch elektronische Expansionsventile. Als Regelgröße wird die Temperatur bzw. der Druck für die Messung der Überhitzung am Verdampferausgang verwendet.

Als Wärmeübertrager auf der Verdampfer- und Verflüssigerseite werden in der Regel Plattenwärmetauscher eingesetzt, die eine kompakte Bauform mit einer guten Wärmeübertragung verbinden.

Je nach Anlagenkonzept sind die Pumpen auf der „kalten" und auf der „warmen" Seite bereits mit in der Wärmepumpe integriert oder werden außerhalb der Wärmepumpe in eine hydraulische Schaltung eingebaut. Davon ist auch abhängig, ob die Verteilpumpen direkt mit dem Wärmepumpen-Regler oder mit einer separaten Steuerung angesteuert werden.

Kontrollfragen zu Abschn. 5.5

- Was ist der begriffliche Unterschied zwischen einer Wärmepumpe, einer Wärmepumpenanlage und einer Wärmepumpenheizungsanlage?
- Wie sind die Leistungszahl und die Arbeitszahl bei Wärmepumpen-Systemen definiert?
- Wie sieht die prinzipielle Abhängigkeit der Leistungszahl von der Temperaturdifferenz zwischen Wärmequelle und Wärmesenke aus?
- Was versteht man unter einer monovalenten bzw. und bivalenten Betriebsart von Wärmepumpenheizungsanlagen?

5.6 Geothermische Systeme zur Gebäudeheizung und -kühlung (Anlagenbeispiel)

Dieter Striebel

5.6.1 Konzeption und Aufbau

Zu Demonstrationszwecken und zur Untersuchung verschiedener Regelstrategien ist an der Hochschule Esslingen eine Wärmepumpenanlage mit Erdreich als Wärmequelle installiert. Die Wärmepumpe ist elektrisch betrieben und bezieht die Verdampfungswärme aus zwei Erdwärmesonden.

Als Wärmeabnehmer sind eine Deckenstrahlungsheizung oder alternativ ein Lufterhitzer im Werkstattbereich vorgesehen. Außerdem steht für wärmetechnische Untersuchungen ein wassergekühlter Wärmeübertrager zur Verfügung mit dem genau reproduzierbare Randbedingungen geschaffen werden können. So ist es zum Beispiel möglich, diesen Wärmeübertrager in Verbindung mit einer numerischen Simulation so zu betreiben, dass das Verhalten einer Fußbodenheizung emuliert wird. Die Wärmenutzer inklusive wassergekühltem Wärmeübertrager sind so dimensioniert und einstellbar, dass die gesamte Wärmeleistung des Kondensators bei Temperaturen von 25 °C und mehr übertragen werden kann.

Im Sommer ist eine direkte Nutzung der Erdsonden zur Kühlung über eine Kühldecke oder einen Luftkühler im Werkstattbereich möglich.

Die wichtigsten technischen Daten der Anlage sind:

Wärmepumpe:

- Nennwärmeleistung bei B0/W35 (nach [8]): 5,4 kW,
- Maximale elektrische Anschlussleistung des Verdichters: 2 kW,
- Kältemittel: R404 A.

Sonden:

- Zwei Erdsonden mit je zwei U-Rohren aus PE in der Dimension 32 × 3, Sondenlängen 50 m und 80 m.

Pufferspeicher mit Heizwasser als Speichermedium, Inhalt 300 l.

Folgende Betriebsweisen der Anlage sind möglich:

(1) Wärmepumpe ohne Speicher mit direktem Anschluss der Wärmeabnehmer (Fußbodenheizung) nach Angaben des Wärmepumpen-Herstellers [9],
(2) Wärmepumpe mit Speicher und mit konstantem Volumenstrom in der Wärmepumpe,
(3) Wärmepumpe mit Speicher und variablem Volumenstrom in der Wärmepumpe,
(4) Direkter Kühlbetrieb über die Erdsonden im Sommer.

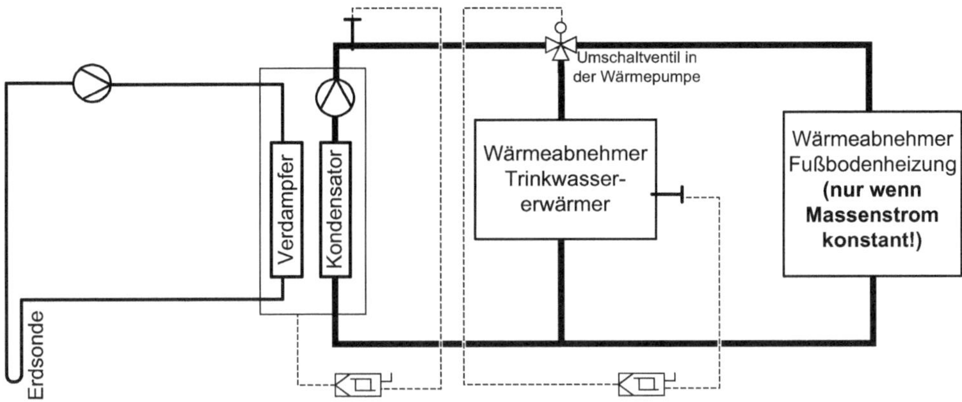

Abb. 5.71 Hydraulische Einbindung und Regelung der Wärmepumpe ohne Speicher

5.6.2 Regelstrategien

Wärmepumpe ohne Speicher mit direktem Anschluss der Wärmeabnehmer
Abbildung 5.71 zeigt die hydraulische Einbindung und die Regelung der Wärmepumpe.
Diese Betriebsweise der Wärmepumpe ist nach Angaben des Herstellers [9] geeignet für
Fußbodenheizungen, wenn aufgrund einer Ausnahmegenehmigung auf die gesetzlich vor-
geschriebene Einzelraumregelung verzichtet werden darf. **Von dieser Schaltung ist aber
dringend abzuraten, sobald die Wärmeabnehmer mit Raumtemperaturreglern oder
sonstigen nachgeschalteten Reglern arbeiten und wenn mit variablen Heizmittelströ-
men zu rechnen ist.**

Der zum Lieferumfang der Wärmepumpe gehörende Regler stellt den Vorlauftem-
peratur-Sollwert in Abhängigkeit von der Außentemperatur ein. Bei Teillast wird die
Wärmepumpe mit einem Zweipunktregler geschaltet. Um dabei die Laufzeiten des Verdichters zu verlängern und somit die Schalthäufigkeit zu reduzieren wird zum Ein- und
Ausschalten nicht die Temperatur mit einer entsprechenden Schaltdifferenz als Regelgröße verwendet, sondern es werden Dauer und Größe der Regelabweichung berücksichtigt
(Abb. 5.72).

Der so genannte Energiebilanzregler ermittelt im Minutenabstand die Differenz zwischen Soll- und Istwert der Vorlauftemperatur und summiert diese Differenzen auf. Dieser
Summenwert wird angegeben in Gradminuten. Er kann bei Unterschreiten der Solltemperatur negativ und bei Überschreiten der Solltemperatur positiv werden. Wenn zum Beispiel
bei Stillstand der Wärmepumpe die Vorlauftemperatur unter den vorgegebenen Sollwert
fällt, ermittelt der Energiebilanzregler ein zunehmendes Energiedefizit. Bei Erreichen eines einstellbaren Defizitwertes von zum Beispiel −60 Gradminuten wird die Wärmepumpe eingeschaltet und läuft dann solange bis die Energiebilanz ausgeglichen, also ein Wert
von null Gradminuten erreicht ist. Der Mittelwert der erreichten Vorlauftemperatur entspricht genau dem eingestellten Sollwert.

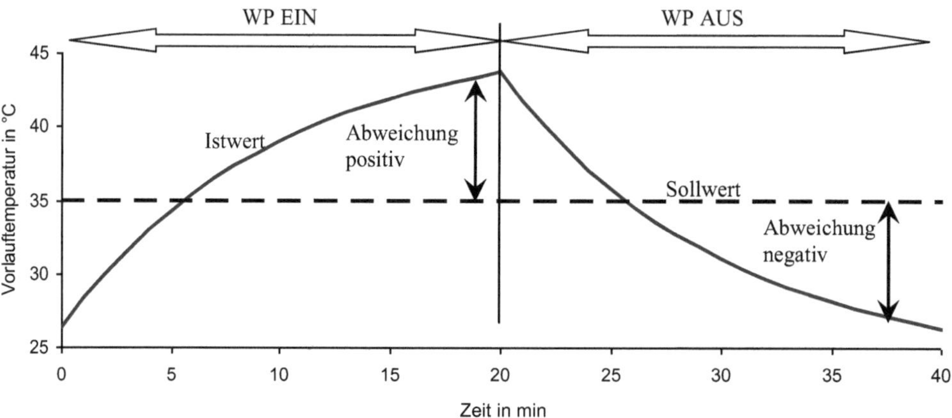

Abb. 5.72 Funktion des Energiebilanzreglers: Die Summe der Regelabweichungen in einem Schaltzyklus ist null

Damit werden lange Lauf- und Stillstandszeiten des Verdichters erreicht, auch ohne den Einbau eines Speichers. Allerdings müssen große Vorlauftemperaturschwankungen in Kauf genommen werden. Wenn durch Zu- oder Abschalten einzelner Verbraucher die Vorlauftemperatur sehr schnell steigt oder fällt und dabei große Regelabweichungen auftreten, dann wird über eine so genannte Zwangssteuerung der Verdichter unabhängig von der Energiebilanzierung sofort geschaltet. Diese Schalthysterese ist einstellbar (Werkseinstellung 7 K).

Die Beladung eines separaten Trinkwasserspeichers kann über ein in der Wärmepumpeneinheit integriertes Umschaltventil erfolgen. Diese Option ist in der hier beschriebenen Laboranlage nicht ausgeführt.

Wärmepumpe mit Speicher und Ladetemperaturregelung bei konstantem Volumenstrom

Um auch Wärmeverbraucher mit variablem Heizmittelstrom (verursacht zum Beispiel durch Einzelraumregler) mit der Wärmepumpe versorgen zu können, müssen Erzeuger- und Verbraucherkreis hydraulisch entkoppelt werden (Abb. 5.73). Damit kann ein vom Hersteller geforderter Mindestvolumenstrom an der Wärmepumpe eingehalten werden.

Zur Regelung der Vorlauftemperatur an der Wärmepumpe dient ein Mischventil im Rücklauf, das von einem separaten Regler angesteuert wird. Die Vorlauftemperatur wird am Austritt aus der Wärmepumpe gemessen. Der Sollwert der Vorlauftemperatur ist abhängig von der Außentemperatur. Das Schalten des Wärmepumpenverdichters erfolgt über eine Ladesteuerung des Speichers wie in Abschn. 4.3 beschrieben. Bei Unterschreiten des Sollwertes am oberen Speicherfühler wird die Wärmepumpe ein- und bei Erreichen des Sollwertes am unteren Speicherfühler wieder ausgeschaltet. Damit auch bei nicht vollständig zu vermeidenden Mischungsvorgängen im Speicher die Wärmepumpe sicher

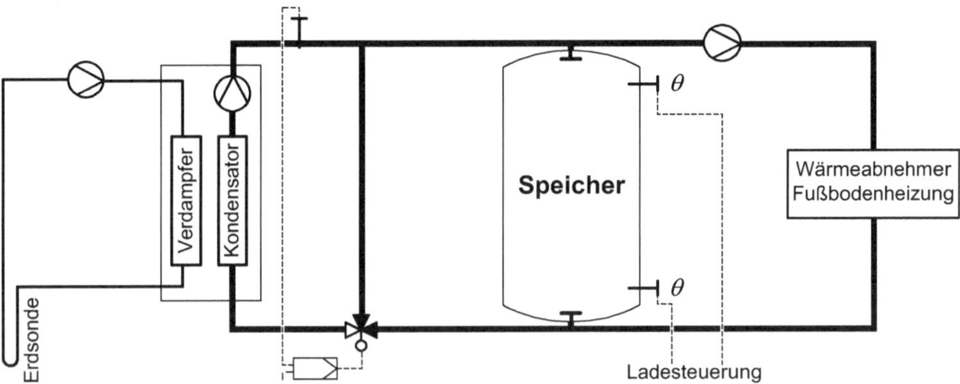

Abb. 5.73 Hydraulische Einbindung und Regelung der Wärmepumpe mit Speicher

geschaltet werden kann, ist der Sollwert für die Ladesteuerung auf einen Wert von 2 K unter dem jeweiligen Vorlauftemperatursollwert einzustellen.

Mit dieser hydraulischen Einbindung werden lange Lauf- und Stillstandszeiten des Verdichters erreicht bei gleichzeitig konstanter Vorlauftemperatur zum Verbraucher. Der Heizmittelstrom im Verbraucher kann problemlos durch Regler gedrosselt werden.

Wärmepumpe mit Speicher und variablem Volumenstrom im Kondensator
Alternativ zur vorherigen Schaltung kann die Regelung der Vorlauftemperatur an der Wärmepumpe auch über die Drehzahl der Umwälzpumpe erfolgen (Abb. 5.74). **Diese Schaltung erfordert regelungs- und anlagentechnische Änderungen an der Wärmepumpeneinheit und kann zum Verlust von Gewährleistungsansprüchen führen. Deshalb sollte diese Schaltung nur mit Genehmigung des Wärmepumpenherstellers realisiert werden.**

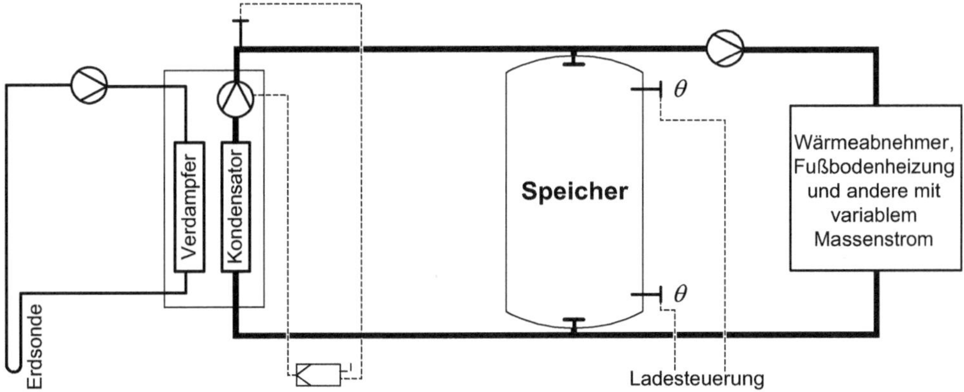

Abb. 5.74 Hydraulische Einbindung und Regelung der Wärmepumpe mit Speicher bei variablem Heizmittelstrom im Kondensator

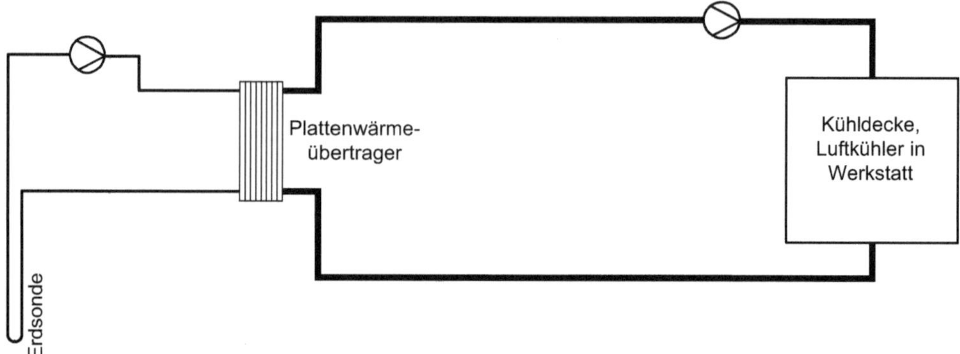

Abb. 5.75 Kühlbetrieb im Sommer

Mit dieser Schaltung werden sehr gute Ergebnisse bei der Vorlauftemperaturregelung erreicht. Allerdings muss darauf geachtet werden, dass ein sehr schnell reagierender Temperaturfühler (Tauchfühler mit geringer Masse) unmittelbar nach dem Kondensator angebracht wird.

Kühlbetrieb im Sommer

Im Sommer kann über einen zwischengeschalteten Plattenwärmeübertrager eine Kühldecke oder ein Luftkühler im Werkstattbereich betrieben werden (Abb. 5.75). Die erreichbaren Kühlwasservorlauftemperaturen liegen bei ca. 20–22 °C und steigen bei Dauerbetrieb und großen Kühllasten auch auf 24 °C an. Diese Anlage ist aufgrund der geringen Kühlleistung nicht dafür vorgesehen bestimmte Komforttemperaturen im Raum zu erreichen. Deshalb wurde auf eine Regelung verzichtet.

5.6.3 Betriebserfahrungen

Für die Anlage liegen noch keine Langzeiterfahrungen vor. Beispielhaft sollen hier an einem willkürlich gewählten Betriebsfall (Fußbodenheizung mit konstantem Massenstrom, Sollvorlauftemperatur 40 °C) die Wirkungen der verschiedenen Regelstrategien gezeigt werden.

Wärmepumpe ohne Speicher

Abbildung 5.76 zeigt den Verlauf der Vorlauftemperatur während eines Schaltzyklus des Verdichters der Wärmepumpe. Wie aufgrund der oben beschriebenen Regelstrategie zu erwarten war, zeigen sich große Änderungen bei der Vorlauftemperatur. Dies wird bewusst in Kauf genommen um lange Laufzeiten und geringe Schalthäufigkeit zu erreichen. Als Wärmespeicher dient hier die Masse der Fußbodenheizung. Wie in Abschn. 4.1 beschrieben, ist dieser Speicher aber nicht geeignet dem Raum immer genau die benötigte Wärme

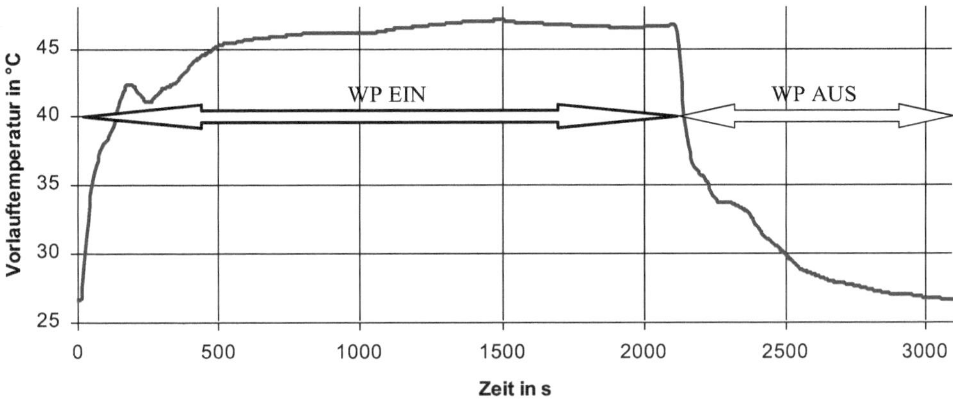

Abb. 5.76 Verlauf der Vorlauftemperatur beim Betrieb ohne Speicher und bei einem Sollwert von 40 °C

zu zuführen. Der geforderte Sollwert der Vorlauftemperatur von 40 °C wird als Mittelwert über die gesamte Zykluszeit erreicht. Während der Verdichterlaufzeit liegt die mittlere Vorlauftemperatur jedoch bei über 44 °C, was zu einer geringeren Leistungszahl gegenüber einem Betrieb bei 40 °C führt. Die bei dieser Betriebsweise ermittelte Leistungszahl beträgt 4,0.

Wärmepumpe mit Speicher

Abbildung 5.77 zeigt den Verlauf der Vorlauftemperatur am Verbraucher bei einer Regelung nach Abb. 5.73, also bei konstantem Heizmittelstrom am Kondensator. Es wird hier eine praktisch konstante Vorlauftemperatur von 40 °C erreicht. Die Regelung der Vor-

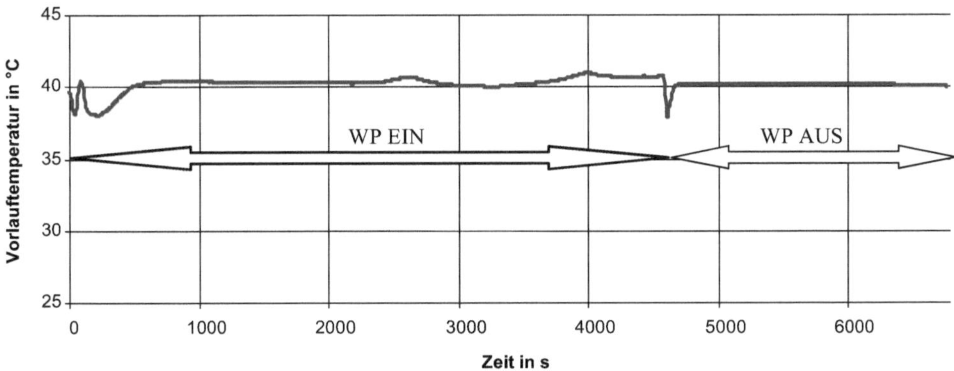

Abb. 5.77 Verlauf der Vorlauftemperatur beim Betrieb mit Speicher und bei einem Sollwert von 40 °C

lauftemperatur über das Mischventil im Wärmepumpen-Rücklauf zeigt beim Ein- und Ausschalten des Verdichters nur kurzzeitig vernachlässigbare Regelabweichungen. Mit dem Mischventil wird die Rücklauftemperatur zum Kondensator über den Wert des Anlagenrücklaufs angehoben. Damit ist die mittlere Heizmitteltemperatur am Kondensator vergleichbar mit derjenigen beim Betrieb ohne Speicher. Auch bei diesem Betrieb wurde eine Leistungszahl von 4,0 ermittelt. Bei der gleichen Belastung sind die erreichten Verdichterlaufzeiten relativ groß; die Schalthäufigkeit ist damit entsprechend gering. Der Vorteil dieser Schaltung liegt darin, dass der Wärmeabnehmer hydraulisch entkoppelt von der Wärmepumpe mit variablen Massenströmen arbeiten kann.

Wärmepumpe mit Speicher und variablem Volumenstrom
Auf die Darstellung der Vorlauftemperatur wird hier verzichtet, da sich ein ähnliches Bild ergibt wie bei Abb. 5.77. Die ermittelte Leistungszahl ist bei sonst gleichen Randbedingungen jedoch mit 4,3 etwas höher. Dies kann auf die niedrigere mittlere Heizmitteltemperatur am Kondensator zurückgeführt werden. Wie bereits erwähnt sollte diese Schaltung nur in Abstimmung mit dem Hersteller angewendet werden.

5.7 Automationsstrategien für thermoaktive Bauteilsysteme (TABS)

Martin Becker

5.7.1 Allgemeines

Thermoaktive Bauteilsysteme (TABS) sind aus regelungstechnischer Sicht geprägt durch die Eigenschaften:

- thermisch sehr träges System mit großen Zeitkonstanten bzw. Totzeiten,
- stark nichtlineares Übertragungsverhalten,
- Prinzip des sog. „Selbstregeleffektes".

Dies erschwert den Entwurf von Standardregelungen bzw. macht es unter bestimmten Umständen sogar unmöglich, TAB-Systeme im klassischen Sinn zu regeln. Vielmehr gilt es eine auf diese Bedingungen zugeschnittene charakteristische Automationsstrategie zu entwickeln, die häufig eine Kombination aus Steuer- und Regelungsstrategie darstellt und folgende Aspekte berücksichtigen sollte:

- Trägheit des Systems (gekennzeichnet durch Art des TABS, Abstand der Rohre, Rohrdurchmesser, Lage der Rohre, Bauweise (leicht, mittel, schwer)),
- aktuelle und zukünftige Klimabedingungen (Wetterdaten, Wetterprognose),
- aktuelle und zukünftige interne Lasten und Laständerungen,
- Ausnutzung bzw. adäquate Berücksichtigung des Selbstregeleffektes.

Die Kühl- bzw. Heizleistung eines thermisch aktivierten Bauteilsystems (z. B. Betondecke) hängt im Wesentlichen ab von:

- Einbaulage der Rohrschlangen (Rohrtiefe, Rohrverlegeabstand, Rohrdurchmesser),
- Wasser-Massendurchsatz,
- Vorlauftemperatur.

Grundsätzlich gibt es zur gezielten Beeinflussung der zugeführten Wärme-/bzw. Kälteleistung bei TAB-Systemen nur vier steuerungstechnische Eingriffsgrößen:

- Wasser-Vorlauftemperatur ϑ_VL,
- Wasser-Massenstrom m_pkt,
- Zeitpunkt und Dauer der Ladezeit für Heizen bzw. Kühlen,
- Umschaltbedingung für Heiz-/Kühlbetrieb und Neutralbetrieb (bezogen auf Außentemperatur oder Raumtemperatur).

Übliche Gütekriterien, die beim Entwurf von Automationsstrategien verwendet werden:

- Geringer Energieeinsatz für Kühlen/Heizen inkl. Aufwand für elektr. Energie der Pumpen,
- Vermeidung unnötiger Umschaltvorgänge zum Heizen/Kühlen bzw. häufiges Takten zwischen Kühlen und Heizen,
- Einhaltung möglichst hoher Raumbehaglichkeit.

Messbare und beobachtbare Größen, die grundsätzlich mit in ein Automationskonzept berücksichtigt werden können, sind:

- Wasser-Rücklauftemperatur T_RL,
- Raumtemperatur T_R (zurückliegende, momentane oder prognostizierte Mittelwerte),
- momentane und zurückliegende Wetterdaten und/oder Wetterprognosedaten (Temperatur, Strahlung),
- aktuelles und zukünftiges Raumnutzungsprofil (z. B. Belegungspläne, Belegungsdichte),
- Berücksichtigung von Nutzungszeiten (z. B. 8:00–17:00 Uhr) bzw. Nachtstunden (z. B. 18:00–06:00 Uhr),
- Berücksichtigung von Jahreszeiten und Übergangszeiten,
- Berücksichtigung schneller Veränderungen (z. B. Temperatursturz, starke interne Lastschwankungen).

Daraus lässt sich gemäß Abb. 5.78 allgemein ein Wirkungsplan für die Steuerung bzw. Regelung eines Raumes bzw. einer Zone mit thermischer Bauteilaktivierung ableiten.

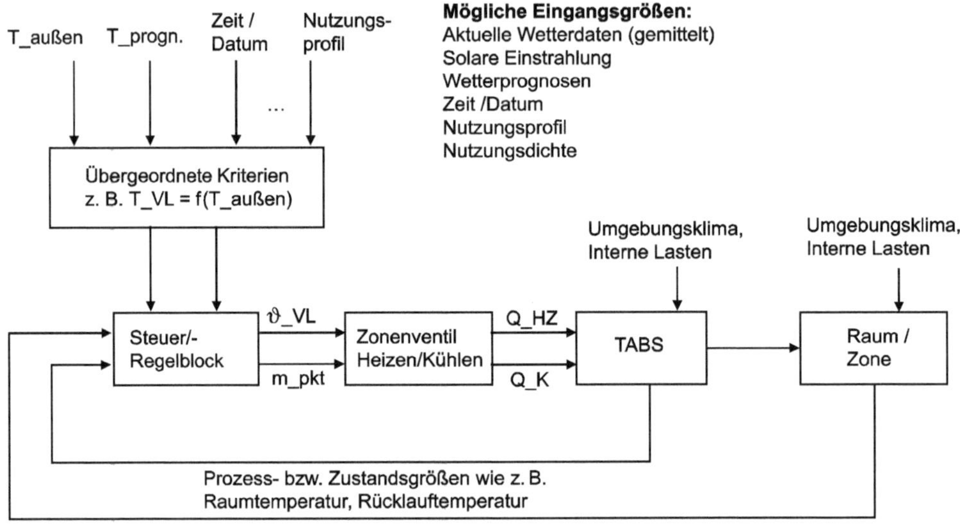

Abb. 5.78 Allgemeiner Wirkungsplan für Automationsstruktur eines thermoaktiven Bauteilsystems (TABS) zur Konditionierung eines Raumes oder einer Zone

5.7.2 Übersicht zu typischen Steuerungs-/Regelungsstrategien für TAB-Systeme

Bei TAB-Systemen gibt es keine „Standard"-Automationsstrategie. Je nach Anwendungsfall, Komplexität der Anlagentechnik und den gewünschten Gütekriterien wie z. B. Behaglichkeitsanforderungen werden unterschiedliche Automationsstrategien angewendet. Da es sich bei TAB-Systemen zudem um eine vergleichbar neue Technologie handelt, gibt es auch noch keine Langzeiterfahrungen und vergleichende Gegenüberstellung der unterschiedlichen Automationsstrategien.

Aus der praktischen Anwendung lassen sich folgende grundsätzlichen regelungs- bzw. steuerungstechnischen Konzepte klassifizieren:

A) Beaufschlagung der TAB mit konstanter Vorlauftemperatur,
B) direkte Steuerung der Vorlauftemperatur als Funktion der Außentemperatur,
C) Regelung nach Temperatur in TAB-System (z. B. über Rücklauftemperatur),
D) Steuerung des Wasser-Massenstroms,
E) vorausschauende/prognosegesteuerte Strategie.

Im Folgenden sind Beispiele für diese Varianten aus der Praxis bzw. Literaturangaben zusammengestellt.

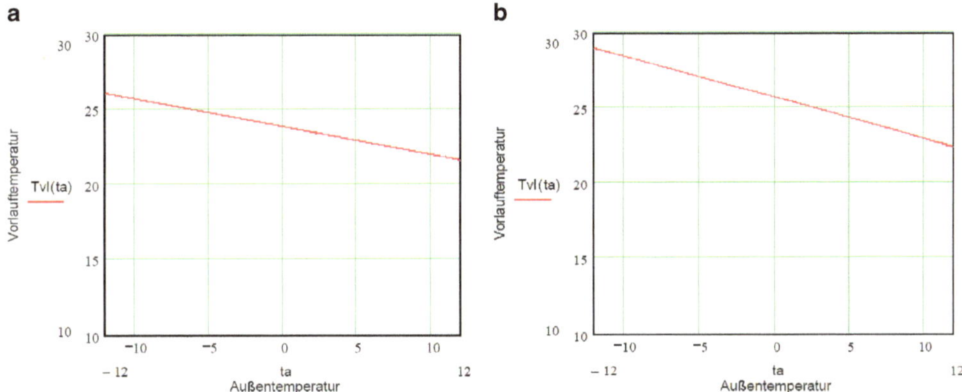

Abb. 5.79 Vorlauftemperatur in Abhängigkeit der Außentemperatur im Heizbetrieb bei Raumgrundfläche von $26\,\mathrm{m}^2$ und **a** Fassadenfläche von $20\,\mathrm{m}^2$ bzw. **b** Fassadenfläche von $36\,\mathrm{m}^2$ nach [10]

5.7.2.1 Beaufschlagung der TAB mit konstanter Vorlauftemperatur

Bei dieser Strategie wird mit jeweils festen Vorlauftemperaturen für den Heizfall (z. B. 25 °C), und den Kühlfall (z. B. 22 °C) gefahren. Weitere Einflussgrößen werden nicht berücksichtigt. In der Praxis sind je nach Anwendungsfall durchaus große Bandbreiten der vorgeschlagenen Werte üblich, im Heizfall von 24–30 °C, im Kühlfall von 16–22 °C. Diese Werte müssen im konkreten Anwendungsfall festgelegt und sollten gegebenenfalls im laufenden Betrieb in Abhängigkeit von den Nutzungsanforderungen und weiteren Parametern (z. B. Umgebungsklima) angepasst werden.

5.7.2.2 Steuerung der Vorlauftemperatur als Funktion der Außentemperatur

Dies ist eine in der Praxis häufig verwendete Strategie. Allerdings gibt es hier unterschiedliche Ansätze je nach dem wie die Heiz-/Kühlkurve in Abhängigkeit von der Außentemperatur abgebildet wird und wie die repräsentative Außentemperatur gebildet wird (z. B. momentaner Wert, 12 h- oder 24 h-Mittelwert)

In [10] wurden anhand verschiedener Simulationsuntersuchungen außentemperaturabhängige Ansätze für die Vorlauftemperatur entwickelt, die in Abhängigkeit von der Fassadenfläche nochmals modifiziert werden, siehe Abb. 5.79.

In [11] wurden verschiedene Varianten zur Anpassung der Vorlauftemperatur untersucht:

a) Vorlauf-Wassertemperatur als Funktion der Außentemperatur,
b) durchschnittliche Wassertemperatur als Funktion der Außentemperatur,

c) durchschnittliche Wassertemperatur konstant und fest (Sommer: 22 °C, Winter: 25 °C),
d) Vorlauf-Wassertemperatur als Funktion der Außentemperatur getrennt für Sommer/
   Winter-Fall.

Die durchschnittliche Wassertemperatur berechnet sich hierbei aus dem arithmetischen
Mittel von Rücklauf- und Vorlauf-Temperatur.

Wichtigste Ergebnisse für den Sommerfall:

- Unterschied zwischen den Varianten a), b) und d) ist sehr gering.
- Bei konstanter Wassertemperatur (Variante c)) ist im Sommerfall die Kühlwirkung zu
  gering und die operative Temperatur häufig zu hoch.
- Der Energieverbrauch ist für die Varianten a) und b) nahezu identisch, für die Variante
  d) ca. 10 % niedriger und für Variante c) verhältnismäßig hoch.

Ferner wird der Einfluss der Variation des Neutralzone (häufig auch als Tot-Band bezeichnet) zur Umschaltung zwischen Kühlen und Heizen untersucht, wobei als Bezugsgrößen
für die Neutralzone die Raumtemperatur-Bereiche von 22–23 °C, 21–23 °C und 21–24 °C
gewählt wurden.

Wichtigste Ergebnisse:

- Durch die Optimierung der Neutralzone können sowohl der Energieverbrauch für Hei-
  zen/Kühlen als auch die Betriebszeiten für die Pumpen verringert werden, ohne dadurch an Komfort zu verzichten.
- Im Sommer ist kein Unterschied zwischen einer Neutralzone von 22–23 °C und 21–
  23 °C erkennbar, im Winter ist das Senken der Neutralzone von 22 °C auf 21 °C sinnvoll.
- Die Neutralzone sollte nicht größer als 2 K sein.

5.7.2.3 Regelung nach der Temperatur in TAB-System

Bei dieser Strategie wird versucht, die Temperatur der Decke im Temperaturband von
21 bis 23 °C zu halten. Ein Vorteil dieser Strategie ist, dass plötzliche Lastwechsel (z. B.
Temperatursturz) aufgrund des Selbstregeleffektes keinen größeren „Schaden" anrichten
können, [12]. Die Messung der Rücklauftemperatur bietet hierbei die Möglichkeit, eine
repräsentative Aussage über die Temperatur der thermoaktiven Decke zu erhalten.

In [12] wird eine Strategie vorgestellt, welche die Zustände „Heizen", „Kühlen" und
„Bereitschaft" unterscheidet. Das Ablaufdiagramm in Abb. 5.80 beschreibt die Strategie,
wie in Abhängigkeit von der Rücklauftemperatur zwischen Heizen, Kühlen und Bereit-
schaft(Aus) umgeschaltet wird. Voraussetzung hierfür ist, dass auch im Bereitschaftsfall
mit einem minimalen Massenstrom – hier 10 % – gefahren wird, um ein repräsentatives Signal über die Rücklauftemperatur über den Zustand des TAB-Systems zu erhalten. Durch
den geringen Massenstrom nimmt die Rücklauftemperatur im Wesentlichen die Temperatur der thermisch aktivierten Decke an.

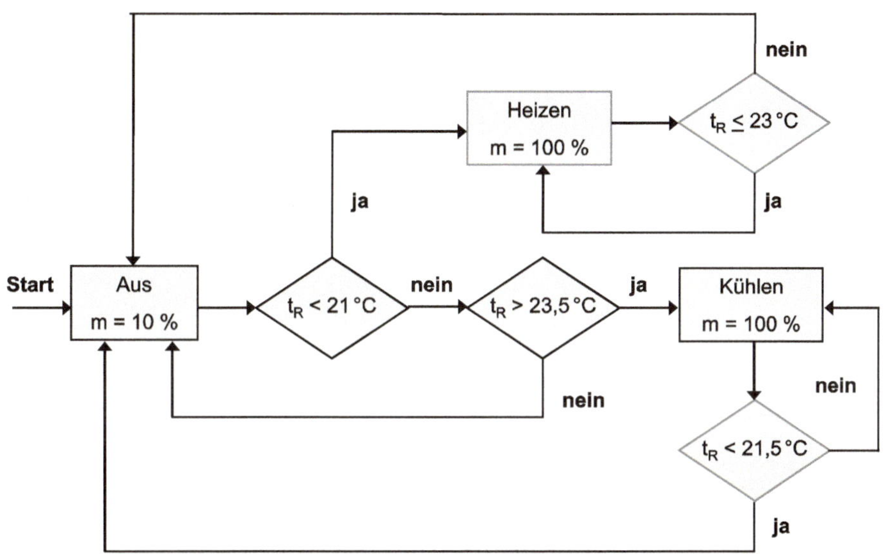

Abb. 5.80 Ablaufdiagramm zur Beschreibung der Regelung nach der Rücklauftemperatur, in Anlehnung an [12]

Die Strategie ist so ausgelegt, dass bei Rücklauftemperaturen unter 21 °C der Zustand „Heizen" aktiviert wird und bei Temperaturen über 23,5 °C der Zustand Kühlen. Durch die Art des Umschaltens wird eine Neutralzone zwischen Kühlen und Heizen von 2 K festgelegt. Abbildung 5.81 zeigt ein Beispiel für das Umschalten zwischen den verschiedenen Betriebsfällen.

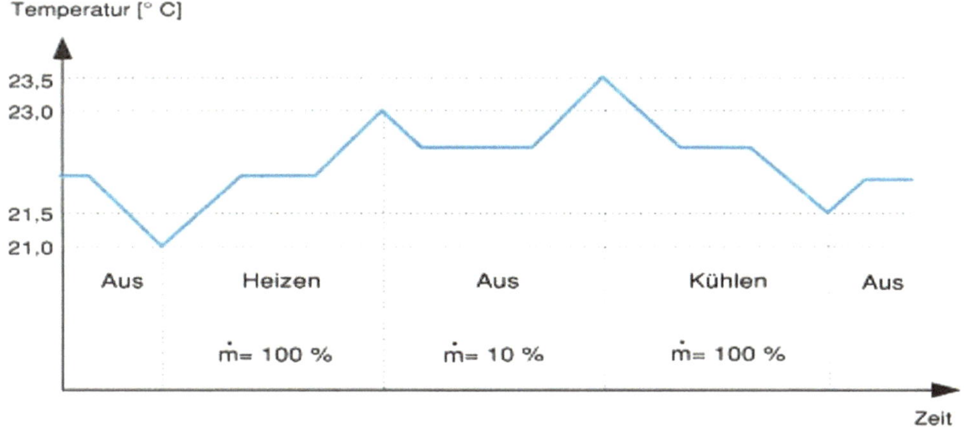

Abb. 5.81 Beispiel für einen Wechsel zwischen verschiedenen Betriebszuständen „Heizen", „Kühlen" und „Aus" [12]

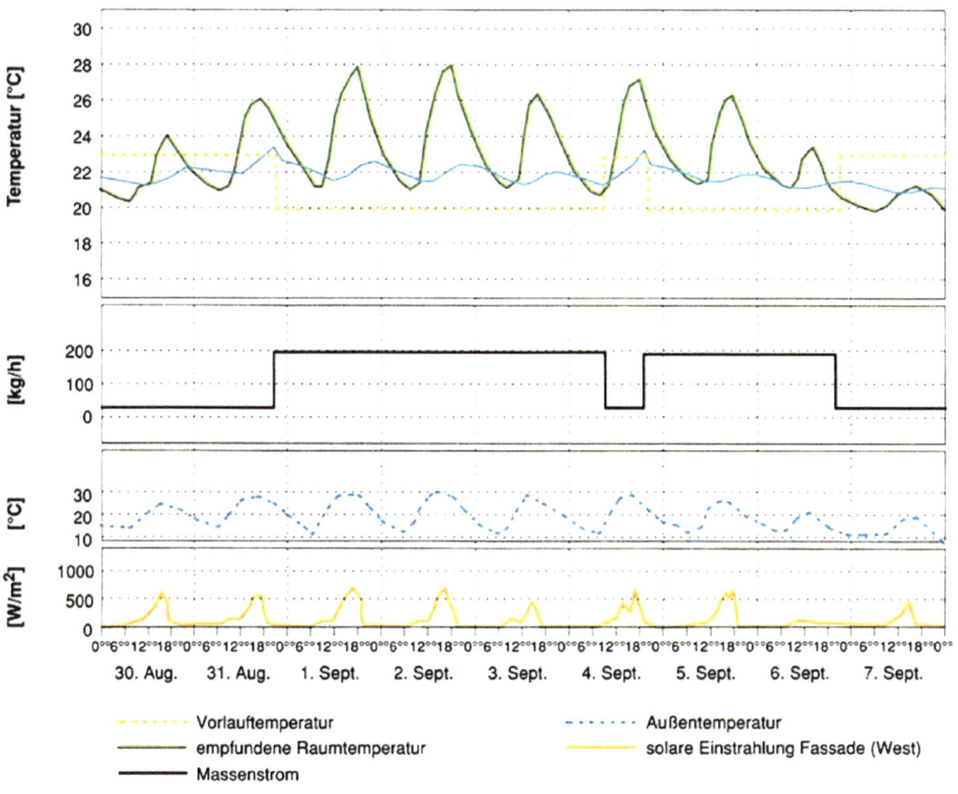

Abb. 5.82 Beispiel für Regelung der TBA [12]

Unklar bleibt hier allerdings, wie die Vorlauftemperatur gewählt wird. In [12] wird lediglich erwähnt, dass die zu wählende Vorlauftemperaturen und Massenströme sich aus der jeweiligen Heiz- bzw. Kühllast ergeben und dass die Vorlauftemperaturen sich im Bereich der Raumsolltemperaturen bewegen sollen. In dem Messprotokoll nach Abb. 5.82 wird die Vorlauftemperatur bei 10 % Massenstrom mit 20 °C fest vorgegeben und bei 100 % Massenstrom mit 23 °C. Auffallend ist der durchgehende Kühlbetrieb über mehrere Tage zwischen dem 31.08. und 04.09., d. h. Nutzungszeiten werden in diesem Fall zum Beispiel nicht berücksichtigt.

5.7.2.4 Steuerung des Massenstromes

Eine gezielte Veränderung des Massenstromes wird zurzeit in Regelungs-/Steuerungskonzepten noch nicht berücksichtigt. Dies erscheint aber durchaus als ein noch interessanter Aspekt für verbesserte Regelungs-/Steuerungskonzepte zu sein. In [10] wurden Simulationsstudien durchgeführt, die zeigen, dass der Massenstrom einen durchaus signifikanten Einfluss auf den Wärmedurchgang und damit auf die übertragene Wärmemenge hat, siehe Abb. 5.83 bis 5.85. Inwieweit dies für Steuerungskonzepte berücksichtigt werden kann,

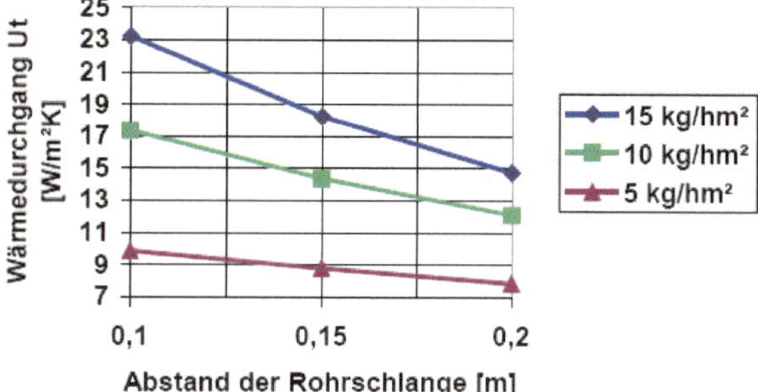

Abb. 5.83 Beeinflussung des Wärmedurchgangs in Abhängigkeit von Abstand der Rohrschlangen und des Massenstroms [10]

bleibt noch zu untersuchen. Hierzu finden sich in der Literatur keine aussagekräftigen Ergebnisse.

Ergebnisse von verschiedenen Simulationsuntersuchungen zeigen, dass innerhalb bestimmter Bereiche bei einer Verdopplung des Massenstromes eine Veränderung von ca. 1 K erzielt werden kann. Allerdings lassen sich diese Ergebnisse nicht generell übernehmen, sondern müssen jeweils bezogen auf ein konkretes Gebäude und dessen Nutzungsrandbedingungen untersucht werden, s. [10].

5.7.2.5 Vorausschauende und prognosegesteuerte Strategien

Der Nachteil der bisherig aufgeführten Strategien ist, dass unter bestimmten Umständen (z. B. Temperatursturz, starke Schwankung der internen Lasten) die Raumtemperatur stark absinken oder ansteigen kann. Neben dem unnötigen Energieeinsatz führt dies i. d. R.

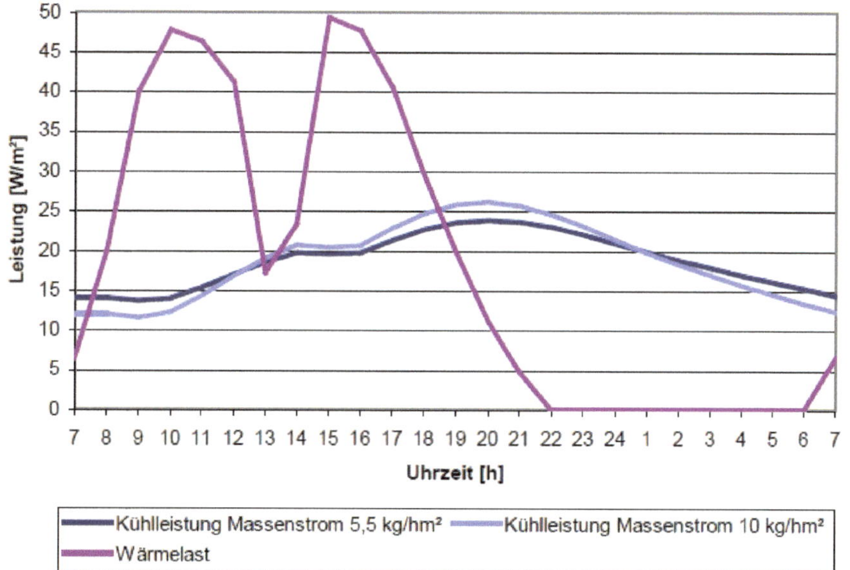

Abb. 5.84 Einfluss unterschiedlicher Massenströme auf Kühlleistung [10]

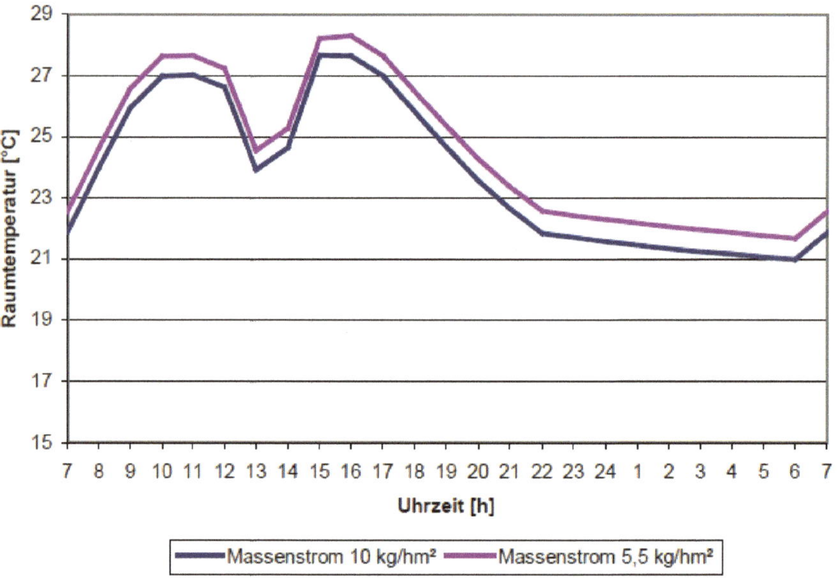

Abb. 5.85 Einfluss unterschiedlicher Massenströme auf Raumtemperatur bei konstanter Vorlauftemperatur von 20 °C [10]

auch zu einer Reduzierung der Behaglichkeit. Dieses Problem können vorausschauende und/oder prognosegesteuerte Strategien reduzieren. In den bisher umgesetzten praktischen Anwendungen und basierend auf Simulationsuntersuchungen gibt es z. T. durchaus unterschiedliche bis widersprüchliche Ergebnisse und Aussagen zum Nutzen von prognosegesteuerten Strategien.

So wurde z. B. anhand von Simulationsuntersuchungen in [11] die Nutzung von Wettervorhersagen untersucht. Als Ergebnisse wurde festgestellt, dass sich kein signifikanter Unterschied ergibt, wenn man versucht, eine vorhergesagte künftige Temperatur zu verwenden. Es wird darauf hingewiesen, dass in praktischen Anwendungen auch der Faktor berücksichtigt werden muss, wie genau die Wettervorhersagen sind. So kann es sogar ungünstiger sein, die vorausgesagten Wetterdaten als Eingangsdaten für die Automationsstrategie zu verwenden. Zu diesem Thema laufen zurzeit einige aktuelle Forschungs- und Entwicklungs-Projekte. Man darf gespannt auf die Ergebnisse sein.

Kontrollfragen zu Abschn. 5.7

- Welche vier grundlegenden steuerungstechnischen Eingriffe gibt es für die Automatisierung von thermoaktiven Bauteilsystemen (TABS)?
- Was versteht man unter dem sog. „Selbstregeleffekt" bei thermoaktiven Bauteilsystemen (TABS)?
- Was sind typische Steuerungs-/Regelungsstrategien für thermoaktive Bauteilsysteme (TABS)?

Literatur

Zu Abschn. 5.3

1. Carslaw, Jaeger: Conduction of Heat in Solids. Oxford (1959)
2. Andreas, Wolff: Regelung heiztechnischer Anlagen. VDI, Düsseldorf (1985)
3. Keller: Klimagerechtes Bauen. Stuttgart (1997)
4. Fraaß: Grundbegriffe des thermisch aktivierbaren Bauteils. Gesundheits-Ing. Nr. 4 (2007)

Zu Abschn. 5.5

5. VDI-Richtlinie 2067 – Teil 6: Berechnung der Kosten von Wärmeversorgungsanlagen – Wärmepumpen, Beuth-Verlag, Sept. 1999
6. DIN EN 15450: Heizungsanlagen in Gebäuden – Planung von Heizungsanlagen mit Wärmepumpen, Beuth-Verlag, Dez. 2007
7. Miara, M.: Feldmessung neuer Wärmepumpen „Wärmepumpen-Effizienz" – Zwischenergebnisse, DKV-Tagungsbericht 2008, 19.–21.11.2008, Ulm

Zu Abschn. 5.6

8. DIN EN 14511-2: Luftkonditionierer, Flüssigkeitskühlsätze und Wärmepumpen mit elektrisch angetriebenen Verdichtern für die Raumheizung und kühlung. Teil 2: Prüfbedingungen
9. Herstellerunterlagen Firma Vaillant, Remscheid: Planungsinformation Elektro Wärmepumpe geoTHERM

Zu Abschn. 5.7

10. Koch, S.: Baupraktische Auswirkungen und Konsequenzen für Planung und Fertigung von Hochbauten durch den Einsatz thermisch aktiver Baudecken, Diplomarbeit, Universität Gesamthochschule Kassel, Fachgebiet Bauphysik/TGA, August 2001
11. Olesen, B.W.: Neue Erkenntnisse über Regelung und Betrieb für die Betonkernaktivierung, Teil 1 HLH, Januar 2005, S. 29–34, Teil 2 HLH, März 2005, S. 35–40.
12. Hausladen, G, Langer, L.: Baukerntemperierung, Möglichkeiten und Grenzen. TAB **6/2000**, 55–59 (2000)

Funktionsüberwachung und Ertragskontrolle

Alfred Karbach und Ekkehard Boggasch

Bei Anlagen der Energieversorgung und der Technischen Gebäudeausrüstung nehmen die Betriebs- und die Versorgungssicherheit den höchsten Stellenwert ein. An zweiter Stelle stehen ökonomischer Betrieb und Aspekte der Primärenergieeinsparung und Umweltschonung. In vielen Fällen handelt es sich um gleichrangige Ziele, da bei der Einsparung von klassischen Energieträgern auch Kosten eingespart werden.

Auf der Basis von automatisierungstechnischen Einrichtungen stehen unterschiedliche Möglichkeiten zur Datenerfassung und zum Energiecontrolling zur Verfügung. Anlagenkonzept und Regelungskonzept müssen in Hinsicht auf eine möglichst hohe Energieeffizienz gestaltet und optimiert werden. Die Überprüfung der Betriebsweise erfolgt dann im Regelfall über eine Datenerfassung (Monitoring).

Bei der Anwendung regenerativer Energiesysteme werden in der Regel klassische Anlagen mit regenerativen Teilanlagen integriert. Man spricht dann von einem bivalenten oder multivalenten Betrieb. Ein einfaches Beispiel ist eine Solaranlage zur Trinkwassererwärmung, bei der im Fall fehlender Sonneneinstrahlung der Speicher über den ebenfalls vorhandenen Heizkessel nachgeheizt wird. Kennzeichnend für solche multivalenten Systeme ist, dass die klassischen Komponenten im Anlagenverbund eine Backup-Funktion übernehmen und bei einem Ausfall des regenerativen Teils oder einer Verschlechterung der Betriebsfunktion der Fehler nicht als selbstmeldend betrachtet werden kann. Der Heizkessel lädt den Bereitschaftsteil des Speichers automatisch nach und die Fehlfunktion oder die erhebliche Funktionseinbuße des Solarteils wird nicht erkannt. Dies kann zu der Si-

A. Karbach (✉)
FB 03 ME, TH Mittelhessen
Gießen, Deutschland

E. Boggasch
FB Versorgungstechnik, Ostfalia Hochschule für angewandte Wissenschaften
Wolfenbüttel, Deutschland

© Springer Fachmedien Wiesbaden 2016   221
E. Bollin (Hrsg.), *Regenerative Energien im Gebäude nutzen*,
DOI 10.1007/978-3-658-12405-2_6

tuation führen, dass Fehlfunktionen über längere Zeit nicht erkannt werden. Damit würde die Zielsetzung, Primärenergie einzusparen, erheblich beeinträchtigt.

Aus diesem Grund ist eine Ertrags- und Funktionsüberwachung beim Einsatz regenerativer Anlagen immer zu empfehlen. Bei der Betriebsführung und Betriebsüberwachung besteht das Problem, dass eine große Zahl von Anlagenkonzepten sowohl auf der Seite der Anwendung regenerativer Energien und auch beim Aufbau des Anlagenverbunds existieren, so dass bei der Überwachung jeweils spezifische Methoden bei der Datenerfassung und Datenauswertung angewandt werden müssen. Anlagen aus dem genannten Bereich erreichen eine Lebensdauer im Bereich zwischen 20 und 40 Jahren und sind dabei hohen thermischen Belastungen und vielen weiteren Umwelteinflüssen ausgesetzt.

Der Materialaufwand und der damit einhergehende kumulierte Energieaufwand für den regenerativen Teil des multivalenten Anlagensystems sind erheblich. Durch Ausfälle des regenerativen Teils oder Funktionseinbußen wird der zeitliche Anteil der primärenergiesparsamen Betriebsweise reduziert und damit die Gesamtenergieeffizienz vermindert und die CO_2-Emissionen erhöht.

6.1 Monitoring

Alfred Karbach

Die Überwachung der Energieeffizienz bedingt bei bivalenten Anlagen entsprechend den Vorausberechnungen bei der Planung eine Bilanzierung des Anlagenbetriebs mit dem Nachweis des relativen Energieertrags des regenerativen Teils. Dies erfordert die Bestimmung von Kennzahlen, die als Bewertungskriterien dienen. Diese Kennzahlen werden aus Energiebilanzen bestimmt.

Das Aufstellen von Energiebilanzen erfordert im Minimum eine Wärmemengenerfassung des regenerativen Teils oder eine Erfassung von Temperaturdifferenz und Volumenstrom im Solarkreis (Abb. 6.1) zur Bestimmung und Weiterverarbeitung der aktuellen solaren Wärmeleistung.

$$\dot{Q} = \dot{V} \cdot \varrho \cdot c \cdot (T_{KV} - T_{KR}) \tag{6.1}$$

In manchen Fällen kann der beim Zweipunktbetrieb der Regelung konstante Volumenstrom einmalig bestimmt und für die Auswertung verwendet werden.

Die Funktion des Monitoring entspricht einer zustandsorientierten Instandhaltung.

Unter Instandhaltung verbergen sich die drei Begriffe:

- **Inspektion**,
- **Wartung**,
- **Instandsetzung**.

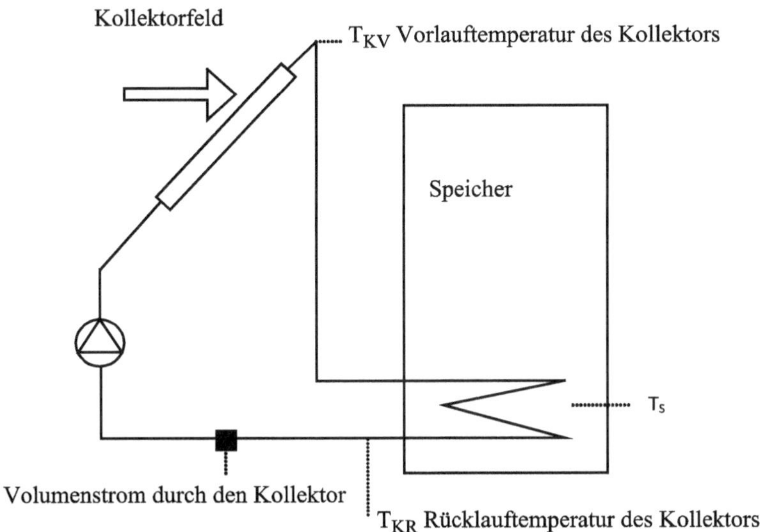

Abb. 6.1 Bestimmung der aktuellen Wärmeleistung im Solarkreis

Das Monitoring und das Energiecontrolling gehören zum Bereich der Inspektion einer Anlage. Aus den Zustandsdaten werden Aussagen über die Qualität des Betriebs abgeleitet.

Das beginnt bei der Inbetriebnahme und einer Dokumentation des optimierten Anlagenbetriebs. Viele Pilotprojekte mit regenerativen Energiewandlern werden langfristig mit einem Monitoring-System ausgerüstet und überwacht.

Messwerterfassung

Messwerterfassung für den Zweck eines einen längeren Zeitraum umfassenden Energiecontrolling bedeutet, dass man es mit einem längerfristigen Vorhaben zu tun hat, da in der Regel ein Jahr gemessen werden muss, bis eine komplette Übersicht über das Anlagenverhalten vorliegt.

Dabei soll nach Abb. 6.2 die Betriebsqualität bewertet werden. Dazu werden während der Inbetriebnahmezeit nach der Optimierung des Anlagenbetriebs Referenzdaten definiert, auf die sich spätere Auswertungen beziehen lassen. Dazu werden Vergleiche mit den Referenzdaten genutzt.

Für eine quantitative Auswertung muss die Datenerfassung sehr zuverlässig erfolgen, d. h. es sollten keine Daten am Ende eines Auswertungszeitraums fehlen. Anderenfalls wäre ein Aufstellen von kompletten Bilanzen über frei wählbare Zeiträume in Frage gestellt.

Eine robuste Lösung für die Datenerfassung ist deswegen anzustreben. Eine Variante, die häufig eingesetzt wird, besteht darin, die Zustandsdaten in den Automationsstationen in Datenpuffern zu erfassen und zwischenzuspeichern.

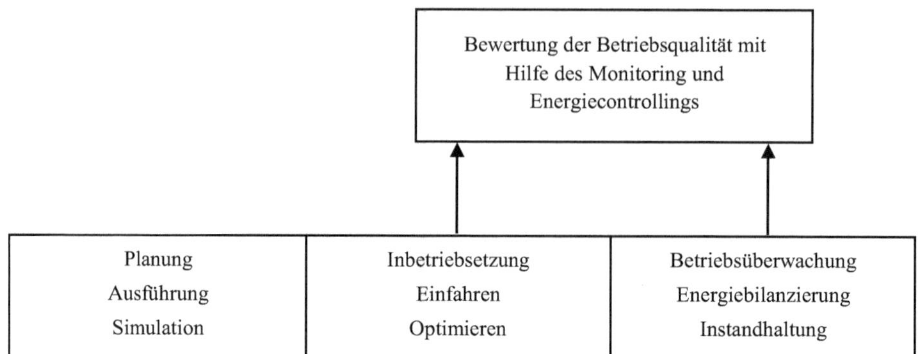

Abb. 6.2 Instandhaltung und Energiecontrolling

Tab. 6.1 Mess- und Zählwerte für das Energiecontrolling

Mess- und Zählwerte			
Außenbedingungen	Verbrauchskonditionen	Erzeugung	Regenerative Erzeugung
Außenlufttemperaturen	Raumtemperaturen	Wärmeerzeugung	Laufzeiten Solarkreis
Einstrahlung Global-strahlung	Einschaltimpulse Beleuchtung	Abgaswerte, Temperatur, CO_2	Vor- und Rücklauftemperaturen
Windgeschwindig-keiten	Anwesenheitssignale	Vorlauf- und Rücklauftemperaturen	Speichertemperatur
	Angewählte Betriebs-arten im Raum	Wärmemengen	Wärmemengen
	Absenkzeiten, Ab-senktemperaturen	Gasverbrauch, Ölverbrauch	Vorlauf-, Rücklauf-temp. Kollektor
	Zapfmengen	Kälteerzeugung Fernwärme Wärmemengen und andere	

Die Daten werden dann zunächst dort erfasst und dann in regelmäßigen Zeitabständen über Schnittstellen zu Auswertungseinheiten übertragen. Wenn die Datenübermittlung per Datenfernübertragung erfolgt, werden Sicherheitsmechanismen angewandt, beispielsweise redundante Datenpufferung, um die Vollständigkeit der Datenbasis zu garantieren.

Bei Automationssystemen, die mit gemischten Buslinien arbeiten, müssen die Daten von den Feldbussen in Schnittstelleneinheiten zwischengespeichert und weitergegeben werden.

Die Tab. 6.1 zeigt, welche Werte beispielhaft erfasst werden müssen.

Zähleinheiten

Die Zähleinheiten sind eigenständige Verarbeitungseinheiten.

Wärmemengenzähler sind beispielsweise Einheiten, die den Durchfluss und die Vorlauf- und Rücklauftemperatur messen und daraus die Wärmemenge durch Aufintegrieren der Leistung über die Zeit bestimmen. Das Rechenwerk übernimmt alle Mess- und Speicherfunktionen, daneben auch die Kommunikation und die Parametrierung und stellt als Ergebnis die Wärmemenge, aber optional auch den Volumenstrom und die Temperaturen zur Verfügung.

Die Werte können angezeigt, aber auch über vorhandene Schnittstellentechniken an Auswerteeinheiten übertragen werden. Die Systeme sind mit einem Impulsausgang ausgerüstet, der als potentialfreier Kontakt für eine kurze Zeit schaltet, wenn der Wärmezähler ein neues Wärmepaket im Sinne der vorgesehenen Wärmemengeneinheit aufintegriert hat. Diese Wärmemengeneinheit bestimmt dabei die Auflösung des Messvorgangs. Der entsprechende potentialfreie Kontakt wird als binärer physikalischer Eingang von der Automationsstation erfasst und mittels geeigneter Softwaremodule aufsummiert und in die jeweiligen physikalischen Einheiten umgerechnet (z. B. 1 Impuls = 0,1 kWh).

Energiedaten mit M-Bus
Eine weitere Möglichkeit besteht im Einsatz des M-Busses [1]. Der M-Bus ist ein standardisiertes Kommunikationssystem (Europanorm EN 1434-3) zur Fernauslesung, Fernüberwachung und Fernsteuerung von Verbrauchszählern. Der M-Bus basiert auf einer Zweidrahtdatenübertragung und eignet sich für die Auslesung und Steuerung vieler Zähler oder bei Geräten, die über größere Entfernungen verteilt sind. Kopplungsmöglichkeiten zu den Automationsstationen sind vorhanden. Der M-Bus arbeitet nach dem Master-Slave-Verfahren und benutzt die Schichten 1, 2 und 7 des ISO-OSI-Modells. Der Vorteil ist, dass die angeschlossenen Geräte über den Busmaster gesteuert und parametriert werden können. Damit kann man auf diese Funktionen auch zentral zugreifen. Auch die Datenübermittlung mit M-Bus-Mastern, die über ein Modem die Daten weiterleiten, ist Stand der Technik. Auch der LON-Bus [2] wird zunehmend für die Zählwerterfassung eingesetzt.

Datenerfassung
Daten müssen vor einer rechnerischen Auswertung geeignet verdichtet werden. Folgende Bedingungen müssen erfüllt sein, damit die Datenmengen nicht überhandnehmen und eine genaue Auswertung der Daten möglich ist:

Eine genaue zeitliche Synchronisation aller Erfassungseinheiten muss erfolgen. Die Daten werden später zeitlich weiterverarbeitet. Das Intervall für die Speicherung der Daten muss vernünftig überlegt sein. Das erfordert, dass die weitere Verarbeitung der Daten festlegt, in welchen Zeitabständen die Daten zu erfassen sind und ob Augenblickswerte oder Mittelwerte geeigneter sind. Typisch sind Zeitabstände im Bereich von Sekunden, wenn man Aufheiz- oder Einschwingvorgänge in thermischen Systemen betrachtet. Für langfristige Bilanzierungsaufgaben wählt man längere Zeitintervalle im Bereich von Minuten.

Für das Aufstellen von Energiebilanzen verwendet man dagegen eher verdichtete Daten, weil dort in vielen Fällen das Zeitverhalten herausgefiltert werden soll und besonders der stationäre Zustand interessant ist. Daneben muss berücksichtigt werden, dass Temperaturfühler und Wärmezähler über zeitliche Auflösungen verfügen. Man erzeugt nur eine sehr große Menge an Daten, die wieder verdichtet werden müssen, wenn man mit zu kleinen Zeitabständen erfasst.

Die Anlagendaten werden vom Automatisierungssystem oder von einer separaten Erfassungseinheit übernommen und in Programmen zur Tabellenkalkulation oder in Programmen zur Systemanalyse (Beispiel: MATLAB-SIMULINK vgl. Abschn. 6.4) weiter ausgewertet.

6.1.1 Kennzahlen für die Bewertung des Anlagenbetriebs

Über eine Input-Output-Betrachtung lassen sich dann Kennzahlen bestimmen. Diese beziehen sich auf einen Bilanzzeitraum, z. B. ein Monat oder ein Jahr.

Genaue Ergebnisse für Vergleiche des Anlagenbetriebs können eigentlich nur bei einer kontinuierlichen Erfassung und Bewertung unter Einbezug der variablen Wetterkonditionen erhalten werden.

Zur Bewertung sind Energiebilanzierungen durchzuführen. Diese werden als stationäre Bilanzen formuliert. Bei deren Erstellung ist darauf zu achten, dass sich Dynamikeffekte – Aufheiz- und Abkühlvorgänge – nicht zu stark als Fehlerquelle bemerkbar machen. Die Ausgangsdaten müssen in Abhängigkeit von den Zeitkonstanten der beteiligten Prozesse, z. B. der Kollektorzeitkonstante, geeignet zeitlich gemittelt werden. Wenn die Kollektorzeitkonstante im Bereich von 10 min liegt, genügen schon 30 min für die Mittelung. Es kommt aber zu einem Restfehler, der berücksichtigt werden muss.

Die Bilanzgrenzen müssen geeignet gewählt werden. Soll der Kollektor überprüft werden, müssen zur Bilanzierung die Messungen nahe am Kollektoreintritt und -austritt angebracht werden (Abb. 6.3), damit die Rohrleitungsverluste nicht mit gemessen werden.

Zur Bewertung der Anlage werden ermittelten Wärmemengen in Kennzahlen weiterverarbeitet:

Solarer Deckungsgrad *SD*

$$SD = \frac{Q_{\text{solar}}}{Q_{\text{konvWE}} + Q_{\text{solar}}} \tag{6.2}$$

Das ist der relative Anteil an Solarwärme zum Gesamtwärmebedarf. Der solare Deckungsgrad *SD* bezeichnet den Anteil an der notwendigen Gesamtenergie zur Warmwasserbereitung, der von der Solaranlage eingebracht wird. Der solare Deckungsgrad ist ein Maß für die Einsparung an konventioneller Energie und die wichtigste Kennzahl der Solaranlage.

Wäre der solare Deckungsgrad 100 %, so würde alle Energie solar erzeugt, bei 0 % würde alle Energie mit dem Zusatzsystem aufgebracht. Realistisch erreichbare Jahres-Deckungsgrade für die Warmwasserbereitung im Mehrfamilienhaus liegen im Bereich von 30–70 %, für Systeme mit Heizungsunterstützung zwischen 20 und 30 %.

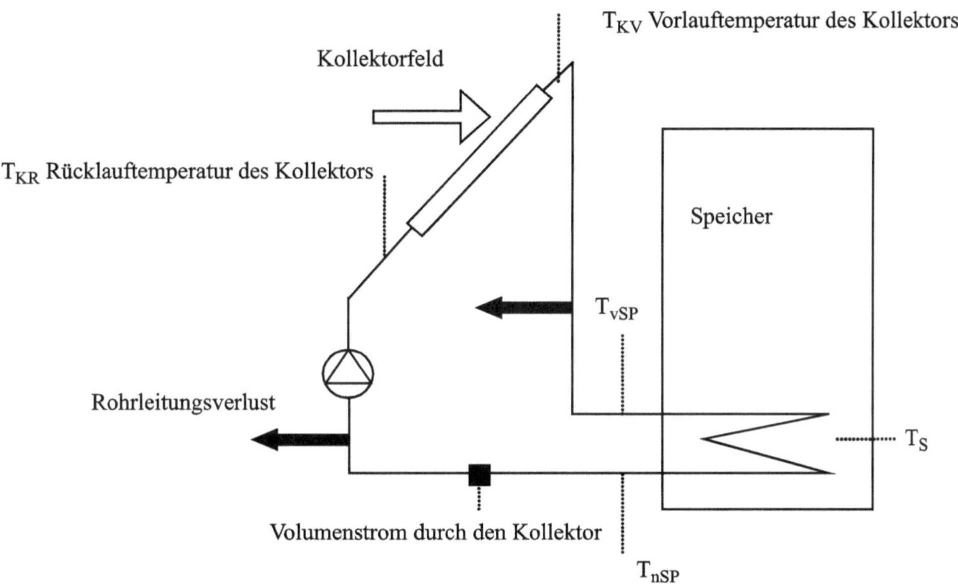

Abb. 6.3 Bestimmung der aktuellen Wärmeleistung am Kollektor

Hohe Deckungsgrade bewirken eine hohe Brennstoffersparnis, bringen jedoch den Nachteil von Überschüssen und damit Anlagenstillstandszeiten im Sommer. Niedrigere Deckungsgrade gehen mit weniger oder gar keinen Stillstandszeiten und einer besseren Anlagenausnutzung einher. Die Rückzahldauer einer Investition wird bei diesen Anlagen im Allgemeinen kürzer sein. Allerdings erreichen sie keine Volldeckung im Sommer und damit keine Betriebsruhe für die Anlagenteile der Nachheizung im Sommerhalbjahr.

Spezifischer Solarkollektorertrag *SE*
Der spezifische Kollektorertrag sagt aus, wie viel Wärme ein m² Kollektor in einem Zeitraum liefert.

$$SE = \frac{Q_{\text{solar}}}{A_{\text{Bruttokoll.fl.}}} \tag{6.3}$$

Die maximal mögliche Summe der jährlich eingestrahlten Energie auf einer waagrechten Fläche in unseren Breiten beträgt etwa $1100\,\text{kWh/m}^2$. Durch Umwandlungsverluste und die Tatsache, dass im Sommer nicht das gesamte Energieangebot genutzt bzw. verbraucht werden kann, erreichen Solaranlagen jährliche „Energieerträge" von $200\text{–}600\,\text{kWh/m}^2$.

Dieser Wert hängt primär von der Dimensionierung der Kollektorfläche ab. Knapp dimensionierte Kollektorflächen liefern hohe spezifische Erträge, während umgekehrt großzügig dimensionierte Kollektorflächen zu niedrigen spezifischen Kollektorerträgen führen. Der Wert ist ein Maß für die Intensität der Nutzung der Kollektorfläche, besitzt allerdings nur bedingte Aussagekraft über die tatsächlich nutzbare solare Energie an der Zapfstelle, da dazwischen noch Speicher- und Zirkulationsverluste anfallen können. Eine Anlage mit hohem Kollektorertrag kann also auch eine sehr verlustreiche Anlage sein.

Eine Anlage kann also nicht allein nach dem solareren Deckungsgrad oder dem Kollektorertrag beurteilt werden, sondern es müssen beide bekannt sein.

Primärenergiefaktor f_P (entspricht Anlagenaufwandszahl e_P) nach EnEV
EnEV Energieeinsparverordnung [3]

$$f_P = \frac{Q_P}{Q_E} \tag{6.4}$$

Q_E ist die eingesetzte Endenergie (Abschn. 2.2), für eine solare Kombianlage die gesamte Wärme für Heizung und Brauchwasser einschließlich der Verluste.

Q_P entspricht der einzusetzenden Primärenergie.

Durch den Einsatz der Solarenergie wird der Primärenergiefaktor reduziert, bei Kombianlagen um bis zu 30 %. Ein erheblicher Teil der benötigten Endenergie wird solar gedeckt. Ein niedriger Primärenergiefaktor ist das Ziel bei allen Ansätzen zur Verbesserung der Energieeffizienz.

Solarer Erntefaktor (energetische Amortisationszeit oder auch Erntefaktor)
Diese Größen beschreiben die energetische Amortisation des Solarteils einer multivalenten Anlage.

Die Energierücklaufzeit oder energetische Amortisationszeit ist die Zeitspanne, die eine Solaranlage benötigt, um soviel Energie zu erzeugen, wie für ihre Herstellung benötigt wurde. Marktübliche thermische Solaranlagen amortisieren sich energetisch nach etwa 1–4 Jahren – ihre geschätzte Lebensdauer liegt zwischen 25 bis 30 Jahren, so dass Erntefaktoren bis zu 10 resultieren. Die Energierücklaufzeiten von Photovoltaikanlagen sind vergleichbar: PV-Anlagen auf der Basis von amorphem Silizium liegen ähnlich wie thermische Solaranlagen.

Bei korrekter Datenerfassung und Auswertung kann die Qualität des Betriebs einer multivalenten Anlage gut bestimmt werden. Komplette Ausfälle des Kollektorkreises können bei Anwendern, die eine systematische Instandhaltung betreiben, sicher innerhalb kurzer Zeit erkannt werden. Je nach Größe der Liegenschaft und der Intensität der Inspektionsaktivität können aber erhebliche Zeiträume vergehen, in denen der regenerative Teil der Anlage nicht oder nicht mit voller Leistung arbeitet.

Bei kleinen Kompaktanlagen ist die Situation noch kritischer, falls der Betreiber die Anlage nicht aus einer persönlichen Interessenlage heraus intensiv beobachtet. Durch die Verringerung des solaren Ertrags vermindert sich der solare Erntefaktor unter Umständen erheblich, so dass der umweltpolitische Nutzen dieser Anlagentechnik nicht vollständig erreicht werden kann.

Noch prekärer ist die Situation, wenn es zu einer Verschlechterung der Betriebsqualität des regenerativen Teils der Anlage kommt, die nicht so erheblich ist, dass sie leicht erkannt werden kann. Dann ergibt sich über lange Zeiträume ein Minderertrag und eine erhöhte Umweltbelastung.

Automatisierte Fehlererkennungsverfahren und Diagnosemethoden werden entwickelt und sollen hier die Situation verbessern.

6.2 Systemsimulations- und Prognosewerkzeuge

Alfred Karbach

Durchführung einer Vorstudie/Simulation

Simulationsprogramme für thermische Solaranlagen bieten die Möglichkeit, auf Basis von bekannten Daten wie Standort, Kollektorfeldgröße, Kollektorkennlinie, Speichergröße und Warmwasserbedarf den Energieertrag und damit die resultierenden Einsparungen zu errechnen. Ergebnisse einer Vorstudie können Anlagensimulationen verschiedener Auslegungsvarianten sowie eine vergleichende Analyse nach energetischen und wirtschaftlichen Aspekten sein. Entscheidend ist dabei, dass die Situation bei der Wärmeabnahme (Abschn. 5.3) in Hinblick auf die einzusetzenden Energiequellen optimiert wird. In allen Fällen hat die Speicherauswahl und -dimensionierung einen wesentlichen Einfluss (Kap. 4).

Simulationsprogramme wie beispielsweise T-SOL [4] oder POLYSUN erfordern nur kurze Einarbeitungszeit, aber Erfahrung, um sinnvolle Ergebnisse zu erlangen. Die genannten Simulationsprogramme können zum Variantenvergleich eingesetzt werden und dienen auch als Grundlage für Vorstudien zu Solaranlagenprojekten. Die Berechnung des Anlagenverhaltens erfolgt stationär auf der Basis von Stundenwerten. Dabei liegen Wetterdaten aus Testreferenzjahren oder anderen nachvollziehbaren Quellen zugrunde.

Ähnlich wie bei konventionellen Heizanlagen, bei denen für festgelegte Standardbedingungen Temperaturniveaus und Wirkungsgrade garantiert werden, werden auch für Solaranlagen definierte Wärmelieferungen zugesichert. Planende garantieren – meist gemeinsam mit dem Hersteller – für definierte Rahmenbedingungen (Klima, Verbrauch) den jährlichen solaren Energieertrag der Anlage. Besonders bei großen solarthermischen Warmwasseranlagen wird dies immer mehr zur Regel.

Performancetests

Ziel ist es, die multivalente Anlage in ihrem Betriebsverhalten zu bestimmen und zu bewerten. Mit diesen Verfahren können auch verschiedene Regelungsvarianten verglichen und energetisch bewertet werden.

Als Beispiel soll ein Aufheizversuch mit modellgestützter Auswertung für thermische Solaranlagen zur Warmwasserbereitung oder mit Pufferspeicher betrachtet werden.

Die Einstrahlung und die Speichertemperaturen werden zur Zeit der größten Leistung im zeitlichen Abstand von in etwa einer Stunde gemessen. Daraus wird die thermische

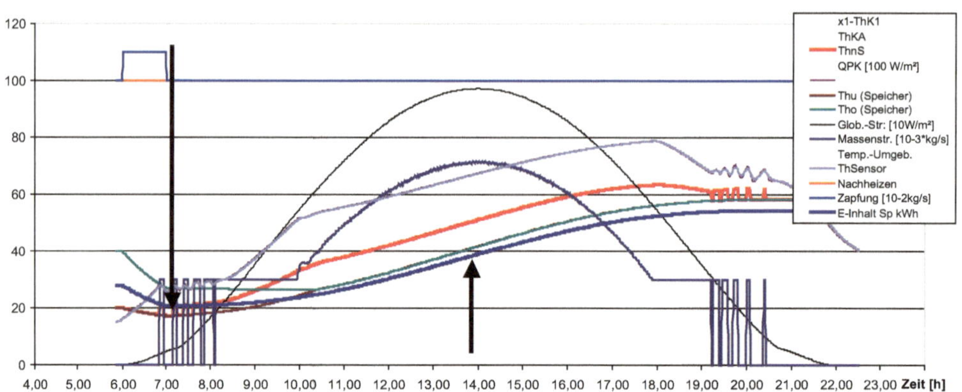

Abb. 6.4 Simulation des Aufheizverhaltens eines Solarspeichers zur Brauchwassererwärmung

Leistung der Anlage bilanziert und mit der Voraussage eines Simulationsprogramms verglichen.

Dieses wird nach der Inbetriebnahme der Anlage an einem Referenzversuch kalibriert. Voraussetzung sind wolkenfreie Tage mit genügender Einstrahlung.

In Abb. 6.4 sind alle wesentlichen Zustandsgrößen eines bivalenten Solarsystems zur Brauchwassererwärmung dargestellt. Die Verläufe wurden mit einem Simulationsprogramm berechnet. Wichtig ist die durch den Pfeil markierte untere Kurve. Diese beschreibt den energetischen Inhalt des Speichers, der im Betrieb über Temperaturmessungen bestimmt werden kann. Durch Vergleich von Simulation und Messdaten lassen sich Einbußen in der Leistung ermitteln. Aus den Messdaten lässt sich die Veränderung des Wärmeinhalts des Speichers näherungsweise bestimmen. An wolkenfreien Tagen kann das Verfahren auch ohne Strahlungsmessung durchgeführt werden. Damit können Leistungsverschlechterungen im 10 %-Bereich sicher erkannt werden. Liegt eine Strahlungsmessung vor, können die Messdaten als Eingangsgrößen für die Simulation dienen.

Abbildung 6.5 zeigt eine Sensitivitätsanalyse. Dabei wurden bestimmte Fehlersituationen in der Anlage simuliert und die prozentuale Abnahme der solar gewonnenen Wärmemengen bestimmt. Zum Vergleich wurde immer eine Abnahme der solar gewonnenen Wärmemenge um 20 % zugrunde gelegt.

Fehlermechanismen entsprechend Abb. 6.5 von links nach rechts:

1. Verschmutzung der Oberfläche des Solarkollektors: Wird im Modell beschrieben durch eine Verkleinerung des optischen Wirkungsgrades,
2. Zunahme der linearen Wärmeverluste des Kollektors durch Verschlechterung der Wärmedämmung,
3. Ausfall einer Teilfläche des Solarkollektors,
4. Verminderung des Wärmekapazitätsstroms des Solarfluids durch Gaseinschlüsse und Leckagen,
5. Verschlechterung des Wärmedurchgangs des Speicherwärmetauschers.

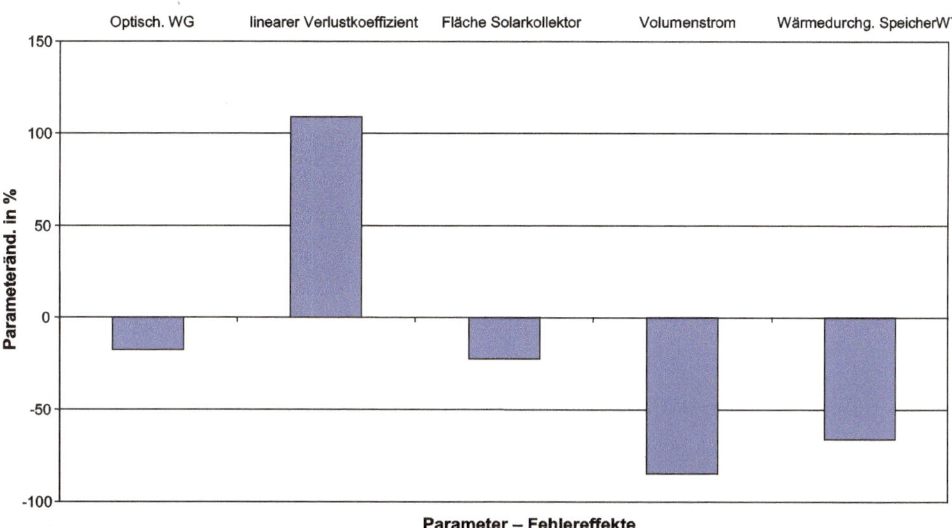

Abb. 6.5 Einfluss unterschiedlicher Fehlerparameter der Anlage, Wärmeleistungsabfall 20 %

Für den letzten Fehlermechanismus wurden an einer großen Solaranlage zur Nahwärme-versorgung Messungen durchgeführt, mit deren Hilfe entsprechend Abb. 6.6 der Modell-parameter für den Wärmedurchgang des Speicherwärmetauschers ($k.A$: k-Wert · Fläche) bestimmt wurde. Es handelt sich um eine Bestimmung von Modellparametern durch Iden-

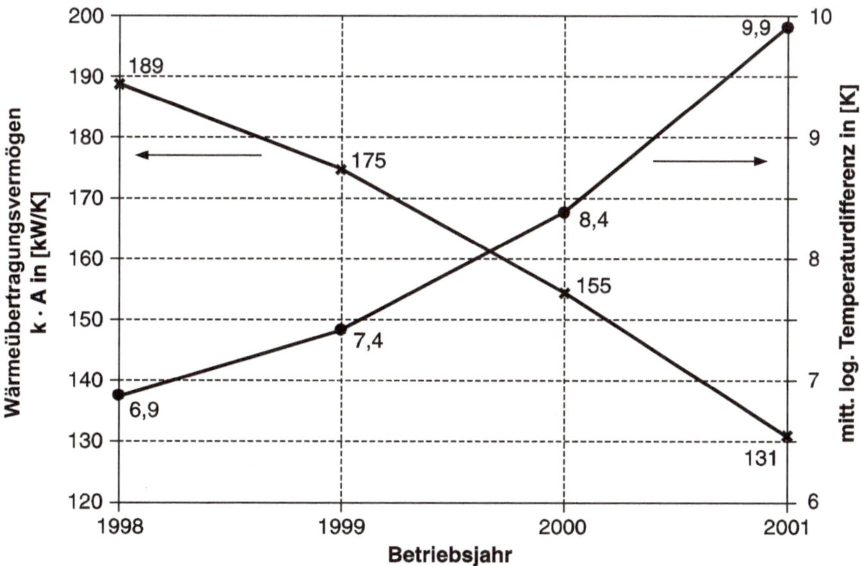

Abb. 6.6 Veränderung des Wärmeübertragungsvermögens eines Speicherwärmetauschers durch Fouling

tifikation, also durch Vergleich der gemessenen Werte mit den berechneten und durch Abgleich mit dem Modellparameter. Die Veränderung dieses Modellparameters über einen Zeitraum von vier Jahren erlaubt Aussagen zur Verschlechterung der Performance. Das Wärmeübertragungsvermögen eines Speicherwärmetauschers vermindert sich durch Ablagerungen, die zu einer Verschlechterung der Wärmedurchgangszahl führen (sog. Fouling des Wärmetauschers). Die Verschlechterung des Wärmeübertragungsvermögens des Speicherwärmetauschers führt zu einem Anstieg der logarithmischen Temperaturdifferenz und in der Folge zu einem Anstieg der Kollektortemperaturen und damit zu einer Verschlechterung des Wirkungsgrads.

6.3 In-situ-Überwachungen

Alfred Karbach

Zur Überwachung von Kollektoren stellt die Input-Output-Analyse die einfachste Möglichkeit dar. Dies erfordert eine In-situ-Messung (Messung vor Ort) und eine Bestimmung der Wärmeleistungen. Als einfaches Beispiel zeigt Abb. 6.7 die Überwachung eines großen Kollektorfeldes, das zusammen mit einem Saisonspeicher für eine Nahwärmeversorgung verwendet wird.

Hierzu wurde der tägliche mit einem Wärmemengenzähler bestimmte Nutzwärmeertrag über der über den ganzen Tag aufsummierten Einstrahlung dargestellt. Es handelt sich

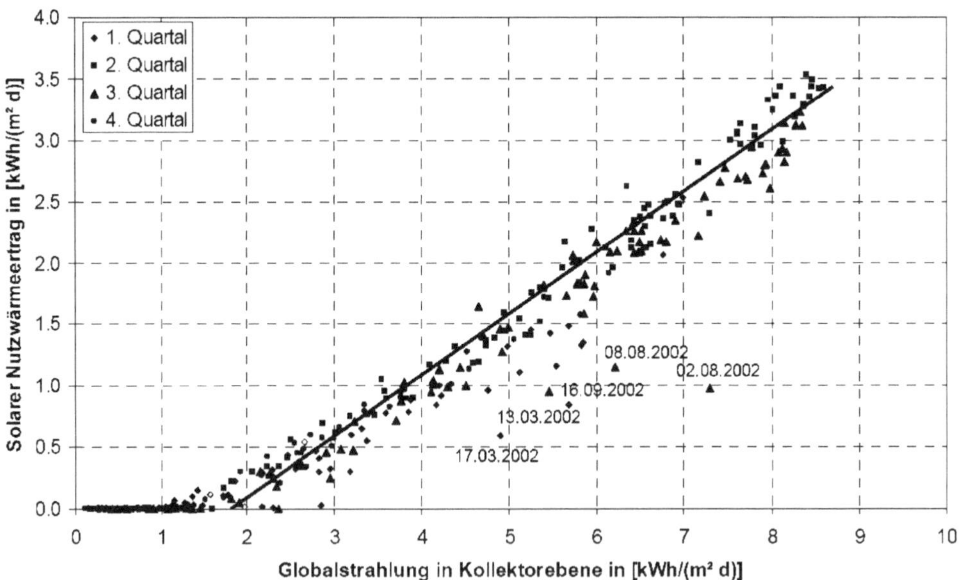

Abb. 6.7 Input-Output-Darstellung von solarer Wärmeleistung über der Globalstrahlung für ein großes Kollektorfeld

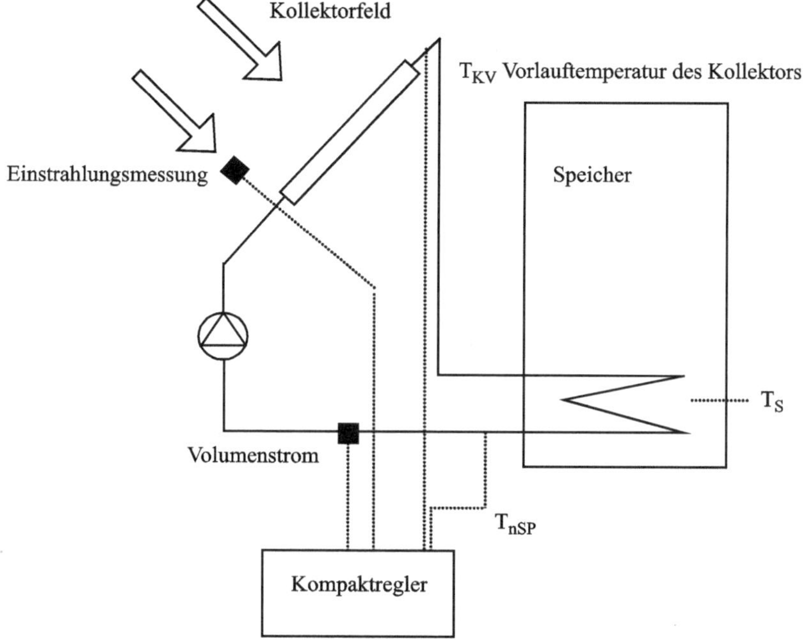

Abb. 6.8 Bestimmung der aktuellen Wärmeleistung am Kollektor

also bei beiden Größen um Tagesmittelwerte. Die Einstrahlung wurde mit einem Pyranometer gemessen. Man sieht, dass sich eine Verteilung ergibt, die mit einer bestimmten Breite einer Geradengleichung entspricht. Die Breite der Verteilung resultiert aus variablen Randbedingungen; den Haupteinfluss haben das Temperaturniveau im Saisonspeicher und die Umgebungstemperatur. Die abweichenden Punkte mit den Datumsangaben stellen Tage mit teilweiser Stagnation dar, d. h. der Kollektorkreislauf war nicht in Betrieb.

Der Achsenabschnitt bedeutet, dass eine Teilleistung für die Aufheizung und die Wärmeverluste des Systems gebraucht werden. Die gute Proportionalität kann genutzt, werden, um die Qualität des Betriebs langfristig zu kontrollieren. Solche Auswertungen könne noch weiter detailliert werden (Abschn. 5.4.2).

6.3.1 In-situ-Überwachung als Teil der Automatisierung

Die meisten Kompaktregler enthalten Möglichkeiten für die Anlagenüberwachung, die bereits in die Regelung integriert sind oder sich als Optionen nachrüsten lassen (siehe hierzu Abb. 6.8).

Die Volumenstrommesseinheit und die Einstrahlungsmessung müssen in der Regelung nachgerüstet werden. Damit ist dann aber die momentane solare Leistung bestimmbar.

6.3.2 In-situ-Überwachung mit PC-Ankopplung und Software für Datenerfassung und -auswertung

Die Programme ermöglichen die Fernbedienung und Visualisierung eines Solar- oder Heizungsreglers über eine serielle Schnittstelle.

Die Programme unterstützen zwei verschiedene Arten der Protokollierung von Messwerten:

Das Online-Protokoll bietet die Möglichkeit alle Temperaturen oder sonstigen Messwerte im System bei laufendem PC aufzuzeichnen und abzuspeichern. Das Offline-Protokoll wird im Regler selbst in einem Datenpuffer aufgezeichnet und kann vom Programm ausgelesen, dargestellt und abgespeichert werden. Die Daten können auch in andere Programme zur detaillierten Auswertung übernommen werden.

6.4 Busgestütztes Energiemanagement eines Verbundes regenerativer Energieanlagen

Ekkehard Boggasch

Ein weiteres Beispiel, bei dem die Funktionsüberwachung und Ertragskontrolle eines regenerativen Energieanlagensystems von entscheidender Bedeutung sind, soll im Folgenden vorgestellt werden.

Dabei handelt es sich um einen Verbund aus regenerativen Energieerzeugern, bei denen im Gegensatz zu den bisher vorgestellten Beispielen primär die Nutzung elektrischer Energie im Vordergrund steht. Aus diesem Grund wurde für dieses System eine hohe Zeitauflösung angestrebt, um die hohe Dynamik der anfallenden elektrischen Leistungsdaten zu erfassen. Der modulare Anlagenverbund besteht aus verschiedenen regenerativen Energiewandlern, die über ein LON-Datenbussystem miteinander vernetzt sind. Die gekoppelten Anlagen liefern sowohl wetterabhängige (Fotovoltaik, Windkraft) als auch unabhängige (BHKW) elektrische Leistung in das Versorgungsnetz. Durch Hinzufügen weiterer Erzeugungs- und Speicherkomponenten (Batteriespeicher, Elektrolyseur, Brennstoffzelle) soll damit zukünftig das komplexe Management regenerativer Energieerzeuger im Zusammenspiel mit dem elektrischen Versorgungsnetz untersucht werden.

Eine besondere Schwierigkeit bei der Nutzung regenerativer Energien liegt in deren stochastischer Verfügbarkeit. Wind- und Solarenergie unterliegen von Natur aus sehr starken Schwankungen. Diese sind zwar im längeren zeitlichen Mittel vorhersagbar, aber im sekündlichen Onlinebetrieb unterliegen diese doch beträchtlichen unvorhersagbaren Schwankungen und die gleichzeitig geforderte Versorgungssicherheit im Netz kann nicht gewährleistet werden.

Durch die Kopplung mehrerer regenerativer Energieformen kommt es trotz der Stochastik der Verfügbarkeit auch im kurzfristigen Maßstab zu einem zeitlichen Ausgleich des Angebotes aus den einzelnen Quellen. So ist etwa Solarenergie mit Sicherheit nur am

Tage vorhanden und in den Sommermonaten sehr viel häufiger verfügbar als in den Wintermonaten, während es bei Windenergie durchaus auch zu einem Angebot in den Nachtstunden kommen kann und tendenziell das Angebot dieser Energieform in den Herbst und Wintermonaten eher erhöht vorliegt. Es kommt daher im Verbundbetrieb zu einem zeitlichen Ausgleich des Energieangebotes. Dadurch wird eine insgesamt über das Jahr gesehen größere Verfügbarkeit regenerativer Energie erreicht und damit kann eine größere Menge konventionell bereitgestellte Energie ersetzt werden.

Im Rahmen eines Forschungsprojektes [5] wurde im Fachbereich Versorgungstechnik der Fachhochschule Braunschweig/Wolfenbüttel ein regeneratives Energiehybridsystems aufgebaut bei dem dieses Verhalten untersucht wird. Es besteht aus den nachfolgend genannten Anlagen, die bustechnisch miteinander kommunizieren und im Netzparallelbetrieb arbeiten (Abb. 6.9):

- 225 kW/40 kW Micon Großwindkraftanlage,
- 4 kW Geiger Kleinwindkraftanlage,
- 5,1 kWp Fotovoltaikanlage,
- 1,02 kWp im Zenit nachführbare Fotovoltaikanlage,
- 6 kW el. Blockheizkraftwerk,
- 2-Wetter-Messstationen.

Der kommunikativen Vernetzung der Einzelanlagen wurde dabei viel Aufmerksamkeit geschenkt. Im vorgestellten Beispiel erfolgt diese über das in der Gebäudeautomation häufig anzutreffende Feldbussystem LON (Local Operating Network), das auch eine Kommunikation über Modem und Internetserver zu einer weiter entfernten aufgestellten Micon-Windkraftanlage zulässt. Jede Anlage wird dabei datentechnisch in einem oder mehreren Netzwerkknoten abgebildet (Abb. 6.10).

Die jeweilige Anlage wird entweder über das LON-Netz und das hochschuleigene Ethernet-Netz (für die auf dem FH-Gelände befindlichen Anlagen) oder über Modem (für die Windkraftanlage außerhalb des Hochschulgeländes) in den zentralen Server mit einer angekoppelten MySQL-Datenbank zur weiterführenden Datenauswertung eingebunden. Für die Vernetzung der Einzelanlagen zu einem Gesamtsystem wurde die OPC-Technologie mit einer angekoppelten MySQL-Datenbank zur Speicherung der Daten eingesetzt. Bei dem eingesetzten OPC-Server handelt es sich um ein Server-Programm auf einem Windows-PC, das eine Schnittstelle zwischen dem LON-Netzwerk-Interface und OPC-kompatiblen Anwendungen darstellt. Es wurden spezielle Kommunikationsprogramme erstellt, um damit insbesondere eine Zeitsynchronisation der eingehenden Daten in der Größenordnung von weniger als einer Sekunde erzielen zu können. Damit werden zeitgesteuerte Abläufe der Datenbankprogramme, wie etwa Mittelwertbildungen von einlaufenden Werten, ausgelöst.

Die hohe Zeitauflösung des Systems soll den Schwankungen des regenerativen Leistungsangebotes entsprechen und ist daher Voraussetzung, um zeitgenaue Angaben zur jeweiligen Summenleistung machen zu können. Bei böigem Wind oder teilweiser Bewöl-

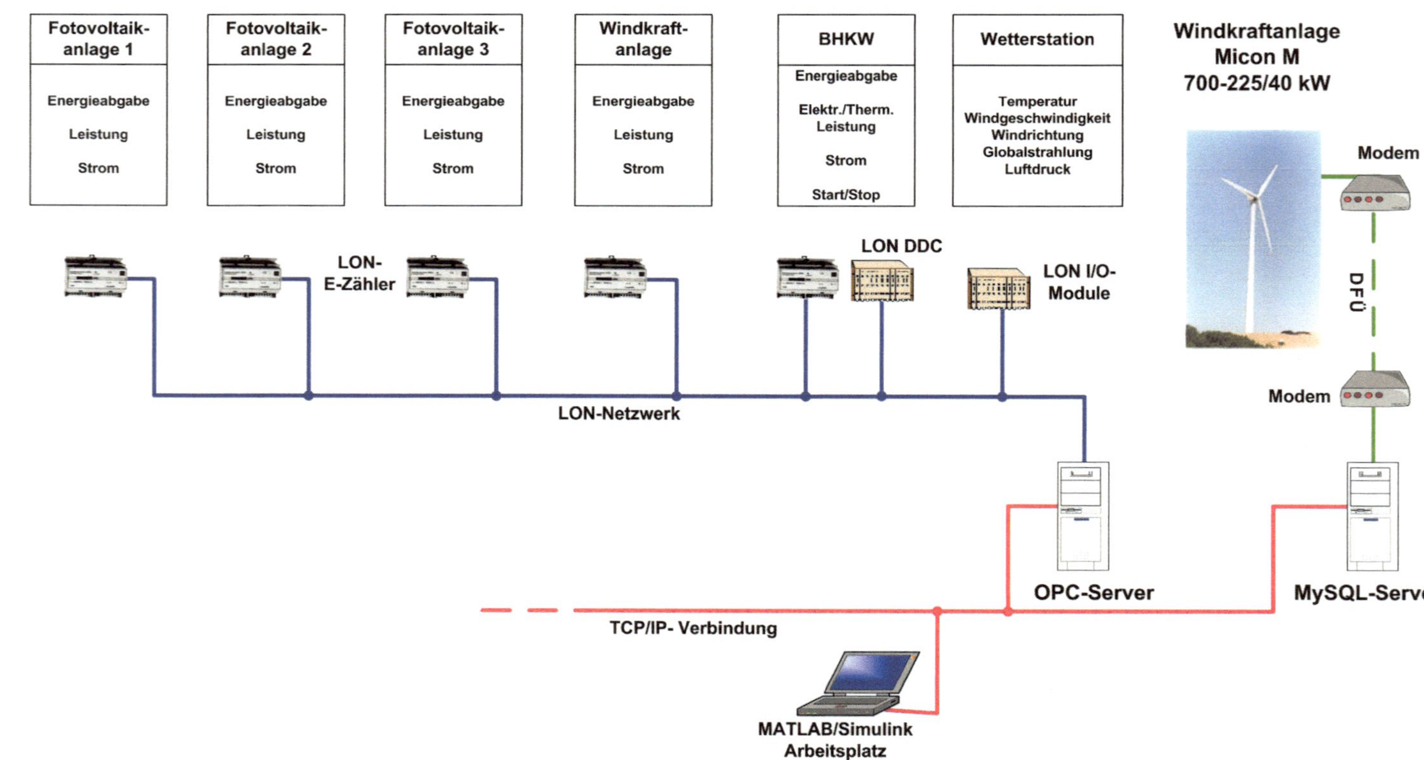

Abb. 6.9 Übersicht des Datennetzes für die Kommunikation im regenerativen Energiepark

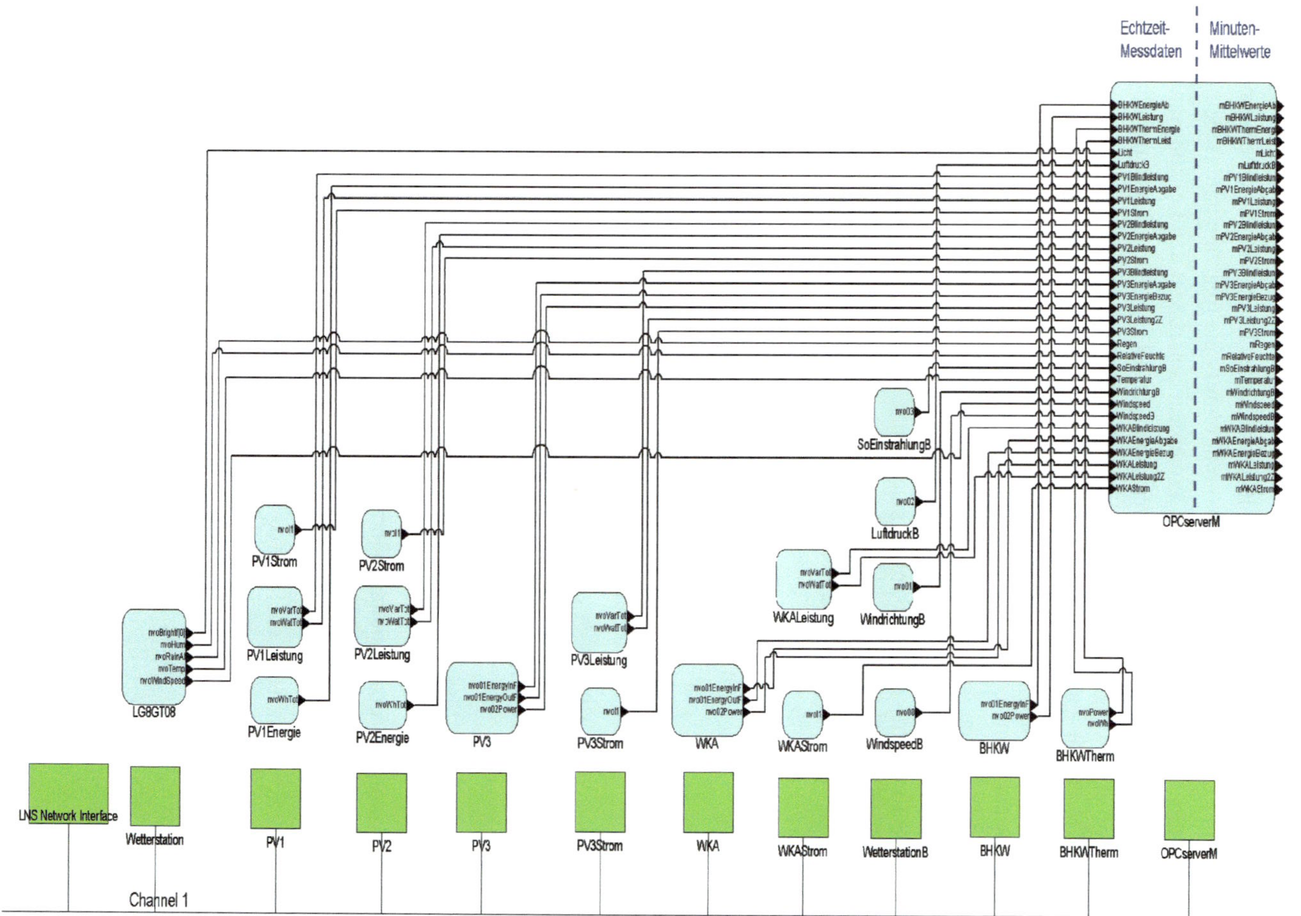

Abb. 6.10 Überblick der datentechnischen Vernetzung des Systems mit LON-Bustechnologie

kung kommt es zu starken Fluktuationen im Leistungsangebot. Auf der anderen Seite muss ein ebenfalls zeitlichen Schwankungen unterworfenes Verbraucherlastprofil zu jedem Zeitpunkt zur Gewährleistung der Versorgungssicherheit mit zeitgenau bereitgestellter Leistung abgedeckt werden. Ohne ein übergeordnetes Energiemanagement sind diese Anforderungen nicht zu erfüllen. Diesem kommt damit eine fundamentale Bedeutung zu.

Ein weiterer Aspekt des stochastischen Prozessen unterliegenden Leistungsangebotes regenerativer Energie, insbesondere von Windenergie, ist in diesem Zusammenhang deren negative Auswirkung auf die Netzstabilität. Bislang wurde regenerative Leistung aus großen Windparks in das elektrische Versorgungsnetz eingespeist, unter der Annahme, dass quasi ein beliebig großes Verbundnetz zur Verfügung steht, das einerseits sowohl ein Überangebot aufnehmen, andererseits aber beim Ausfall der regenerativen Energielieferanten umgehend deren Anteil übernehmen kann. Schwankungen der Netzeinspeisung im hundert Megawatt- bis hinein in den Gigawattbereich führen bereits heute zu messbaren negativen Netzbeeinflussungen, die aber ohne Management nicht unmittelbar zur einer angestrebten Reduzierung von konventionell bereitgestellter Kraftwerksleistung führen [6].

In diesem Zusammenhang wird in dem hier vorgestellten Energiesystem auf Speicherkonzepte zurückgegriffen werden müssen, wie sie etwa durch Doppelschichtkondensatoren mit großer Kapazität („Supercaps"), Batteriespeicher oder andere Methoden wie etwa die Erzeugung von elektrolytisch produziertem Wasserstoffs in einem sog. Elektrolyseur gegeben sind.

In einem ersten Schritt können die Daten aus dem Energiesystem als Funktion der Zeit dargestellt werden, wie die folgenden Bilder beispielhaft verdeutlichen. Interessant werden direkte Vergleiche der solaren Einstrahlungsleistung mit der erzielten Fotovoltaikleistung (Abb. 6.11), die einen proportionalen Zusammenhang aufweisen sollten. Abweichungen davon können auf Verschattungseffekte und andere Störeinflüsse aufdecken (Abb. 6.12).

Eine weitere Reduktion der Datenmenge in eine überschaubare Darstellung ermöglicht die Auftragung von solarer Einstrahlung und erzielter Fotovoltaikleistung (Abb. 6.13) oder Windgeschwindigkeit und erzielter Windleistung (Abb. 6.14) in einem Korrelationsdiagramm. Dieses weist für eine Anlage einen charakteristischen Verlauf auf. Abweichungen von der jeweiligen Korrelationskurve werden sofort sichtbar. Daher lässt sich diese Darstellungsart sehr gut zur Überwachung der Anlagenperformance einsetzen.

Schließlich ermöglicht die Darstellung von stochastisch auftretenden Daten in Form eines Histogramms die prozentuale Häufigkeitsverteilung der jeweiligen Messgröße in einem vorgegebenen Zeitfenster. In Abb. 6.15 ist die Verteilung der Tagesmitteltemperaturen eines Monats dargestellt. In Abb. 6.16 die Verteilungen der Leistungen aus Fotovoltaik, Windleistung und der Summenleistung über einen Monat.

Das vorhandene System erlaubt aufgrund seines modularen Aufbaus einfache Erweiterungen etwa durch Einbeziehung zusätzlicher, alternativer Energiesysteme, wie etwa von Brennstoffzellen oder zusätzliche Speichertechnologien, wie die elektrolytische Erzeugung von Wasserstoff. Damit bietet dieses System die Chance zur Untersuchung und Entwicklung innovativer Ansätze von Systemen dezentraler regenerativer Energieträger

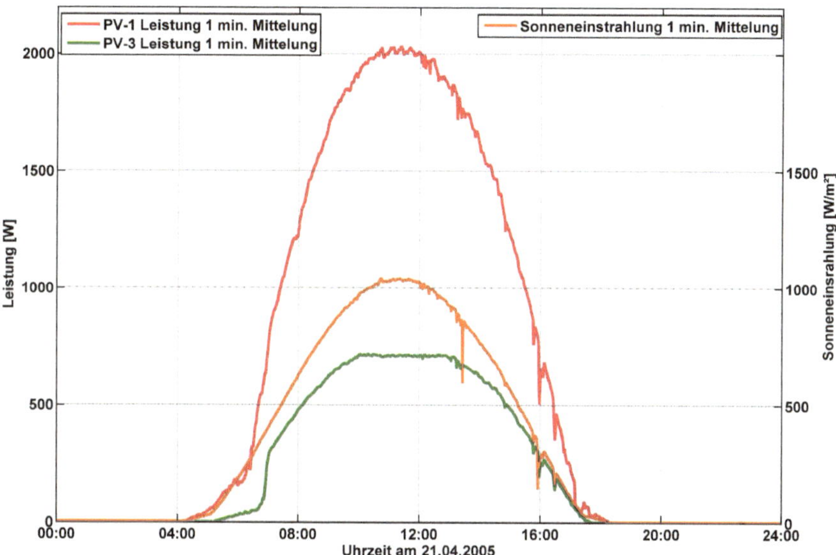

Abb. 6.11 Beispieldiagramm für die Zeitdarstellung der Sonneneinstrahlung (*gelb*) sowie der zeitgleich gemessenen Leistungen der Fotovoltaikanlagen PV 1 (*rot*) und PV 3 (*grün*)

in Energieversorgungsnetzen. Parallel dazu kann das Energiemanagement durch Verwendung einer Simulationssoftware, wie etwa MATLAB/Simulink, unter Einbeziehung von Wärme- und Kältesystemen des Energiesystems entwickelt werden.

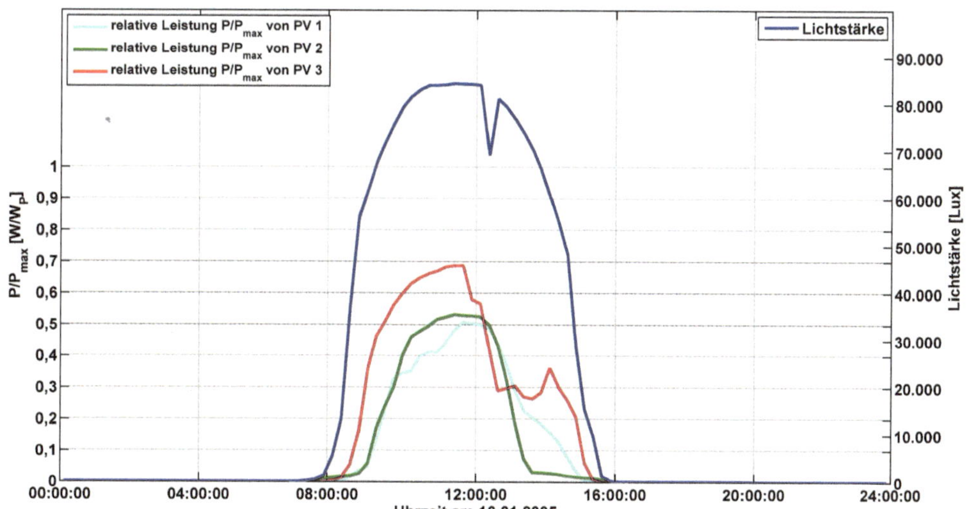

Abb. 6.12 Leistungen aller drei PV-Anlagen und der Lichtstärke (*blaue Kurve*) am 16.01.2005. 15-minütliche gleitende Mittelwerte mit minütlicher Auflösung

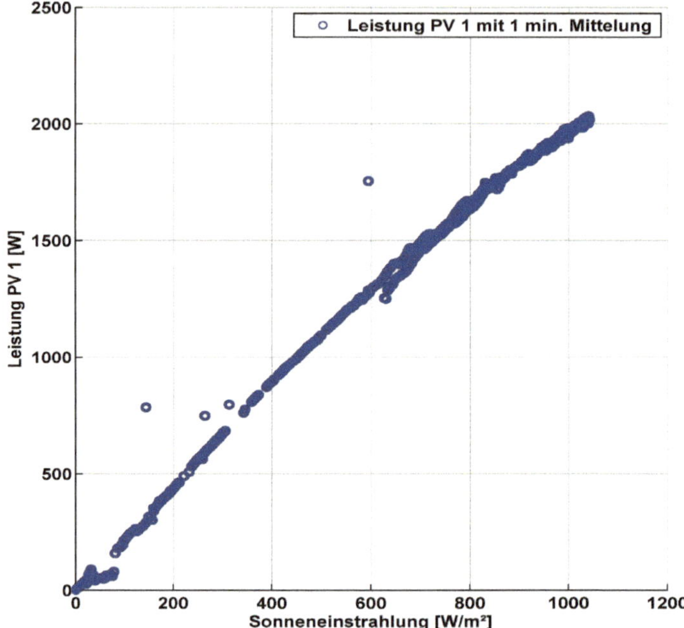

Abb. 6.13 Beispiel für ein Korrelationsdiagramm: Momentanleistung als Funktion der Sonnenein-strahlung; minütliche Mittelwerte am 21.04.2005 von 8:00 bis 20:00 Uhr

Ein interessanter Aspekt für ein innovatives Energiemanagement ergibt sich z. B. durch die Nutzung von Absorptions- oder Adsorptionskältemaschinen oder das speziell für Temperaturen ab 80 °°C anwendbare DEC (Desiccative and Evaporative Cooling), deren Potenzial gegenwärtig für die Gebäudeklimatisierung intensiv diskutiert wird. Hiermit steht ein zusätzlicher Freiheitsgrad für die Energiewandlung der im System bei KWK-Anlagen entstehenden Wärme speziell im Sommer zur Verfügung [7–9].

Insgesamt dient dieses Projekt zur Betrachtung eines Verbundes von dezentralen Anlagen, die in geographischer Nähe zueinander etwa in Gebäuden oder Gebäudesystemen installiert sind und denen eine gemeinsame Speichernutzung zur Verfügung steht. Solch ein komplexes System wird auch als Micro- oder Smart-Grid bezeichnet. Es verbindet die Vorzüge eines virtuellen Kraftwerks, also die Bereitstellung von Energie, mit der Möglichkeit, Energie aus dem Versorgungsnetz aufzunehmen und zu speichern oder gezielt zu nutzen [10, 11].

Mit der Entwicklung von übergeordneten Managementprogrammen für die Energieflüsse ist als ein zukünftiges Ziel geplant, zu anlagenübergreifenden Regelungsstrategien zu gelangen, so dass zum einen das Potenzial des regenerativen Energieangebotes innerhalb des Gebäudesystems optimal genutzt wird, zum anderen aber auch das versorgende Energieversorgungsnetz mit in die Strategien einbezogen werden kann [12]. So soll etwa das Gebäudesystem im Sinne eines virtuellen Regelkraftwerkes zu Zeiten eines rege-

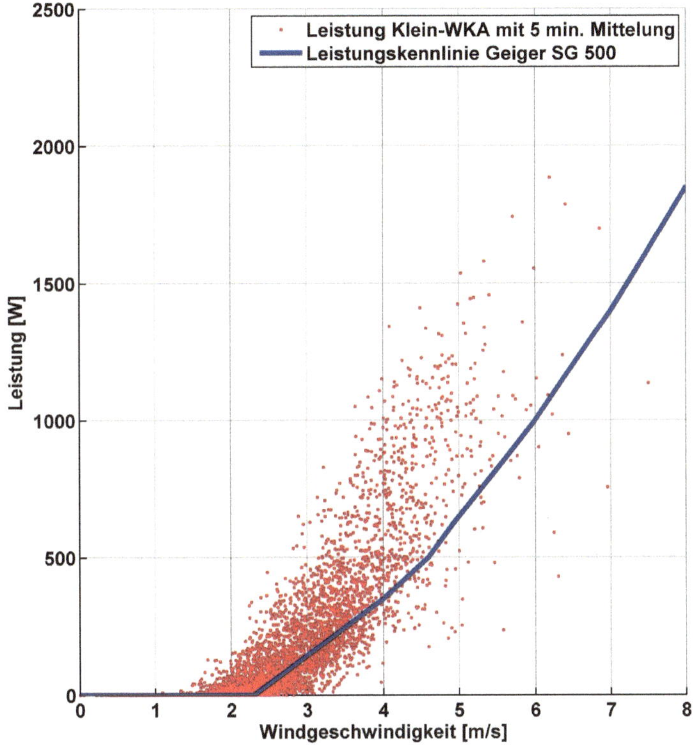

Abb. 6.14 Leistung der Klein-WKA (*rote Datenpunkte*) als Funktion der Windgeschwindigkeit im Vergleich mit der Herstellerkennlinie (*blau*)

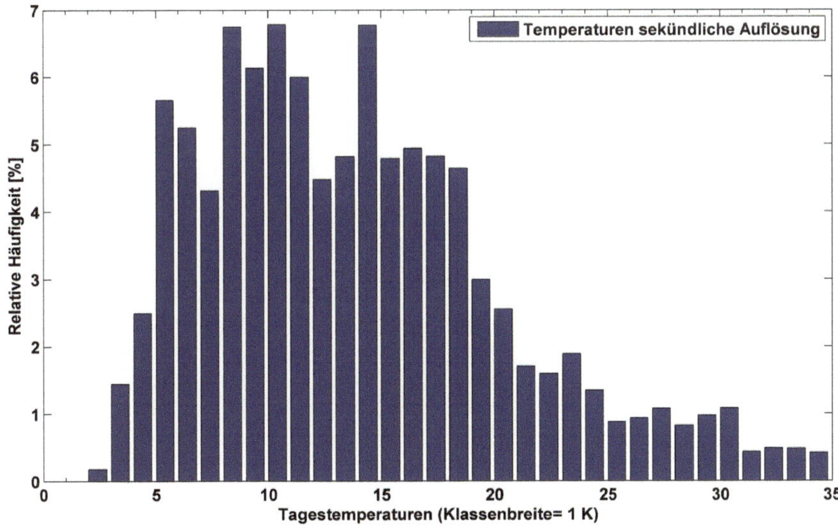

Abb. 6.15 Beispiel für ein Histogramm: Datenbasis sekündliche Temperaturmesswerte im Mai 2005

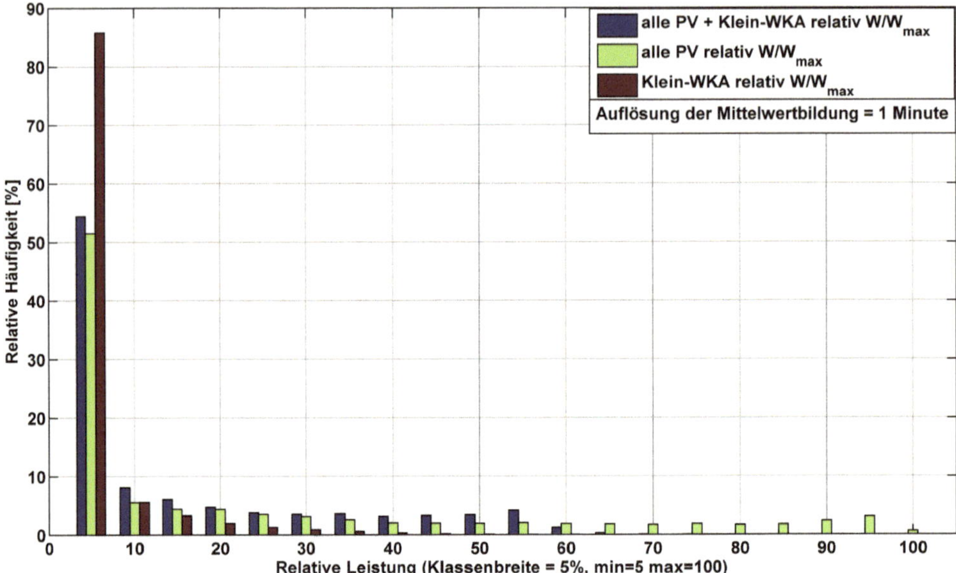

Abb. 6.16 Histogramm der Gesamt-PV-Leistung, Windleistung und Summe aus beiden auf Basis der minütlichen Mittelwerte im Juni 2005

nerativen Überangebotes bei Spitzenlastbedarf im Versorgungsnetz Spitzenlastleistung liefern. Umgekehrt kann es zu Schwachlastzeiten im Netz Grundlastleistung aus dem Netz aufnehmen, um im Gebäudesystem vorhandene Speicher zu füllen. Mit Hilfe des vorgestellten Energieverbundes soll versucht werden die Schnittstelle zwischen dem lokalen Gebäudesystem und dem übergeordneten versorgenden Netz zu definieren. Ziel ist es dabei Managementstrategien zu entwickeln, die unter Vermeidung von Spitzenlast für Netzbetreiber und Netznutzer vorteilhaft sind.

Literatur

Zu Abschn. 6.1

1. http://www.M-Bus.com

2. http://www.lno.de/ LONMARK Deutschland e. V., Theaterstr. 74, 52062 Aachen

3. http://www.enev-online.de

Zu Abschn. 6.2

4. Quaschning, V.: Regenerative Energiesysteme.Technologie – Berechnung – Simulation. 5. Aufl., Carl Hanser Verlag, München (2007)

Zu Abschn. 6.4

5. Boggasch, E., Heiser, M.: „Busgestütztes Energiemanagement eines Verbundes regenerativer Energieanlagen". Abschlussbericht AGIP-Forschungsvorhaben F.A.-Nr. 2003.525 der FH-Wolfenbüttel, März 2006

6. E.ON Netz GmbH, Windreport 2005, veröffentlicht unter http://www.eon-netz.com

7. BINE Informationsdienst: Klimatisieren mit Sonne und Wärme. http://www.bine.info

8. Godefroy, J., Boukhanouf, R., Riffat, S.: Design, testing and modelling of a small-scale CHP and cooling system. Applied Thermal Engineering **27**, 68–77 (2007)

9. Chicco, G., Mancarella, P.: Distributed multi-generation: A comprehensive view. In: Renewable and Sustainable Energy Reviews (2008). doi:10.1016/j.rser.2008.09.028

10. Abu-Sharkh S., et al.: Can microgrids make a major contribution to UK energy supply? Renewable and Sustainable Energy Reviews **10**, 78–127 (2006)

11. Projekt Microgrids http://microgrids.power.ece.ntua.gr/micro/index.php

12. Baumann, L., Boggasch, E. et al.: IGES-Intelligent-Building-Energy-Systems: Preliminary study on hybrid renewable energy systems for residential applications. In: Proceedings of the 3rd International Renewable Energy Storage Conference (IRES 2008). Berlin, November 2008: http://www.eurosolar.org/

7 Automationsgeräte und deren Anbindung an die Gebäudeautomation

Elmar Bollin und Martin Becker

7.1 Einführung in die Automatisierungstechnik

Elmar Bollin

Automationsgeräte bzw. Automationsstationen (AS) haben die Aufgabe Arbeitsprozesse selbsttätig ablaufen zu lassen. Dabei müssen diese Prozesse ständig an die sich ändernden Randbedingungen wie z. B. sich ändernde Nutzungsrandbedingungen oder aktuell vorhandenes solares Energieangebot angepasst werden. In der Funktion als Regler sorgen Automatisierungsgeräte dafür, dass die Auswirkungen von Störgrößen möglichst schnell kompensiert werden und der Nutzer entsprechende Soll-/Zielwerte vorgeben kann. Gleichzeitig wird es immer wichtiger, dass mit Hilfe moderner Regelgeräte und Automatisierungstechnik Anlagen und Räume möglichst energieeffizient betrieben werden können. Hierbei wird in der Regelungstechnik der zu regelnde Prozess (z. B. der Raum oder ein Trinkwarmwasserspeicher) als Regelstrecke bezeichnet. Dazu wird bei einer Regelung ständig der gewünschte Sollwert w mit dem aktuell gemessenen Istwert x verglichen und in Abhängigkeit von der aktuellen Regeldifferenz über die Stelleinrichtung als Stellgröße y ein bestimmter Energie- oder Massenstrom bereitgestellt (siehe hierzu Abb. 7.1). Das Ziel jeder Regelung ist es, die Differenz zwischen Soll- und Istwert zu minimieren bzw. auf den Wert null auszuregeln.

Beim Einsatz von regenerativen Energiesystemen übernehmen die Automatisierungsgeräte zusätzlich die Umschaltung zwischen verschiedenen Betriebsmodi, um die jeweils

E. Bollin (✉)
Fakultät für Maschinenbau und Verfahrenstechnik, Hochschule Offenburg
Offenburg, Deutschland
email: bollin@hs-offenburg.de

M. Becker
Hochschule Biberach
Biberach, Deutschland

© Springer Fachmedien Wiesbaden 2016
E. Bollin (Hrsg.), *Regenerative Energien im Gebäude nutzen*,
DOI 10.1007/978-3-658-12405-2_7

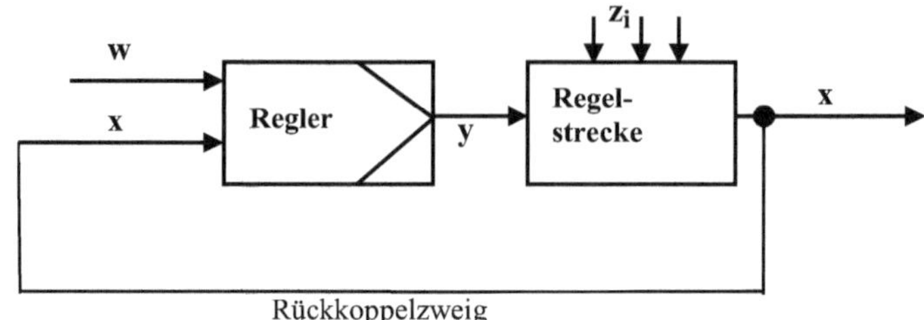

Abb. 7.1 Wirkungsplan einer Regelung mit der Führungsgröße (Sollwert) w, der Regelgröße (Istwert) x, der Stellgröße y und den Störgrößen z_i

beste Option zur Nutzung regenerativer Energiequellen zu haben. Um dem Betreiber oder Service-Fachmann Einblick in die jeweiligen Anlagenzuständen zu geben, können Automatisierungsgeräte eine Vielzahl von Betriebsdaten auf einem Display anzeigen oder diese Daten über eine entsprechende Schnittstelle zur Weiterverarbeitung auf externen Rechnern zur Verfügung stellen. Weitere Zusatzfunktionen sind Dienstleistungen wie Sicherheitsschaltungen, Funktionskontrolle und Ertragskontrolle.

Im Zeitalter der Digitaltechnik sind Automationsgeräte heute auf Mikroprozessorbasis aufgebaut. Kompakte Automationsgeräte sind digitale Rechnersysteme mit Ein- und Ausgangsklemmen für analoge und digitale Messsignale. Die wesentlichen Komponenten sind A/D-Wandler, RAM (*R*andom *A*ccess *M*emory), (E)EPROM ((*E*lectrically) *E*rasable *R*ead *O*nly *M*emory) etc. Mit Hilfe gerätespezifischer Software können vom Gerätehersteller Steuer- und Regelalgorithmen auf den Mikroprozessor geladen werden (EPROM, EEPROM oder Flash-Speicher), siehe hierzu Abb. 7.2. In so genannten Kompaktreglern wird damit der Automatisierungsablauf durch Abarbeitung des im Gerät hinterlegten Programms festgelegt. In der Regel kann diese Regelstruktur vom Installateur oder Betreiber der Anlage bei Inbetriebnahme nicht verändert werden. Die Regler können jedoch vom Installateur parametriert werden, d. h. die Reglereinstellung kann den jeweiligen Gegebenheiten angepasst werden.

Bei manchen Automatisierungsgeräten kann der Installateur unter verschiedenen Automatisierungsfunktionen per Software auswählen und so den Regler für verschiedene Funktionen nutzen. Dadurch decken derartige Multifunktionsregler ein weites Einsatzgebiet ab.

Seit nunmehr zwei Jahrzehnten stehen auf dem Markt Gebäudeleitsysteme (GLT) oder Gebäudeautomations-(GA)-Anlagen auf Basis von DDC (*D*irect *D*igital *C*ontrol) oder SPS (Speicherprogrammierbare Steuerungen) zur Verfügung. Diese Systeme sind modular aufgebaut und so in Art und Umfang auf die jeweilige Automationsaufgabe anpassbar. Abbildung 7.3 zeigt beispielhaft den Aufbau des Gebäudeautomationssystems des Labors Angewandte Regelungstechnik der Hochschule Offenburg. Mittels so genannter strukturierter Programmierung können beliebige Steuer- und Regelfunktionen in die Mikroprozessoren eingegeben werden, siehe Abb. 7.4. Diese Universalität der modularen

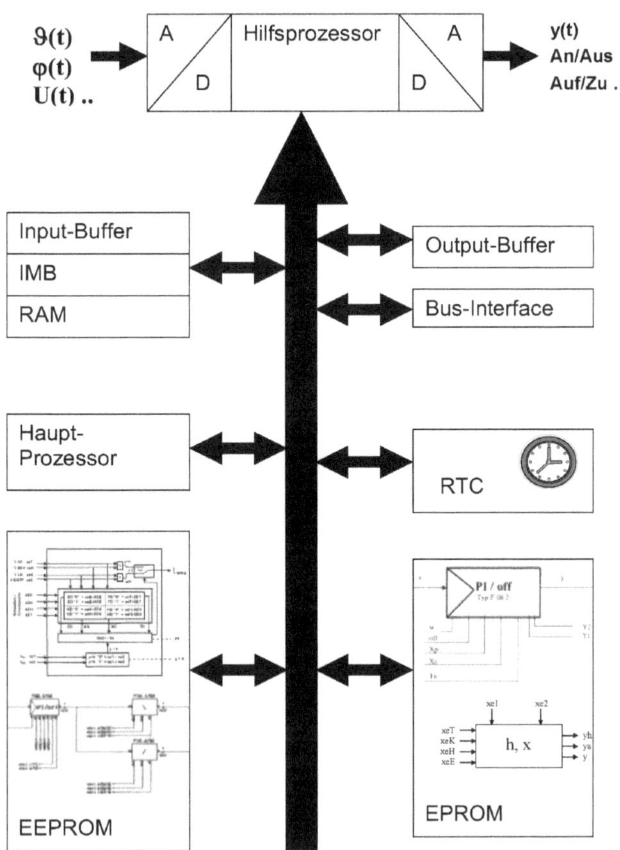

Abb. 7.2 Prinzipieller Aufbau eines digitalen Reglers

GA-Systeme ermöglicht es in den Gebäuden einen Verbund der Automatisierung aller Gewerke der technischen Gebäudeausrüstung zu realisieren.

In kommerziellen Gebäuden wie z. B. Hotels, Verwaltungsgebäude oder Krankenhäusern ist das heute Stand der Technik. Im Wohnungsbau sind entsprechenden Hausautomationssysteme auf dem Vormarsch. Basis des Automationsverbundes sind Kommunikationsleitungen, so genannte Bussysteme. Über diese Bussysteme kommunizieren digitale Automationsgeräte mit festgelegten Kommunikationsprotokollen untereinander und bilden so den Verbund. Dabei kann heute sowohl vertikal, also vom Sensor/Aktuator zum Automationsgerät bis in die Leitzentrale, als auch horizontal zwischen digitalen Feldgeräten (Sensoren/Aktuatoren) oder zwischen den Automationsgeräten kommuniziert werden.

Offene Kommunikationssysteme ermöglichen eine herstellerneutrale Vernetzung von Automations- und Feldgeräten. Im TGA-Bereich haben sich heute die Systeme EIB/KNX, LON und BACnet etabliert. Verstärkt werden hier auch Internet- und webbasierte Technologien eingesetzt bzw. kombiniert. In Abb. 7.5 ist beispielhaft für einen Regelkreis ein LON-Netzwerk dargestellt.

Abb. 7.3 Aufbau des GA-Systems des Labors Angewandte Regelungstechnik an der Hochschule Offenburg, dargestellt im drei Ebenen-Modell mit den NK-Modulen zum Anschließen der Feldgeräte, den modularen DDC-Automationsstationen NRUA (bietet 8 analoge Eingänge und 8 analoge Ausgänge) und NRUD (bietet 16 analoge Eingänge und 16 analoge Ausgänge und zusätzlich 8 digitale Eingänge und 8 digitale Ausgänge), dem Handbediengerät NBRN, dem Schnittstellenmodul NICON und dem Controler NCRS für die Kommunikation mit dem Desigo Leitrechner der Fa. Siemens

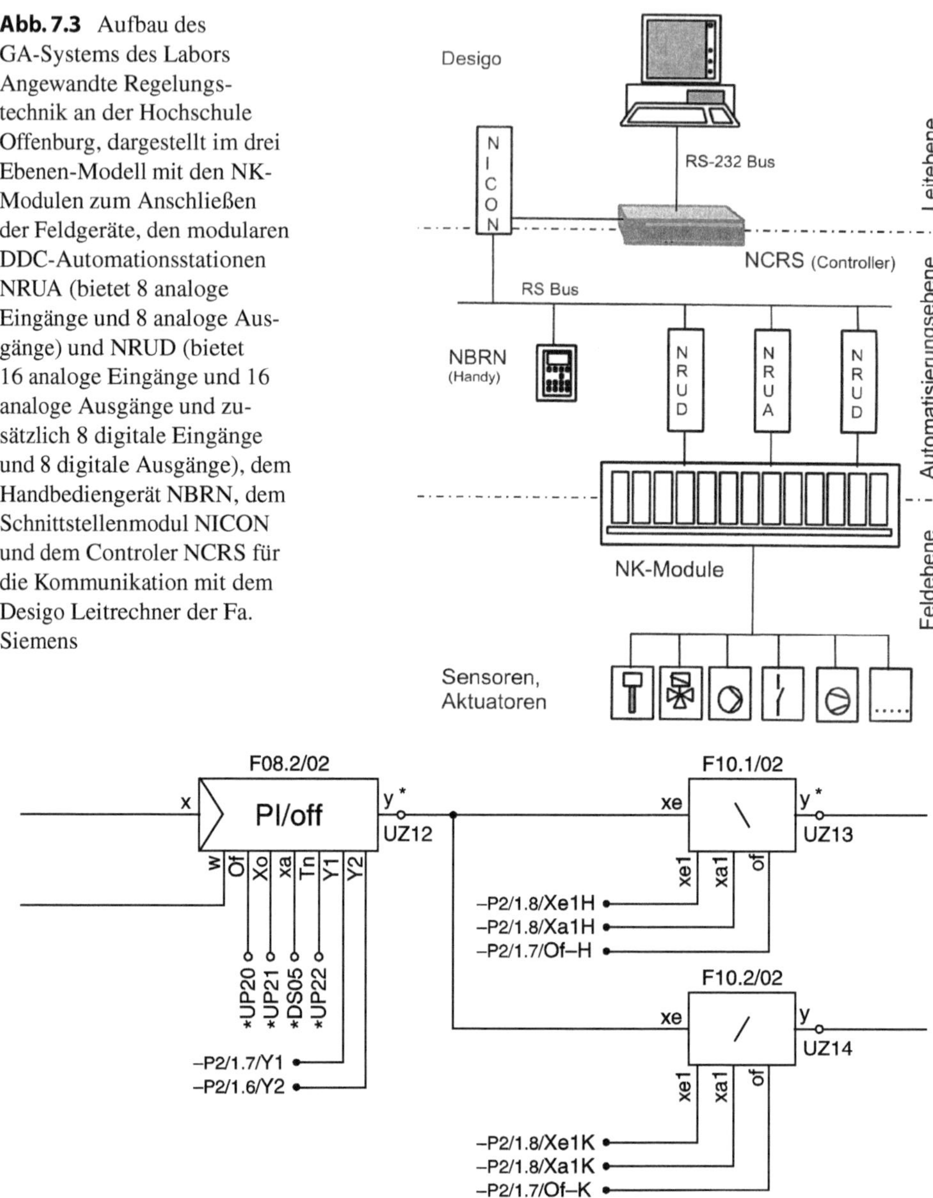

Abb. 7.4 Strukturdiagramm einer Reglersequenz zum Heizen und Kühlen

Über Netzkoppler wie z. B. Router oder Gateways können zum Beispiel mit einer so genannten OPC-Server/Client-Struktur (*O*LE for *P*rocess *C*ontrol) unterschiedliche Kommunikationssysteme verlinkt werden. Abbildung 7.6 zeigt ein solches GA-System mit Anschlussoption für Fremdsysteme, diverse Bussysteme und OPC-Server.

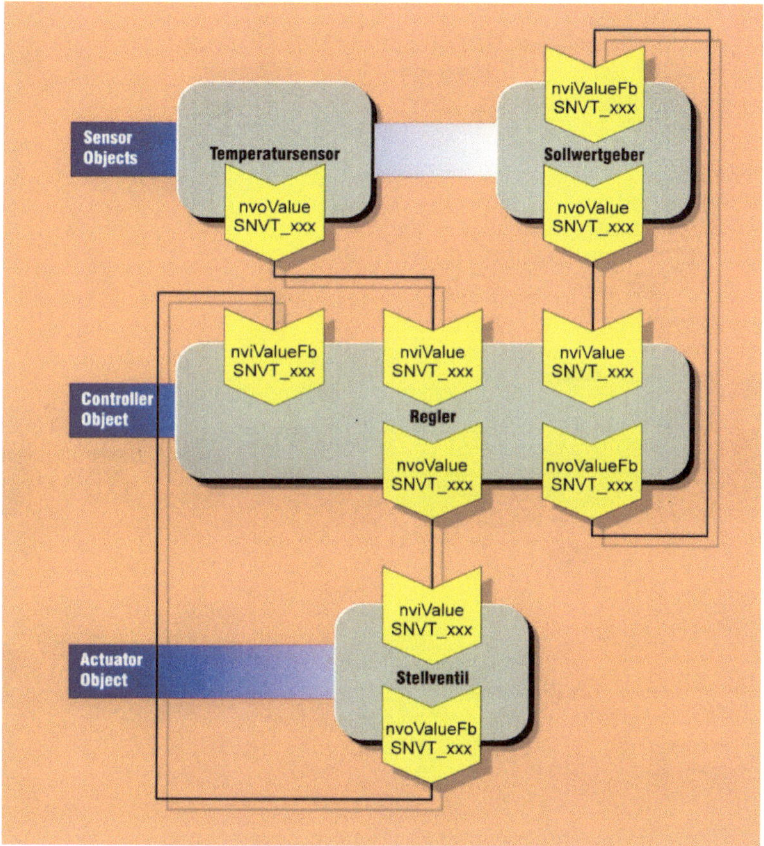

Abb. 7.5 Umsetzung einer Regelung mit dem LON-Feldbus. Die intelligenten Feldgeräte Temperatursensor, Stellventil und Sollwertgeber sind digital vernetzt und kommunizieren via LON mit dem Regler [5]

Werden regenerative Energiesysteme in Gebäuden mit vorhandenen Gebäudeautomations-Systemen eingesetzt, ist es sinnvoll, die Automatisierungsfunktion in die Gebäudeautomation zu integrieren bzw. die Gebäudeautomation um diese zu erweitern. Damit kann die gesamte Anlagentechnik zentral überwacht und eingestellt werden. Wird diese Gebäudeautomation, wie zum Beispiel in großen Krankenhäusern fachmännisch betreut, können Hemmschwellen wie z. B. eine schlecht verständliche Dokumentation überwunden werden und die Gebäudeautomation effizient für die Prozessoptimierung eingesetzt werden.

Als äußerst hilfreich für die Planung und den Betrieb von GA-Systemen hat sich die VDI Richtlinie 3814 erwiesen. In Blatt 1 der VDI 3814 wird eine Methode zur herstellerneutralen Darstellung und Dokumentationen von Automatisierungsfunktionen vorgeschlagen, [1]. Auf Basis des Anlagenschemas können sämtliche Automatisierungsfunk-

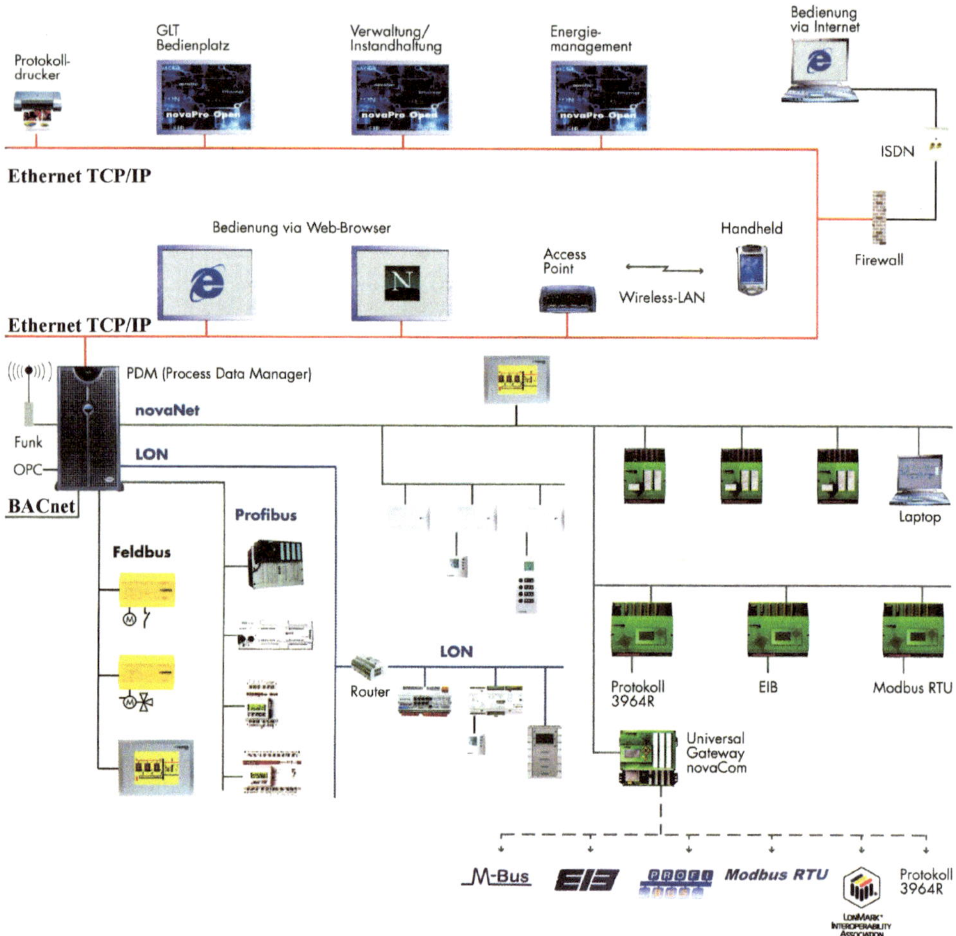

Abb. 7.6 Heterogenes universell einsetzbares GA-System der Fa. Sauter Cumulus mit den Bedienplätzen in der Leitebene, der Aufschaltung eigener und fremder Automationsgeräte in der Automatisierungsebene, einem Anschluss für OPC und Funk-Verbindung und Schnittstellen zu LON, EIB/KNX, M-Bus etc. in der Feldebene

tionen übersichtlich dokumentiert und die einzelnen Sensoren/Aktuatoren eindeutig entsprechenden Automatisierungsfunktionen zugeordnet werden. Neben den Signalverknüpfungen können auch die Regelstrukturen sowie die Regeldiagramme dargestellt werden. Abbildung 5.2 zeigt ein Automationsschema für eine solarthermische Großanlage zur Trinkwassererwärmung. Diese Methode ermöglicht eine herstellerneutrale Ausschreibung der Automation. Nach Fertigstellung der Anlage kann mit Hilfe der Automationsschemata nach VDI 3814 die Anlagenautomation dokumentiert und ständig aktualisiert werden. Dies ist ein entscheidender Vorteil bei der Optimierung von TGA-Anlagen und natürlich auch bei der Nutzung regenerativer Energiequellen.

Mit der VDI 3813 ist eine Richtlinie mit drei Blättern entstanden. Diese befassen sich mit den Automationsfunktionen wie Kühlen, Heizen, Beleuchten im Raum. Das Ziel ist es, in einer frühen Planungsphase Raumautomationsfunktionen systematisch, technologieunabhängig und herstellerneutral zu beschreiben. Auf Basis der definierten Raumautomationsfunktionen können dann entsprechende Raumautomationsschemata mit Funktionslisten als Planungs- und Ausschreibungsgrundlage erstellt werden.

Im Blatt 1 der Richtlinie sind hierfür die Begriffe und Definitionen zusammengestellt, [2]. Hier ist auch das so genannte Schalenmodell erklärt, das eine systematische Systemabgrenzung in Segment, Raum, Bereich, Gebäude und Liegenschaft erlaubt, denen entsprechende Automationsfunktionen zugeordnet werden können.

Blatt 2 der Richtlinie [3] ist im Mai 2011 erschienen. In diesem Blatt sind typische Raumautomationsfunktionen in Form einer Funktionsblockstruktur mit einer verbalen Funktionsbeschreibung aufgelistet. Hierbei handelt es sich um Funktionsgruppen wie Sensor- und Aktorfunktionen, Anzeige- und Bedien-Funktionen sowie Anwendungsfunktionen. Die Anwendungsfunktionen sind wiederum unterteilt in Basisfunktionen (z. B. Belegungsauswertung, Zeitprogramm), Beleuchtungsfunktionen, Sonnenschutzfunktionen, Raumklimafunktionen. Auf Basis dieser Funktionen können dann Raumfunktionsmakros für standardisierte Raumautomations-Anwendungen erstellt werden (z. B. Makro für Heiz-/Kühldeckenregler, FanCoil-Regler).

In Blatt 3 [4] vom Februar 2015 werden Beispiele für verschiedenen Anwendungen (z. B. Büroraum, Hotelzimmer, Klassenraum) aufgezeigt.

7.2 Kompakte Automationsgeräte

Im Folgenden werden exemplarisch an den Beispielen Solarregler und Wärmepumpenregler kompakte Automationsgeräte näher beschrieben.

7.2.1 Einfacher kompakter Solarregler

Elmar Bollin

In tausenden von solarthermischen Kleinanlagen, die in das vorhandene Gebäudeheizsystem eingebunden werden, sind kompakte Solarregler eingebaut. In ihrer einfachsten Bauweise haben sie die Funktion, die Beladung des Solarspeichers mit Sonnenenergie zu übernehmen.

In Abb. 7.7 ist beispielhaft für einen solchen einfachen Solarkompaktregler der Regler DeltaSol A dargestellt. Es handelt sich dabei um einen Regler, der über Temperaturvorgänge Ein- und Ausschaltvorgänge regelt. Deshalb eignet er sich für die solare Beladung von Trinkwarmwasserspeichern, wobei ein Sensor als Kollektor-Sensor S1 das solare Angebot erfasst und ein zweiter Sensor die Temperatur S2 im Trinkwarmwasserspeicher

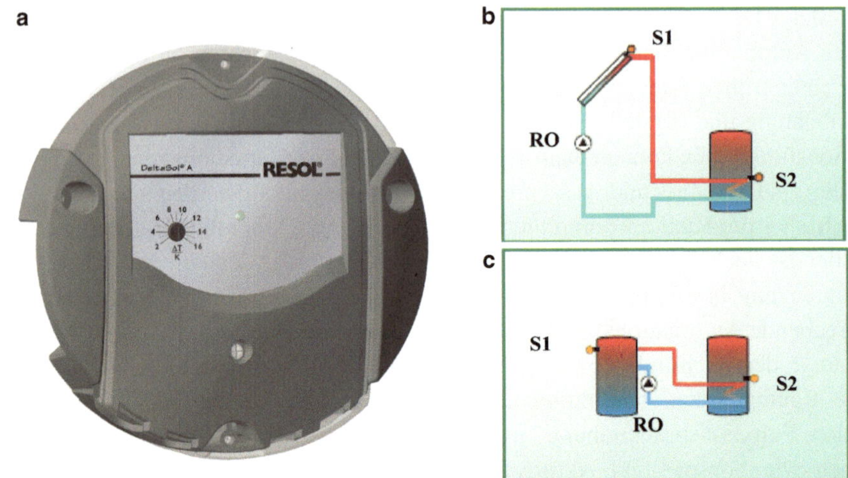

Abb. 7.7 **a** Ansicht des Solar-Kompaktreglers für Kleinanlagen DeltaSol A der Fa. RESOL. In **b** ist die Anwendung für die Beladeregelung und in **c** für die Speicherumladung dargestellt

unten erfasst. Der Regler überwacht die gemessene Temperaturdifferenz zwischen S1 und S2 und vergleicht sie mit einer im Bereich 2 K bis 16 K einstellbaren Temperaturdifferenz. Die Ansteuerung der Beladepumpe RO erfolgt über ein Ansteuerrelais als Wechsler. Die Hysterese ist werksseitig fest bei 1,6 K eingestellt, so dass die Pumpe bei Unterschreitung der eingestellten Temperaturdifferenz um 1,6 K ausschaltet. Eine mitgelieferte Speichermaximaltemperatur-Regelung dient zu Sicherheitsbegrenzung der Speichertemperatur.

Dieser Regler kann auch für die Umladung von Wärme zwischen zwei Solarspeichern genutzt werden. Dazu wird einfach die Temperaturdifferenz in diesen Speichern erfasst und mittels eines weiteren DeltaSol A Reglers die Umladung geregelt.

7.2.2 Vielseitiger kompakter Solarregler

Elmar Bollin

Sobald komplexe Anlagenhydrauliken mit mehreren Speichern, Speicherumschaltungen und/oder mehreren Kollektorfeldern gebaut werden, reichen einfache Solar-Kompaktregler mit ihrem Funktionsumfang nicht mehr aus. Dann kommen in der Funktion erweiterte Solar-Kompaktregler zum Einsatz (siehe Delta Sol ES bzw. SOLAREG II Vision in Abb. 7.8).

Wie in Abb. 7.8 zu erkennen ist, verfügen solche Regler über komfortable Displays, die der Anzeige von Betriebsdaten aber auch der Gerätebedienung dienen. Mittels Gra-

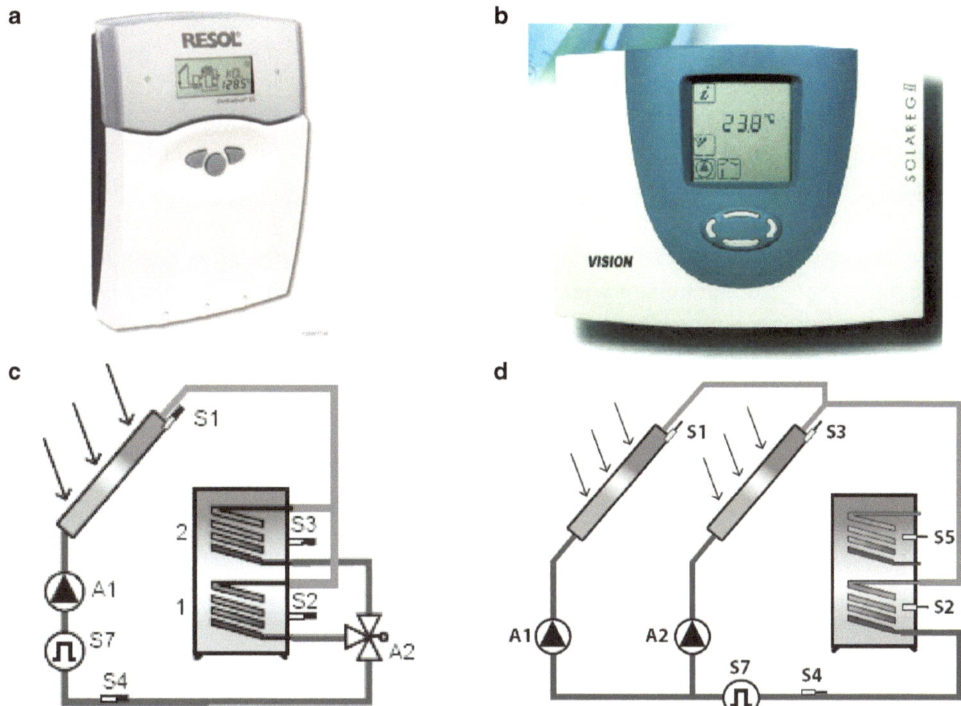

Abb. 7.8 Vielseitige kompakte Solarregler **a** DeltaSol Es von RESOL und **b** SOLAREG II VISI-ON. PROZEDA. In **c** ist der Einsatz des PROZEDA-Reglers bei Speicherumladung mittels Ventil A2 dargestellt und in **d** die Ansteuerung der Pumpen A1 und A2 bei einer Anlage mit zwei Kollektorfeldern. Mit Sensor S7 wird der Volumenstrom im Solarkreis erfasst. Mit S sind die Sensorpositionen bezeichnet

phiksymbolen wird der Nutzer durch die Bedienung geführt, und kann so Anlagendaten abfragen und Regelparameter einstellen. Mit Hilfe zusätzlicher Sensorik kann dieser Regler auch zur Funktions- und Ertragskontrolle eingesetzt werden.

Bei diesen Kompaktreglern werden Zusatzfunktionen für die Ertragskontrolle, Schutz- und Überwachungsfunktionen mitgeliefert. So kann bei Kollektorüberhitzung der Speicher über die eingestellte max. Speichertemperatur hinaus auf 95 °C aufgeladen werden. Bei Abwesenheit im Sommer wegen Urlaub kann tagsüber der Speicher über eine Kühlschaltung bei Nacht über den Kollektor bis zu einer eingestellten Rückkühltemperatur entladen werden. Auch lassen sich die Einbauten im Kollektorkreis gegen extreme Überhitzung schützen. Temperatursensoren werden auf Unterbrechung des Stromkreises und Kurzschluss überwacht. Bei Durchflussmessern kann ein durch Dampf oder Pumpenfehlfunktion gestörter Durchfluss als Störung angezeigt werden.

7.2.3 Freiprogrammierbarer solarer Universalregler

Elmar Bollin

Als Beispiel für einen freiprogrammierbaren Universalregler soll hier der UVR1611 von Technische Alternative TA erläutert werden (siehe hierzu Abb. 7.9). Der UVR1611 kann über Funktionsmodule frei programmiert werden und so an jede Anlagenkonstellation angepasst werden. Da jedes Funktionsmodul mehrfach genutzt werden kann, lassen sich komplexe Anlagenhydrauliken wie z. B. Kollektorfelder mit unterschiedlicher Orientierung oder Systeme mit mehreren Pufferspeichern realisieren.

Er besitzt folgende Eigenschaften:

- 16 Sensoreingänge, davon 2 Impulseingänge,
- 4 drehzahlregelbare Ausgänge und 7 Relaisausgänge (aufrüstbar für 3 weitere Ausgänge),
- Bedienung mit Scrollrad und Großflächendisplay,
- CAN-Bus für den Datenaustausch,
- Infrarotschnittstelle zum Updaten der Software.

Für die Programmierung wird vom Hersteller eine Programmierhilfe TABBS zur Verfügung gestellt. Damit lässt sich die gesamte Funktionalität des Reglers auf einem PC darstellen und programmieren. Anschließend kann das Programm über einen eigens entwickelten Bootloader auf das EEPROM des Reglers geschrieben werden. Ferner wird vom Hersteller in Verbindung mit dem Regler ein Programm zur Datenerfassung und Auswertung mitgeliefert, das auch in Verbindung mit anderen Datenloggern genutzt werden kann.

Abb. 7.9 Ansicht des freiprogrammierbaren Universalreglers UVR1611 von Technische Alternative mit Bootloader und Ansicht des Displays mit vier wählbaren Informationsfeldern

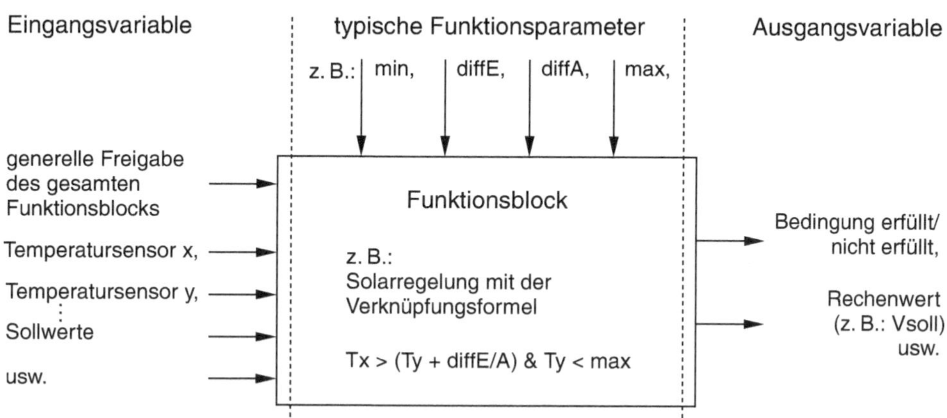

Abb. 7.10 Eingabemaske für Funktionsmodule beim Universalregler UVR 1611 von TA

Auf dem Display des Reglers werden die Bootvorgänge während des Setups visualisiert. Ebenso können im Regelbetrieb aktuelle Betriebsdaten angezeigt werden.

Für die Konfiguration und Parametrierung der regelungstechnischen Verknüpfungen müssen für die jeweiligen Funktionen die Ein- und Ausgangsvariablen, der Funktionstyp und die Parameter festgelegt werden (siehe hierzu Abb. 7.10 Funktionsmodul).

Über die Eingangsvariablen erhält das Modul Daten zu den Regelgrößen wie Temperaturen und Sollwertvorgaben aber auch Freigabesignale. Das Modul berechnet daraus Stellsignale und legt Schaltzustände fest. Folgende Funktionsblöcke sind u. a. als vorkonfigurierte Software im System bereits vorhanden:

Solarregelung	Differenzregler mit diversen Hilfsfunktionen
Solarvorrang	Vorrangvorgabe bei mehreren Differenzreglern
Startfunktion	Starthilfe für Solaranlagen
	Automation nimmt in gewissen Intervallen die Solarumwälzpumpe kurz in Betrieb. Dadurch wird der Kollektortemperatursensor mit Wärmeträgermedium umspült und kann so einen zuverlässigen Start des Ladebetriebs der Solaranlage unterstützen.
Kühlfunktion	Speicherauskühlung bei Nacht
Heizkreisregelung	Mischerregelung mit Heizkreispumpe
PID-Regelung	PID-Algorithmus
	Damit kann z. B. die Fördermenge handelsüblicher Umwälzpumpen geregelt werden. Ziel: Konstanthalten einer Temperaturdifferenz.
Schaltuhr	Frei verwendbare Schaltuhr
	Synchronisation: Erzeugt datumsbezogene Schaltsignale zur Steuerung anderer Module.

Zähler	Erzeugt Wärmemengen und Leistungen aus einer Temperaturdifferenz und einem Volumenstrom.
Funktionskontrolle	Frei verwendbare Überwachung von Sensoren und Differenzen Dient der Überwachung von Betriebszuständen und stellt Fehlermeldungen und Schaltsignal im Störfall bereit.

Mit den folgenden Zusatzgeräten kann die Funktionalität des UVR1611 Reglers von TA erweitert werden:

Bootloader	Datensicherung, Datenlogging und Betriebssystemupdate, Ethernetschnittstelle für CAN-Bus Teilnehmer über einen Browser, GSM optional
D-LOGG USB	reiner Datenlogger
Simulationsboard	In Verbindung mit dem Regler UVR1611 können die Eingänge simuliert werden (z. B. Temperaturen von −10 °C bis +125 °C) und so die Programmierung unterstützt werden.
CAN-Buskonverter	Verfügt über zwei CAN-Bus, eine EIB/KNX- und eine M-Bus Schnittstelle

7.2.4 Wärmepumpen-Kompaktregler

Martin Becker

Wie zuvor bei den Solarreglern beschrieben, werden zur Umsetzung aller automatisierungstechnischen Aufgaben (Messen, Steuern, Regeln, Überwachen) in einer Wärmepumpe i. d. R. ebenfalls kompakte Automationsgeräte eingesetzt. Da Wärmepumpen einen wesentlichen Teil der Wärmeversorgung darstellen, sind bei der Regelung von Wärmepumpen neben den internen Steuerungs-, Regelungs- und Überwachungsfunktionen zusätzliche Funktionen wie sie in der Heizungstechnik üblich sind, realisiert wie z. B.:

- witterungsgeführte Vor- oder Rücklauftemperaturregelung i. d. R. in Form eines Zweipunktreglers,
- Heizkurvenauswahl,
- Zeitprogramm für Sondernutzung (z. B. Nachabsenkung, Wochenende -und Ferienbetrieb.

Der Nutzer der Wärmepumpen-Anlage hat üblicherweise folgende Möglichkeiten der Einstellungen:

- Betriebsart wählen, z. B. AUS, Stand By, Automatikbetrieb, Heizbetrieb, Absenkbetrieb, Sommerbetrieb, Handbetrieb, Notbetrieb, Servicebetrieb,
- Sollwerte für Heizen (optional: Kühlen) vorgeben,

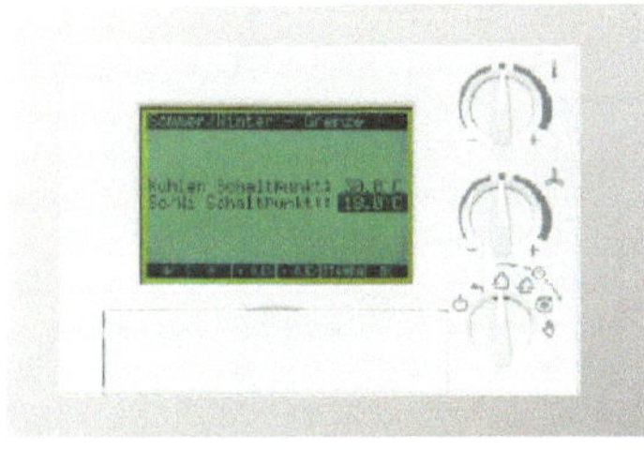 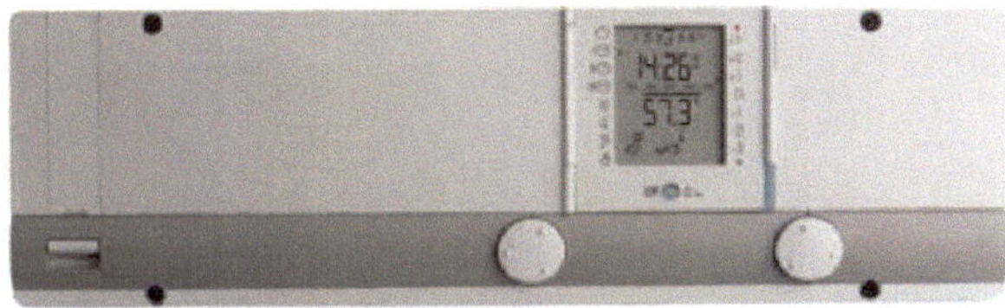

Abb. 7.11 Beispiele für kompakte Automationsstationen für Wärmepumpen und Wärmepumpenanlagen [Grafiken: Viessmann, TEM]

- Behaglichkeit einstellen (z. B. vorgegebene Soll-Raumtemperatur im Heiz- und Absenkbetrieb erhöhen oder absenken),
- Partyfunktion für Heizung und Trinkwarmwasser,
- Uhrzeit/Datum stellen,
- Steilheit der Heizkurve korrigieren,
- Heizgrenze Sommer-/Winterbetrieb in Abhängigkeit der Außentemperatur festlegen,
- Soll- und Istwerte abfragen,
- verschiedene Heizungs-Automatikprogramme (nach Betriebsarten) auswählen, z. B. für verschiedenen Wochentage, Wochenbetrieb, Wochenend-Betrieb usw.,
- individuelles Warmwasser-Automatik-Programm einstellen,
- Einstellung für Zirkulationspumpen-Automatik,
- Wochenend-/Ferienprogramm einstellen.

Darüber hinaus gibt es in der Regel eine (mit Passwort versehene) tiefer gehende Eingabeebene für Fachpersonal, in der erweiterte und detailliertere Eingabeparameter und Funktionen (z. B. Veränderung der Steilheit und des Fußpunktes der Heizkurve, Frostschutzfunktion, Legionellenschutzfunktion, Mindestlaufzeit Verdichter, Reglerparameter) eingestellt werden können.

Es werden am Markt auch Wärmepumpenregler und Heizungsregler in einem Gerät zur Steuerung einer ein- oder zweistufigen Sole/Wasser-, Wasser/Wasser oder Luft/Wasser-Wärmepumpe inklusive der Regelung der Heizung und Trinkwarmwasserbereitung als Systemlösung angeboten. Dies hat u. a. den Vorteil, dass die Automatisierungsfunktionen für alle Komponenten einer Wärmepumpenanlage bereits aufeinander abgestimmt und integriert sind und damit eine in sich abgestimmte witterungs- und raumtemperaturabhängige Regelung aller Heizkreise mit oder ohne Pufferspeicher ermöglicht wird. Solche Lösungen sind zu bevorzugen, da sie eine möglichst optimierte Betriebsführung der gesamten Anlage erwarten lassen.

Abbildung 7.12 zeigt am Beispiel einer Wärmepumpenanlage mit Pufferspeicher und Trinkwarmwasserspeicher die vielfältigen Mess- und Stellgrößen in einer Wärmepumpenheizungsanlage.

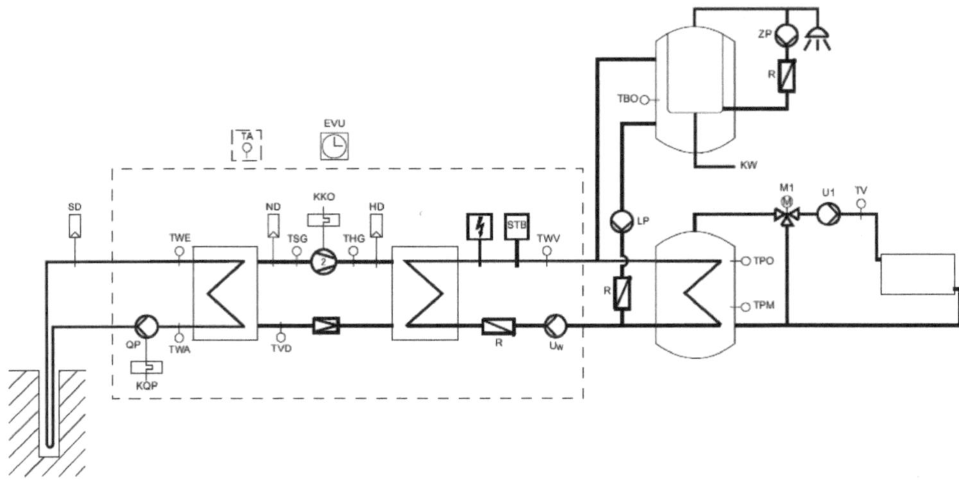

Abb. 7.12 Beispiel für eine Sole-Wasser-Wärmepumpenanlage inklusive Pufferspeicher und Trinkwarmwasserspeicher [Grafik: TEM AG]

Eingänge (Sensoren) in das Automationsgerät (Temperaturmessungen)

TA   Außentemperatursensor,
TWA   Wärmequelle-Austrittstemperatursensor,
TWE   Wärmequelle-Eintrittstemperatursensor,
TBO   Warmwassertemperatursensor,
TSG   Sauggastemperatursensor,
THG   Heißgastemperatursensor,
TVD   Verdampfungstemperatursensor,
TBO   Warmwassertemperatursensor,
TPO   Puffertemperatursensor, oben,
TPM   Puffertemperatursensor, Mitte,
TWV   WP-Vorlauftemperatursensor,
TWR   WP-Rücklauftemperatursensor,
TV   Vorlauftemperatursensor Heizkreis.

Eingänge für Überwachungs- und Sicherheitsfunktionen

HD   Hochdruck Kältekreislauf,
ND   Niederdruck Kältekreislauf,
SD   Soledruck- oder Strömungswächter,
STB   Sicherheitstemperaturbegrenzer,
KQP   Motorschutzrelais Quellenpumpe,
KKO   Motorschutzrelais Verdichter.

Ausgänge des Automationsgeräts zur Ansteuerung von Aktoren

2(KM) Kältemaschine,
EH   Elektroheizung,
LP   Ladepumpe (Umlenkventil) für Trinkwarmwasser,
QP   Quellenpumpe (Gebläse),
U1   Heizkreispumpe,
Uw   Wärmeerzeugerpumpe,
ZP   Zirkulationspumpe,
ULV   Umlenkventil,
M1   Mischer Heizkreis.

7.3 Einbindung in eine übergeordnete Gebäudeautomation und ins Gebäudemanagement

Martin Becker

Für einen energieeffizienten Betrieb von Anlagen und/oder Gebäuden ist es entscheidend, dass alle hierfür erforderlichen Informationen erfasst, an eine geeignete Stelle übertragen, archiviert und visualisiert werden. Dies ermöglicht, wichtige Prozessgrößen wie z. B. Temperatur- und Druckverläufe oder Energieverbrauchswerte direkt oder auch zu einem beliebigen späteren Zeitpunkt auswerten zu können. Dazu werden die wichtigsten energietechnischen Anlagen über entsprechende Kommunikationssysteme auf eine übergeordnete Gebäudeautomation zusammengeschaltet, die es ermöglicht, auf alle relevanten Daten der Anlagen jederzeit zugreifen zu können. Dies sollte im Sinne einer integralen, gewerkeübergreifende Konzeption derart erfolgen, dass alle Anlagen und gebäudetechni-

Abb. 7.13 Einbindung der Anlagentechnik in ein übergeordnetes Energie- und Gebäudemanagement

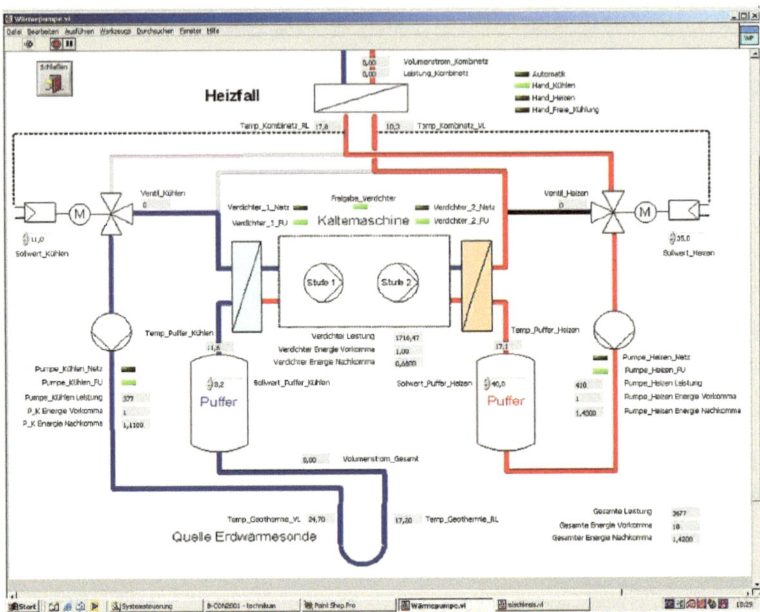

Abb. 7.14 Beispiel für die Anbindung einer umschaltbaren Wärmepumpe/Kältemaschine an eine übergeordnete Gebäudeautomation

sche Systeme in ein übergeordnetes Energie- und Gebäudemanagement zusammengeführt werden.

Wichtig ist es, dass hier auch alle regenerativen Energiesysteme konsistent eingebunden werden, in dem z. B. die zuvor beschriebenen Automationsgeräte für solarthermische Anlagen oder Wärmepumpen über entsprechende Bus- und Kommunikationssysteme in eine übergeordnete Gebäudeautomation eingebunden werden. Dies hat den Vorteil, dass regenerative Systeme in den gesamten gebäudetechnischen Systemverbund eingebunden sind und somit ganzheitliche Überwachungs- und Optimierungsfunktionen umgesetzt werden können. Beispiele hierfür sind z. B. die Einbindung in ein Energiemanagement oder die Berücksichtigung von Wetterdaten bzw. Wetterprognosedaten für eine optimierte Betriebsführung.

Die Visualisierung der Anlagen und deren aktuelle Prozessdaten auf dynamischen Anlagenbildern ist eine hervorragende Basis, um den laufenden Betrieb einer Anlage überwachen zu können wie dies in den Abb. 7.14 und 7.15 als Beispiel für eine umschaltbare Kältemaschine/Wärmepumpe dargestellt ist.

7.3.1 Integration von regenerativen Anlagen in die Gebäudeautomation

Anhand einzelner Anlagenbeispiele soll hier gezeigt werden, wie die Automatisierung von regenerativen Wärme- und Kälteversorgungssystemen im Verbund mit anderen Ge-

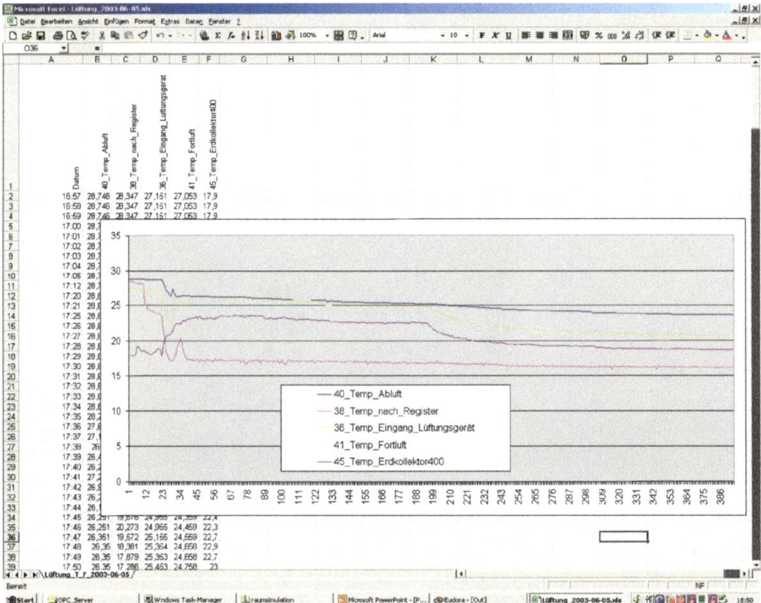

Abb. 7.15 Beispiel für eine Datenauswertung als Basis für die Einbindung in ein übergeordnetes Energie- und Gebäudemanagement

werken im Gebäude erfolgen kann. Dabei empfiehlt es sich ein herstellerneutrales Gebäudeautomationssystem zu installieren, welches die Einbindung unterschiedlicher Fabrikate im Bereich der Automatisierungsgeräte/Unterstationen und mittels der OPC-Server-Technologie die Nutzung unterschiedlicher Bussysteme erlaubt

7.3.1.1 Anwendungsbeispiel: Automation eines Energiesystem-Verbundes im Technikum G der Hochschule Biberach

Martin Becker

Im Folgenden soll anhand eines Gebäudes an der Hochschule Biberach verdeutlicht werden, wie verschiedene dezentrale und regenerative Energiesysteme über entsprechende Kommunikationssysteme in eine gewerkeübergreifende Gebäudeautomation und ins Energie- und Gebäudemanagement eingebunden werden können. Das so genannte Technikum G wurde im Rahmen der Einrichtung des neuen Studiengangs Gebäudeklimatik im Jahre 2002 auf dem Campus der Hochschule Biberach als Seminar- und Laborgebäude errichtet.

In und an dem Gebäude wurden zu Demonstrationszwecken für die Lehre und Forschung während und nach der Bauphase verschiedene innovative Energiesysteme exemplarisch integriert. Dies sind u. a.:

Abb. 7.16 Blick auf das Technikum G der Hochschule Biberach, das als Demonstrationsgebäude für dezentrale und erneuerbare Energiesysteme genutzt wird

- Bodenabsorber unter der Bodenplatte zur Nutzung oberflächennaher Geothermie,
- zwei vertikale Erdsonden mit je 99 m Länge neben dem Gebäude,
- eine umschaltbare Wärmepumpe/Kältemaschine,
- zwei Erdreich-Wärmeaustaucher unterschiedlicher Durchmesser entlang des Gebäudes,
- zwei Solar-Luftkollektoren an der Glasfassade,
- unterschiedliche Bauteilsysteme (Wasser, Luft) in verschiedenen Seminarräumen,
- ein Lüftungsgerät zur Konditionierung eines Seminarraumes, wobei direkte Außenluft, die vorgeheizte Luft aus dem Luft-Kollektor oder die vorgeheizte bzw. vorgekühlte Luft aus dem Erdreich-Wärmeübertrager genutzt werden kann,
- zwei Experimentalfassaden zum Test innovativer dezentraler Fassadensysteme,
- Fotovoltaik (Dachintegration, Fassadenintegration).

Diese vielfältigen Energiesysteme sind über eine recht umfangreiche Hydraulik und Energieverteilung vergleichsweise flexibel zusammengeschaltet, so dass unterschiedliche Räume mit unterschiedlichen Energiesystemen versorgt werden können, wie dies in Abb. 7.17 als Übersicht dargestellt ist.

In diesem Gebäude befinden sich verschiedene Labore, u. a. das Labor für Gebäudeautomation, in dem die Automationsgeräte bzw. dezentralen Busgeräte der einzelnen Teilsysteme über in der Gebäudetechnik typische Kommunikationssysteme wie EIB/KNX, LON, OPC oder Modbus/TCP auf eine übergeordnete Gebäudeautomation zusammengeführt werden. Einzelne Räume sind mit Bussystemen wie EIB/KNX oder DALI automatisiert, andere über kompakte Raumcontroller, die nach IEC 61131 programmiert werden, automatisiert. In verschiedenen Räumen und Anlagen sind über Energiezähler (Strom, Wärme, Kälte) installiert, so dass auch quantitative energetische Untersuchungen möglich sind.

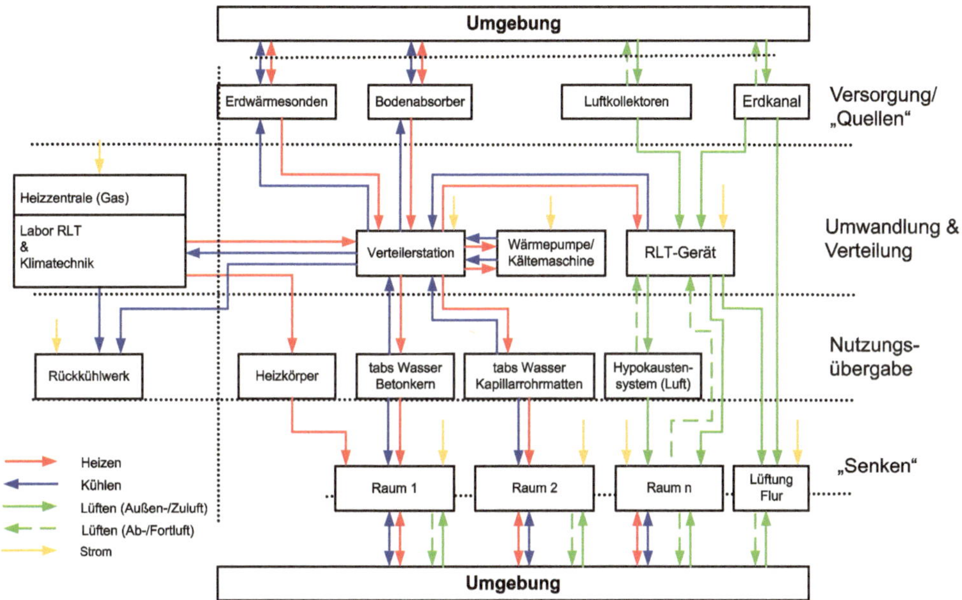

Abb. 7.17 Energiesystem-Verbund im Technikum G der Hochschule Biberach

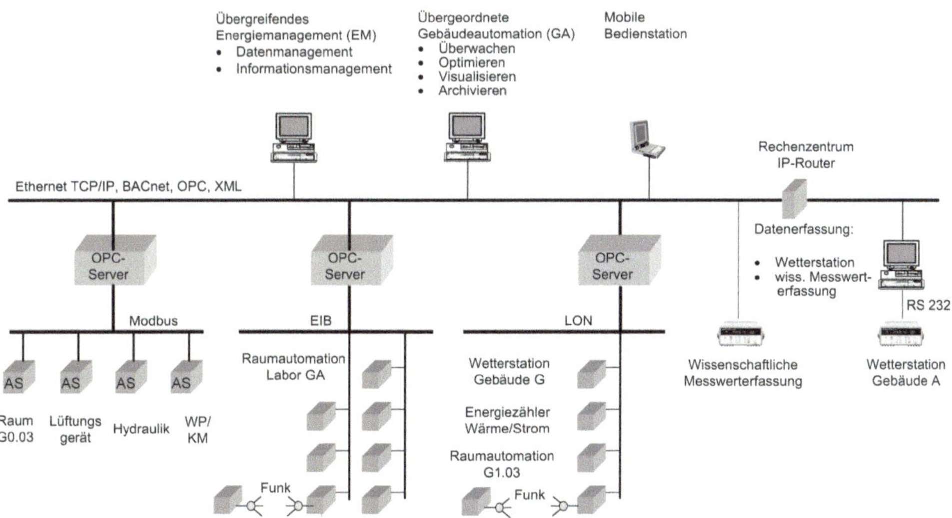

Abb. 7.18 Automatisierungsstruktur im Technikum G, bei der die einzelnen busfähigen Geräte und Automationsgeräte über entsprechende Kommunikationssysteme auf eine übergeordnete Gebäude-automation zusammengeführt werden (AS-Automationsstationen, EIB-Europäischer Installations-Bus, LON-Local Operating Network)

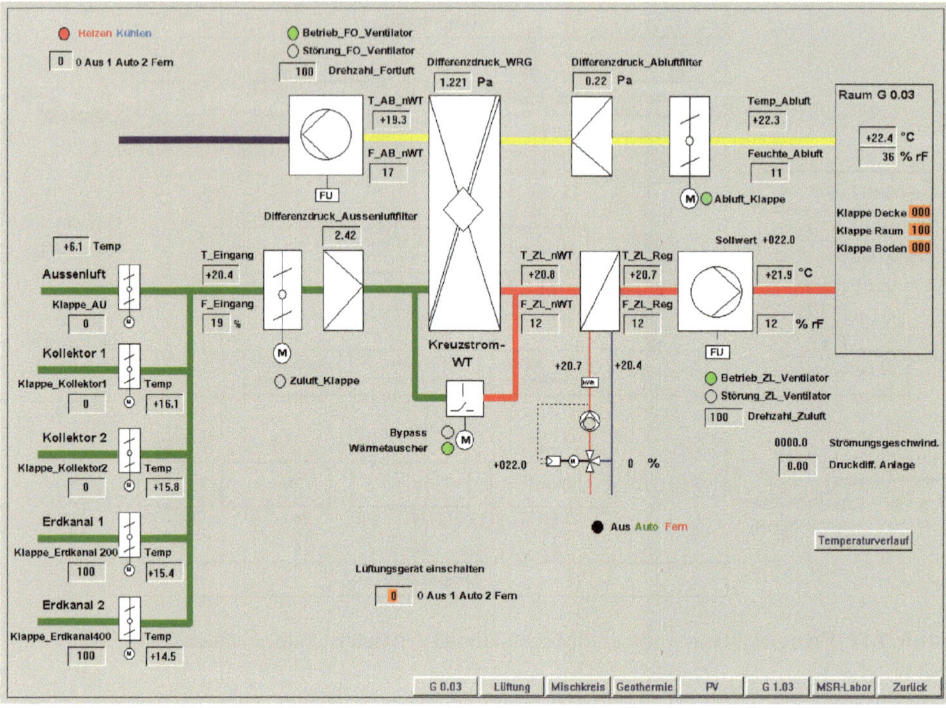

Abb. 7.19 Visualisierung des Lüftungsgerätes mit unterschiedlicher Außenluftquellen, wobei die Zuluft dem Testraum G0.03 zugeführt wird

Mit dem übergeordneten Gebäudeautomationssystem (GA-System) lassen sich alle Räume und Anlagen visualisieren, entsprechende Prozessgrößen (Temperaturen, Feuchte, CO_2-Sensoren, Schaltzustände) dynamisch einblenden und in einer Datenbank archivieren, s. Abb. 7.14 oder 7.15. Abbildung 7.19 zeigt als weiteres Beispiel die Visualisierung des Lüftungsgerätes zur Versorgung eines Seminarraumes, wobei als Quelle direkte Außenluft, die beiden Erdreich-Wärmeübertrager oder die beiden Luft-Kollektoren einzeln oder über Ansteuerung entsprechende Luftklappen in einem beliebigen Mischungsverhältnis dem Lüftungsgerät zugeführt werden können.

Neben den üblichen Visualisierungen von Räumen, Heizung-, Lüftungs- und Klimaanlagen lassen sich auf solchen offenen Gebäudeautomations-Systemen auch alle regenerativen und dezentralen Energiesysteme in einem Gebäude z. B. für eine Visualisierung und Historisierung von Daten aufschalten. Abbildung 7.20 zeigt dies am Beispiel der Fotovoltaik-Anlage, bei der alle relevanten Prozessgrößen wie solare Einstrahlung, Modultemperaturen, aktuelle elektrische Größen (Strom, Spannung, Leistung, Energie) aus den Wechselrichtern, Performance Ratio der Anlage angezeigt und kontinuierlich mit protokolliert werden können.

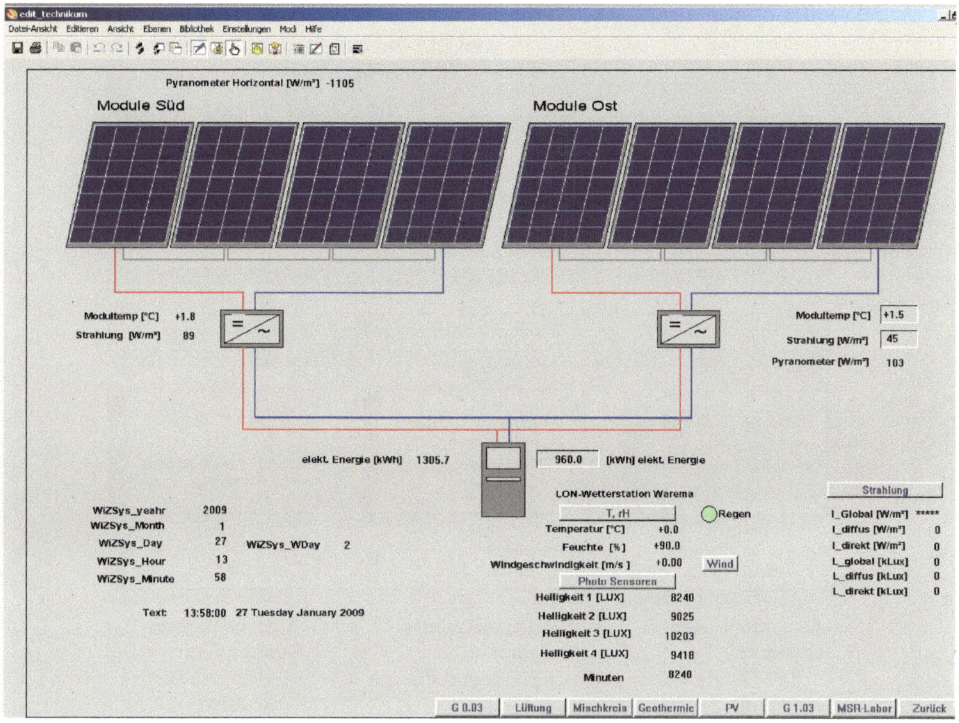

Abb. 7.20 Visualisierung der Fotovoltaik-Anlage auf einer übergeordneten Gebäudeautomation

7.3.1.2 Anwendungsbeispiel: Herstellerneutrales Gebäudeautomationssystem auf LabVIEW Basis

Elmar Bollin

Am Beispiel eines Büroneubauprojektes im Süd-Osten von Stuttgart soll auf gezeigt werden, wie ein herstellerneutrales Gebäudeautomationssystem auf LabVIEW Basis für einen Automationsverbund von Anlagen der technischen Gebäudeautomation mit Nahwärmenutzung, Absorptionskältemaschine und TABS (Thermoaktives Bauteilsystem) realisiert werden kann. Die Wärmeversorgung des Bürogebäudes erfolgt dabei zentral mit Hilfe eines Biomasse-Blockheizkraftwerkes des Neubaugebietes. Damit wird die Gebäudeheizung mit Betonkerntemperierung und Unterflur-Konvektoren, die Klimaanlage als auch eine Absorptionskältemaschine mit dem Kältemittel Lithiumbromid-Wasser (130 kW Kälteleistung) versorgt.

Abbildung 7.21 zeigt den Automationsverbund des Bürogebäudes mit den DDC-Automatisierungsstationen von Saia für die Heizung-, Lüftungs- und Klimaanlagen, den M-Bus-Zählern für die Erfassung der Energieverbräuche und den EIB/KNX-Bussystemen für die Steuerung von Beleuchtung und Abschattungssystem. Über OPC-Server ist es hier

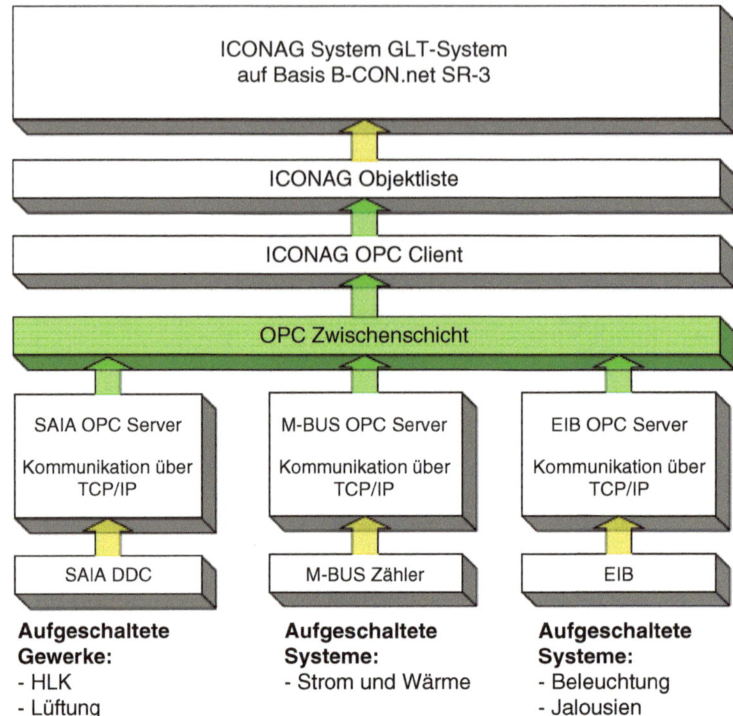

Abb. 7.21 Herstellerneutraler Automationsverbund am Beispiel eines Bürogebäudes [6]

möglich die verschiedenen Kommunikationsprotokolle der proprietären Saia DDC, von M-Bus und EIB/KNX-Bus mit Hilfe eines ICONAG OPC-Client auf eine Gebäudeautomationsleitstation mit B-CON-Leitsoftware herstellerneutral aufzuschalten.

LabVIEW ist ein graphisches Programmiersystem von National Instruments. Das Akronym steht für „**Lab**oratory **V**irtual **I**nstrumentation **E**ngineering **W**orkbench". Haupt-Anwendungsgebiete von LabVIEW sind die Mess-, Regel- und Automatisierungstechnik. Die Programmierung erfolgt mit einer graphischen Programmiersprache, genannt „G", nach dem Datenfluss-Modell. Durch diese Besonderheit eignet sich LabVIEW besonders gut zur Datenerfassung und -Verarbeitung. LabVIEW-Programme werden als Virtuelle Instrumente oder einfach VIs bezeichnet.

Das vorliegende Beispiel zeigt wie mit Hilfe der Leit-Software B-CON der Fa. ICONAG ein herstellerneutraler Automationsverbund für ein Bürogebäude hergestellt werden kann. In Abb. 7.22 wird die Systemarchitektur der B-CON Leit-Software dargestellt. Dabei übernimmt die auf LabVIEW-Basis programmierte B-CON-Gebäudeleitstation von ICONAG die Visualisierung des Anlagenbetriebs, der Bedienung der Automation und die Kommunikation mit den Automatisierungsgeräten sowie das Energiemonitoring des Gebäudes mit Energiemengenzählern für Wärme- und Stromverbräuche und allen wichtigen

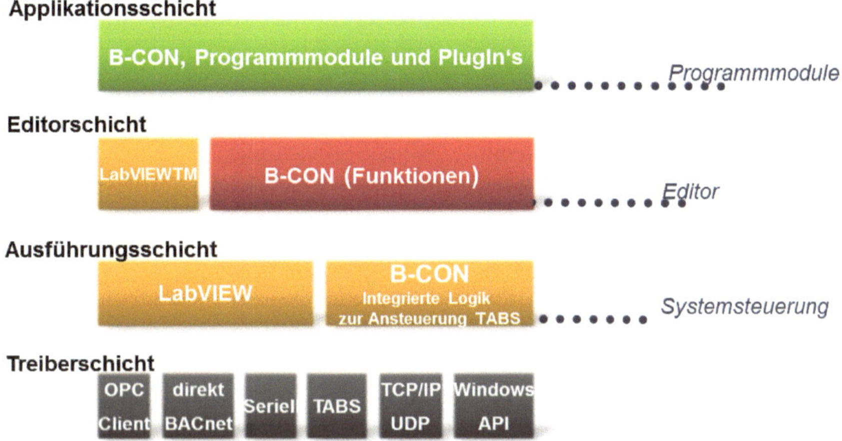

Abb. 7.22 Systemarchitektur der B-CON Leit-Software

Anlagenbetriebsdaten. Im vorliegenden Fall bietet LabVIEW zusätzlich die Möglichkeit des Remote-Control-Betriebs, d. h. von Rechnersystemen außerhalb des Gebäudes kontinuierliche Auswertungen von aktuellen Betriebsdaten vornehmen zu lassen und an der bestehenden Steuerung- und Regelung online Optimierungen vorzunehmen.

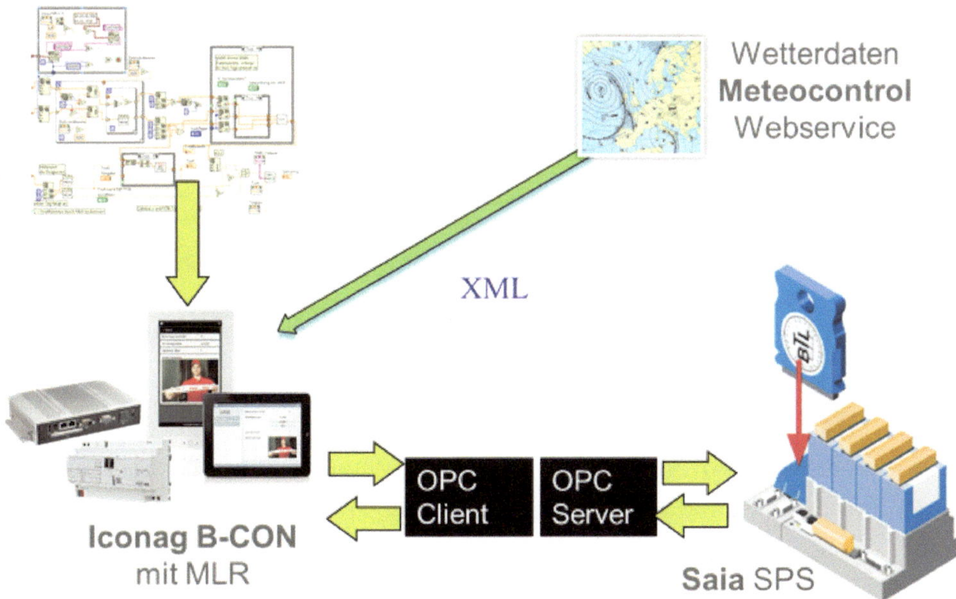

Abb. 7.23 Einbindung von MLR basierten Algorithmen auf LabVIEW Basis und Wetterdaten via Iconag B-CON Technologie und OPC Client auf eine Saia SPS zur Automation eines Bürogebäudes

Abbildung 7.23 zeigt wie am Beispiel des vorgestellten Bürogebäudes im Rahmen eines Forschungsprojektes zur simulationsgestützten Automation für die nachhaltige sommerliche Gebäudeklimatisierung des BMBF mit Hilfe eines Rechners an der Hochschule Offenburg via FTP Protokoll über das Internet mit der B-CON Leitebene im Gebäude Daten ausgetauscht werden können. Mittels OPC-Client kann unmittelbar auf die SPS-basierte Gebäudeautomation zugegriffen werden und so per Internet die Bauteilaktivierung TABS beladen werden. Dabei wird das TABS mittels einer modellbasierten Regelung- und Steuerung und unter Einbeziehung von Wetterprognosen optimal für die Verbesserung des Komforts in den Büroräumen zu nutzen.

Kontrollfragen zu Abschn. 7.1, 7.2 und 7.3

- Auf welcher Ebene wird die Steuerung und Regelung von Solaranlagen in der Gebäudeautomations-Anlage realisiert?
- Was unterscheidet einen Kompaktregler von einer Gebäudeautomations-Anlage?

Kontrollfragen zu Abschn. 7.2.4 und 7.3

- Was versteht man unter einem Kompaktregler?
- Was sind typische Steuerungs- und Regelungsaufgaben eines Wärmepumpen-Kompaktreglers?
- Was sind typische Überwachungs- und Sicherheitsfunktionen bei Wärmepumpen?
- Was gilt es typischerweise auf ein übergeordnetes Energie- und Gebäudemanagement aufzuschalten?

Literatur

1. VDI-Richtlinie 3814, Blatt 1: Gebäudeautomation (GA) – Systemgrundlagen. November 2009
2. VDI-Richtlinie 3813, Blatt 1: Gebäudeautomation (GA) – Grundlagen der Raumautomation. Mai 2011
3. VDI-Richtlinie 3813, Blatt 2: Gebäudeautomation (GA) – Raumautomationsfunktionen (RA-Funktionen). Mai 2011
4. VDI-Richtlinie 3813, Blatt 3: Gebäudeautomation (GA) – Anwendungsbeispiele für Raumtypen und Funktionsmakros in der Raumautomation. Februar 2015
5. Tiersch, F.: Die LONWORKS-Technologie. DESOTRON Verlagsgesellschaft, Erfurt (1998)
6. Produktinformationen der ICONAG-Leittechnik GmbH in Hoppstädten-Weiersbach

Sachverzeichnis

© Springer Fachmedien Wiesbaden 2016

E. Bollin (Hrsg.), *Regenerative Energien im Gebäude nutzen*,

DOI 10.1007/978-3-658-12405-2